21世纪普通高校计算机
公共课程规划教材

计算机基础

◎ 彭新平 邓永刚 罗晓娟 编著

U0316166

清华大学出版社

北京

内 容 简 介

本书根据高等学校非计算机专业计算机基础课程教学的基本要求和教育部全国计算机等级考试二级 MS Office 高级应用考试大纲,由教学经验丰富、深谙学生学习技巧及学习能力的培养,并且在教学一线多年从事计算机基础课程教学和教育研究的教师编写而成。本书围绕核心知识采用任务驱动方式编写,每个任务按照"预备知识""任务描述""任务实施"环节展开,内容包括 Windows 7 操作系统、利用 Word 高效创建电子文档、使用 Excel 处理电子表格、利用 PowerPoint 高效创建演示文稿四个项目,每个项目包含多个教学任务,并配有技能实训、综合练习和习题。

本书编写过程中力求内容精练、案例丰富,尽可能多地涉及软件中的知识点和应用技巧,注重实用性和可操作性。在内容编写上图文并茂、条理清晰、通俗易懂、内容丰富,在讲解每个知识点时选取的案例都贴近学生的日常学习和需要,方便读者理解和上机实践。此外,本书配有大量技能实训、综合练习和习题,让读者在不断的实际操作中更加牢固地掌握书中讲解的内容,真正做到任务驱动教学和学习。

本书适合作为应用型高校进行应用技能型人才培养的计算机基础课程教材,也可作为全国计算机等级考试(二级 MS Office 高级应用)应试者的教材,对于计算机应用人员和计算机爱好者也是一本实用的参考书。

图书在版编目(CIP)数据

计算机基础/彭新平,邓永刚,罗晓娟编著.—北京:清华大学出版社,2017(2020.9重印)
(21世纪普通高校计算机公共课程规划教材)
ISBN 978-7-302-48554-4

Ⅰ.①计…　Ⅱ.①彭…②邓…③罗…　Ⅲ.①电子计算机-高等学校-教材　Ⅳ.①TP3

中国版本图书馆 CIP 数据核字(2017)第 237277 号

责任编辑:贾　斌　薛　阳
封面设计:刘　键
责任校对:时翠兰
责任印制:丛怀宇

出版发行:清华大学出版社
　　　　　网　　　址:http://www.tup.com.cn,http://www.wqbook.com
　　　　　地　　　址:北京清华大学学研大厦 A 座　　　　　邮　　　编:100084
　　　　　社 总 机:010-62770175　　　　　邮　　　购:010-83470235
　　　　　投稿与读者服务:010-62776969,c-service@tup.tsinghua.edu.cn
　　　　　质量反馈:010-62772015,zhiliang@tup.tsinghua.edu.cn
　　　　　课件下载:http://www.tup.com.cn,010-83470236
印 装 者:三河市铭诚印务有限公司
经　　销:全国新华书店
开　　本:185mm×260mm　　　印　张:25.75　　　　　字　　数:624 千字
版　　次:2017 年 9 月第 1 版　　　　　　　　　　　印　　次:2020 年 9 月第 3 次印刷
印　　数:4401～4900
定　　价:49.00 元

产品编号:076972-01

出 版 说 明

随着我国改革开放的进一步深化,高等教育也得到了快速发展,各地高校紧密结合地方经济建设发展需要,科学运用市场调节机制,加大了使用信息科学等现代科学技术提升、改造传统学科专业的投入力度,通过教育改革合理调整和配置了教育资源,优化了传统学科专业,积极为地方经济建设输送人才,为我国经济社会的快速、健康和可持续发展以及高等教育自身的改革发展做出了巨大贡献。但是,高等教育质量还需要进一步提高以适应经济社会发展的需要,不少高校的专业设置和结构不尽合理,教师队伍整体素质亟待提高,人才培养模式、教学内容和方法需要进一步转变,学生的实践能力和创新精神亟待加强。

教育部一直十分重视高等教育质量工作。2007年1月,教育部下发了《关于实施高等学校本科教学质量与教学改革工程的意见》,计划实施"高等学校本科教学质量与教学改革工程(简称'质量工程')",通过专业结构调整、课程教材建设、实践教学改革、教学团队建设等多项内容,进一步深化高等学校教学改革,提高人才培养的能力和水平,更好地满足经济社会发展对高素质人才的需要。在贯彻和落实教育部"质量工程"的过程中,各地高校发挥师资力量强、办学经验丰富、教学资源充裕等优势,对其特色专业及特色课程(群)加以规划、整理和总结,更新教学内容、改革课程体系,建设了一大批内容新、体系新、方法新、手段新的特色课程。在此基础上,经教育部相关教学指导委员会专家的指导和建议,清华大学出版社在多个领域精选各高校的特色课程,分别规划出版系列教材,以配合"质量工程"的实施,满足各高校教学质量和教学改革的需要。

本系列教材立足于计算机公共课程领域,以公共基础课为主、专业基础课为辅,横向满足高校多层次教学的需要。在规划过程中体现了如下一些基本原则和特点。

(1) 面向多层次、多学科专业,强调计算机在各专业中的应用。教材内容坚持基本理论适度,反映各层次对基本理论和原理的需求,同时加强实践和应用环节。

(2) 反映教学需要,促进教学发展。教材要适应多样化的教学需要,正确把握教学内容和课程体系的改革方向,在选择教材内容和编写体系时注意体现素质教育、创新能力与实践能力的培养,为学生知识、能力、素质协调发展创造条件。

(3) 实施精品战略,突出重点,保证质量。规划教材把重点放在公共基础课和专业基础课的教材建设上;特别注意选择并安排一部分原来基础比较好的优秀教材或讲义修订再版,逐步形成精品教材;提倡并鼓励编写体现教学质量和教学改革成果的教材。

(4) 主张一纲多本,合理配套。基础课和专业基础课教材配套,同一门课程有针对不同层次、面向不同专业的多本具有各自内容特点的教材。处理好教材统一性与多样化,基本教材与辅助教材、教学参考书,文字教材与软件教材的关系,实现教材系列资源配套。

(5) 依靠专家,择优选用。在制订教材规划时要依靠各课程专家在调查研究本课程教材建设现状的基础上提出规划选题。在落实主编人选时,要引入竞争机制,通过申报、评审确定主题。书稿完成后要认真实行审稿程序,确保出书质量。

繁荣教材出版事业,提高教材质量的关键是教师。建立一支高水平教材编写梯队才能保证教材的编写质量和建设力度,希望有志于教材建设的教师能够加入到我们的编写队伍中来。

21 世纪普通高校计算机公共课程规划教材编委会

联系人:魏江江 weijj@tup. tsinghua. edu. cn

前　言

当前计算机应用技术与每个人的学习、工作、生活越来越密切,其使用要求也越来越高,全面提高计算机实践应用技能迫在眉睫。

本书根据高等学校非计算机专业计算机基础课程教学的基本要求和教育部全国计算机等级考试二级 MS Office 高级应用考试大纲,采用"项目导向,任务驱动"模式进行编写。以行业企业实际管理工作、二级考试对计算机知识的需要为切入点,将计算机基础知识以项目方式进行组织,对每个项目进行任务分解,每一个任务都经过精心设置与布局,力求使其蕴含该项目的章节知识点。每个任务注重实践操作,通过任务的实施,把计算机的基础知识与实际工作、生活的需要有机结合起来,有效地激发学生的学习积极性,充分挖掘学生的学习能力,提高学生解决实际问题的综合能力,为其步入工作岗位从事信息处理工作奠定坚实的基础。编写过程中力求内容精练、案例丰富,尽可能多地涉及软件中的知识点和应用技巧,注重实用性和可操作性。在内容编写上图文并茂、条理清晰、通俗易懂、内容丰富,在讲解每个知识点时选取的案例都贴近学生的日常学习和需要,方便读者理解和上机实践。

本书主要内容包括 Windows 7 操作系统、利用 Word 高效创建电子文档、使用 Excel 处理电子表格、利用 PowerPoint 高效创建演示文稿四个项目。每个项目包含多个教学任务、多个技能实训、综合练习和习题,每个项目按照预备知识→任务描述→任务实施模式组织,着重强调实践操作技能,让读者在不断的实际操作中更加牢固地掌握书中讲解的内容,真正做到任务驱动教学和学习,最大限度地帮助学生利用计算机提高工作效率、提高事务处理的质量。

本书由彭新平、邓永刚、罗晓娟编著,彭新平负责全书的统稿和审稿工作;具体编写分工如下:项目一、项目二由彭新平编写;项目三由罗晓娟编写;项目四由邓永刚编写。在本书的编写过程中,得到了周锦春教授、肖俊宇教授、李希勇教授等领导和同事的指导和帮助,另外在本书的编写过程中还参考了一些优秀的著作、书籍和网站,同时也得到了清华大学出版社的大力支持。在此,一并向他们表示衷心的感谢!

本书适合作为应用型高校进行应用技能型人才培养的计算机基础课程教材,也可作为全国计算机等级考试(二级 MS Office 高级应用)应试者的教材,对于计算机应用人员和计算机爱好者也是一本实用的参考书。

由于计算机技术飞速发展,教材内容更新速度要求极快,加上时间仓促、编者水平有限,不足和疏漏之处在所难免,敬请读者批评指正并提出宝贵意见!

编　者

2017 年 5 月

目　录

项目一　Windows 7 操作系统

Windows 7 汇聚微软多年来研发操作系统的智慧和经验——全新、简洁的视觉设计，众多创新的功能特性以及更加安全稳定的性能表现都让人眼前一亮。简单易用、稳定好用、更多精彩，已经成为那些先行试用过 Windows 7 用户的一致评价。

任务一　Windows 7 的安装与加速

预备知识

Windows 7 的十大创新功能与增强特性如下。

1. 系统运行更加快速

微软在开发 Windows 7 的过程中，始终将性能放在首要的位置。Windows 7 不仅仅在系统启动时间上进行了大幅度的改进，并且连同"休眠模式"唤醒系统这样的细节也进行了改善，使 Windows 7 成为一款反应更快速，令人"感觉清爽"的操作系统。

2. 革命性的工具栏设计

进入 Windows 7，用户一定会第一时间注意到屏幕的最下方——经过全新设计的工具栏。这条工具栏从 Windows 95 时代沿用至今，终于在 Windows 7 中有了革命性的颠覆——工具栏上所有的应用程序都不再有文字说明，只剩下一个图标，而且同一个程序的不同窗口将自动群组。将鼠标移到图标上时会出现已打开窗口的缩略图，再次单击便会打开该窗口。在任何一个程序图标上右击，会出现一个显示相关选项的选单，微软称为 Jump List。在这个选单中除了更多的操作选项之外，还增加了一些强化功能，可让用户更轻松地实现精确导航并找到搜索目标。

3. 更个性化的桌面

在 Windows 7 中，用户能对自己的桌面进行更多的操作和个性化的设置。首先，在 Windows Vista 中有的侧边栏被取消，而原来依附在侧边栏中的各种小插件现在可以任用户自由放置在桌面的任何角落，不仅释放了更多的桌面空间，视觉效果也更加直观和个性化。此外，Windows 7 中内置主题包带来的不仅是局部的变化，更是整体风格的统一——壁纸、面板色调，甚至系统声音都可以根据用户喜好选择定义。

如果用户喜欢的桌面壁纸有很多，到底该选哪一张？现在用户可以同时选中多张壁纸，让它们在桌面上像幻灯片一样播放，要快要慢由用户决定！最精彩的是中意的壁纸、心仪的颜色、悦耳的声音、有趣的屏保……统统选定后，用户可以保存为自己的个性主题包。

4. 智能化的窗口缩放

半自动化的窗口缩放是 Windows 7 的另外一项有趣功能。用户把窗口拖到屏幕最上方,窗口就会自动最大化;把已经最大化的窗口往下拖一点,它就会自动还原;把窗口拖到左右边缘,它就会自动变成 50% 宽度,方便用户排列窗口。这对需要经常处理文档的用户来说是一项十分实用的功能,他们终于可以省去不断在文档窗口之间切换的麻烦,轻松直观地在不同的文档之间进行对比、复制等操作。

另外,Windows 7 拥有一项贴心的小设计:当用户打开大量文档工作时,如果用户需要专注在其中一个窗口,只需要在该窗口上按住鼠标左键并且轻微晃动鼠标,其他所有的窗口便会自动最小化;重复该动作,所有窗口又会重新出现。虽然看起来这不是什么大功能,但是的确能够帮助用户提高工作效率。

5. 无缝的多媒体体验

用户是否曾经苦于虽然家中电脑中有许多自己喜欢的歌曲,但是无法带到办公室中欣赏? Windows 7 中的这项远程媒体流控制功能能够帮助我们解决这个问题。它支持从家庭以外的 Windows 7 个人电脑安全地从远程互联网访问家中 Windows 7 电脑中的数字媒体中心,随心欣赏保存在家庭电脑中的任何数字娱乐内容。

Windows 7 中强大的综合娱乐平台和媒体库——Windows Media Center 不但可以让用户轻松管理电脑硬盘上的音乐、图片和视频,更是一款可定制化的个人电视。只要将电脑与网络连接或是插上一块电视卡,就可以随时随处享受 Windows Media Center 上丰富多彩的互联网视频内容或者高清的地面数字电视节目。同时也可以将 Windows Media Center 电脑与电视连接,给电视屏幕带来全新的使用体验。

6. Windows Touch 带来极致触摸操控体验

Windows 7 的核心用户体验之一就是通过触摸支持触控的屏幕来控制计算机。在配置有触摸屏的硬件上,用户可以通过自己的指尖来实现许许多多的功能。刚刚发布的 RC 版本中的最新改进包括通过触摸来实现拖动、下拉、选择项目的动作,而在网站内的横向、纵向滚动,也可以通过触摸来实现。

7. Homegroups 和 Libraries 简化局域网共享

Windows 7 则通过图书馆(Libraries)和家庭组(Homegroups)两大新功能对 Windows 网络进行了改进。图书馆是一种对相似文件进行分组的方式,即使这些文件被放在不同的文件夹中。例如,我们的视频库可以包括电视文件夹、电影文件夹、DVD 文件夹以及 Home Movies 文件夹。用户可以创建一个 Homegroups,它会让我们的这些图书馆更容易地在各个家庭组用户之间共享。

8. 全面革新的用户安全机制

用户账户控制这个概念由 Windows Vista 首先引入。虽然它能够提供更高级别的安全保障,但是频繁弹出的提示窗口让一些用户感到不便。在 Windows 7 中,微软对这项安全功能进行了革新,不仅大幅降低提示窗口出现的频率,用户在设置方面还将拥有更大的自由度。而 Windows 7 自带的 Internet Explorer 8 也在安全性方面较之前版本提升不少,诸如 SmartScreen Filter、InPrivate Browsing 和域名高亮等新功能让用户在互联网上能够更有效地保障自己的安全。

9. 超强的硬件兼容性

微软作为全球 IT 产业链中最重要的一环,Windows 7 的诞生便意味着整个信息生态系统将面临全面升级,硬件制造商们也将迎来更多的商业机会。目前,总共有来自 10 000

家不同公司的 32 000 人参与到围绕 Windows 7 的测试计划当中,其中包括 5000 个硬件合作伙伴和 5716 个软件合作伙伴。全球知名的厂商比如 Sony、ATI、NVIDIA 等都表示将能够确保各自产品对 Windows 7 正式版的兼容性能。据统计,目前适用于 Windows Vista SP1 的驱动程序中有超过 99% 已经能够运用于 Windows 7。

10)Windows XP 模式

现在仍然有许多用户坚守着 Windows XP 的阵地,为的就是它强大的兼容性、游戏、办公,甚至企业级应用全不耽误。同时也有许多企业仍然在使用 Windows XP。为了让用户,尤其是中小企业用户过渡到 Windows 7 平台时减少程序兼容性顾虑,微软在 Windows 7 中新增了一项"Windows XP 模式",它能够使 Windows 7 用户由 Windows 7 桌面启动,运行诸多 Windows XP 应用程序。

 任务描述

小王经过精挑细选,将笔记本电脑购买了回来,但搬回家的只是一台裸机,裸机是不能做任何事情的,由于小王从无系统安装经历,也不敢擅自下手以免弄坏了电脑,无奈只得再请信计学院的学长帮忙。Windows 7 是微软 2009 年 10 月正式发布的 Windows 系列操作系统的最新版本,Windows 7 被称作是微软有史以来最优秀的产品。能够安装使用 Windows 7 操作系统成为许多电脑用户的一大喜事,相比之前的操作系统,Windows 7 系统真的是好看了,快了,好用了,但用户是否担心自己的 Windows 7 系统就像新安装其他 Windows 系统一样仅仅是刚开始运行飞快,但是随着使用时间的增加就会导致效率越来越低,如何给 Windows 7 加速呢?

 任务实施

1. 安装 Windows 7 操作系统

(1) BIOS 启动项参数调整,设置光驱为第一启动项。

重启,按 Del 键进入 BIOS,找到 Advanced Bios Features(高级 BIOS 参数设置)按回车键进入 Advanced Bios Features(高级 BIOS 参数设置)界面。

First Boot Device 开机启动项 1。

Second Boot Device 开机启动项 2。

Third Boot Device 开机启动项 3。

正常设置是:

First Boot Device 设为 HDD-0(硬盘启动)。

Second Boot Device 设为 CDROM(光驱启动)。

当重装系统需从光驱启动时,按 Del 键进入 BIOS 设置,找到 First Boot Device,将其设为 CDROM(光驱启动),方法是用键盘方向键选定 First Boot Device,用 PgUp 或 PgDn 翻页将 HDD-0 改为 CDROM,按 Esc,按 F10 键,再按 Y,按回车键,保存退出。

(2) 硬盘分区。

设置好光驱启动后,放入预先刻录好的 GhostWin7_X64_V2013 旗舰版的 DVD 系统安装光盘。再重启电脑,启动后出现如图 1-1 所示的菜单。

如若硬盘尚未分区,可先在图 1-1 中选择"5"菜单执行硬盘的自动分区,将新机器的新

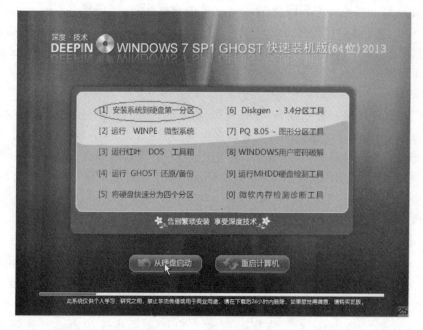

图 1-1　光盘启动菜单

硬盘自动分为 4 个分区。

（3）系统安装流程。

分区完毕后重启机器,再在图 1-1 中按"1"选择安装系统到硬盘第一分区,系统开始恢复系统文件到 C 盘,如图 1-2～图 1-8 所示。

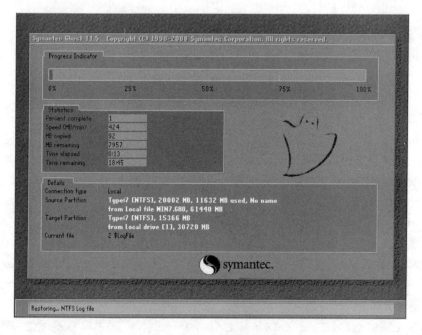

图 1-2　Ghost 恢复界面

图 1-3　安装程序更新注册表

图 1-4　安装程序启动服务

图 1-5　安装程序检测硬件

图 1-6　安装系统驱动程序

图 1-7　安装程序自动重启

图 1-8　激活并启动 Windows 7 旗舰版

经过 5~10 分钟系统会自动安装结束，自动重启，直至进入系统。Windows 7 旗舰系统完全启动后如图 1-9 所示。

图 1-9　Windows 7 启动后桌面

到此，从光盘安装 GhostWin7 系统安装完毕。

2．Windows 7 系统加速

1）开机加速

首先，打开 Windows 7"开始"菜单在搜索程序框中输入"msconfig"命令，如图 1-10 所示；打开系统配置窗口后打开"引导"选项卡，单击"高级选项"，此时就可以看到我们将要修改的设置项了，如图 1-11 所示。

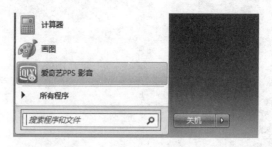

图 1-10　"开始"菜单程序搜索框

勾选"处理器数"和"最大内存"复选框，看到电脑可选项中有多大我们就可以选多大，这里所用电脑最大就支持将处理器调整到 4，可能用户的机器会更高（处理器数目通常是 2、4、8），同时调大内存，确定后重启电脑生效，此时再看看系统启动时间是不是加快了，如图 1-12 所示。

图 1-11　系统配置界面

图 1-12　系统配置界面中高级选项的设置

2）优化系统启动项

这个操作相信很多电脑用户在之前的 Windows 系统中都使用过,利用各种系统优化工具来清理启动项的多余程序来达到优化系统启动速度的目的。这个方法在 Windows 7 操作系统中当然也适用。用户在使用中不断安装各种应用程序,而其中的一些程序就会默认加入到系统启动项中,但这对于用户来说也许并非必要,反而造成开机缓慢,如一些播放器程序、聊天工具等都可以在系统启动完成后自己需要使用时随时打开,让这些程序随系统一同启动占用时间不说,用户还不一定就会马上使用。

清理系统启动项可以借助一些系统优化工具来实现,但不用其他工具我们也可以做到,在"开始"菜单的搜索栏中输入"msconfig"打开系统配置窗口可以看到"启动"选项,如图 1-13 所示,从这里可以选择一些无用的启动项目禁用,从而加快 Windows 7 的启动速度。

要提醒大家一点,禁用的应用程序最好都是自己所认识的,像杀毒软件或是系统自身的服务就不要乱动为宜。

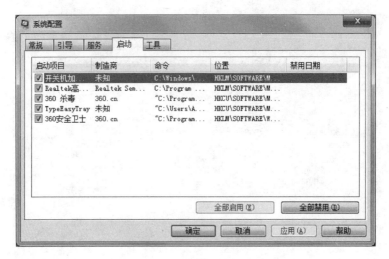

图 1-13　系统配置窗口

3）窗口切换提速

Windows 7 的美观性让不少用户都大为赞赏，但美观是要付出性能作为代价的，如果用户是一位爱美人士那么接下来要介绍的这一方法可能不会被选用，因为这一方法是要关闭 Windows 7 系统中窗口最大化和最小化时的特效，一旦关闭了此特效，窗口切换是快了，不过就会失去视觉上的享受，因此修改与否用户自己决定。

关闭此特效的方法非常简单，右击"开始"菜单处的计算机，打开属性窗口，如图 1-14 和图 1-15 所示。单击"性能信息和工具"项，打开"性能信息和工具"窗口，在"性能信息和工具"窗口中打开"调整视觉效果"项，此时就可以看到视觉效果调整窗口了，如图 1-16 所示，Windows 7 默认是显示所有的视觉特效，这里用户也可以自定义部分显示效果来提升系统速度。把列表中的最后一项最大化和最小化窗口时动态显示窗口的视觉效果去掉，如图 1-17 所示。

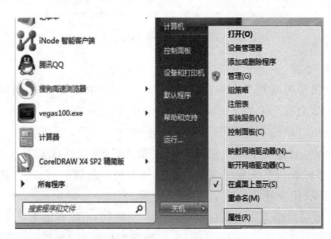

图 1-14　Windows 快捷菜单

4）删除系统中多余的字体

Windows 系统中多种默认的字体也占用不少系统资源，对于 Windows 7 性能有要求的

图 1-15 属性窗口

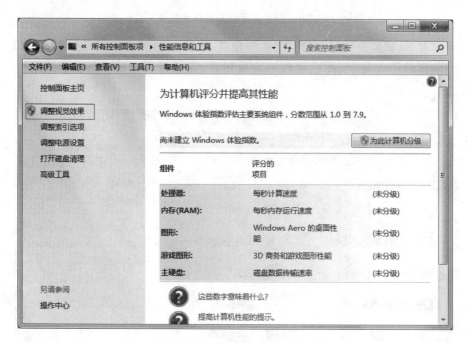

图 1-16 "性能信息和工具"窗口

用户就要删除多余没用的字体,只留下自己常用的,这对减少系统负载提高性能也是会有帮助的。

　　打开 Windows 7 的控制面板,寻找"字体"文件夹,打开控制面板窗口,那么单击右上角的查看方式,选择查看方式为"大图标",这样就可以顺利找到"字体"选项,如图 1-18 所示。

　　此时用户需要做的就是,进入该选项中把那些自己从来不用也不认识的字体统统删除,

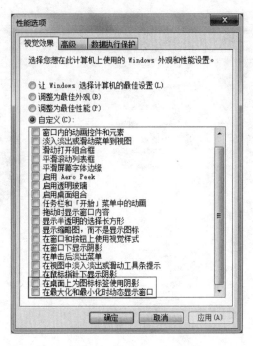

图 1-17　自定义调整视觉效果

删除的字体越多,就能得到越多的空闲系统资源,如图 1-19 所示。当然如果担心以后需要用到这些字体时不太好找,那也可以不采取删除,而是将不用的字体保存在另外的文件夹中。

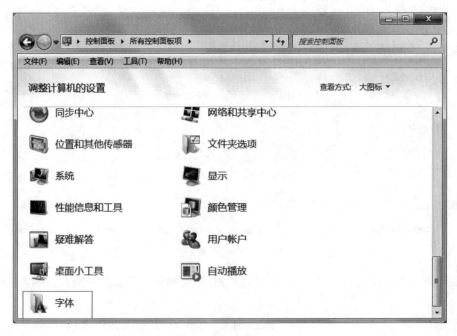

图 1-18　"控制面板"窗口

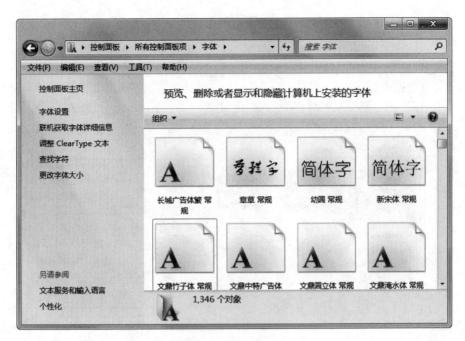

图 1-19 "字体"窗口

任务二　Windows 7 的界面与操作

 预备知识

1. 桌面的操作

中文版 Windows 7 操作系统中各种应用程序、窗口和图标等都可以在桌面上显示和运行。用户可以将常用的应用程序图标、应用程序的快捷方式放在桌面上,以便操作。

通常,桌面上会有"计算机""网络""回收站"、Internet Explorer 以及"用户的文件"。

1)桌面风格调整

桌面风格主要包括桌面背景设置、图标排列等。

(1)设置桌面背景

右击桌面空白处,在弹出的快捷菜单中选择"个性化"选项,将弹出"个性化"窗口。在"个性化"窗口中,单击最下面一排中的"桌面背景"项,在"桌面背景"窗口中,选择自己要设为桌面背景的图片,然后单击"保存修改"按钮,如图 1-20 所示。

(2)图标排列

可以用鼠标左键按住图标并将其拖动到目标位置。如果想要将桌面上的所有图标重新排列,可以右击桌面上的空白处,在弹出的快捷菜单中选择"排序方式"选项,其级联菜单中包括 4 个子菜单项:按名称、按大小、按项目类型和按修改日期,即提供 4 种桌面图标排列方式,如图 1-21 所示。

2)添加和删除桌面上的图标

右击桌面空白处,在弹出的快捷菜单中选择"个性化"选项,将弹出"个性化"对话框。在

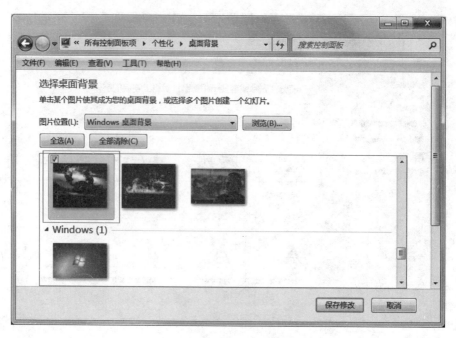

图 1-20　"选择桌面背景"对话框

"个性化"窗口中,单击"更改桌面图标",将弹出"桌面图标设置"对话框,在"桌面图标设置"对话框中,在"桌面图标"中选中"计算机""用户的文件""网络"复选框,然后单击"确定"按钮。这样就可以成功添加相应的图标到桌面上。另外,单击"更改图标"按钮还可以更改应用程序的图标,如图 1-22 所示。

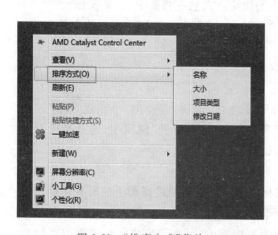

图 1-21　"排序方式"菜单

图 1-22　"桌面图标设置"对话框

3) 在桌面上创建快捷方式的步骤

(1) 在桌面空白处右击,在弹出的快捷菜单中选择"新建"→"快捷方式"选项,将会弹出

"创建快捷方式"对话框。

（2）在"请输入对象的位置"空白栏中选择快捷方式要指向的应用程序名或文档名，单击"下一步"按钮，如图 1-23 所示。

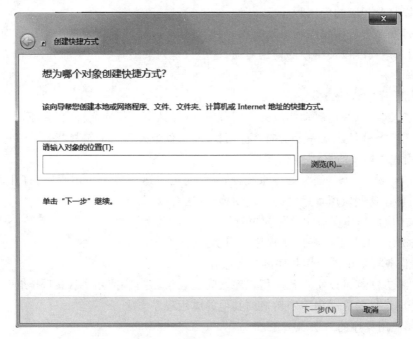

图 1-23 "创建快捷方式"对话框

（3）在"输入该快捷方式的名称"的空白栏中，输入要为快捷方式采用的名称，单击"完成"按钮，系统就在桌面上创建该程序或文件的快捷方式图标。

另外，创建快捷方式还可以采用鼠标右击要选择的应用程序或者文档，然后在右键菜单中选择"发送到"→"桌面快捷方式"选项，同样可以在桌面上生成一个需要的快捷方式。

4）删除桌面上的图标或快捷方式图标

在桌面上选择图标并右击，在弹出的快捷菜单中选择"删除"选项；或在选取对象后按Del 键，即可删除选中的图标。

桌面上应用程序图标或快捷方式图标是它们所代表的应用程序或文件的链接，删除这些图标或快捷方式将不会删除相应的应用程序或文件。

2. 应用程序的使用

附件是中文版 Windows 7 系统自带的应用程序包，其中包括"便签""画图""计算器""记事本""命令提示符""运行"等工具。

1）启动应用程序的方法

第一种方法，启动桌面上的应用程序：如果已在桌面上创建了应用程序的快捷方式图标，则双击桌面上的快捷方式图标就可以启动相应的应用程序。

第二种方法，通过"开始"菜单启动应用程序：在 Windows 7 系统中安装应用程序时，安装程序为应用程序在"开始"菜单的"程序"选项中创建了一个程序组和相应的程序图标，单击这些程序图标即可运行相应的应用程序。

第三种方法,就是用"开始"菜单中的"运行"选项启动应用程序。

还有一种方法,就是通过浏览驱动器和文件夹来启动应用程序:在"计算机"或"Windows 资源管理器"中浏览驱动器和文件夹,找到应用程序文件后双击该应用程序的图标,同样可以打开相应的应用程序。

总之,打开一个应用程序的方法有很多种,具体选择哪一种方式取决于用户对操作系统运行环境的熟悉程度以及用户的使用习惯,这里只是列举了其中的一部分,其他方法就不再做一一列举了。

2)应用程序的快捷方式

用快捷方式可以快速启动相应的应用程序、打开某个文件或文件夹,在桌面上建立快捷方式图标,实际上就是建立一个指向该应用程序、文件或文件夹的链接指针。

3)应用程序切换的方法

Windows 7 是一个多任务处理系统,同一时间可以运行多个应用程序,打开多个窗口,并可根据需要在这些应用程序之间进行切换,方法有以下几种:

(1)单击应用程序窗口中的任何位置。

(2)按 Alt+Tab 键在各应用程序之间切换。

(3)在任务栏上单击应用程序的任务按钮。

以上这些方法都可以实现各应用程序之间的切换,并且,使用 Alt+Tab 组合键可以实现从一个全屏运行的应用程序中切换到其他的应用程序上去。

4)关闭应用程序的方法

(1)在应用程序的"文件"菜单中选择"关闭"选项。

(2)双击应用程序窗口左上角的控制菜单框。

(3)右击应用程序窗口左上角的控制菜单框,在弹出的控制菜单中选择"关闭"选项。

(4)单击应用程序窗口右上角的"×"按钮。

(5)按 Alt+F4 组合键。

以上这些方法都可以实现关闭一个应用程序,当退出应用程序时,如果文档修改的数据没有保存,退出前系统将弹出对话框,提示用户是否保存修改,等用户确定后再退出。

5)创建快捷方式

(1)创建快捷方式的其他方法:在"计算机"窗口中选择需要建立快捷方式的应用程序、文件或文件夹,在弹出的快捷菜单中选择"创建快捷方式"选项,就可以在当前目录下创建一个相应的快捷方式;也可以在弹出的快捷菜单中选择"发送到"→"桌面快捷方式"选项,在桌面上创建选定应用程序、文件或文件夹的快捷方式。

(2)用快捷方式启动应用程序:快捷方式可根据需要出现在不同位置,同一个应用程序也可以有多个快捷方式图标。双击快捷方式图标时,系统根据指针的内部链接打开相应的文件夹、文件或启动应用程序,用户可以不考虑目标的实际物理位置。

(3)删除快捷方式:要删除某项目的快捷方式,则单击选定该项目后按 Del 键,或是右击快捷方式图标,选择"删除"选项,都可以删除一个快捷方式。由于删除某项目的快捷方式实质上只是删除了与原项目链接的指针,因此删除快捷方式时原项目不会被删除,它仍存储在计算机中的原来位置。

任务描述

安装完中文 Windows 7 以后如何操作？这又是一个新的问题。第一次登录系统通常看到的是只有一个"回收站"图标的桌面。如果想恢复系统默认的图标，需要如何操作？同时打开"用户的文件夹"和"计算机"两个应用程序的窗口，如何在桌面上排列并显示这两个窗口？如何在桌面上创建应用程序 Microsoft Word 2010 的快捷方式图标，再用快捷方式启动该应用程序？打开"计算机"窗口，将窗口的大小调整为屏幕大小的四分之一左右，制作一张图片，其内容为"计算机"窗口，然后保存为文件 PC.bmp。

任务实施

1. 恢复系统默认的图标

（1）右击桌面空白处，弹出右键快捷菜单，在快捷菜单中选择"个性化"选项，将弹出"个性化"对话框，如图 1-24 所示。

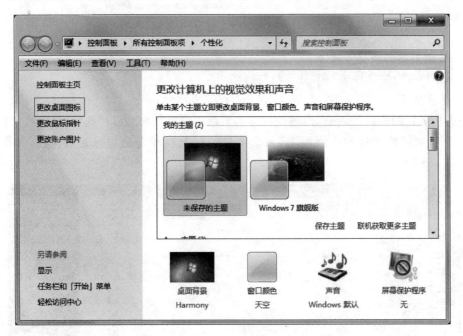

图 1-24　"个性化设置"对话框

（2）在"个性化"设置对话框中，单击"更改桌面图标"，将弹出"桌面图标设置"的对话框，如图 1-25 所示。

（3）在"桌面图标设置"对话框的"桌面图标"中选中"计算机""用户的文件""网络"复选框，然后单击"确定"按钮。这时桌面上就可以看见新增加的"计算机""网络"和"用户的文件"三个图标。

（4）至于 Internet Explorer 在桌面上的显示，在 Windows 7 的"桌面图标设置"中并无这一项，因此可以用其他的方法实现。我们可以通过依次选择"开始"→"所有程序"→Internet Explorer 选项，然后右击，选择"发送到"→"桌面快捷方式"选项，在桌面上就会新

图 1-25　"桌面图标设置"对话框

增一个 IE 浏览器的快捷方式了。

2. 排列"用户的文件夹"和"计算机"窗口

1）层叠窗口

右击任务栏的空白处,在弹出的快捷方式菜单中选择"层叠窗口"选项,就可将已打开的窗口按先后顺序依次排列在桌面上,每个窗口的标题栏和左侧边缘是可见的,如图 1-26 所示。

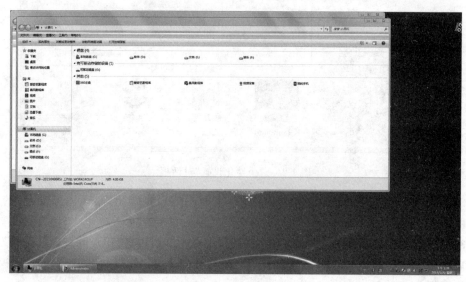

图 1-26　层叠窗口

2）并排显示窗口

若选择"并排显示窗口"选项,就可将打开的窗口以相同大小横向排列在桌面上,如图 1-27 所示。

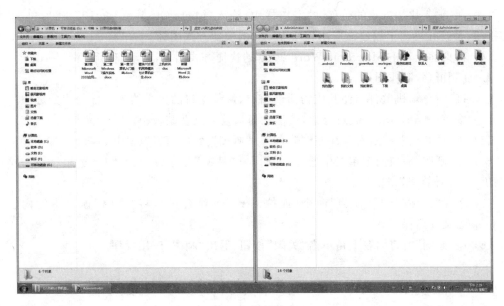

图 1-27　并排显示窗口

3）堆叠显示窗口

若选择"堆叠显示窗口"选项，就可将打开的窗口以相同大小纵向排列在桌面上，如图 1-28 所示。

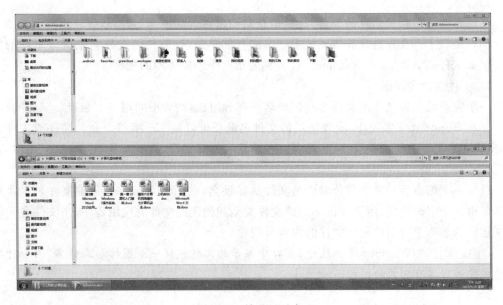

图 1-28　堆叠显示窗口

3. 创建应用程序快捷方式

（1）在桌面空白处右击，在弹出的快捷菜单中选择"新建"→"快捷方式"选项，将会弹出"创建快捷方式"对话框。

（2）在"请输入对象的位置"空白栏中选择快捷方式要指向的应用程序名或文档名，在这里要通过浏览按钮找到应用程序 Word 的准确路径，找到以后单击"下一步"按钮。

（3）在"输入快捷方式的名称"的空白栏中，输入"Microsoft Word 2010"，然后单击"完成"按钮，系统在桌面上创建该应用程序 Word 的快捷方式图标。

（4）在桌面上双击 Microsoft Word 2010 的快捷方式图标，启动应用程序 Word。

4．复制屏幕，制作图片

（1）打开"计算机"窗口，使其成为活动窗口，调整窗口的大小约为屏幕的四分之一。

（2）按 Alt＋PrintScreen 组合键，将活动窗口复制到剪贴板中。

（3）执行"开始"→"所有程序"→"附件"→"画图"命令，打开"画图"窗口。

（4）在"画图"窗口的菜单栏中选择"编辑"→"粘贴"命令（或按 Ctrl＋V 组合键），粘贴剪贴板中的"计算机"窗口。

（5）选择"文件"→"另存为"命令（或按 Ctrl＋S 组合键），将"画图"窗口中的内容以 PC. bmp 为文件名保存。

（6）在"画图"窗口的右上角单击"关闭"按钮，退出"画图"应用程序。

任务三　Windows 7 的文件与文件夹的管理

 预备知识

1．文件和文件夹的概念

1）文件

文件是由一组相关信息的集合，这些信息最初是在内存中建立的，然后以用户给予的名字存储在磁盘上。文件是计算机系统中基本的存储单位，计算机以文件名来区分不同的文件。例如文件名 ABC. doc、Readme. txt 分别表示两个不同类型的文件。

2）文件的命名规则

一个完整的文件名称由文件名和扩展名两部分组成，两者中间用一个圆点"."（分隔符）分开。在 Windows 7 系统中，允许使用的文件名最长可以是 255 字符。命名文件或文件夹时，文件名中的字符可以是汉字、字母、数字、空格和特殊字符，但不能是"？""＊""＼""／""："">"<""＞"和"｜"。

最后一个圆点后的名字部分看作是文件的扩展名，前面的名字部分是主文件名。通常扩展名由 3 个字母组成，用于标识不同的文件类型和创建此文件的应用程序，主文件名一般用描述性的名称帮助用户记忆文件的内容或用途。

［小提示］：在 Windows 7 系统中，窗口中显示的文件包括一个图标和文件名，同一种类型的文件通常具有相同的图标。

3）文件夹

文件夹又称为"目录"，是系统组织和管理文件的一种形式，用来存放文件或上一级子文件夹。它本身也是一个文件。文件夹的命名规则与文件名相似，但一般不需要加扩展名。用户双击某个文件夹图标，即可打开该文件夹，查看其中的所有文件及子文件夹。

4）文件的类型

在中文 Windows 7 中，文件按照文件中的内容类型进行分类，主要类型如表 1-1 所示。文件类型一般以扩展名来标识。

表 1-1　常见的文件类型

文件类型	扩展名	文件描述
可执行文件	.exe、.com、.bat	可以直接运行的文件
文本文件	.txt、.doc	用文本编辑器编辑生成的文件
音频文件	.mp3、.mid、.wav、.wma	以数字形式记录存储的声音、音乐信息的文件
图片图像文件	.bmp、.jpg、.jpeg、.gif	通过图像处理软件编辑生成的文件
影视文件	.avi、.rm、.asf、.mov	记录存储动态变化画面,同时支持声音的文件
支持文件	.dll、.sys	在可执行文件运行时起辅助作用
网页文件	.html、.htm	网络中传输的文件,可用 IE 浏览器打开
压缩文件	.zip、.rar	由压缩软件将文件压缩后形成的文件

2. 用"资源管理器"管理信息资源

信息资源的主要表现形式是程序和数据。在中文版 Windows 7 系统中,所有的程序和数据都是以文件的形式存储在计算机中的。计算机中的文件和我们日常工作中的文件很相似,这些文件可以存放在文件夹中;而计算机中的文件夹又很像我们日常生活中用来存放文件资料的包夹,一个文件夹中能同时存放多个文件或文件夹。

在 Windows 7 系统中,主要是利用"计算机"和"Windows 资源管理器"来查看和管理计算机中的信息资源的。计算机资源通常采用树状结构对文件和文件夹进行分层管理。用户根据文件某方面的特征或属性把文件归类存放,因而文件或文件夹就有一个隶属关系,从而构成有一定规律的存储结构。

1)资源管理器

资源管理器是 Windows 7 主要的文件浏览和管理工具,资源管理器和"计算机"使用同一个程序,只是默认情况下"资源管理器"左边的"文件夹"窗格是打开的,而"计算机"窗口中的"文件夹"窗格是关闭的。

在资源管理器窗口中显示了计算机中的文件、文件夹和驱动器的分层结构。同时显示了映射到计算机上的驱动器号和所有网络驱动器名称。用户可以利用 Windows 资源管理器浏览、复制、移动、删除、重命名以及搜索文件和文件夹。

执行"开始"→"所有程序"→"附件"→"Windows 资源管理器"命令,可以打开"资源管理器"窗口。资源管理器窗口主要分为 3 部分:上部包括标题栏、菜单栏、工具栏等;左侧窗口以树状结构展示文件的管理层次,用户可以清楚地了解存放在磁盘中的文件结构;右侧是用户浏览文件或文件夹有关信息的窗格。

2)文件和文件夹的显示格式

利用"计算机"和"Windows 资源管理器"可以浏览文件和文件夹,并可根据用户需求对文件的显示和排列格式进行设置。

在"计算机"和"Windows 资源管理器"窗口中查看文件或文件夹的方式有"超大图标""大图标""中等图标""小图标""列表""详细信息""平铺"和"内容"8 种。

[小提示]:相比 Windows XP 系统,Windows 7 在这方面做得更美观、更易用。此外,用户还可以先单击目录中的空白处,然后通过按住 Ctrl 键并同时前后推动鼠标的中间滚轮调节目录中文件和文件夹图标的大小,以达到自己最满意的视觉效果。

- "超大图标":以系统中所能呈现的最大图标尺寸来显示文件和文件夹的图标。

- "大图标""中等图标"和"小图标"：这一组排列方式只是在图标大小上和"超大图标"的排列方式有区别，它们分别以多列的大的、中等的或小图标的格式来排列显示文件或文件夹。
- "列表"：它是以单列小图标的方式排列显示文件夹的内容的。
- "详细信息"：它可以显示有关文件的详细信息，如文件名称、类型、总大小、可用空间等。
- "平铺"：以适中的图标大小排成若干行来显示文件或文件夹，并且还包含每个文件或文件夹大小的信息。
- "内容"：以适中的图标大小排成一列来显示文件或文件夹，并且还包含着文档每个文件或文件夹的创建者、修改日期和大小等相关信息。

在"计算机"或"Windows 资源管理器"的工具栏中单击"查看"按钮，弹出下拉菜单，可以从中选择一种查看模式。

3）文件文件夹的排列

Windows 7 系统提供按文件特征进行自动排列的方法。所谓特征，指的是文件的"名称""类型""大小"和"修改日期"等。此外，还可以用"分组依据""自动排列图标""将图标与网格对齐"等方式进行自动排列。

3. 文件、文件夹的组织与管理

在 Windows 7 操作系统中，除了可以创建文件夹、打开文件和文件夹外，还可以对文件或文件夹进行移动、复制、发送、搜索、还原和重命名等操作。利用"Windows 资源管理器"和"计算机"可以组织和管理文件。

为了节省磁盘空间，应及时删除无用的文件和文件夹、被删除的文件或文件夹放到"回收站"中，用户可以将"回收站"中的文件或文件夹彻底删除，也可以将误删的文件或文件夹从回收站中还原到原来的位置。Windows 7 系统中，"回收站"是硬盘上的一个有固定空间的系统文件夹，其属性为隐藏，而且不能删除。

1）文件和文件夹的选定

对文件与文件夹进行操作前，首先要选定被操作的文件或文件夹，被选中对象高亮显示。Windows 7 中选定文件或文件夹的主要方法如下。

- 选定单个对象：单击需要选定的对象。
- 选定多个连续对象：按住 Shift 键的同时，单击第一个对象和选取范围内的最后一个对象。
- 选取多个不连续对象：按住 Ctrl 键，用鼠标逐个单击对象。
- 在文件窗口中按住鼠标左键不放，从右下到左上拖动鼠标，在屏幕上拖出一个矩形选定框，选定框内的对象即被选中。
- 组合键 Ctrl＋A，可以选定当前窗口中的全部文件和文件夹。
- 选择"编辑"→"全选"命令，可以选定当前窗口中的全部文件和文件夹；选择"编辑"→"反向选择"命令，可以选定当前窗口中未选的文件或文件夹。

2）文件与文件夹的复制、移动和发送

复制是将选定的文件或文件夹复制到其他位置，新的位置可以是不同的文件夹、不同磁盘驱动器，也可以是网络上不同的计算机。复制包括"复制"与"粘贴"两个操作。复制文件或文件夹后,原位置的文件或文件夹不发生任何变化。

移动是将选定的文件或文件夹移动到其他位置,新的位置可以是不同的文件夹、不同的磁盘驱动器,也可以是网络上不同的计算机。移动包含"剪切"与"粘贴"两个操作。移动文件和文件夹后,原位置的文件或文件夹将被删除。

为防止丢失数据,可以对重要文件做备份,即复制一份存放在其他位置。

（1）复制操作

- 用鼠标拖动:选定对象,按住 Ctrl 键的同时拖动鼠标到目标位置。
- 用快捷菜单:右击选定的对象,在弹出的快捷菜单中选择"复制"选项;选择目标位置,然后右击窗口中的空白处,在弹出的快捷菜单中选择"粘贴"选项。
- 用组合键:选定对象,按 Ctrl＋C 组合键进行"复制"操作;再切换到目标文件夹或磁盘驱动器窗口,按 Ctrl＋V 组合键完成"粘贴"。
- 用菜单命令:选定对象后,选择"编辑"→"复制"命令;切换到目标文件夹位置,选择"编辑"→"粘贴"命令。

（2）移动操作

- 用鼠标拖动:选定对象,按住左键不放拖动鼠标到目标位置。
- 用快捷菜单:用鼠标右击选定的对象,在弹出的快捷菜单中选择"剪切"选项;切换到目标位置,然后右击窗口中的空白处,在弹出的快捷菜单中选择"粘贴"选项。
- 用组合键:选定对象,按 Ctrl＋X 组合键进行"剪切"操作;再切换到目标文件夹或磁盘驱动器窗口,按 Ctrl＋V 组合键完成"粘贴"。
- 用菜单命令:选定对象后,选择"编辑"→"剪切"命令;切换到目标文件夹位置,选择"编辑"→"粘贴"命令。

（3）发送操作

发送文件或文件夹到其他磁盘(如软盘、U 盘或移动硬盘),实质上是将文件或文件夹复制到目标位置。选定对象并右击,在弹出的菜单中选择"发送到"→"可移动磁盘(G:)"。如图 1-29 所示,文件或文件夹的发送目标位置有可移动磁盘、邮件收件人、桌面快捷方式和压缩文件夹等。

3）文件与文件夹的重命名

选择要重命名的文件或文件夹,选择"文件"→"重命名"命令;或者右击要重命名的文件或文件夹,在弹出的快捷菜单中选择"重命名"选项。文件或文件夹的名称处于编辑状态(蓝色反白显示),直接输入新的文件或文件夹名,输入完毕按 Enter 键。

4）搜索操作

利用 Windows 7 的"搜索"功能可以快速找到某一个或某一类文件和文件夹。在计算机中搜索任何已有的文件或文件夹,首先要知道文件名或文件类型。对于文件名,用户如果记不住完整的文件名,可使用通配符进行模糊搜索。常用的通配符有"＊"和"?",分别代表任意一串字符和任意一个字符。

打开"资源管理器"选择计算机(搜索的范围),在右上角有个搜索框,在里面输入要搜索的文件夹名或文件名,就能得到搜索的结果。

图 1-29 "发送到"子菜单

5）删除操作

删除文件或文件夹时，首先选定要删除的对象，然后用以下方法执行删除操作：

- 右击，在弹出的快捷菜单中选择"删除"选项。
- 在键盘上直接按 Del 键。
- 选择"文件"→"删除"命令。
- 在工具栏中单击"删除"按钮。
- 按组合键 Shift＋Del 直接删除，被删除对象不再放到"回收站"中。
- 用鼠标直接将对象拖到"回收站"。

［小提示］：要彻底删除"回收站"中的文件和文件夹，打开"回收站"窗口，选定文件或文件夹并右击，在弹出的快捷菜单中选择"删除"选项或"清空回收站"选项。

6）还原操作

用户删除文档资料后，被删除的内容移到"回收站"中。在桌面上双击"回收站"图标，可以打开"回收站"窗口查看回收站中的内容。"回收站"窗口列出了用户删除的内容，并且可以看出它们原来所在的位置、被删除的日期、文件类型和大小等。

若需要把已经删除到回收站的文件恢复，可以使用"还原"功能，双击"回收站"图标，在"回收站任务"栏中单击"还原所有项目"选项，系统把存放在"回收站"中的所有项目全部还原到原位置；单击"还原此项目"选项，系统将还原所选的项目。

 任务描述

在 Windows 7 系统中，所有的程序和数据都是以文件的形式存储在计算机中的。在计算机系统中,通常采用树状结构对文件和文件夹进行分层管理。文件和文件夹有其命名的规则。使用"Windows 资源管理器"可以管理计算机文件和文件夹。下面我们来创建如图 1-30 所示结构的文件夹,并将"计算机导论"文件夹下的所有文件和文件夹复制到 D 盘新建的文件夹"教学 ABC"中,删除文件夹"教学日历"和文件"综合作业.docx"。

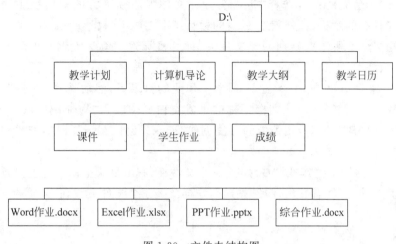

图 1-30 文件夹结构图

 **任务实施**

1. 创建文件夹

执行"开始"→"所有程序"→"附件"命令,选择"Windows 资源管理器",打开"Windows 资源管理器"窗口,如图 1-31 所示。

图 1-31 "Windows 资源管理器"窗口

（1）在左侧的窗格中单击"计算机"，然后在右侧的窗格中单击 D 盘，进入 D 盘的根目录下。

（2）右击空白处，在弹出的快捷菜单中选择"新建"→"文件夹"，在右侧窗格中会生成一个"新建文件夹"。

（3）右击"新建文件夹"，选择"重命名"，在文件夹图标下方的空白栏中输入"教学计划"，再单击文件夹的图标，这样就在 D 盘的根目录下创建了"教学计划"。

（4）重复操作步骤（3），分别创建文件夹"计算机导论""教学大纲""教学日历""课件""学生作业""成绩"。

（5）双击"学生作业"文件夹，进入到学生作业的目录下，然后选择"文件"→"新建"→"Microsoft Word 文档"，在新建文档图标的下方空白栏中输入"Word 作业. docx"，然后单击文档图标完成创建。接着，用类似的方法创建"Excel 作业. xlsx""PPT 作业. pptx""综合作业. docx"。

（6）选择"课件""学生作业""成绩"这三个文件夹，右击目录空白处，选择"剪切"。双击"计算机导论"文件夹，然后右击选择"粘贴"，这样就把三个文件夹放在"计算机导论"文件夹目录下了。

[小提示]：

- 同一文件夹中不能有名称和类型完全相同的两个文件，即文件名具有唯一性，Windows 7 系统通过文件名来存储和管理文件和文件夹。
- 存储在磁盘中的文件或文件夹具有相对固定的位置，也就是路径。路径通常由磁盘驱动器符号（或称盘符）、文件夹、子文件夹和文件的文件名等组成。

2. 复制和删除文件和文件夹

1）文件复制操作

（1）打开"Windows 资源管理器"窗口。

（2）单击 D 盘，在右侧窗格中空白处选择"新建"→"文件夹"命令，在右侧窗格中将会生成一个"新建文件夹"，输入文字"教学 ABC"。

（3）单击左侧窗格中的"计算机导论"文件夹，右侧窗格中将显示"计算机导论"文件夹下的文件和文件夹。选择"组织"→"全选"命令，选中所有文件和文件夹（或按 Ctrl＋A 组合键），如图 1-32 所示。

（4）选择"组织"→"复制"选项，或是右击右侧窗格中任意一个文件或文件夹，然后选择"复制"（或按 Ctrl＋C 组合键），将选中的内容复制到剪贴板中。

（5）单击左侧窗格中的"教学 ABC"文件夹，右侧窗格会切换到"教学 ABC"文件夹下，右击右侧窗格中的空白处，在弹出的快捷菜单中选择"粘贴"选项（或使用 Ctrl＋V 组合键），将剪贴板中的内容粘贴到该文件夹中。

2）删除文件夹的操作

在"Windows 资源管理器"窗口的左侧窗格中，选定文件夹"教学日历"（D:\教学日历）。

右击右侧框中的空白处，在弹出的快捷菜单中选择"删除"选项，在弹出的"删除文件夹"对话框中，单击"是"按钮，这样就删除了"教学日历"文件夹，如图 1-33 所示。

3）删除文件的操作

在"Windows 资源管理器"窗口的左侧窗格中选定"学生作业"文件夹。

图 1-32　文件、文件夹管理实例

图 1-33　"删除文件夹"对话框

在右侧窗格中选择文件"综合作业.doc"并右击,在弹出的快捷菜单中选择"删除"选项,在弹出的"删除文件夹"对话框中单击"是"按钮。

实训一　Windows 7 的基本操作

- 掌握窗口与对话框的组成与基本操作。
- 练习 Windows 桌面图标的整理、任务栏的使用。
- 查看"开始"菜单的常用选项及其功能。

操作步骤:

1. 了解 Windows 7 桌面的基本组成要素

(1) 启动 Windows 7 以后,观察桌面基本图标:Administrator、计算机、网络、回收站、Internet Explorer。

(2) 观察桌面底部的任务栏,它显示"开始"菜单、快捷启动图标、正在打开的程序和窗口、日期时间等。

2. 改变图标标题

例如,可将"计算机"图标标题改为"我的电脑"。

3. 排列图标

右击桌面空白处,在快捷菜单中选择"排列方式"选项,在级联菜单中选择"按名称"或"按类型"选项来排列图标。

4. 保持桌面现状

右击桌面空白处,在弹出的快捷菜单中选择"查看"选项,在级联菜单中选择"自动排列图标"选项,则该选项处出现√符号,其后的移动图标操作将被禁止,并观察"查看"级联菜单中其他选项的作用。

【注】 以下操作,须先右击"任务栏"空白位置,在弹出的快捷菜单中取消"锁定任务栏"的选定。

5. 改变任务栏高度

先使任务栏变高(拖动上沿),再恢复原状。

6. 改变任务栏位置

将任务栏移到左边沿(光标指向任务栏空白处,按住左键,拖动),再恢复原状。

7. 设置任务栏选项

右击"任务栏"空白位置,在弹出的快捷菜单中选择"属性",弹出"任务栏属性"对话框,如图 1-34 所示,在对话框的 3 个复选框(有√符号)中选择。

图 1-34 "任务栏属性"对话框

8. 在桌面上添加一个文件夹

(1)右击桌面空白处,选择快捷菜单中的"新建"选项中的"文件夹"选项,则桌面上将出现一个名为"新建文件夹"的图标。

(2)右击图标的标题,选择快捷菜单中的"重命名"选项,输入"我的文件夹",则文件夹由"新建文件夹"改名为"我的文件夹"。

9. 使用"工具"文件夹

（1）将桌面上的"我的电脑"图标拖放到"工具"文件夹中，则自动创建一个"我的电脑"的快捷方式。

（2）执行"开始"→"所有程序"→"附件"→"画图"命令，打开"画图"程序。

（3）画一幅以春天为主题的"春天"图，将图片保存到"我的文件夹"中。

实训二　Windows 7 的文件与文件夹操作

- 新建文件和文件夹。
- 文件和文件夹的选择、移动、复制、重命名等操作。
- 文件和文件夹的属性设置。
- 创建快捷方式。
- 搜索文件。

操作步骤：

1. 选定文件

在"计算机"窗口中，打开一个内容较多的文件夹，分别采用以下几种鼠标操作方式来选定文件。

【注】　选定了当前文件夹中的一个或多个文件之后，只需在文件夹空白处单击一下，即可解除选定。

（1）单击某个文件图标，选定它。

（2）按住 Ctrl 键，然后单击几个文件图标，选定这几个文件。

（3）单击一个文件图标，再按住 Shift 键，同时单击另一个文件图标，则选定两个图标之间的所有文件。

（4）选择"编辑"菜单中的"全选"选项，选定当前文件夹中的所有文件。

【注】　上述方法也可以选定除文件之外的其他对象，如文件夹、设备等。

2. 用键盘选定文件

分别采用以下几种键盘操作方式来选定文件：

（1）按 Tab 键，将光标移到"计算机"的内容列表框，用光标方向键将光标移动到某个文件图标上，即可选定该文件。

（2）将光标移动到某个文件图标上，按住 Shift 键不放，然后用光标方向键将光标移动到另一个文件图标上，即可选定两个图标之间的所有文件。

（3）按组合键 Ctrl＋A，选定当前文件夹中的所有文件。

3. 复制文件

在桌面位置右击，选择"新建"→"文件夹"命令，则创建了一个新建文件夹，命名为"临时_文件复制"。在"计算机"窗口中打开一个内容较多的文件夹。然后按以下步骤完成文件的复制操作。

（1）在打开的文件夹中选定一个或几个文件。

（2）选择"编辑"菜单中的"复制"选项，或右击所选定的文件，选择快捷菜单中的"复制"

选项,或按组合键 Ctrl＋C,将所选定的内容送入剪贴板。

(3) 双击桌面上的"临时_文件复制"文件夹,打开它。

(4) 选择"编辑"菜单中的"粘贴"选项,或右击文件夹空白处,选择快捷菜单中的"粘贴"选项,或按组合键 Ctrl＋V,将剪贴板中的内容复制到当前文件夹中。

4. 移动文件

在桌面上和 Administrator 窗口中进行以下操作:

(1) 在"临时_文件复制"文件夹中选定一个或几个文件。

(2) 选择"编辑"菜单的"剪切"选项,或右击所选定的文件,选择快捷菜单中的"剪切"选项,或按组合键 Ctrl＋X,将所选定的内容送入剪贴板,同时在原来位置上删除这些文件。

【注】 操作时应防止误删除系统文件或其他有用的文件。

(3) 打开 Administrator 窗口。

(4) 选择"编辑"菜单中的"粘贴"选项,或右击所选定 Administrator 窗口客户区空白处,选择快捷菜单中的"粘贴"选项,或按组合键 Ctrl＋V,将剪贴板中的内容移动到 Administrator 中。

5. 用拖放的方法移动和复制文件

在 Administrator 窗口和桌面进行以下操作。

(1) 打开 Administrator 窗口,选定上述操作中移动过来的一个或几个文件。

(2) 将选定的文件拖到桌面上的"临时_文件复制"文件夹中图标上,然后放开,则这些文件就被移动到了这个文件夹中。

(3) 在桌面上再创建一个文件夹,命名为"临时文件拖放"。

(4) 打开"临时_文件复制"文件夹,选定其中的所有文件。

(5) 按住 Ctrl 键,将选定的文件拖到"临时文件拖放"文件夹图标上,然后放开,则这些文件就被复制到了该文件夹中。

(6) 打开"临时文件拖放"文件夹,选定其中的一个文件。

(7) 将选定的文件拖到"临时_文件复制"文件夹图标上,然后放开,因为该文件夹中已有一个同名文件,故将弹出一个对话框,如图 1-35 所示,有"复制和替换""不要复制"和"复制,但保留这两个文件"三个选项,选择第一个选项则替换原来的文件。

6. 删除文件

在桌面上进行以下操作:

(1) 打开"临时_文件复制"文件夹,选定其中的一个文件。

(2) 按 Del 键,弹出"删除文件"对话框,如图 1-36 所示。单击"是"按钮,则所选定的文件被删除,放入回收站中。

(3) 再在"临时_文件复制"文件夹中选定一个文件。

(4) 按组合键 Shift＋Del,弹出"删除文件"对话框,如图 1-37 所示。单击"是"按钮,则所选定的文件被彻底删除(不放入回收站)。

7. 设置文件或文件夹的属性

(1) 在"临时_文件复制"文件夹中选定一个文件,右击此文件,选择"属性"。

(2) 将此文件属性设为"只读"和"隐藏"。

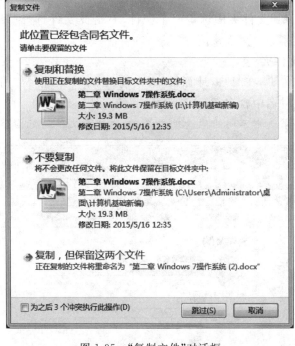

图 1-35 "复制文件"对话框

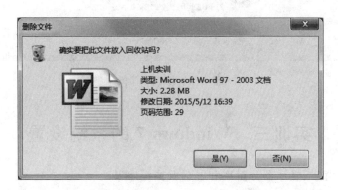

图 1-36 确认是否放入回收站

图 1-37 确认是否要删除

8. 创建快捷方式

在"临时_文件复制"文件夹中选定一个文件,右击此文件选择"发送"→"桌面快捷方式",则为此文件创建了一个桌面快捷方式。

9. 查找文件或文件夹

打开"计算机"文件夹,在"搜索计算机"框中输入"萍乡系统",如图 1-38 所示。则会搜索本计算机中所有文件名中含有字符"萍乡系统"的文件。

【注】 搜索时如果选中不同的磁盘或文件夹,则搜索文件的范围会随着变化。

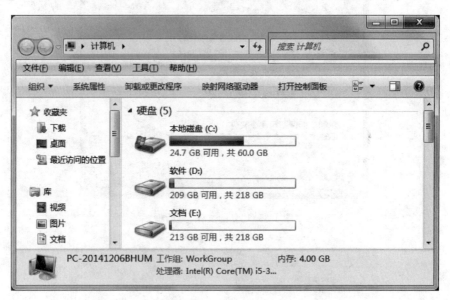

图 1-38 搜索计算机

实训三 Windows 7 的系统设置

- 设置桌面背景、显示器分辨率和屏幕保护程序。
- 设置日期和时间。
- 设置输入法属性。
- 设置鼠标属性。

操作步骤:

1. 打开"控制面板"对话框

按以下方法之一打开"控制面板"对话框,如图 1-39 所示。

(1) 打开"开始"菜单,选择其中的"设置"选项中的"控制面板"项,打开"控制面板"窗口。

(2) 右击"计算机",选择快捷菜单中的"控制面板"选项。

2. "个性化"设置

(1) 单击"控制面板"中的"个性化"图标,如图 1-40 所示。

(2) 打开"个性化"窗口,左侧有更改桌面图标、更改鼠标指针、更改账户图片选项。

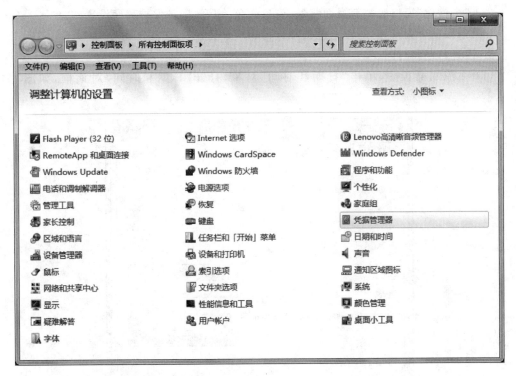

图 1-39　控制面板

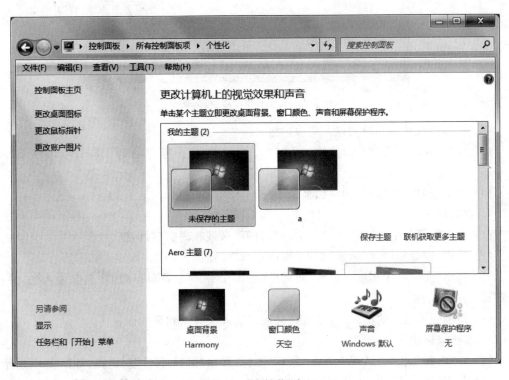

图 1-40　"个性化"窗口

（3）"个性化"窗口底端有桌面背景、窗口颜色、声音、屏幕保护程序设置。

（4）请根据个人喜好，对以上各选项进行相应设置。

3. 设置日期和时间

（1）在控制面板中，单击"日期和时间"对象，打开"日期和时间"对话框，如图 1-41 所示。

图 1-41　"日期和时间"对话框

（2）可以更改日期和时间以及更改时区。

（3）在"Internet 时间"标签中，可以"将计算机设置为自动与 time. windows. com 同步"。

（4）单击"确定"按钮，关闭对话框。

4. 设置输入法

（1）在控制面板中，单击"区域和语言"，打开"区域和语言"对话框。

（2）单击"键盘和语言"标签，单击"更改键盘"按钮。

（3）弹出"文本服务和输入语言"对话框，如图 1-42 所示，可以添加和删除输入法，并设置各输入法的属性。

（4）请删除不常用的输入法，并将最常用的输入法移动到最前面。

5. 设置鼠标属性

（1）在"控制面板"对话框中单击"鼠标"图标，弹出"鼠标 属性"对话框，如图 1-43 所示。

（2）利用"鼠标 属性"对话框可以设置鼠标双击速度，切换左键和右键，设置鼠标指针等。

图 1-42　"文本服务和输入语言"对话框

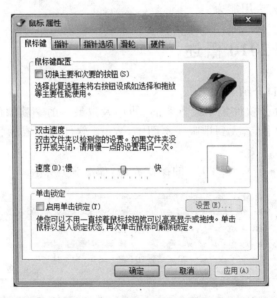

图 1-43　"鼠标 属性"对话框

Windows 7 操作系统

项目二 利用 Word 高效创建电子文档

2010 年,微软公司推出了全新的 Office 2010 系列办公组件,其包括了 Word、Excel、PowerPoint、Outlook、Publisher、OneNote、Access 等组件。其中,Word 2010 具有很强的文字处理能力,从日常工作的会议通知文件到各行各业的事务处理,都有广泛应用,Microsoft Word 2010 提供了世界上最出色的功能,其增强后的功能可创建专业水准的文档,用户可以更加轻松地与他人协同工作并可在任何地点访问自己的文件。Word 2010 旨在向用户提供最上乘的文档格式设置工具,利用它还可更轻松、高效地组织和编写文档,并使这些文档唾手可得,无论何时何地灵感迸发,都可捕获这些灵感。Word 2010 使人们从枯燥、琐碎的事务中脱离出来,变得轻松愉快。下面以 Word 2010 为蓝本,以任务引领的方式,通过具体案例,使使用者能掌握 Word 2010 中的文字编辑处理、表格制作、图文混排、打印输出等功能,具备基本的现代化办公应用能力。

2.1　Word 2010 概述

1. Word 2010 窗口介绍

Word 是 Office 办公软件集中最重要的、使用人数最多的一款软件,其主要功能是制作各类文档,小到写一封书信,大到排版一本图书,Word 软件已经成为我们的日常工作、生活中不可缺少的工具。

下面首先来认识一下 Word 2010 的操作界面,如图 2-1 所示。

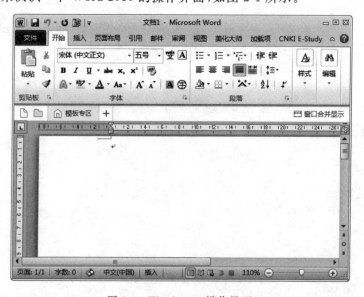

图 2-1　Word 2010 操作界面

总体来看，Word 2010 的界面继承了 Office 2010 系列软件的鲜明特征。其核心界面主要可分为两大块：功能区和编辑区。功能区为编辑区提供各种操作、设置的服务，而编辑区用来存放文档、编辑文档。

2．Word 2010 的视图方式

Word 2010 提供了多种显示方式，包括页面视图、阅读版式视图、Web 版式视图、大纲视图、草稿视图，见表 2-1。用户可以根据自己的不同需要来选择不同的视图对文档进行查看。另外，还可以任意调整显示比例，使用户能够浏览到文档的某些部分，更好地完成需要的操作。

表 2-1　Word 的视图

视图	说　　明
页面视图	Word 默认的视图方式，完全显示文本及格式、图片、表格，与打印效果相同，页面视图常用于对文档排版和设置格式等
阅读版式视图	便于在计算机屏幕上阅读文档
Web 版式视图	将文档显示为网页的形式，不带分页，便于用 Word 制作网页
大纲视图	显示文档各级标题大纲层次，当需要整体把握和调整文档的大纲结构时使用
草稿	只显示文本功能，简化了页面布局，可快速输入和编辑文本

选取一个视图的方法有以下两种：

方法 1：在功能区打开"视图"选项卡，在"文档视图"选项组中单击某个视图命令即可切换到对应的视图下浏览文档，如图 2-2 所示。

方法 2：直接用鼠标单击状态栏右侧的 5 个视图按钮中的一个，完成视图的切换，如图 2-3 所示。

图 2-2　"文档视图"选项组　　　　图 2-3　视图按钮

1）页面视图

页面视图是 Word 2010 默认的视图，适合正常文档编辑，也是我们使用最多的视图，如图 2-4 所示。

2）阅读版式视图

阅读版式视图适合阅读文档，能尽可能多地显示文档内容，但不能对文档进行编辑，只能对阅读的文档进行批注、保存、打印等处理。Word 会隐藏与文档编辑相关的组件，只保留了部分命令："保存""翻译屏幕提示""新建批注""突出显示文本""打印预览和打印""关闭"等几个按钮以及"工具""视图选项"两个菜单栏，如图 2-5 所示。通过单击"关闭"按钮可以退出阅读版式视图。

3）Web 版式视图

Web 版式视图具有专门的 Web 页编辑功能，在该视图预览的效果就像是在浏览器中显示的一样。为了适应在 Web 页的特殊显示，我们会发现有些行与段落、图形位置发生了

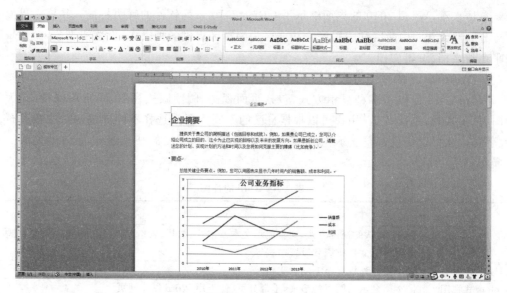

图 2-4　页面视图

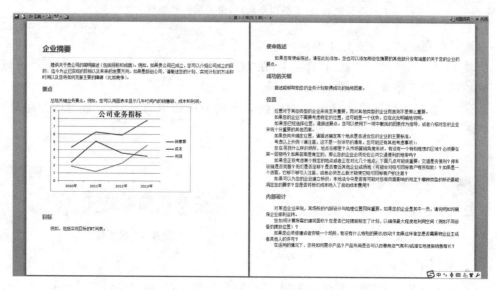

图 2-5　阅读版式视图

变化。在 Web 版式视图下编辑文档，有利于文档后期在 Web 端的发布，如图 2-6 所示。

4）大纲视图

在大纲视图中，能查看文档的结构，也可以通过拖动标题来移动、复制和重新组织文本，还可以通过折叠文档来查看主要标题，或者展开文档以查看所有标题和正文。大纲视图适合较多层次、篇幅较长的文档，如图 2-7 所示。

使用大纲视图，在功能区会自动启动一个名为"大纲"的选项卡，通过单击选项中的"关闭大纲视图"按钮可退出大纲视图。

5）草稿视图

草稿视图模拟了以看草稿的形式来浏览文档，在此模式下，图片、页眉、页脚等要素将被

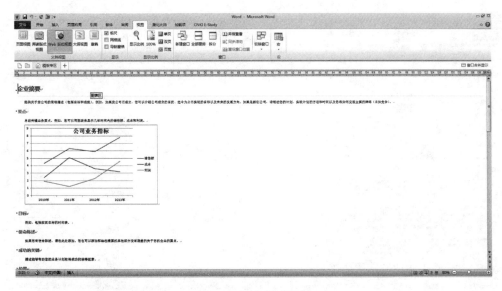

图 2-6　Web 版式视图

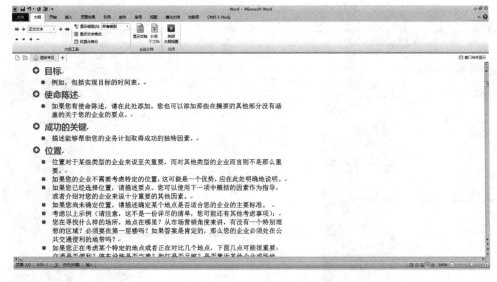

图 2-7　大纲视图

隐藏,有利于用户针对文档内容进行快速的浏览和编辑,如图 2-8 所示。

6) 导航窗格

导航窗格是 Office 特有的组件,相当于以前版本中的文档结构图和缩略图。导航窗格是一个独立的窗格,能够显示文档的标题列表和缩略图,并具有搜索文本的功能,如图 2-9 所示。

使用导航窗格可以对整个文档进行快速浏览,同时还能通过标题来快速找到相应的内容位置,单击左侧导航窗格中的标题"企业营销",右侧文档就会自动定位到该标题在文档中的位置。

使用导航窗格还可以浏览文档的缩略图,缩略图是文档缩小版的显示效果。此外,使用

利用 Word 高效创建电子文档

图 2-8　草稿视图

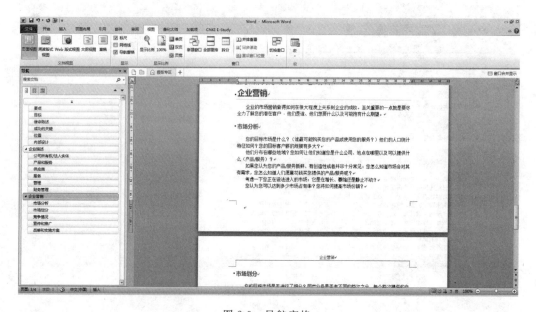

图 2-9　导航窗格

导航窗格还可以搜索文本。在导航窗格的搜索框中输入要搜索的文本，单击"搜索"按钮 ，在文档中符合条件的文本就会突出显示，如图 2-10 所示。单击搜索框右侧的 ✕ 按钮可取消搜索效果。

若要打开导航窗格，可有以下两种方法。

方法 1：在功能区打开"视图"选项卡，在"显示"选项组中勾选"导航窗格"。

方法 2：直接按组合键 Ctrl＋F。

3. Word 的启动和退出

如图 2-11 所示，单击"开始"菜单，选择"所有程序"→Microsoft Office→Microsoft

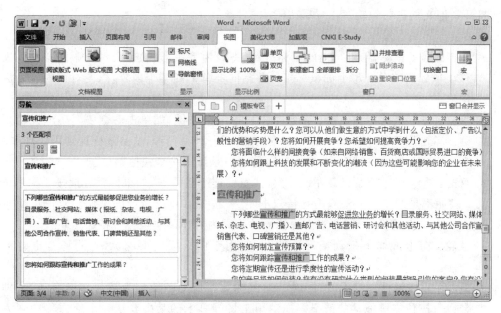

图 2-10　导航窗格中的搜索

Word 2010 命令；或者双击桌面上的 Word 图标，即可启动 Word。Word 启动后，会自动创建一个新文档，可以直接在其中输入和编辑新文档的内容。

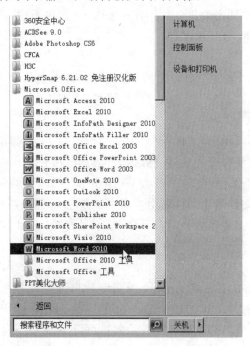

图 2-11　用"开始"菜单启动 Word

在文件夹中双击某个 Word 文件，同样可以启动 Word，并同时将此 Word 文件打开。

单击 Word 窗口右上角的 ⊠ 按钮，或单击"文件"菜单中的"退出"命令，可退出 Word。如果单击"文件"菜单中的"关闭"命令，则只能关闭文档，并不退出 Word，可继续用 Word 新

利用 Word 高效创建电子文档

建或打开其他文档进行编辑。

有关鼠标的基本操作如下。

- 指向：移动鼠标器，屏幕上的鼠标指针（一般为箭头形状）也会对应跟随移动。通过移动鼠标器移动屏幕上的鼠标指针并指向屏幕上的某个内容，以便对该内容做后续操作。
- 单击：按下鼠标左键 1 次。一般单击均指单击左键，如单击右键要明确地说明是右键。单击用于按下屏幕上的一个按钮、选择一种项目等，这是鼠标最常用的操作。
- 右击：按下鼠标右键 1 次，右击的功能一般是弹出一个快捷菜单。
- 双击：连续快速地按鼠标左键 2 次，注意要连续且快速，如果慢吞吞地按 2 次是单击 2 次而不是双击。一般双击均指双击左键，很少有双击右键的操作。双击可用于打开一个文件，在不同场合双击屏幕上的不同内容还能实现很多特殊功能。
- 滚轮：向上或向下拖动鼠标滚轮，一般用于向上或向下翻页，不同场合也有特殊功能。
- 拖动：按住鼠标左键不放，同时移动鼠标器。拖动一般均为按住左键拖动，个别场合也有按住右键拖动的情况。拖动用于将屏幕上的某内容从一个地方移动到另一个地方，或者用于选中一个区域等。
- 键盘按键配合：做上述鼠标操作时，有时还可配合键盘的 Ctrl、Alt、Shift 等按键，即按住这些键中的 1 个或多个，再同时做上述鼠标操作，以实现更多不同的功能。如按住 Ctrl 键不放，同时做拖动的操作；按住 Shift 键不放，同时做单击操作等等。

4. Word 文档的新建、打开和保存

1）新建文档

Word 启动后，会自动创建一个新文档，我们可在其中直接输入和编辑新文档的内容。也可单击"文件"菜单中的"新建"命令，在"可用模板"中双击"空白文档"新建文档。

2）打开文档

要打开现有的文档，可单击"文件"菜单中的"打开"命令，在弹出的"打开"对话框中选择文件夹所在的位置，单击要打开的文件，然后单击"打开"按钮。也可以在资源管理器的文件夹中双击某个 Word 文档文件，可自动启动 Word 并在 Word 中将其打开。

每个文件都有一个文件名。文件名由主名和扩展名两部分组成，之间用圆点"."分隔，即"主名.扩展名"的形式。主名由我们自己命名，但最好"见名知义"。扩展名通常用来区分文件的类型，例如，扩展名 jpg 表示图片文件、avi 表示视频文件、mp3 表示音乐文件、txt 表示文本文件等。

Word 2010 文档文件的扩展名为 docx，Word 2003 及更早期版本的 Word 文档文件的扩展名为 doc，后者也可被 Word 2010 兼容并可由 Word 2010 打开编辑。

在资源管理器中，文件名的扩展名可被隐藏，也可以显示出来，分别如图 2-12 和图 2-13 所示，不仅包含了一些 Word 文档文件的示例，如 Excel 文档文件、PowerPoint 文档文件、文本文件、图片文件等，这些文件都可被隐藏扩展名也可以显示扩展名。

需要注意的是，如果文件的扩展名被隐藏，并不表示它没有扩展名，在更改文件名时，也要注意不要为文件名误增加两个连续的扩展名。例如，图 2-12 的"Word 素材"如果在该窗口中将之更名为"Word 素材.docx"，那么实际文件名将变成"Word 素材.docx.docx"，这将

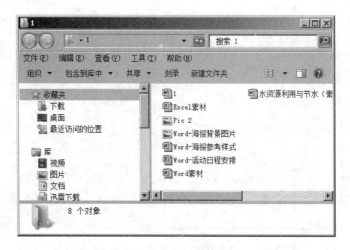

图 2-12　扩展名被隐藏

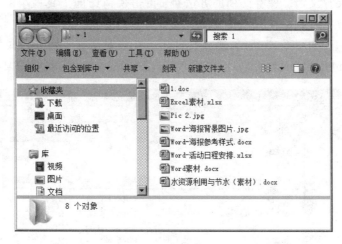

图 2-13　显示扩展名

导致错误。这是因为虽然更名后看上去具有了后缀.docx，但由于扩展名本来是隐藏的，这里看上去的.docx实际是文件名的一部分，而非扩展名；而实际上文件还具有一个隐藏的扩展名.docx，因而它具有连续两个.docx。

　　为了避免出现类似的错误，建议将自己的资源管理器设置为"显示文件扩展名"而不要隐藏它，即让效果如图2-13所示，设置的方法是，在任意一个资源管理器窗口中单击"组织"按钮，从下拉菜单中选择"文件夹和搜索选项"，如图2-14所示，在弹出的"文件夹选项"对话框中，切换到"查看"标签页，然后在下方找到"隐藏已知文件类型的扩展名"，不要勾选该项（如果该项前有对钩标记，则单击它取消对钩标记），单击"确定"按钮，只要在任意一个资源管理器窗口中做此设置，则所有的资源管理器窗口都将自动应用同样的设置，都不会隐藏文件扩展名了，这时文件状态如图2-13所示，更改文件名时文件的实际名称与看到的一致，都不会出现连续2个后缀（如.docx.docx）的错误。

　　3）保存文档

　　如果编辑好的文档没有保存就被关闭，那么先前的工作就白费了。因此，在文档编辑结

利用 Word 高效创建电子文档

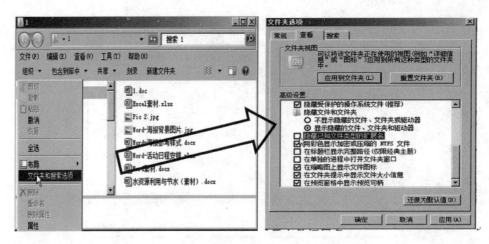

图 2-14　在资源管理器中设置为显示文件扩展名

束前,必须记得保存文档。保存文档的方法是:单击快速访问工具栏中的"保存"按钮;或者单击"文件"菜单中的"保存"命令:或者按 Ctrl+S 组合键。在弹出的"另存为"对话框中选择要保存的位置,如图 2-15 所示,输入文件名。在该对话框中输入的文件名英文字母大小写均可;是否包括.docx 均可,如不包括,Word 2010 会自动添加,单击"保存"按钮。

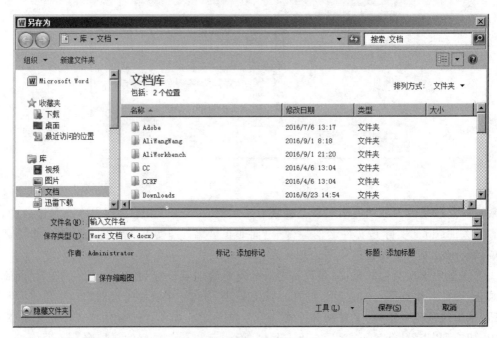

图 2-15　"另存为"对话框

Ctrl+S 称为组合键,按键方法是:首先按下键盘上的 Ctrl 键(左右 Ctrl 键按下任意一个均可),然后按住 Ctrl 键不放,再按一次 S 键抬起 S 键(注意 Ctrl 键一直是处于按下状态的),最后再抬起 Ctrl 键。如果按下 Ctrl 键后就抬起 Ctrl 键,然后再去按一次 S 键一次,就不正确了。还有的人分别用两个手指试图同时按下 Ctrl 键和 S 键,同时抬起,由于很难保证同时进行。两者稍有时间差就会失败,所以后者方法往往偶尔会成功,偶尔会不成功,因而也是不正确的。除 Ctrl＋S 外，还有很多组合键，如 Ctrl＋C、Shift＋A、Alt＋F、Ctrl＋Shift＋End 等。按键方法均一样，一定保证先按住 Ctrl、Alt 或 Shift 键不放，再按另一个键。如 Ctrl＋Shift＋End 的按键方法是首先按住 Ctrl 键不放，再按住 Shift 键不放，同时按住两个键不放的情况下再按 End 键。抬起 End 键，最后再抬起 Ctrl 键和 Shift 键。

只有对文档进行初次保存时（例如对新建的文档第一次保存），才会弹出"另存为"对话框。当文档被保存过后，如果再次执行"保存"操作。Word 会将修改直接保存。而不再弹出"另存为"对话框。当打开一个先前保存过的文档后，执行"保存"操作时 Word 也会将修改直接保存回原来的文件，而不再弹出"另存为"对话框。如果希望再次弹出"另存为"对话框，可单击"文件"菜单中的"另存为"命令，可为文档另外起名保存为一个新文件，而不会将修改保存回原来的文件，这样可以保持原来文件的内容不变。

建议在编辑文档的过程中，经常单击"保存"按钮，或按下 Ctrl＋S 组合键，及时保存文档，而不是待所有编辑工作结束后再保存。这样可最大限度地避免因编辑中途的意外情况如死机、断电等造成的工作损失。

在"另存为"对话框中，还可进一步选择保存类型，将文档保存为其他类型的文件：如 Word 97～Word 2003 文档（早期 Word 文档格式，扩展名为 doc）、PDF 文件（扩展名为 pdf）、Word 模板（扩展名为 dotx、dotm 或 dot）、网页（扩展名为 htm 或 html）等。

5. 用快速访问工具栏执行常用操作

Word 窗口左上角有一个"快速访问工具栏"，其中包含一些常用的操作命令按钮，如"保存""撤销""恢复"等。

这里包含的按钮是可以由我们自己来安排的；单击右侧的 ▼ 按钮，在弹出的菜单中单击勾选命令项，即可将对应的命令按钮加入"快速访问工具栏"中；而单击以取消命令项前的对钩，则可从工具栏中删除对应命令按钮，也可在弹出菜单中选择"其他命令"，以向"快速访问工具栏"中添加或删除更多的命令按钮。

6. 由状态栏查看文档信息及显示比例

状态栏位于 Word 窗口的最下方，可以显示文档的多种信息，包括插入点所在的页数、文档总页数、字数统计、插入/改写状态等。

在状态栏的最右侧是缩放工具，其中包括目前文档的显示比例，如 100% ，可单击 ⊖ 缩小/单击 ⊕ 增大显示比例，或拖动中间的滑竿 ▭▭▭▭▭ 直接改变显示比例以缩放文档显示。单击目前显示比例文字如 100% ，可弹出"显示比例"对话框，也可在对话框中设置显示比例。在按住 Ctrl 键的同时，向上推动鼠标滚轮，可放大显示比例，向下推动滚轮可缩小显示比例。通过 Ctrl 键与鼠标滚轮配合，比通过状态按钮操作更便捷。

注意：调整显示比例放大或缩小文档，并不会放大或缩小文档中文本的字体，也不会影响文档打印出来的效果，显示比例的设置只是方便用户在屏幕上的查看而已。可以把显示比例理解为一种文档放大镜，放大镜只会影响看上去的效果，而不会实际改变物体的大小。

2.2　Office 2010 的安装

Word 2010 软件包含在 Office 2010 套件中，它是压缩包形式封装的，要安装 Word 2010 就要使用解压缩软件 WinRAR 或 7-Zip 或 360 压缩等。安装的具体过程如下所述。

1. 准备安装

将 Office 2010 使用解压缩软件解压,如图 2-16 所示。

图 2-16 Office 2010 解压过程

2. 查找 setup.exe 文件

解压后进入 Microsoft Office 2010tH 文件夹中找到 setup.exe 文件,如图 2-17 所示,双击该文件就可以开始安装。

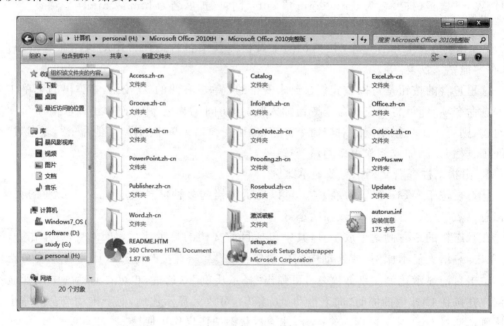

图 2-17 setup.exe 文件

3. 接受安装协议

安装向导弹出要求用户接受软件协议的对话框,如图 2-18 所示。如果用户想继续安装 Office 2010 就必须勾选"我接受此协议的条款"复选框。如果不勾选系统就会拒绝继续安装。

4. 选择安装方式

选择安装目录及安装方式。一般来说 Office 2010 会自动在计算机中的系统分区下建立一个默认目录来安装 Office 2010。安装向导在"安装类型"部分给出了两种类型可供用

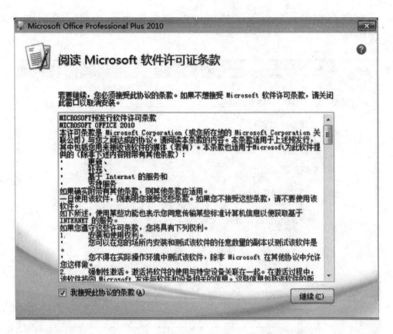

图 2-18　接受安装协议

户选择，如图 2-19 所示。对于一般用户，选择"自定义"即可，"自定义"安装适用于对 Office 中各组件有选择性使用的用户。

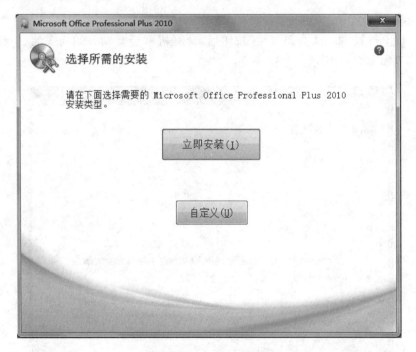

图 2-19　选择安装方式

5. 设置安装选项

在"文件位置"选项卡中可以修改安装路径。在图 2-20 所示的对话框中，安装向导给出

项目二

利用 Word 高效创建电子文档

了将要安装的软件名称和要将软件安装到的磁盘空间情况。如果安装空间不足,可返回重新设定安装位置。

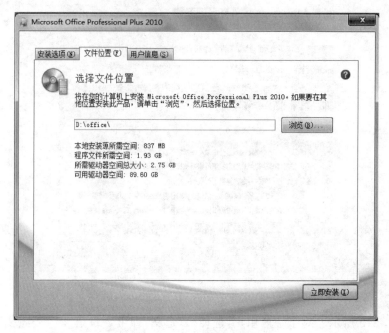

图 2-20　设置安装选项

6. 显示安装进度

完成好以上设置,单击"立即安装"按钮后,计算机就会自动开始向安装目录中复制文档。安装过程如图 2-21 所示。

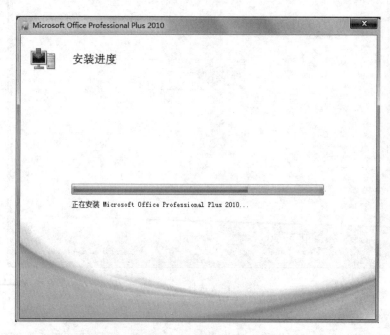

图 2-21　安装进度

7. 完成安装

安装结束。当程序安装结束后系统会自动弹出安装结束对话框,单击该对话框中的"关闭"按钮即可完成 Office 2010 的安装过程,如图 2-22 所示。安装结束后,作为 Office 2010 组件之一的 Word 2010 就会被安装到指定目录。

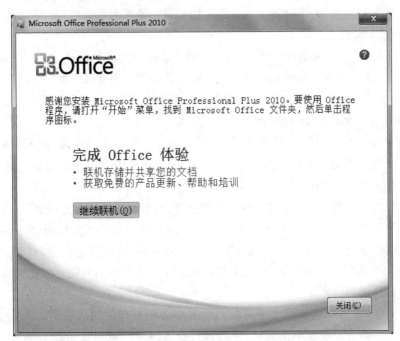

图 2-22　完成安装

2.3　文档的基本操作

1. 文本录入的基本操作

1) 插入点和插入、改写状态

编辑区是人们输入、显示、编辑文档的场所,是 Word 窗口的主体部分。在编辑区中会有一个不断闪烁的短竖线,称为插入点,它指出下一个字符将要输入到的位置。要移动插入点,可单击相应位置;也可通过键盘按键,如表 2-2 所示。

表 2-2　移动插入点的键盘按键操作

按键	移　　动
方向键←、→	将插入点向左、向右移动一个字符的位置
方向键↑、↓	将插入点上移一行、下移一行
Home	将插入点移到本行行首
End	将插入点移到本行行尾
Ctrl＋Home	将插入点移到整篇文档的开头
Ctrl＋End	将插入点移到整篇文档的末尾

利用 Word 高效创建电子文档

在输入文本时，有插入和改写两种输入状态。

（1）插入状态：所输入的文本将被"插入"到插入点（短竖线）所在的位置，插入点后面的文本自动跟随后移。

（2）改写状态：所输入的文本将替换插入点（短竖线）后面的文本，打一字消一字，要在两种状态之间来回切换，按下键盘上的 Insert 键即可。或单书状态栏"改写"二字。

2）基本输入方法

要输入小写字母，直接按下键盘上的字母键；要输入大写字母，应按住 Shift 键不放再按下字母键。也可按一次 CapsLock 键 CapsLock，切换默认大小字母状态为"大写"，然后直接按下字母键输入的就是大写字母，此时如按 Shift＋字母键反而输入的是小写字母。再按一次 CapsLock 键又可切换回默认是小写字母的输入状态。

键盘上有些按键标有两种符号，如 `·, `、`&7`、`$4` 等。直接按下该键，输入的是标记在下面的符号。要输入标记在上面的符号，要按住 Shift 键不放同时再按下该键。例如，直接按 `&7` 键输入的是数字 7；按 Shift＋`&7` 键，输入的是 &。

有一种特殊的字符称为 Tab 符（也称为跳格符、水平制表符），在键盘上按一次 Tab 键，即可产生一个这样的字符。它的显示和打印类似于空格，也是产生空白间隔，但它与空格是截然不同的两种字符。可将 Tab 符认为是一种可伸缩的"空格"，它的空白间隔可大可小，一个 Tab 符大可大到近一整行的宽度，小可小到几乎看不到空白间隔。因此输入 Tab 符比输入空格更容易调整文本。

要输入汉字，需首先打开中文输入法。单击任务栏右侧的输入法图标 █ ███，在弹出的菜单中选择一种合适的汉字输入法，然后即可录入汉字。也可按下键盘的"Ctrl＋空格"键，以在中英文输入法之间切换，或连续按 Ctrl＋Shift 组合键在不同的输入法之间切换。

在输入时，一定要注意目前是处于中文输入状态还是英文输入状态，在两种输入状态下输入的内容往往是不同的。例如：

（1）英文状态下按 `·` 键输入英文句号"."，而中文状态下输入中文句号"。"

（2）英文状态下按 `\` 键输入"\"，而中文状态下一般是顿号"、"。

（3）英文状态下按 Shift＋`·` 输入"＞"，而中文状态下是"》"。

（4）英文状态下按 Shift＋`^6` 键输入"^"，而中文状态下是省略号"……"。

还有一些字符，虽然看上去相似，但中、英文状态下输入的仍是两种不同的字符，例如英文中的"("与中文中的"（"是不同的（英文的略窄），大家在输入时一定要细心。

在输入时还要注意，目前处于半角状态还是全角状态。单击输入法指示器上的半月形图标 ☽，使图标变为满月形 ●，则表示已切换到全角状态，此时输入的内容都是全角字符。再次单击该图标，使之变回半月形 ☽，则又切换回半角输入状态。一般汉字都是全角的，即输入汉字时在全角半角状态下输入均可，但对于英文字符处于全角、半角状态下的输入就截然不同了：一般在半角状态下输入的英文字符才是真正意义上的英文，而如在全角状态下输入英文字符，所输入的字符将类似汉字（略宽），这是与英文字符截然不同的，即使对于空格也是如此：在半角状态下输入的空格越窄，在全角状态下输入的空格越宽，这也是两种不同的空格。

使用中文输入法还可以输入很多特殊符号，如希腊字母，中文标点符号、数学符号、特殊符号等。打开中文输入法后,右击输入法指示器上的软键盘图标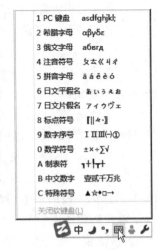（注意是右击不是单击），则弹出各种符号的软键盘菜单，如图 2-23 所示。从菜单中选择需要的符号类型，则屏幕上将弹出一个类似键盘的窗口，称为软键盘，如图 2-24 所示，就是从菜单中选择"特殊字符"项后弹出的软键盘。将插入点定位到需要输入的位置，单击软键盘上的按钮或者直接按下键盘上对应的按键即可输入对应字符。注意在打开软键盘后，按下键盘上的按键输入的都是特殊符号，不能再输入原义的英文字母、数字、英文符号等，因此在特殊符号输入完毕后，应再次单击输入法显示器上的软键盘图标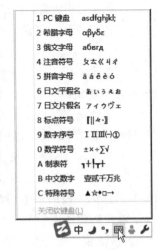，关闭软键盘，以恢复正常的输入状态。

图 2-23　软键盘菜单

要删除文字有以下方法。

（1）按下键盘上的 BackSpace 键可以删除插入点左侧的文字。

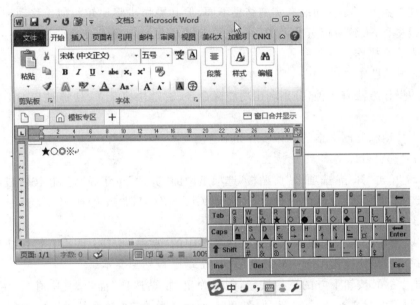

图 2-24　软键盘

（2）按下键盘上的 Del 键可删除插入点右侧的文字。

（3）选择一些文字，按下键盘上的 BackSpace 键或者 Del 键可将选中内容全部删除。

2. 文本的操作

在 Word 中进行编辑时，一般要选定文本内容，然后才能对选定的内容进行操作。这就好像要洗衣服，首先要选择哪几件衣服。然后才是"洗"的一系列动作。"先选定对象，再实施操作"，这是在 Office 系列软件中首先要确定的一个概念，对文本的选定包括选定字、选定词组、选定整句、选定段落、选定竖块文字以及拖动选定等。

1）选定文本

（1）选定词组。在文档中双击，可选定鼠标指针所在处的词组。

利用 Word 高效创建电子文档

（2）选定句子。将鼠标指针移动到需要选定的句子中，按住 Ctrl 键单击，即可选定整句。

（3）选定段落。将鼠标指针移动到需要选定的段落中，然后三次单击鼠标即可选定整个段落。

（4）选定一行。将鼠标指针移动到需要选定行的左侧空白处，当鼠标指针变成 ⚞ 形状，单击鼠标可选定该行文本内容。

（5）拖动选定。将鼠标指针移动到需要选定文本的起始位置，按下鼠标左键不放，然后拖动到结束位置，即选定鼠标指针所经过的所有文本。

（6）选定竖块文本。按住 Alt 键，然后按照拖动选定的方法即可选定竖块文本。

（7）选定不相邻的对象。使用鼠标或键盘可以选定文本，包括不相邻的对象。例如，可以同时选择第一段的一个词组和第二段的一个句子，当要选择不相邻的对象时，其操作方法如下：首先选定所需的第一个对象，然后按住 Ctrl 键，再选择所需的其他对象即可。

2）移动和复制文本

移动文本是指将文本从原来位置"搬到"目标位置上；复制文本是指将文本制作一个副本，将此副本"搬到"目标位置上，原文本不动。

移动和复制文本尽管功能和实施结果不同，但其操作步骤比较相似。移动和复制的操作方法有很多种，大致可以分为两类：一类是常规方法，大致需要 4 个步骤；另一类是用鼠标拖动的方法来操作。

（1）常规的操作方法

常规的操作方法有 4 种，分别利用功能区命令、右键快捷菜单、快捷键和 Office 剪贴板来完成操作。

最常用移动和复制文本的具体步骤如下。

步骤 1：选定目标文本。

步骤 2：单击"开始"选项卡"剪贴板"选项组中的"剪切"按钮或"复制"按钮或在右键快捷菜单中选择"剪切"或复制命令；或按快捷键 Ctrl＋X（剪切）或 Ctrl＋C（复制）。

步骤 3：将鼠标光标插入目标位置。

步骤 4：单击"开始"选项卡"剪贴板"选项组中的"粘贴"按钮；或在右键快捷菜单中选择"粘贴命令"或按快捷键 Ctrl＋V 或利用 office 剪贴板粘贴文本。

若单击"粘贴"按钮下方的下拉按钮，则会弹出"粘贴选项"面板，其中有"保留原格式""合并格式""只保留文本"3 个按钮，如图 2-25 所示。单击"选择性粘贴"命令可启动"选择性粘贴"对话框，从中可选择相应的选项，如图 2-26 所示。"只保留文本"和"无格式文本"命令的含义是指只复制文本本身，而不复制文本的格式。

（2）用鼠标拖动的方法

用鼠标拖动的方法有两种：使用左键拖动，使用右键拖动。

① 使用鼠标左键拖动完成移动和复制

移动文本同样要先选中文本，然后按住鼠标左键不放，拖动到目标位置后松开左键完成移动。复制文本同样需要选中文本，按住 Ctrl 键的同时，按住鼠标左键不放，拖动到目标位置后松开左键即可完成复制。

② 使用鼠标右键拖动完成移动或复制

首先需要先选中文本，按住鼠标右键不放，拖动到目标位置后松开右键，弹出菜单，从中

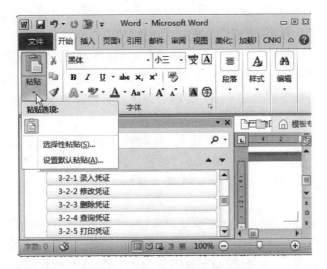

图 2-25　粘贴选项面板

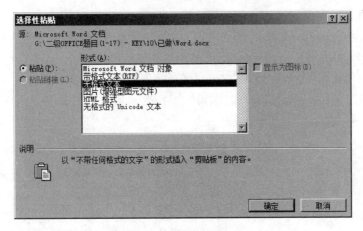

图 2-26　"选择性粘贴"对话框

选择"移动到此位置"命令或"复制到此位置"命令。

3）分行与分段

在输入文字时,要注意分行与分段的操作。

（1）文档文字长度超过一行时,Word 会自动按页面宽度来换行,不要再按 Enter 键。

（2）当要另起一个新段落时,才应该按下 Enter 键,这时文段中出现↵标记,称为硬回车。如果删除↵标记本段和下段合成一段。

（3）如果希望另起一行,但新行与上行属同段,应按 Shift＋Enter 组合键,这时文档中出现↓标记,称为软回车。

4）撤销、恢复和重复

如果在编辑过程中执行了错误的操作,可以用 Word 的撤销功能将文档恢复到操作之前的状态,单击"快速访问工具栏"中的"撤销"按钮 ↰ 一次,或按下 Ctrl＋Z 组合键一次,也可撤销前一步的操作;连续单击该按钮或连续按下 Ctrl＋Z 组合键可连续撤销前面多步的

利用 Word 高效创建电子文档

操作。也可以单击该按钮的向下箭头,从下拉列表中选择要撤销到的步骤直接连续撤销多步。注意某些操作无法撤销,如果无法撤销,"撤销"按钮会变成灰色"无法撤销"。

恢复是对"撤销"的撤销。如果在撤销之后发现刚刚对文档的修改是正确的,刚才不应撤销,这时可单击"快速访问工具栏"中的"恢复"按钮 ⟳,可多次单击该按钮,恢复多次前面的"撤销"操作。也可按下键盘的 Ctrl+Y 组合键恢复。注意恢复与撤销是对应的,只有执行了撤销后,才能恢复。

重复是指重复上一次的操作,要重复上一次的操作,可单击"快速访问工具栏"中的"重复"按钮 ↻。在恢复所有已撤销的操作后,"恢复"按钮会变成"重复"。注意某些操作无法重复,如果不能重复,"重复"按钮将变为"无法重复"。

3. 插入符号

使用符号对话框可以插入在键盘上没有的符号(如①、≠)或特殊符(如破折号或省略号)。可插入的符号和字符的类型取决于选择的字体。例如有的字体可能会包含分数、国际符号和国际货币符号,内置的 Symbol 字体包含箭头、项目符号和科学符号等。

打开 Word 文档,下面详细介绍插入符号的具体操作步骤。

步骤 1:将光标定位到要插入符号的位置。

步骤 2:在功能区打开"插入"选项卡,单击"符号"按钮,从展开的列表中单击"其他符号"选项,如图 2-27 所示。

步骤 3:从弹出的"符号"对话框中找到需要插入的符号"①"。

步骤 4:单击"插入"按钮,再单击"取消"按钮,返回到原文档中,在光标置入处已插入符号"①"。

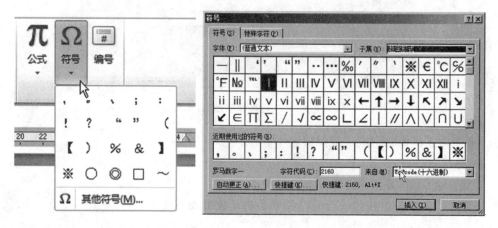

图 2-27 插入符号

4. 查找与替换

在文档的编辑过程中,经常要查找某些内容,有时需要对某一内容进行统一替换。对于较长的文档,如果手动去查找或替换,其工作量较大且会有遗漏。利用 Word 强大的查找与替换功能可以快速而准确地完成用户的意愿。

1)查找

查找分为"查找"和"高级查找"两类操作。前者是查找到对象后,予以突出显示;后者是查找到对象后,同时将查找对象选定。单击"开始"选项卡"编辑"选项组中的"查找"按钮,

可启动导航窗口,进行"查找"。"高级查找"主要是通过"查找和替换"对话框来完成的,具体步骤如下:

步骤 1：选择要查找的区域,或是将光标置入要查找的位置（如果是全文查找可不选择）。

步骤 2：单击"开始"选项卡"编辑"选项组中的"查找"按钮 **👫 查找** 右侧的下拉按钮,单击"高级查找"命令 **👫 高级查找(A)...** 。

步骤 3：弹出"查找和替换"对话框,在"查找内容"中输入要查找的文本内容,如图 2-28 所示。单击"查找下一处"按钮从光标插入点开始查找符合条件的文本,所查找的文本都是选中的状态。

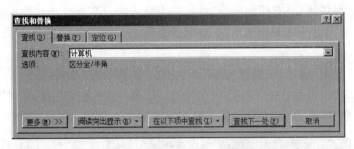

图 2-28 "查找和替换"对话框

在"查找和替换"对话框中单击"更多"按钮,可展开更多扩展选项,如图 2-29 所示。其中,较重要的选项功能如下。

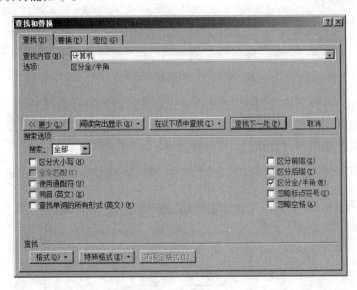

图 2-29 对话框的拓展面板

- 区分大小写：查找时区分英文字母的大小写。
- 全字匹配：只查找与查找内容全部匹配的单词,否则查找包含该内容的文本。
- 使用通配符：在查找文本中使用通配符。例如"?"表示任意一个字符、"＊"表示任意一个字符。
- 区分全/半角：查找时区分全角和半角。

- 忽略标点符号：在查找文本时，不考虑文本中的标点符号。
- 忽略空格：在查找文本时，不考虑文本中的空格。
- "格式"按钮：单击"格式"按钮，可展开一个列表，在该列表中包含字体、段落、制表位、语言、图文框、样式、突出显示等几个选项。单击其中除"突出显示"之外的任意一个选项，都会打开一个对话框。从中选择要查找的内容的格式。例如，可查找格式为"五号、红色、黑体"的"计算机"三字。
- "特殊格式"按钮：单击此按钮，从展开的列表中可选择要查找的特殊字符，例如段落标记、分栏符、省略号、制表符等。

2) 替换

替换和查找都是通过"查找和替换"对话框来完成的。具体操作步骤如下：

步骤 1：选择要查找并替换的区域，或将光标置入开始查找并替换的位置（如果是全文查找可不选择）。

步骤 2：在"开始"选项卡"编辑"选项组中单击"替换"按钮 。

步骤 3：弹出"查找和替换"对话框，在"替换"选项卡的"查找内容"文本框中输入要被替换的文本内容，在"替换为"文本框中输入要替换成的文本内容，如图 2-30 所示。

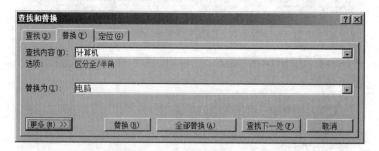

图 2-30　设置替换内容

步骤 4：单击"查找下一处"按钮从光标插入点开始查找符合条件的文本，查找到一处可单击"替换"按钮完成内容的替换。如果单击"全部替换"按钮，则会弹出提示对话框，单击"确认"按钮完成全部内容的替换，如图 2-31 所示。

图 2-31　提示对话框

3) 查找和替换格式

上文介绍的查找和替换只是简单地替换文本内容，下面介绍如何替换文本的内容和格式。

打开 Word 文档，下面将详细介绍文中"地球"替换为带有"小三号、红色、黑体、加粗"的"地球"。

步骤 1：在"开始"选项卡"编辑"选项组中单击"替换"按钮 📇 替换 。

步骤 2：弹出"查找和替换"对话框，在"替换"选项卡的"查找内容"文本框中输入要被替换的文本内容"地球"，在"替换为"文本框中输入要替换成的文本内容"地球"。

步骤 3：将光标置入"替换为"文本框中。

步骤 4：单击"更多"按钮展开对话框面板。单击"格式"按钮从弹开的列表中选择"字体"命令，如图 2-32 所示。

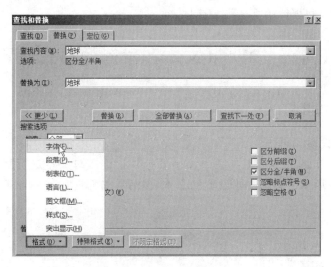

图 2-32　启动"字体"命令

步骤 5：弹出"替换字体"对话框，从中设置字体、字号、字形、字体颜色等，如图 2-33 所示。

图 2-33　"替换字体"对话框

步骤 6：单击"确定"按钮返回"查找和替换"对话框。此时，我们发现在"替换为"文本框下方出现了"字体：(中文)黑体，小三，加粗，字体颜色红色"的字样，这就表示替换为的内容格式设置好了。此时，单击"全部替换"按钮，在弹出的确认对话框中单击"确定"按钮，完成

利用 Word 高效创建电子文档

全部的替换。

5. 中文简繁转换

如果希望在文档中录入繁体中文，无须使用专门的繁体输入工具。可以先输入简体中文，然后利用 Word 的简繁转换功能就能将简体中文转换为繁体。操作方法是：选择需要转换的文本；如果不选择，则表示要将文档的全部文本进行转换。然后切换到"审阅"选项卡，单击"中文简繁转换"工具组中的"简转繁"按钮，即可将简体中文转换为繁体。如果单击"繁转简"按钮，则可将繁体中文转换为简体。

任务一　Word 文本和段落的格式设置

 预备知识

1. 字体格式设置

在"开始"选项卡的"字体"工具组中，Word 提供了许多对文本进行字体格式设置的工具按钮，如图 2-34 所示。先选中要设置的文本，然后单击对应的按钮即可为选定文本设置对应的字体格式。

图 2-34　"字体"工具组

也可以用"字体"对话框进行字体设置。先选中要设置的文本，然后单击"字体"工具组右下角的对话框开启按钮 🗗 或在选中区域上单击右键选中"字体"，就会打开"字体"对话框，如图 2-35 所示。对话框中包含"字体"和"高级"两个标签页，"字体"选项卡包含字体基本设置的命令，"高级"选项卡包含文本字符间距、字符缩放、字符位置（相对行提升或降低）等高级设置命令。

字体格式的不同设置效果如表 2-3 所示。

表 2-3　功能区中常用字体格式设置的按钮

按钮	功　　能
宋体 ▾	设置文本的字体，如宋体、黑体、隶书等
五号 ▾	设置文本字号，如五号、三号等，也可直接输入阿拉伯数字表示磅值，磅值越大文字越大，例如输入 100 则可得到更大字号的文字
B	将文本的线型加粗
I	将文本倾斜
U ▾	为文本添加下画线效果
x₂	将文本缩小并设置为下标

按钮	功 能
x²	将文本缩小并设置为上标
A	为文本添加边框效果
A	为文本添加底纹效果
A ·	设置文本颜色
ab ·	为文本添加类似用荧光笔做了标记的醒目效果

图 2-35 "字体"对话框

"字体"对话框中的部分功能与功能区"开始"选项卡"字体"工具组中的对应功能是完全一样的,如字体、字号、颜色、加粗、倾斜等。当进行这些设置时,选择其中的一种进行设置就可以。但是功能区按钮并不包含字体设置的全部功能,某些功能如果在功能区中没有包含,还要通过"字体"对话框来完成。

2. 段落格式设置

设置字体格式可以表现文档中局部文本的格式,而设置段落格式则是以"一段"为独立单位进行的统一格式设置,可以表现一段整体的文本效果。

段落,就是以回车(Enter)键结束的一段文字。在输入文字时,每按下一次回车键便会产生一个新的段落,Word 会在文档中插入一个 ↵ 标记(硬回车),它表示一个段落的结尾。

1) 段落的对齐方式

在 Word 中,可设置一个段落为 5 种对齐方式,如表 2-4 所示。

表 2-4 段落的 5 种对齐方式

对 齐	功能作用
≡ 左对齐	把段落中的每行文本都以文档的左边界为基准左对齐。对于中文文本,左对齐与"两端对齐"作用相同。但对于英文文本,左对齐会使英文文本各行右边缘参差不齐,"两端对齐"各行右边缘就对齐了

续表

对　齐	功 能 作 用
居中对齐	将各行文本位于文档左右边界的中间
右对齐	将各行文本以文档右边界为基准右对齐
两端对齐	把段落中除最后一行外,其余行文本以文档左右边界为基准两端对齐,最后一行左对齐
分散对齐	把段落中所有行的文本以文档左右边界为基准都两端对齐

要设置某个段落为某种对齐方式,可将插入点定位到该段落中的任意位置,也可以选中整个段落,然后单击"开始"选项卡"段落"工具组中的对应按钮。如果要同时设置多个段落为同种对齐方式,则先选中这些段落,然后再单击相应按钮。

2) 段落的缩进

段落缩进是指一个段落相对于文档左右页边距向页内缩进的一段距离。段落缩进分为首行缩进、悬挂缩进、左缩进、右缩进等,如表 2-5 所示。

表 2-5　段落的缩进

段落缩进	功 能 作 用
首行缩进	段落首行的第一个字符向右缩进,使之区别于前面的段落
悬挂缩进	段落除首行外的其余各行的左边界都向右缩进
左(右)缩进	整个段落的所有行左(右)边界向右(左)缩进,可产生嵌套段落的效果,如用于引用文字

设置缩进的方法是:先选中要设置的段落(只设置一个段落时,也可将插入点定位到该段中的任意位置),单击右键选择"段落"或单击"开始"选项卡"段落"工具组右下角的对话框开启按钮 ，打开"段落"对话框,如图 2-36 所示。

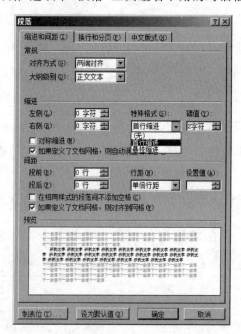

图 2-36　"段落"对话框

在"段落"对话框的"缩进和间距"标签页中的"特殊格式"下拉框中,选择"首行缩进"或"悬挂缩进",并在右侧"磅值"中输入缩进的距离(可以"字符"或"厘米"为单位,可在文本框中直接输入汉字"字符"或"厘米")。要取消首行缩进和悬挂缩进,在该下拉框中选择"无"。一般书籍或文章中的各段都设置为"首行缩进""2 字符"。

在对话框的该标签页中,在"左侧""右侧"框中分别输入以"字符"或"厘米"为单位的距离,可设置左缩进、右缩进,效果如图 2-36 所示。

3) 段间距和行间距

段间距是相邻两个段落之间的距离,可分别设置某段与上一段的间隔距离、与下一段的间隔距离。行间距是段内行与行之间的距离,各种方式的行间距如表 2-6 所示。

表 2-6　各种方式的行间距

行距方式	功 能 作 用
单倍行距	段中每行的行距为该行最大字体的高度加上一点额外的间距,额外间距的大小取决于所用字体
1.5 倍行距	单倍行距的 1.5 倍
2 倍行距	单倍行距的 2 倍
最小值	在行距右侧进一步设置磅值,系统进行自动调整的行距不会小于该值
固定值	在行距右侧进一步设置磅值,行距固定,系统不会进行自动调整
多倍行距	单倍行距的若干倍,在行距右侧进一步设置倍数值(可以是小数,如 1.2)

设置行间距和段间距也要先选中要设置的段落(只设置一个段落时,也可将插入点定位到该段中的任意位置),单击右键选择"段落"或单击"开始"选项卡"段落"工具组右下角的对话框开启按钮 ▣ ,打开"段落"对话框,在"间距"组中设置"段前"和"段后"都为 0.5 行,"行距"为 1.5 倍行距,单击"确定"按钮。

在"段前"和"段后"框中除可以设置以"行"或"磅"为单位的段落间距外,还可以将间距设置为"自动"。"自动"的含义是 Word 将调整段前段后的间距为默认大小。

4) 段落分页控制

在编辑文档时,当满一页内容后 Word 会自动分页。根据内容多少,分页可刚好位于一个段落的结束,也可位于一个段落的中间。

选中要进行分页控制的段落,单击"开始"选项卡"段落"工具组右下角的对话框开启按钮 ▣ ,打开"段落"对话框。切换到"换行和分页"标签页,其中有若干控制段落分页的设置,这些设置及其含义如表 2-7 所示。

表 2-7　Word 的段落分页控制

设置	含　义
孤行控制	由于分页使某段的最后一行单独落在一页的顶部,或某段的第一行单独落在一页的底部,称为孤行。勾选此选项可避免该段落出现这种情况,即 Word 会将该段落调整到至少有两行在同一页
与下段同页	勾选此选项后 Word 不会在本段与后面一段间分页,即总保持本段与下段要么同时位于前一页,要么同时位于后一页
段中不分页	勾选此选项后 Word 不会在本段落的中间自动分页
段前分页	强制 Word 在本段前分页

例如将"二、趋势与特点"的段落格式设置为"与下段同页"后,Word 将此标题也调整到了下一页,而在前一页末尾处留出一些空白,如图 2-37 所示。

5) 首字下沉

首字下沉包括"下沉"与"悬挂"两种效果。"下沉"的效果是将某段的第一个字符放大并下沉,字符置于页边距内;而"悬挂"是字符下沉后将其置于页边距之外。

选中要设置首字下沉的段落,单击"插入"选项卡"文本"工具组中的"首字下沉"按钮,从下拉菜单中选择"下沉"或"悬挂"命令,即可分别设置为这两种效果,如图 2-38 所示。如果在下拉菜单中单击"首字下沉"选项,将弹出"首字下沉"对话框,如图 2-39 所示,在其中可以

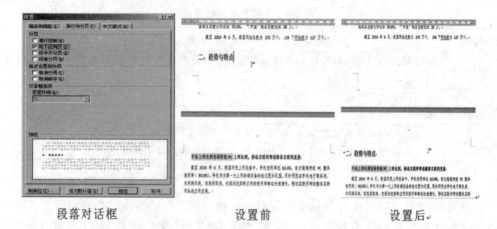

段落对话框　　　　　　　　　设置前　　　　　　　　　设置后

图 2-37　设置段落格式为"与下段同页"

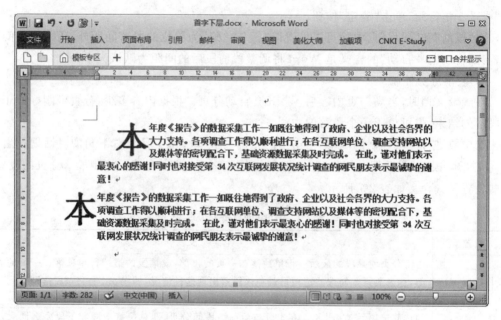

图 2-38　首字下沉效果

进行更多的设置,例如,进一步设置下沉行数等。

3. 边框和底纹

使用"开始"选项卡"字体"工具组中的"字符边框"按钮 **A** 和"字符底纹"按钮 **A** 可为文字分别加上边框和底纹。然而如果想让边框和底纹有更多的变化,仅靠这两个按钮是不够的,下面介绍设置更多边框和底纹效果的方法。

1)为文字和段落添加边框

选中要设置边框的文字或者段落,单击"开始"选项卡"段落"工具组中的"边框"按钮 的右侧向下箭头,从下拉菜单中选择一种边框;也可选择"边框和底纹"命令,打开如

图 2-39　"首字下沉"对话框

图 2-40 所示的"边框和底纹"对话框。

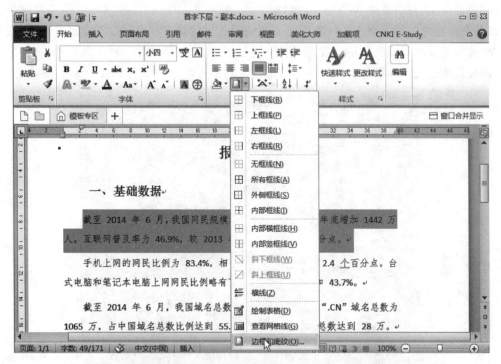

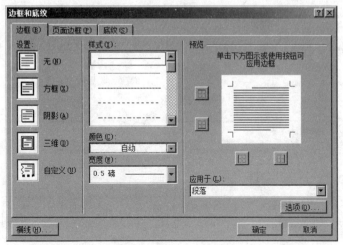

图 2-40 "边框和底纹"对话框

在"样式"列表中选择边框样式,在"颜色"下拉列表中选择边框颜色,在"宽度"下拉列表中选择边框宽度,再在右侧"预览"中单击所需边框的上边框、下边框、左边框、右边框的对应按钮:按钮按下表示有相应位置的边框,按钮抬起表示没有相应位置的边框。也可单击中间图示的四周设置对应位置的边框。在"应用于"下拉框中选择"文字"或"段落",单击"确定"按钮即可为所选文字或段落添加边框。

2)为文字和段落添加底纹

选中要设置底纹的文字或段落,单击"开始"选项卡"段落"工具组中的"底纹"按钮

利用 Word 高效创建电子文档

64

的右侧向下箭头,从下拉菜单中选择一种颜色;也可选择"边框和底纹"命令,打开"边框和底纹"对话框,在对话框中切换到"底纹"选项卡,如图 2-41 所示。底纹可以是一种颜色,也可以是在纯色的基础上再添加一些花纹。首先设置底纹填充颜色;如果需要底纹,再在"图案"中选择花纹的样式和颜色。在"应用于"下拉列表中选择"文字"或"段落",单击"确定"按钮,即可为所选文字或段落添加底纹。添加边框和底纹的效果如图 2-42 所示。

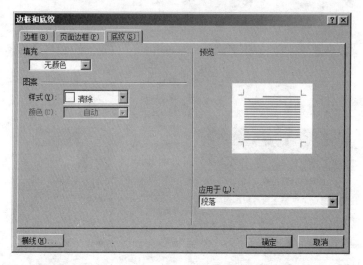

图 2-41　"底纹"选项卡

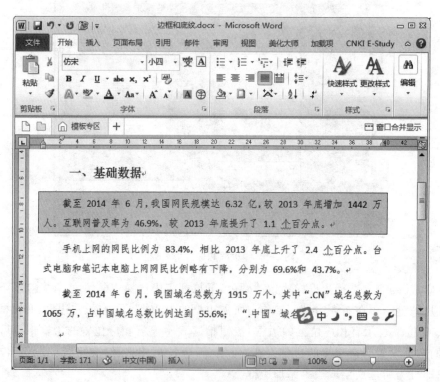

图 2-42　为段落设置边框和底纹后的效果

3）为页面添加页面边框

还可以为整个文档添加边框线。方法是打开"边框和底纹"对话框，切换到"页面边框"选项卡，在"应用于"中选择"整篇文档"，在"颜色"中选择"红色"，在"艺术型"中选择一种花纹，例如★，单击"确定"按钮，即可为页面添加"红★"边框。

4. 使用样式

样式是 Word 提供的最好的"时间节省器"之一，它可以使文档的外观"非常漂亮"，而且保证不同文档的外观都可以是一致的。

1）样式的概念

样式是一套预先定义好的文本或段落格式，包括字体、字号、颜色、对齐方式、缩进等。注意样式是格式设置，而不是文字内容。每种样式都有名字，可以直接把这些预先设置好的样式应用于文档中的文字或者段落，这样可一次性地将这些文字或段落设置为样式中所预定的格式，而不必再对文字或段落的格式一点一点地设置了。这不仅节省了设置文档格式的时间，而且可以保证文档格式的一致性。例如，在编排这本书时，就使用了一套样式，章标题是一种样式，章内的节标题是另外一种样式，正文又是一种样式。

2）使用 Word 自带的内置样式

在 Word 中，系统已经预先定义了一些样式，如正文、标题1、标题2、标题3 等。可以直接使用这些样式来快速设置我们自己的文档格式。

例如，要将一篇文档的标题段落用样式快速设置其格式，可先选中标题段落如"一、报到、会务组"，然后单击"开始"选项卡"样式"工具组中的"快速样式"中的某个样式，如"标题1"，即将此段落设置为标题1样式，如图 2-43 所示（如果电脑屏幕宽度足够大，该工具组中的"快速样式"将被展开，工具按钮状态与图 2-43 有所不同；也可直接单击此工具组中的"标题1"样式或单击 ▼ 按钮展开所有快速样式，再从中选择"标题1"）。按照同样方法，选中"二、会议须知""三、会议安排""专家及会议代表名单"几个标题段落，也将它们设置为"标题1"样式。也可按住 Ctrl 键的同时选中 4 个标题段落，一次性地将 4 个段落都设为"标题1"样式。

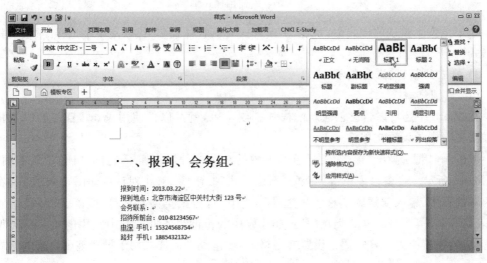

图 2-43　将标题段落设为标题1样式

要取消样式，可单击图 2-43 列表中的"消除格式"命令，或单击"开始"选项卡"字体"工具组中的"消除格式"按钮或按 Ctrl＋Shift＋Z 组合键。

如果觉得上述样式的格式变化太少，还可以使用样式集，使整个文档改头换面。样式集是文档中标题、正文和段落等不同部分的格式集合，直接选用某个样式集，则整个文档中套用着不同样式的部分都会分别发生对应的变化。

单击"开始"选项卡"样式"工具组中的"更改样式"按钮，从下拉菜单中选择"样式集"命令，再在级联菜单中选择一种样式集。如图 2-44 所示为选择"现代"样式集时的效果：标题变为蓝色底纹、白色文字，正文部分的行距也有所改变（因为正文部分套用的是"正文"样式；样式集改变，"正文"样式也对应地改变）。如果对配色不满意，还可单击"更改样式"按钮下拉菜单的"颜色"命令，从级联菜单中选择一种颜色方案。

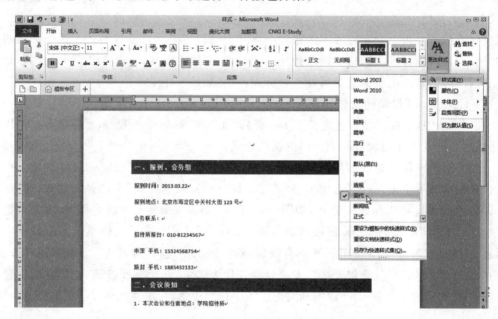

图 2-44　使用样式集

如果要恢复默认的样式集，可在"更改样式"按钮"样式集"级联菜单中选择"重设文档快速样式"。

3）样式的新建、修改和导入

（1）新建样式

在 Word 中还可以自己创建新的样式。创建后，就可以像使用 Word 自带的内置样式那样使用新样式设置文档格式。

单击"开始"选项卡"样式"工具组右下角的对话框开启按钮 ，打开"样式"任务窗口，如图 2-45 所示。在窗格中单击下面的"新建样式"按钮 ，弹出对话框如图 2-46 所示，在弹出的对话框中，输入新样式名称。再选择样式类型，样式类型有字符、段落、链接段落和字符、表格、列表等多种。样式类型不同，样式应用的范围也不同。其中常用的是字符类型和段落类型，字符类型的样式用于设置文字格式，段落类型的样式用于设置整个段落的格式。

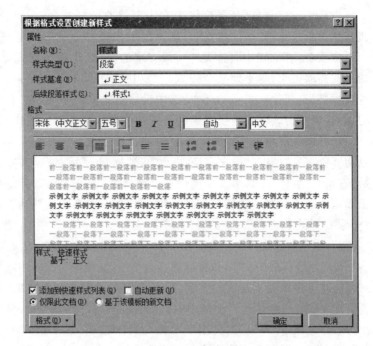

图 2-45 "样式"任务窗格　　　　　图 2-46 "根据格式设置创建新样式"对话框

　　如果要创建的新样式与文档中现有的某个样式比较接近,可以从"样式基准"下拉框中选择该样式;然后新的样式会继承所选的现有样式,只要在此现有样式的格式基础上稍加修改即可创建新样式。"后续段落样式"也列出了当前文档中的所有样式,它的作用是设定将来在编辑套用了新样式的一个段落的过程中,按下 Enter 键转到下一段落时,下一段落自动套用的样式。

　　然后在"格式"组中设置新样式的格式,还可以单击对话框左下角的"格式"按钮,从弹出的菜单中选择要设置的格式类型,然后在打开的对话框中对格式进行详细的设置。

　　单击"确定"按钮后,即可在样式窗格和"样式"工具组中看到新建的样式,就可以使用了。

　　除可通过对话框新建样式外,还可将文档中某段文字的格式直接创建为一个样式。其方法是,右击一段文字,从快捷菜单中选择"样式"中的"将所选内容保存为新快速样式",在弹出的对话框中输入新样式的名称,即可创建一种新样式。新样式的字体、段落等格式都与之前所选的这段文字的字体、段落等格式相同。

　　(2) 修改和删除样式

　　修改样式就是修改一个样式中所规定的那套格式。如果该样式事先已被应用到一些文字,那么样式修改了,那些文字的格式也会自动地对应发生变化。例如,在某书稿中各章标题已被设为了"微软雅黑、二号"的文字格式,现需把各章标题改为"黑体、三号"的字体格式。如果各章标题被应用了样式"标题 1",则直接修改样式"标题 1",将这种样式中所规定的"微软雅黑、二号"的字体格式改为"黑体、三号"就可以了,书稿各章标题的字体会立即对应发生变化,这比一章一章地逐个去修改方便得多。

　　在 Word 中要修改样式有以下两种方法。

方法 1：在"样式"任务窗格中右击要修改的样式（或单击该样式条目右侧的下三角按钮），从菜单中选择"修改样式"。则弹出图 2-46 所示的对话框，在其中可对样式进行修改。

方法 2：在文档中直接设置一段文字的字体、段落等格式，然后让 Word 把这段文字中的格式提取出来，赋予到某个样式中（这段文字原先被应用的样式可以是要修改的样式本身，也可以是其他样式）。方法是选中设好格式的文字后，在"样式"任务窗格中右击要修改的样式（或单击该样式条目右侧的下三角按钮），从菜单中选择"更新××以匹配所选内容"。

还可以在应用了样式的基础上附加设置格式。例如，若"标题 1"样式中规定了文字颜色为红色，将文档中某段文字应用了样式"标题 1"后，该段文字就为红色。之后若又在"开始"选项卡"字体"工具组改变该段文字颜色为"蓝色"，则文字会变成"蓝色"，文字格式成"基于标题 1 样式附加了蓝色"。但"标题 1"样式并不会因此变为"蓝色"，因而文档中其他具有"标题 1"样式的文字仍为"红色"并不对应改变。如果希望"标题 1"样式也能因此自动改为"蓝色"，应在新建或修改样式时图 2-46 的对话框中勾选"自动更新"复选框，这样只要修改了一处被应用该样式的文字，该样式就会被修改，文档中所有应用该样式的内容格式都会变化。

同时选中多处不连续的文字，除可按住 Ctrl 键选中外，如果这些文字具有相似的格式，还可让 Word 一次性地自动选中它们，方法是：首先选中第一处具有某种格式的文字，然后在"开始"选项卡"编辑"工具组中单击"选择"按钮，从下拉菜单中单击"选择格式相似的文本"，则文档中所有具有该格式的文字都将同时被选中，这与按住 Ctrl 键逐个选中它们达到的效果相同，然而前者更为方便。需要注意的是，如果在某种样式的基础上附加设置了格式，则"选择格式相似的文本"是选择既被应用了此样式、又具有附加格式的文字，而那些只被应用了此样式，却没有附加格式或具有不同附加格式的文字并不会被选中。

要删除样式，在"样式"任务窗口中右击要删除的样式（或单击该样式条目右侧的下三角按钮），从菜单中选择"删除"，即将样式删除。注意只有我们自己创建的样式才能被删除，Word 系统的内置样式不能被删除但可以被修改。

（3）导入导出样式

可将一个 Word 文档中的一种（些）样式导入到另一个 Word 文档中，以便在另一个文档中使用这种（些）样式。方法是：先打开包含要导出样式的 Word 文档，打开"样式"任务窗口，在"样式"窗口中单击"管理样式"❷按钮，弹出"管理样式"对话框，单击对话框左下角的"导入/导出"按钮，弹出"管理器"对话框，如图 2-47 所示。

在图 2-47 所示的对话框的左侧和右侧，分别有两套内容（样式列表以及"关闭文件"按钮等）。在这两处分别可以打开或关闭两个 Word 文档（或模板），然后可通过中间的"复制"按钮将一种（些）样式从左侧文档复制导入到右侧文档中。然后在右侧文档中就可以使用这种（些）样式了。

5. 项目符号和编号

如果文档中存在一组并列关系的段落，可以在各个段落前添加项目符号，例如，均添加◆；如果段落还有先后关系，则可使用项目编号，例如，在每段之前分别添加"一""二""三"等。Word 有自动为段落添加项目符号和项目编号的功能。

1）添加项目符号和编号

要添加项目符号，选中要设置项目符号的段落，单击"开始"选项卡"段落"工具组中的"项目符号"☰·右侧的下三角按钮，从下拉列表中选择一种项目符号样式，如图 2-48 所示。

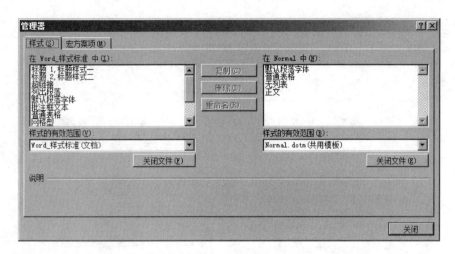

图 2-47　"管理器"对话框

还可以单击"定义新项目符号",打开"定义新项目符号"对话框以选择更多的符号样式。在后者的对话框中还可设置以一张图片作为项目符号。

图 2-48　项目符号

要添加项目编号,选中要设置项目编号的段落,单击"开始"选项卡"段落"工具组中的"编号" ≡·右侧的下三角按钮,从下拉列表中选择一种编号样式,如图 2-49 所示。还可以单击"定义新编号格式",打开"定义新编号格式"对话框以选择更多的编号样式。

如果要取消项目符号和编号,可选定要取消项目符号和编号的段落,然后再次单击"开始"选项卡"段落"工具组中的"项目符号"按钮或"编号"按钮,使按钮为非高亮状态即可。或从下拉列表中选择"无"即可。

利用 Word 高效创建电子文档

图 2-49 项目编号

2）设置多级列表

当文档的内容较多时，通常都会使用多级列表：将文档分隔为章、节、小节等多个层次，并为每一层次编号。例如：

（1）将"第 1 章"编号为 1，"第 2 章"编号为 2，……这是第一级。

（2）将"第 1 章第 1 节"编号为 1.1，"第 1 章第 2 节"编号为 1.2，"第 2 章第 1 节"编号为 2.1，……这是第二级。

（3）将"第 1 章第 1 节的第 1 小节"编号为 1.1.1，"第 1 章第 1 节的第 2 小节"编号为 1.1.2，……这是第三级。

使用 Word 的多级列表功能，可由 Word 为各级标题自动编号，这免去了人工编号的麻烦，也避免出错。在使用多级列表时，先将各级标题与不同的"样式"链接起来，然后再设置多级列表比较方便。

首先设置各级标题的样式：将所有"章标题"段落都应用为"标题 1"样式，所有"节标题"的段落都应用为"标题 2"样式，所有"小节标题"的段落都应用为"标题 3"样式，设置后的文档如图 2-50 所示。

将插入点放在第一个一级标题段落中（或者选中该段），单击"开始"选项卡"段落"工具组中的"多级列表"按钮，从下拉列表中选择"定义新的多级列表"，如图 2-50 所示。

弹出"定义新多级列表"对话框，如图 2-51 所示。如果对话框中的内容未完全显示，单击左下角的"更多＞＞"按钮，使其完全显示。

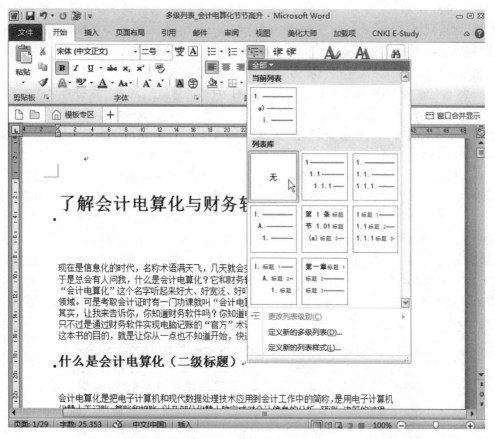

图 2-50　定义新的多级列表

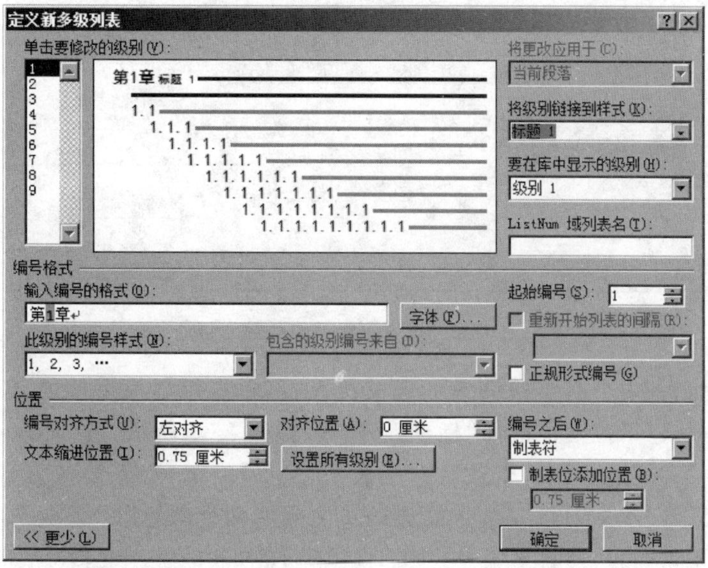

图 2-51　"定义新多级列表"对话框（设置多级列表第一级）

利用 Word 高效创建电子文档

首先单击对话框左侧的1,准备设置多级列表的第一级,然后最重要的设置就是在对话框右侧"将级别链接到样式"下拉框中选择"标题1"样式。这时编号将是"1、2、…",如果希望让编号成为"第1章、第2章、…",可在"输入编号的格式"文本框的带阴影的1的左侧、右侧分别输入"第""章",使文本框内容为"第1章"。注意其中1必须为原来文本框中带阴影的1,不得自行输入1;带阴影表示它将是变化的,对第1章是1,对第2章将自动变为2。而"第"和"章"字由于没有阴影,说明这两个字是不变的,即对于哪一章标题中都将有这两个字。如果带阴影的1消失或被误删,在"此级别的编号样式"下拉框中选择"1,2,3,…"即可将带阴影的1重新输入。

然后继续在此对话框中进行多级列表的第二级设置,单击对话框左侧的2,在对话框右侧"将级别链接到样式"下拉框中选择"标题2"样式,如图2-52所示。这时编号将是"1.1、1.2、2.1、…","."前面的数字表示它所属的章号,后面的数字表示本章内的节号。如果希望让编号成为"1-1、1-2、2-1、…",在"输入编号的格式"文本框中将两个带阴影的1之间的圆点"."删除,并改为减号"-",使文本框内容为1-1。其中两个1都必须带阴影,表示它们都是变化的,对不同章节编号不同;而中间的"-"不带阴影表示所有节标题都有"-",如果第1个带阴影的1消失或被误删,可在"包含的级别编号来自"下拉框中选择"级别1",如果第2个带阴影的1消失或被误删,可在"此级别的编号样式"下拉框中选择"1,2,3,…"。

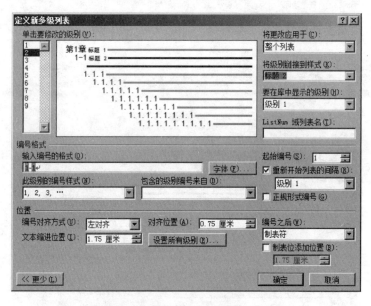

图 2-52　设置多级列表的第二级

继续在此对话框中进行多级列表的第三级设置,单击对话框左侧的3,在对话框右侧"将级别链接到样式"下拉框中选择"标题3"样式,如图2-53所示。这时编号将是"1.1.1、1.1.2、1.2.1、…","."之间的3个数字分别表示它所属的章号、节号和小节号。同样可在"输入编号的格式"文本框中将3个带阴影的1之间的两个圆点"."都删除,并都改为减号"一",其中"一"不带阴影,使将来编号为"1-1-1、1-1-2、1-2-1、…"。如果3个带阴影的1消失或被误删,重新输入的方法分别是:在"包含的级别编号来自"中选择"级别1""级别2"及"此级别的编号样式"下拉框中选择"1,2,3,…"。也可将第3级标题的"文本缩进位置"设置为与第 2 级相同"1.75 厘米"。

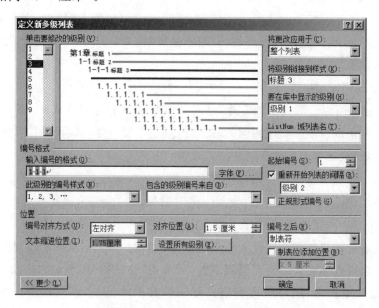

图 2-53 设置多级列表的第三级

单击"确定"按钮，则多级列表设置后的效果如图 2-54 所示，将视图切换为大纲视图，并设置为显示前 3 级标题以便观察。或切换到"导航窗格"页面视图查看。

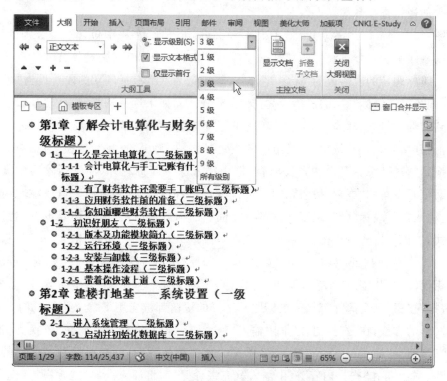

图 2-54 多级列表设置后的效果（大纲视图）

利用 Word 高效创建电子文档

6. 格式的复制和替换

在 Word 中还有很多工作技巧,解决同一个问题可用多种不同的方法。尤其对于需要进行多处设置的长文档,适当地使用技巧,而不是靠"蛮力"一个一个地设置,更能事半功倍,大大提高工作效率。

1) 使用格式刷复制格式

在 Word 中除可以复制文本内容外,还可以复制格式;复制格式时,不影响文字内容。当要让多处的文字或段落都套用相同的格式时,只需设置一处,然后便可用"格式刷"将格式复制到其他各处,快速完成其他各处的格式设置。

使用"格式刷"的方法是:首先选定要复制格式的文字或段落,然后单击"开始"选项卡"剪贴板"工具组中的"格式刷"按钮 ✔格式刷,此时鼠标光标会变为 形状(将这把刷子刷到哪里,哪里就将变为同样的格式)。再用鼠标拖动选择其他需要被复制格式的文本或段落,则这些文本或段落都将立即被设置为相同的格式。复制一处后,鼠标光标就恢复正常形状,复制结束。如果要把格式连续地复制到多处,可双击"格式刷"按钮,这样复制一处后,鼠标光标不会自动恢复正常,还可继续将格式复制到其他多处,直到再次单击"格式刷"按钮 ✔格式刷,或按下 Esc 键,鼠标光标才会恢复正常,复制结束。

2) 使用查找和替换功能设置格式

Word 的"查找和替换"功能可以查找和替换文字内容,实际上"查找和替换"功能还可以带格式地进行查找和替换。

如图 2-54 所示,为书稿"会计电算化节节高升.docx"。书稿中包含 3 个级别的标题,已分别用"(一级标题)""(二级标题)""(三级标题)"字样标出,但尚未设置样式。现希望将标记为"(一级标题)"的段落设为"标题 1"样式,将标记为"(二级标题)"的段落设为"标题 2"样式,将标记为"(三级标题)"的段落设为"标题 3"样式。如果逐一选择段落、逐一设置样式虽然能达到目的,但比较麻烦;而通过"查找和替换"功能替换格式,则会很方便。

单击"开始"选项卡"编辑"工具组中的"替换"按钮,弹出"查找和替换"对话框。在对话框中切换到"替换"标签页,在"查找内容"框中输入"(一级标题)"(注意括号为中文括号)。单击对话框左下角的"更多"按钮,展开对话框的更多内容。然后将插入点放在"替换为"输入框中,输入"(一级标题)"(也可让"替换为"框中的内容为空白,因为还要设置"替换为"内容的格式)。仍保持插入点位于"替换为"框中,再单击对话框底部的"格式"按钮,从菜单中选择"样式"。在弹出的"替换样式"对话框中选择"标题 1"(不要选择"标题 1char"),如图 2-55 所示。单击"确定"按钮,关闭"替换样式"对话框,返回"查找和替换"对话框,单击"全部替换"按钮,则全部都有"(一级标题)"字样的段落都被应用了"标题 1"样式。

用同样的方法,在"查找内容"框中输入"(二级标题)",将插入点放在"替换为"框中,单击"格式"按钮→"样式"并选择"标题 2"样式,"全部替换"具有"(二级标题)"字样的段落为"标题 2"样式。再在"查找内容"框中输入"(三级标题)",将插入点放在"替换为"框中,单击"格式"按钮→"样式"并选择"标题 3"样式,"全部替换"具有"(三级标题)"字样的段落为"标题 3"样式。

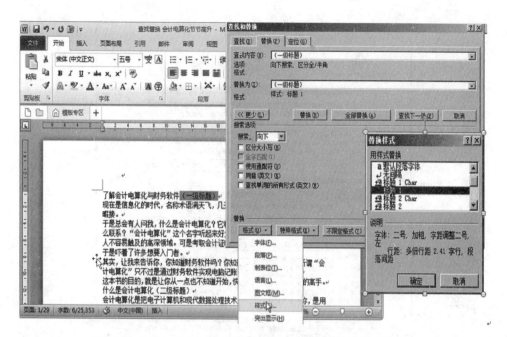

图 2-55 批量替换"（一级标题）"字样的段落的样式为标题一样式

 任务描述

（1）新建一个 Word 文档，用自己的学号名字给文档命名并保存，如"184238001 张三．docx"。

（2）打开素材"冰心散文《笑》．txt"，将所有文字复制到刚才建立的 Word 文档中。

（3）按以下要求完成操作：

① 将标题段"笑"设置为黑体、初号、居中，颜色为红色。

② 将"作者：冰心"设置为楷体、小四、靠右对齐，添加红色，强调文字颜色 2，淡色 60％的底纹。

③ 将其余各个段落设置为首行缩进 2 个字符。

④ 将第一、二段设置为楷体小四斜体，第一段段前间距设为 0.5 行。

⑤ 将第三段和第五段的"这笑容仿佛在哪儿看见过似的，什么时候，我曾……"和"这微笑又仿佛是哪儿看见过似的！"设置成四号仿宋，加上单实线、蓝色、0.75 磅方框。

⑥ 将第四段设置成 24 磅的行距，首字下沉 2 行。

⑦ 将第六段分成两栏，栏宽为 2 字符，加分隔线，将每行设置为 15 个字符。

⑧ 将第七八段设置为幼圆，小四，段前加图 2-56 中的项目符号，并设置第七段段前间距为 20 磅。

 任务实施

选择"开始"→"程序"→Microsoft Office→Microsoft Word 2010 命令，新建一个 Word 文档，选择"文件"→"保存"命令，出现"另存为"对话框，用户自主选择"保存位置"，在"文件名"一栏中输入"184238001 张三．docx"，最后单击"保存"按钮。设置如图 2-57 所示。

利用 Word 高效创建电子文档

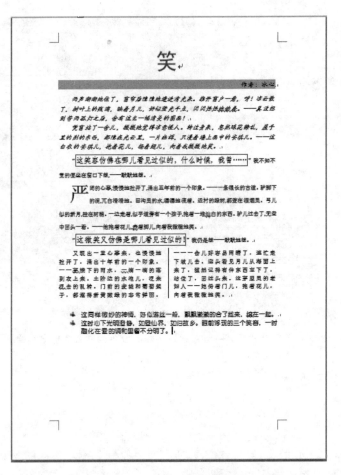

图 2-56　文档排版的最终效果

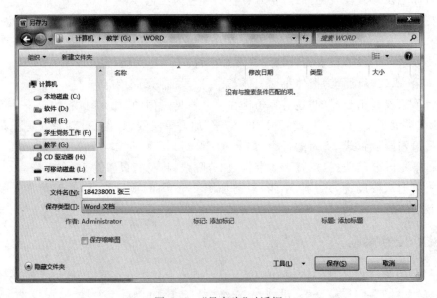

图 2-57　"另存为"对话框

打开素材"冰心散文《笑》.txt",将所有文字复制到"184238001 张三.docx"中。按要求开始文档排版。

(1) 将标题段"笑"设置为黑体、初号、颜色为红色,居中。

① 选中标题段"笑",有两种方法打开"字体"对话框,第一种方法首先选择"开始"标签,单击"字体"右下角的 🔲 按钮,将弹出"字体"对话框;另外一种方法,在选中的文字上右击,也可以弹出"字体"对话框。在"字体"对话框,设置字体为"黑体",字号为"初号",字体颜色为"红色";或单击"开始"选项卡"字体"工具组中的相应命令,如图 2-58 所示。

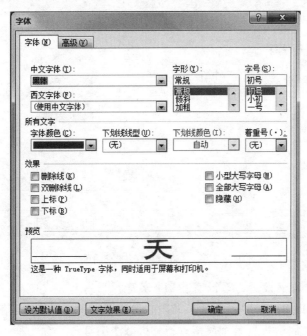

图 2-58 "字体"对话框

② 选中标题段"笑",在"开始"的段落分组中单击"居中"按钮,将标题文字居中显示,如图 2-59 所示。

(2) 将"作者:冰心"设置为文本右对齐,在"段落"分组中单击"文本右对齐"按钮,将标题文字靠右显示。字体设置为:楷体、小四、靠右对齐,添加红色,强调文字颜色2,淡色 60%的底纹。

图 2-59 "段落"选项卡

① 选中文字"作者:冰心",在"字体"分组中将"作者:冰心"设置为楷体、小四,如图 2-60 所示;在"段落"分组中单击"文本右对齐"按钮,将标题文字靠右显示。

图 2-60 "字体"选项卡

利用 Word 高效创建电子文档

② 设置底纹,单击如图 2-61 所示"段落"工具组中的"边框"按钮右侧向下箭头,在弹出的下拉菜单中选择"边框和底纹"。

③ 在"边框和底纹"对话框中选择"底纹"标签,在"填充"中选择"红色,强调文字颜色 2,淡色 60%","应用于"选择"段落",设置效果如图 2-62 所示。

图 2-61 "段落"选项卡

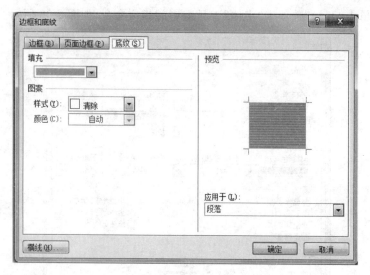

图 2-62 "边框和底纹"对话框

(3) 将其余各个段落设置为首行缩进 2 个字符。

选择正文文字"雨声……看不分明了。",在"段落"分组中,单击"段落"选项右下角的 按钮,弹出"段落"对话框,设置各个段落首行缩进 2 个字符。

(4) 将第一、二段设置为楷体小四斜体,第一段段前间距设为 0.5 行。

图 2-63 "字体"对话框

① 选中第一、二段文字,在"字体"分组中,将第一、二段设置为楷体小四倾斜,设置效果如图 2-63 所示。

② 选中第一段文字,在"段落"分组中单击"段落"选项右下角的 按钮,弹出"段落"对话框,设置段前间距为 0.5 行。

(5) 将第三段和第五段的"这笑容仿佛在哪儿看见过似的,什么时候,我曾……"和"这微笑又仿佛是哪儿看见过似的!"设置成四号仿宋,加上单实线、蓝色、0.75 磅方框。以"这笑容仿佛在哪儿看见过似的,什么时候,我曾……"设置为例,"这微笑又仿佛是哪儿看见过似的!"设置方法一样。

① 选中文字"这笑容仿佛在哪儿看见过似的,什么时候,我曾……",在字体标签中设置字体为仿宋,字号为四号。

② 设置底纹,单击如图 2-61 所示"段落"工具组中的"边框"按钮右侧向下箭头,在弹出的下拉菜单中选择"边框和底纹"。

③ 在"边框和底纹"对话框中选择"边框"标签,在"设置"中选择"方框","样式"选择"单实线",颜色为"标准蓝色",宽度为 0.75 磅。"应用于"选择"文字",设置效果如图 2-64 所示。

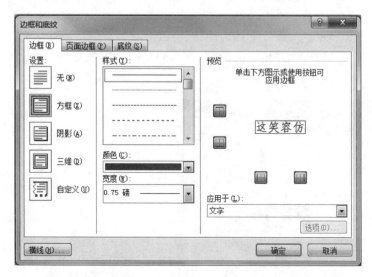

图 2-64 "边框"标签

(6) 将第四段设置成 24 磅的行距,首字下沉 2 行。

① 选中第四段文字,单击"段落"选项右下角的 ⌐ 按钮,弹出"段落"对话框,设置段落间距为 24 磅。

② 设置首字下沉,单击"插入"→"文本"→"首字下沉"下拉菜单中的"首字下沉"选项,设置下沉行数为 2,如图 2-65 所示。

(7) 将第六段分成两栏,栏宽为 2 字符,加分隔线,并将每行设置为 15 个字符。

① 选中第六段文字,单击"页面布局"→"页面设置"→"分栏"下拉菜单的"更多分栏",在"分栏"对话框中设置两栏、间距 2 字符,选中"分隔线"复选框,如图 2-66 所示。

图 2-65 "首字下沉"对话框

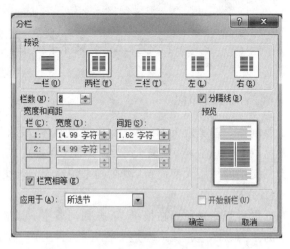

图 2-66 "分栏"对话框

80

② 设置每行 15 个字符,单击"页面布局"→"页面设置"的 按钮弹出"页面设置"对话框,切换到"文档网格"标签,勾选"指定行和字符网格",每行字符数为 15,如图 2-67 所示。

(8)将第七八段设置为幼圆,小四,段前加图 2-68 中的项目符号,并设置第七段段前间距为 20 磅。

① 选中第一、二段文字,设置字体为幼圆、小四。

② 设置项目符号,单击"开始"→"段落"→"项目符号"下拉菜单中的相应的项目符号,如图 2-68 所示。

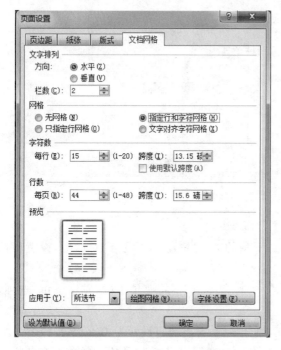

图 2-67 "文档网格"标签

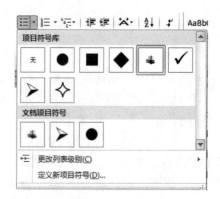

图 2-68 项目符号库

任务二 文档页面和版式设置

 预备知识

要制作一篇美观大方的文档,只考虑字体、段落格式是不够的,还要通篇考虑整体排版和布局,如分页、分栏、页面大小、页边距、页版式以及页眉、页脚等。有了 Word,人们不必再为长文档的排版大费周折,现在就来领略 Word 文档排版的强大功能吧!

1. 分栏

分栏排版经常被用在报纸、杂志和词典中。设置分栏后,文档的正文将逐栏排列。栏中文本的排列顺序是先从最左边一栏开始,自上而下地填满一栏后,就自动在右边开始新的一栏;文本从左边一栏的底部接续到右边一栏的顶端。分栏有助于版面美观,并减少留白、节约纸张。要将整个文档分栏排版,先选定整个文档的内容(可按 Ctrl+A 组合键);要将文档的一部分分栏排版,则要先选定这部分内容。然后单击"页面布局"选项卡"页面设置"工具组中的"分栏"按钮,从下拉菜单中选择分栏效果,例如"两栏",如图 2-69 所示。也可单击菜单中的"更多分栏",弹出如图 2-70 所示的"分栏"对话框,在这里可以做更详细的设置,如分栏数、栏宽,也可勾选是否在两栏之间具有一条"分隔线"。

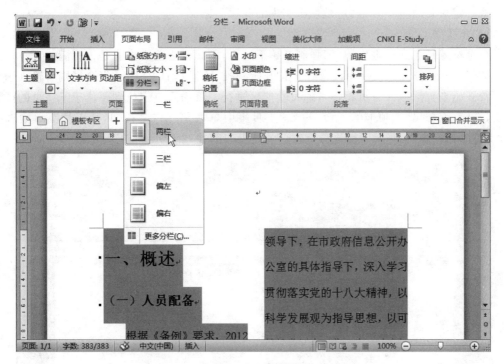

图 2-69　分栏

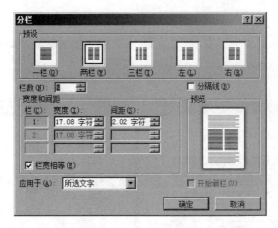

图 2-70　"分栏"对话框

如果是将文档中选定的一部分内容作分栏排版,而不是全部文档分栏,则在分栏的边界处 Word 会自动插入"连续"分节符。

如果希望强调从某段文字处就开始新的一栏,而不等一栏排满后再换栏,可在该段文字前插入分栏符:单击"页面布局"选项卡的"页面设置"工具组中的"分隔符"按钮,从下拉菜

利用 Word 高效创建电子文档

单中选择"分栏符"。

2. 分页和分节

在编辑一篇文档时,当内容写满一页后,Word会自动新建一页并将后续内容放入下一页,然而在书籍、杂志中也常遇到这样的情况:当一篇结束后,无论这章内容是否写满一页,下一章一定从新的一页开始,这是怎么实现的呢?

1)分页符

分页符就是起到分页作用,即强制开始下一页,而无论之前的内容是否写满一页。

按下Enter键可输入一个段落标记符开始新段,按下Ctrl+Enter组合键则可输入一个分页符开始新页。插入分页符还可通过功能区进行。将插入点定位到要位于下一页的段落开头,在"页面布局"选项卡的"页面设置"工具组中单击"分隔符"按钮,从下拉菜单中选择"分页符",如图2-71所示。插入分页符后的效果如图2-72所示。

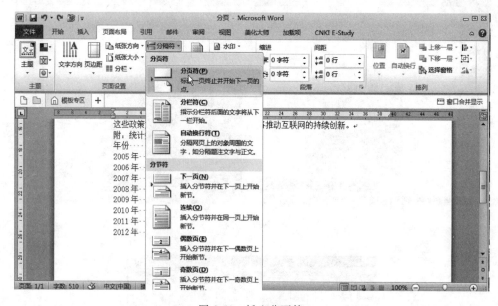

图2-71　插入分页符

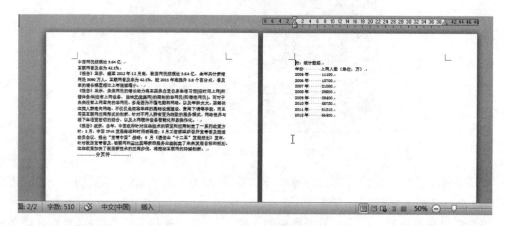

图2-72　插入分页符的效果

在"开始"选项卡"段落"工具组中单击"显示/隐藏编辑标记"按钮 ⚡，使按钮为高亮状态，则在文档中将显示出分页符、分节符等控制符号（默认情况段落标记符除外）；如果再次单击该按钮，使按钮恢复为正常状态，则隐藏这些符号，它们在文档中不被显示但它们仍然起作用。

2）节与分节

节是 Word 划分文档各部分的一种方式，Word 通过为文档分"节"将文档划分为不同的多个部分，每一部分可以有不同的页面设置，如不同页边距/页面方向/页眉/页脚/页码等。这使同一篇文档的不同部分可以具有不同的页面外观。例如，一本书的每一章可被划分为一"节"，这使每章的页眉可以具有不同的内容（如可以分别是对应那章的章标题）；一本书的前言和目录部分也可被划分为不同的"节"，这使前言和目录部分有与正文不同的页眉，而且它们的页码也与正文不同（一般为罗马数字的页码Ⅰ、Ⅱ、Ⅲ…）。

在 Word 中分节，要通过插入另一种特殊字符——分节符来完成。在 Word 中有 4 种分节符可供选择，如表 2-8 所示。

表 2-8　Word 的分节符

分节符	功 能 作 用
下一页	该分节符也会同时强制分页（即兼有分页符的功能），在下一页开始新的节。一般图书在每一章的结尾都会有一个这样的分节符，使下一章从新页开始；并开始新的一节，以便使后续内容和上一章具有不同的页面外观
连续	该分节符仅分节，不分页。当需要上一段落和下一段落具有不同的版式时，例如，上一段落不分栏，下一段落分栏（但又不开始新的一页），可在两段之间插入"连续"分节符。这样分段的分栏情况不同，但它们仍可位于同一页
偶数页	该分节符也会同时强制分页（即兼有分页符功能），与"下一页"分节符不同的是：该分节符总是在下一偶数页上开始新节。如果下一页刚好是奇数页，该分节符会自动再插入一张空白页，再在下一偶数页上开始新节
奇数页	该分节符也会同时强制分页（即兼有分页符功能），与"下一页"分节符不同的是：该分节符总是在下一奇数页上开始新节。如果下一页刚好是偶数页，该分节符会自动再插入一张空白页，再在下一奇数页上开始新节

插入分节符的方法与插入分页符类似，将插入点定位到文档中要插入分节符的位置（也就是要被设置不同版式的分界处），在"页面布局"选项卡"页面设置"工具组中单击"分隔符"按钮，从下拉菜单中选择"下一页""连续""偶数页"或"奇数页"（参见图 2-71）。

在 Word 中使用分节符的实例如图 2-73 所示：使用分节符，可以在同一文档中使用不同大小和不同方向的纸张（上一节内使用纵向纸张、下一节内又使用横向纸张）；也可以在同一文档中给部分文档分栏（上一节内不分栏、下一节内分栏）；还可以设置不同的页码格式（上一节内使用罗马数字页码、下一节内使用阿拉伯数字页码且又从 1 开始）；等等。要实现这些目的，在不同格式的"分界处"插入"分节符"即可。

3. 页眉和页脚

在很多书籍或杂志中常能看到，在每一页顶部或底部还有一些内容，如书名、该页所在章节的标题、出版信息或本页页码、总页数等。这就是页眉和页脚：页面顶部的部分为页眉，页面底部的部分为页脚。在使用 Word 制作页眉和页脚时，不必为每一页都亲自输入页

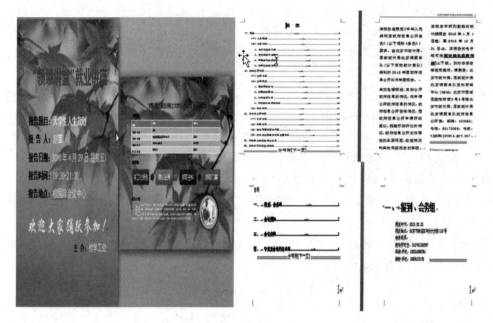

图 2-73　分节符应用的三个实例

眉和页脚；而只要在一页上输入一次，Word 就会自动在本节内的所有页中添加相同的页眉和页脚内容。

1）创建页眉和页脚

在 Word 中内置有很多页眉和页脚样式。创建页眉和页脚时，可直接将这些内置的样式应用到文档中。创建页眉和创建页脚的方法类似，下面以创建页眉为例来介绍具体的操作方法。

在"插入"选项卡"页眉和页脚"工具组中单击"页眉"按钮，从下拉列表中选择一种样式，例如"空白"，如图 2-74 所示；然后在所插入的页眉中输入内容。同时功能区最右侧将显示"页眉和页脚工具—设计"选项卡，如图 2-75 所示。输入内容时，也可单击该选项卡中的相应按钮，插入"日期和时间""图片""剪贴画"等。这里仅输入文字内容，在页眉处输入公司的联系电话 010-66668888。输入后，则本节内的所有页面都将具有相同的页眉内容（如文档未分节，则文档的所有页面都将具有相同的页眉内容）。

在页眉编辑状态，单击"页眉和页脚工具—设计"选项卡中的"转至页脚"按钮，将切换到页脚区，可以设置页脚。

在页眉/页脚编辑状态下，正文区呈灰色显示，是不能被编辑修改的。双击正文区可切换回正文编辑状态；也可单击"页眉和页脚工具—设计"选项卡中的"关闭页眉页脚"按钮，返回正文编辑状态。但在正文编辑状态，页眉/页脚区又呈灰色显示，不能被编辑。要编辑页眉/页脚，除通过功能区的按钮外（"插入"选项卡"页眉和页脚"工具组中的"页眉"—"编辑页眉"，或"页脚"—"编辑页脚"），也可以双击页眉/页脚区。正文、页眉/页脚区的编辑是两种不同的编辑状态，要在两种状态下切换，最简单的方法就是双击要编辑的区域。

页眉内容下方的一条"横线"是属于段落的边框，页眉内容被自动套用了样式"页眉"，由于该样式中规定了这种段落边框，所以页眉内容就具有一条"横线"。要修改该"横线"，可打

图 2-74　插入页眉

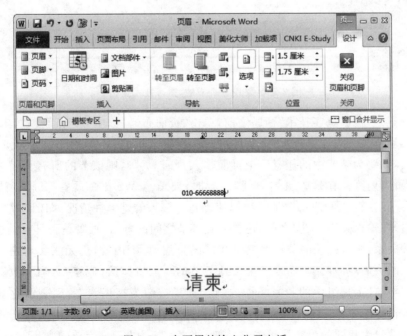

图 2-75　在页眉处输入公司电话

利用 Word 高效创建电子文档

开"样式"任务窗格,修改名称为"页眉"的样式,修改其中"边框和底纹"的格式即可。如果在页眉/页脚区无内容时不希望显示"横线",可将页眉/页脚区文字样式应用为"正文"或"清除格式"。

2)为不同节创建不同的页眉和页脚

如图 2-76 所示为一篇介绍"黑客技术"相关知识的文档。进入页眉/页脚编辑状态后,在任意页的页眉处输入文字"黑客技术",则本文档的所有页的页眉都将显示文字"黑客技术"。现希望仅在正文页页眉中显示文字,而在目录页页眉中没有内容,就需要在目录和正文之间分节,在不同的节中就可以分别设置不同的页眉/页脚内容了。

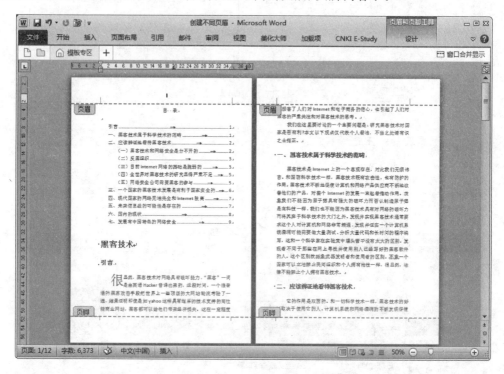

图 2-76　要设置页眉的"黑客技术文档"

将插入点定位到"黑客技术"标题之前,单击"页面布局"选项卡"页面设置"工具组的"分隔符"按钮,从下拉列表中选择"下一页"分节符,在目录和正文之间分节。

分节后,只要为某节中的任意一个页面输入页眉/页脚,则该节的所有页面都将具有相同的页眉/页脚内容。在输入页眉/页脚内容时,要留意 Word 在页眉/页脚旁边给出的提示,如"页眉-第 1 节""页脚-第 2 节"等,以明确正在输入的是哪种情况,如图 2-77 所示。

分节后,在输入页眉/页脚之前,还要注意各节之间的页眉/页脚是否具有链接关系。如果存在链接关系,则被链接的节还会具有相同的页眉/页脚内容,仍无法实现在不同节中分别设置不同的页眉/页脚。将插入点定位到某节的页眉页脚后,观察"页眉和页脚工具—设计"选项卡"导航"工具组中的 链接到前一条页眉 按钮,如果按钮为高亮状态,则表示它与前一节有链接:在本节设置页眉/页脚,前一页也会被设置为相同的内容;在前一页设置页眉/页脚,本节也会被设置为相同的内容。单击该按钮,使之切换为非高亮状态,则就取消了它与前一节的链接,本节和前一节可分别设置不同的页眉页脚,互不影响。注意页眉链接和页脚链接

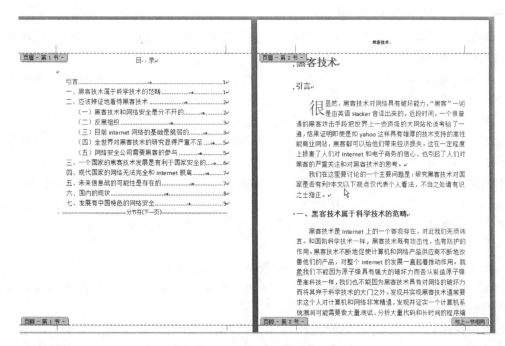

图 2-77　为不同节设置不同的页眉

是分别设置的,页眉有链接不影响页脚,页脚有链接也不影响页眉。应将插入点首先定位到页眉、页脚区域,再单击该按钮分别设置页眉的链接、页脚的链接。

在将插入点定位到后一节的页脚区域,设置与前一节页脚的链接时,该按钮的名称也为"链接到前一条页眉",但它的作用是针对页脚而不是针对页眉。

还要注意链接只能修改"后一节"与"前一节"的链接,也就是说,对于第 1 节和第 2 节两节之间的链接,只能到"第 2 节"中去修改,而在"第 1 节"中是无法修改的。同理,对"第 2 节"和"第 3 节"两节之间的链接也必须到"第 3 节"中去修改,在第 2 节中无法修改该链接。显然,如果插入点位于第 1 节的页眉/页脚,或尚未对文档分节,该按钮是灰色不可用的,原因不难理解,因为第 1 节没有"前一节"如何修改"第 1 节"与"前一节"的链接呢?

在"黑客技术"文档中,将插入点定位到第 2 节(即正文节)任意一页的页眉区域,单击 链接到前一条页眉 按钮,使之为非高亮,然后在第 2 节页眉中输入文字"黑客技术"。再通过浏览文档,或单击"页眉和页脚工具—设计"选项卡"导航"工具组中的 上一节 按钮,将插入点定位到第 1 节(即目录节)的页眉区域,在页眉中不输入任何内容,就实现了目录无页眉,正文页眉为"黑客技术"。

需要注意的是,并不是所有的情况都让 链接到前一条页眉 按钮为非高亮。当既要分节,又要使后一节与前一节具有相同的页眉/页脚内容时,应保持该按钮为高亮,这时 Word 会自动设置链接节的页眉/页脚为相同内容,就免去了由人工逐一设置各节的麻烦。

3) 为奇偶页或者首页创建不同的页眉和页脚

只要为某节中的任意一个页面设置了页眉/页脚,则该节的所有页面都将自动具有相同的页眉/页脚内容。然而,有时还需要在同一节中分别设置几种不同的页眉/页脚内容,例如奇数页显示书名、偶数页显示章标题;或者对于双面打印的文档,要使奇数页页码右对齐,

利用 Word 高效创建电子文档

偶数页页码左对齐(以使页码都位于书刊的"外缘")。这不必通过分节实现,而只要在"页眉和页脚工具—设计"选项卡"选项"工具组中勾选"奇偶页不同"复选框,则本节内,就可以对奇数页和偶数页的页眉/页脚分别做两套不同的设置了。

继续前面的例子,现希望在"黑客技术"文档的正文部分,偶数页页眉显示"黑客技术",奇数页页眉没有内容。将插入点定位到第 2 节任意页的页眉,勾选"选项"工具组中的"奇偶页不同"复选框,这时 Word 在页眉/页脚旁的提示变为"奇数页页眉-第 2 节","偶数页页眉-第 2 节"等,只要设置本节中任意一个奇数页(偶数页)的页眉/页脚,则本节内其他奇数页(偶数页)的页眉/页脚就都设置好了。在"奇数页页眉-第 2 节"的提示下删除页眉中的任何内容或单击"页眉和页脚工具—设计"选项卡"页眉和页脚"工具组中的"页眉"按钮,从下拉列表中选择"删除页眉"。再单击"导航"工具组中的 上一节或 下一节按钮,将插入点定位到本节任意一页偶数页的页眉,在"偶数页页眉—第 2 节"的提示下,仍保持页眉内容为"黑客技术"。

如果在"选项"工具组中勾选"首页不同"复选框,还能为每节的首页再单独设置一套页眉/页脚,它将不影响其他页。例如,需要首页没有页眉/页脚,勾选此复选框后,将首页的页眉/页脚内容删除即可。

在勾选/不勾选"奇偶页不同"或者"首页不同"复选框时,之前在页眉/页脚中输入的内容可能会消失,需要重新输入,因此一般应首先勾选复选框,然后再输入页眉/页脚内容。

在"页眉和页脚工具—设计"选项卡"导航"工具组中的 上一节或 下一节按钮,实际并不是切换"上一节"、"下一节"的含义,它们实际的功能是切换"上一种情况"、"下一种情况"。例如,如果勾选了"奇偶页不同",又勾选了"首页不同",每节内将有首页、奇数页、偶数页 3 种情况,单击 下一节按钮,首先切换的是本节内的 3 种情况,尚没有进入下一节,只有第四次单击 下一节按钮,才能进入下一节,在切换下一节 3 种情况之后,才能进入第三节。

提示:在设置页眉/页脚时,需要考虑的选项较多,也比较烦琐,建议在修改任何页眉/页脚等内容之前,首先考虑以下 3 点:

(1) 是否正确勾选/不勾选了"奇偶页不同""首页不同"复选框。

(2) 将插入点定位到页眉区域,设置"链接到前一条页眉"按钮高亮/非高亮,调整页眉链接。将插入点定位到页脚区域,设置"链接到前一条页眉"按钮高亮/非高亮,调整页脚链接。

(3) 要留意 Word 在页眉/页脚旁边给出的提示,如"首页页眉—第 1 节""奇数页页眉—第 2 节""偶数页页眉—第 3 节"等,以明确正在设置的是哪种情况。

4) 插入页码和域

在页眉/页脚区直接插入的内容是固定的文本,它们在每一页的页眉/页脚中固定不变。在页眉/页脚区还可插入"动态"的内容,称为域,这些动态的内容不是由人们通过键盘直接输入的,而是必须通过 Word 的功能按钮来插入;插入后,如果单击这些内容,它们还会出现有灰色阴影的底纹。

为什么还需要"动态"的内容呢?例如每页的页码是一种"动态"内容。页码也是位于页眉/页脚区的内容,但设想如果在第一页页眉区直接输入文字 1,是不是所有页面的页眉内容将都是 1 了呢?要让第一页是 1、第二页能自动变 2、……,就需要插入一种"动态"内容——页码。这样插入的页码,不但在不同页中数字可变,还能随文档的修改(如新增、删除内容等)自动更新。除页码外,Word 还允许插入很多其他"动态"内容,如本页内某种样式的文字、文档标题、文档作者等,这些都是带有灰色阴影底纹的内容,都是域,可以自动变化、自动更新。

(1) 插入页码

双击页眉/页脚区,进入页眉/页脚编辑状态后,在"插入"选项卡"页眉和页脚"工具组中(或"页眉和页脚工具—设计"选项卡"页眉和页脚"工具组中)单击"页码"按钮 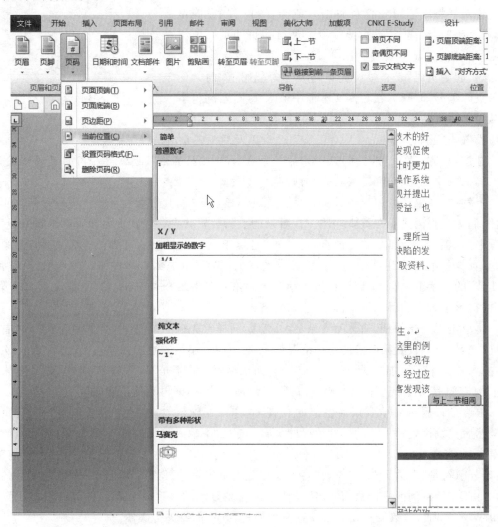,从下拉菜单中选择"当前位置"的"普通数字",即可把页码(一个带阴影的数字)插入到插入点所在的位置,如图 2-78 所示,页码也像一个被插入到页眉/页脚区的普通文字一样,可被设置格式,如字体格式、段落对齐格式等。例如,可在"开始"选项卡"段落"工具组中将页码左对齐、居中对齐或右对齐。

图 2-78　在页脚处插入页码

也可以从"页码"按钮的下拉菜单中选择"页面顶端"或"页面底端",并选择一种样式如"普通数字 1""普通数字 2"等,这将页码插入到页眉或页脚的同时可直接指定一种对齐方式。然而这种方法会删除页眉/页脚区的原有内容,当需要页眉/页脚区既有页码也有其他内容时,从下拉菜单中选择"当前位置"插入页码更为方便。

有时还要在同一文档的不同部分设置不同的页码格式。例如,正文部分的页码使用阿拉伯数字(1,2,3,…),目录部分的页码使用大写罗马数字(Ⅰ,Ⅱ,Ⅲ,…),要实现这一效果,必须在不同页码格式的内容部分之间分节:如上例应至少目录部分为一节。

然后将插入点定位到目录部分任意一页的页眉/页脚区,仍单击上述"页码"按钮,从下拉菜单中选择"设置页码格式",弹出"页码格式"对话框,如图 2-79 所示,在对话框的编号格式中有多种格式,如"1,2,3,…""-1-,-2-,-3-,…"等,例如,这里从中选择大写的罗马数字格式。

图 2-79 "页码格式"对话框

在对话框中还可设置页码编号值为"续前节"或固定"起始页码","续前节"是指接续前节最后一页的页码值继续编号页码,如前节页码到第 4 页,本节页码将从第 5 页开始。"起始页码"是直接设置页码编号为起始值,而无论前节页码编号如何,如在右侧文本框中输入 1,则强制将本节从第 1 页开始编页码。一般在目录节或正文第 1 章中,都应设置为"起始页码"为 1。对正文第 2 章以及后面各章应选择"续前节"。

注意:"编码格式"和"页码编号"都只影响本节,如果其他节也需要相同的页码格式,需要在其他节中重复打开"页码格式"对话框重复设置。

上例中,如果还希望目录首页和每章首页不显示页码,其余页面奇数页页码显示在页脚右侧,偶数页页码显示在页脚左侧。在目录的页脚编辑状态,勾选"页眉和页脚工具—设计"选项卡"选项"工具组中的"奇偶页不同"和"首页不同",则目录的页脚被分为三种情况:在"首页页脚—第 1 节"的提示下,删除页脚的任何内容;单击 下一节 按钮,在"偶数页页脚—第 1 节"的提示下,插入页码后设置段落为左对齐;单击 下一节 按钮,在"奇数页页脚—第 1 节"的提示下,插入页码后设置段落为右对齐。

再单击 下一节 按钮,进入第 2 节(第 1 章),同样首先确认勾选了"奇偶页不同"和"首页不同",然后分别设置第 2 节的 3 种情况的页脚:首页(不输入页脚内容);偶数页(插入页码并左对齐);奇数页(插入页码并右对齐)。如果页码格式不是"1,2,3,…",或页码编号未从 1 开始(首页是第 1 页不显示页码),打开"页码格式"对话框再调整正确即可。

再逐一设置第 3 节及以后各节的页脚,同样首先确认勾选了"奇偶页不同"和"首页不同",然后分别设置每一节的 3 种情况的页脚:首页(不输入页脚内容);偶数页(插入页码并左对齐);奇数页(插入页码并右对齐)。页码格式为"1,2,3,…",但页码编号均为"续前节"(由于分节符是"奇数页"分节符,在各章交界处的页码编号可能出现跳跃一个偶数编号的情况)。由于"链接到前一条页眉"按钮默认是被高亮显示的。第 3 节以后各节的很多设置都已由 Word 完成,多数设置我们只需查看和检查,并不都要进行操作。

(2)插入域

文档中可能发生变化的内容可通过插入域来输入,域是一种占位符,是一种插入到文档中的代码,它所表现的内容可以自动变化,而不像直接输入到文档中的内容那样固定不变。Word 的很多功能实际都是通过域来实现的:例如,自动更新的日期、页码、目录等。当将插入点定位到域上时,域内容往往会以浅灰色底纹显示,以与普通的固定内容相区别。

插入域后,还可以对域进行编辑或修改,右击文档中的域,从快捷菜单中选择"编辑域"命令,打开"域"对话框,在对话框中做修改。或者,从快捷菜单中选择"切换域代码"命令,将看到由一对{ }括起的内容,就是域代码,编程高手们常常直接对其代码进行修改来设置内容。

Word 还提供了很多对域操作的快捷键:Ctrl+F9 键插入域;Shift+F9 键对所选的域切换域代码和它的显示内容;Alt+F9 键对所有域切换域代码和它的显示内容;Ctrl+Shift+F9 键解除域的链接,域将被转换为普通文本(文字将不带底纹,并失去自动更新的功能)。

如图 2-80 所示,文档中有 3 个一级标题"企业摘要""企业描述""企业营销"已被应用了"标题1,标题样式一"样式,它们分属不同的页面,现要使每页中这种样式的标题文字自动显示在本页页眉区域中。显然每页页眉的内容都是不同的,本页中"标题1,标题样式一"样式的文字是什么,页眉内容就是什么;如果本页该样式的文字内容变化了,页眉也要自动变化,因此需要在页眉区中插入域。

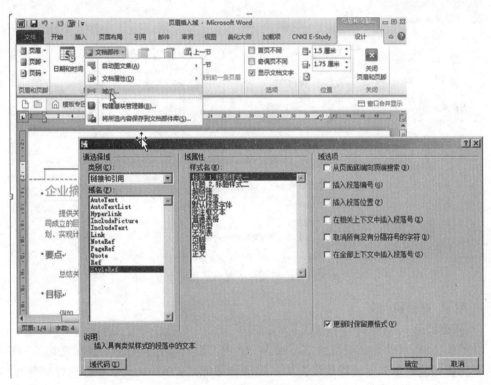

图 2-80　在页眉处插入域

如图 2-80 所示,双击任意一页的页眉区进入页眉编辑状态。单击"插入"选项卡"文本"工具组中的"文档部件"按钮,或单击"页眉和页脚工具"选项卡"插入"工具组中的"文档部件"按钮,从下拉列表中选择"域"。在打开的"域"对话框中,在"类别"中选项"链接和引用"的下方"域名"列表中选择 StyleRef 表示要引用特定样式的文本。再在右侧"样式名"列表中选择"标题1,标题样式一",表示要引用文档中具有"标题1,标题样式一"样式的文本。单击"确定"按钮则在页眉插入了本页中具有"标题1,标题样式一"样式的文本,当将插入点定位到所插入的内容上时,该内容会以浅灰色底纹显示。

Word中的域还有很丰富的内容,例如,在页眉/页脚区还可插入文档标题、作者姓名、备注等。在图2-80的"域"对话框中的"类别"中选择"文档信息",然后在"域名"中选择某种文档信息即可。文档信息是一篇文章的属性信息,在"文件"菜单"信息"的右侧栏中可设置这些信息,如图2-81所示。虽然这些信息也是动态变化的,通过插入域在页眉/页脚显示这些信息,可跟随同步更新。如果在"文件"菜单"信息"栏里改变了文档标题、作者姓名等内容,页眉/页脚的内容也会对应改变,这比通过手工输入再逐一修改要方便很多。

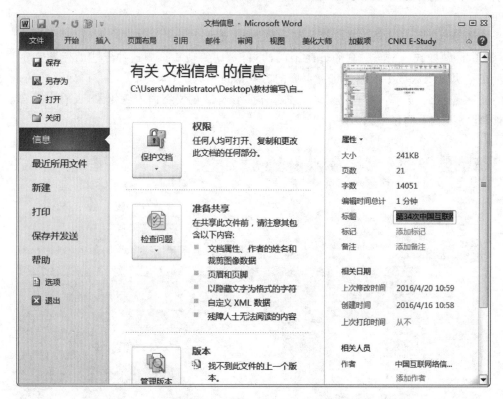

图2-81 查看和修改文档的属性信息

4. 目录、索引和引文

1) 创建目录

对于长文档,目录是必不可少的。在Word中可以自动创建目录:要想使用这一功能,必须首先将相应的章节标题段落设置为一定的标题样式。Word是依靠标题样式来区分内容是章节标题还是正文的,Word将把"章节标题"样式的内容提取出来制作为目录。

实际上Word生成目录是依靠段落的"大纲级别",并不是依靠"样式"。要设置段落的"大纲级别",在"段落"对话框"缩进和间距"标签页的"大纲级别"下拉框中设置即可。但初学者可以简单地认为Word可依靠"标题样式"来给段落分级和生成目录,因为标题样式中已被预先包含了相应"大纲级别"的设置。

首先将文档中所有章节标题套用正确的标题样式,例如"标题1""标题2""标题3"等。然后将插入点定位到文档中要插入目录的位置(通常位于文档开头),单击"引用"选项卡"目录"工具组中的"目录"按钮,从下拉列表中选择一种自动目录样式即可快速生成目录,如图 2-82 所示,也可从下拉列表中选择"插入目录",弹出"目录"对话框,对目录做详细设置。在 "目录"对话框的"格式"下拉列表中,还可为目录指定一种预设的格式,如"来自模板"等。

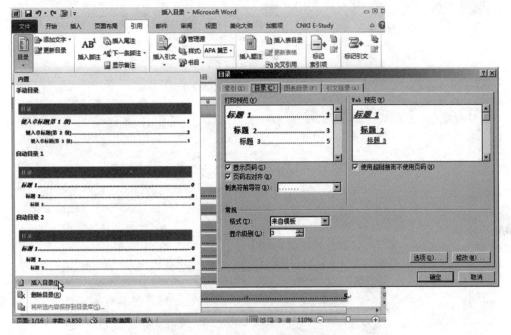

图 2-82　插入目录和"目录"对话框

默认情况下,Word 把文档中"标题 1"样式的内容生成第一级目录项,把"标题 2"样式的内容生成第二级目录项,把"标题 3"样式的内容生成第三级目录项……如果要对各级标题样式的内容和目录项的关系进行调整,可单击对话框中的"选项"按钮,弹出"目录选项"对话框,在对话框中设置对应关系,如图 2-83 所示。

对所插入的目录还可进行一定的修改编辑,如删除某些行、设置字体、段落格式等(实际目录页也是一种域)。为了让目录单独占一页,一般在插入目录后,在目录的结尾处还要插入一个"分页符"或者"下一页"的分节符。

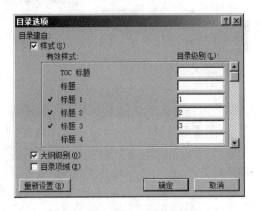

图 2-83　"目录选项"对话框

Word 自动生成的目录项是带有"超链接"的,但单击它并不会跳转到对应章节,需按住 Ctrl 键的同时单击目录项才能跳转。

在创建目录后,如果又对标题进行了修改,或者由于又对正文的修改而使标题所在页的页码发生变化,这时都需要对目录进行更新。将插入点定位到目录中的任意位置(整个目录将被加阴影显示),单击"引用"选项卡"目录"工具组中的"更新目录"按钮;或右击文档中的目录,从快捷菜单中选择"更新域",如图 2-84 所示。然后在弹出的对话框中选择"只更新页

项目二

利用 Word 高效创建电子文档

码"还是"更新整个目录",前者表示只更新现在目录各标题的页码、标题内容不更新；后者表示标题内容和页码全部更新即重建目录。如果有标题的增删或修改,应选后者。

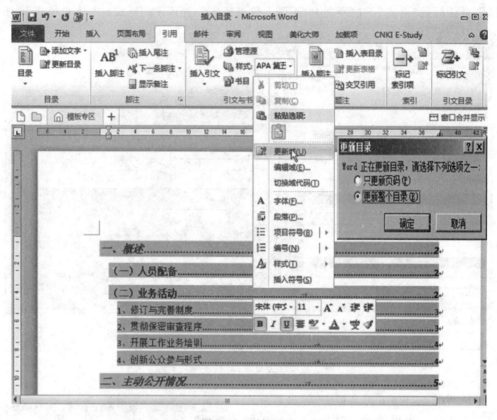

图 2-84　更新目录

2) 制作索引

不少科技书籍在末尾还会包含索引,其内容是在本书中出现的关键词及其在书中对应的页码,以方便读者快速查找书中的关键词。使用 Word 可以方便地建立索引。

由于索引是针对"关键词"的,因此在创建索引之前,首先要对文档中要作为索引项的"关键词"进行标记。在"引用"选项卡"索引"工具组中单击"标记索引项"按钮,弹出"标记索引项"对话框,在文档中选择关键词,单击对话框的"标记"按钮标记关键词。当完成所有关键词的标记后,单击"关闭"按钮关闭对话框。

将插入点定位到文档中要插入索引的地方(如文档末尾),单击"引用"选项卡"索引"工具组中的"插入索引"按钮,打开"索引"对话框。设置索引的类型、栏数、排序依据等,单击"确定"按钮即可创建索引。

3) 插入引文

在用 Word 撰写类似学术论文的文档时,可以很方便地插入引文,如在某句话后引用参考文献。在"引用"选项卡"引文与书目"工具组中的"样式"下拉框中选择一种引文样式,然后将插入点定位到文档中需要插入引文的位置(如一句话之后),再单击上述工具组的"插入引文"按钮,从下拉的菜单栏中选择"添加新源"。在"创建源"对话框中输入新源的信息(一本书籍或一篇期刊文章的作者、标题、年份等),单击"确定"按钮即可插入。之后该引文会出现在"插入引文"按钮的下拉菜单栏中,如需在其他位置再次引用,不必重新输入引文信息。也可单击该工具组中的"管理源"按钮对所有源进行管理,如新建、修改、排序、查找等。

在文档中插入了一个或一个以上的引文和源后,就可以创建书目(如参考文献列表,列出本文档所引用的所有参考文献)。将插入点定位到文档中要创建书目的位置(如全文末尾),单击该工具组中的"书目"按钮,从下拉列表中选择一种书目格式即可。

5. 页面设置和页面背景

1) 页面设置

(1) 纸张和页边距

使用计算机制作文档,一般都会将文档打印到纸张上,因此在制作文档时还要设计文档将要打印纸张大小,例如,平时常见的文档一般都用 A4 纸,也有的用 B5 纸,还有诸如 16 开、32 开等多种纸张规格。如何在 Word 中设置所需要的纸张大小呢?

单击"页面布局"选项卡"页面设置"工具组右下角的对话框开启按钮 ▣,打开"页面设置"对话框,如图 2-85 所示,切换到"纸张"选项卡,在"纸张大小"中可以设置预定义的纸张大小(如 A4、B5、16 开等),也可以自己定义纸张大小。或单击"页面布局"选项卡"页面设置"工具组中"纸张大小",从下拉列表中选择纸张或"其他页面大小"。

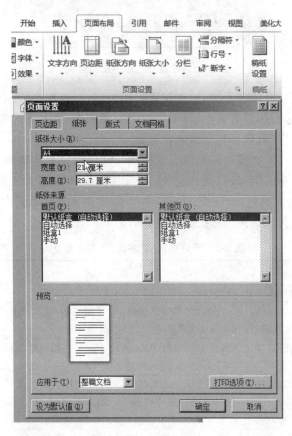

图 2-85 "页面设置"工具组合"页面设置"对话框

在"页面设置"对话框切换到"页边距"选项卡,可为文档设置页边距,如图 2-86 所示,页边距是指将要打印到纸张上的内容距离纸张上、下、左、右边界的距离。在"上""下""左"

"右"的文本框中,分别输入页边距的数值,或单击文本框右侧的上下箭头微调数值。如果打印后还需装订,则在"装订线"框中设置装订线的宽度,在"装订线位置"中选择"左"或"上",则 Word 会在页面上对应位置预留出装订位置的空白。

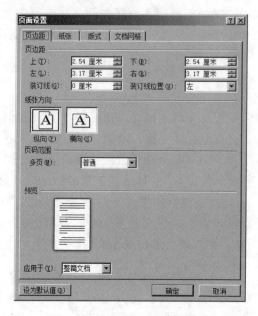

图 2-86　设置页边距和纸张方向

如果对文档设置了页眉和页脚,则在设置页边距时,一定要将"页眉"边距值设置成小于"上"边距值,"页脚"边距值设置成小于"下"边距值(页眉/页脚边距值在对话框的"版式"标签页中设置),否则页眉、页脚会与文档内容重叠。

在"纸张方向"中可以选择纸张为纵向或横向,Word 默认打印输出为"纵向";编辑特殊文档时也可能会使用横向纸张(将宽、高互换):如制作贺卡、打印较宽的表格。

在图 4-18 所示的对话框中,还有"页码范围"下的"多页"选项,其中又有"普通""对称页边距""拼页""书籍折页""反向书籍折页"等选项,它们的含义如表 2-9 所示。

表 2-9　页码范围的"多页"选项及含义

选项	含　义
普通	正常的打印方式,每页打印到一张纸上,每页页边距相同
对称页边距	主要用于双面打印,左侧页的"左页边距"与右侧页的"右页边距"相同,左侧页的"右页边距"与右侧页的"左页边距"相同
拼页	两页的内容拼在一张纸上一起打印,主要用于按照小幅面排版,但是又用大幅面纸张打印的时候
书籍折页	用来打印从左向右折页的开合式文档(如请柬之类),打印结果以"日"字双面分布,"日"字中间的"一字线"是折叠线,具体效果为:纸张正面的左边为第 2 页,右边为第 3 页;反面左边为第 4 页,右边为第 1 页。纸张从左向右对折后,页码顺序正好是 1、2、3、4
反向书籍折页	与"书籍折页"类似,但它是反向折页的,可用于创建从右向左折页的开合式文档(如古装书籍的小册子)。具体效果为:纸张正面的左边为第 3 页,右边为第 2 页;反面的左边为第 1 页,右边为第 4 页。从右向左对折后,页码顺序正好是 1、2、3、4

（2）版式和文档网格

在"页面设置"对话框中，切换到"版式"选项卡，如图 2-87 所示，可以设置页眉和页脚距页边距的距离、页面的垂直对齐方式以及为文档中的各行添加行号等。要为文档中的各行添加行号，可单击"行号"按钮，在弹出的"行号"对话框中做详细设置。

在"页面设置"对话框中，切换到"文档网格"选项卡，如图 2-88 所示。可以定义每页包含的行数和每行包含的字数，但要配合选择"网络"组中的对应单选框才能分别设置行数和每行字数。单击"绘图网格"按钮，将弹出"绘图网格"对话框，选中其中的"在屏幕上显示网格线"，Word 会自动在文档的页面中绘制出网格辅助线，以方便对齐内容。

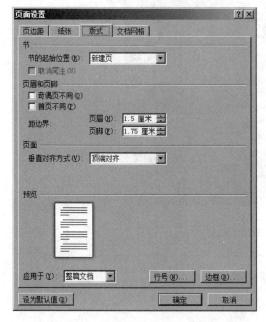

图 2-87　"版式"选项卡

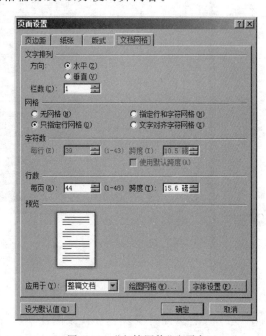

图 2-88　"文档网络"选项卡

Word 还提供稿纸功能，可以很方便地选择使用各类稿纸样式来书写文档。单击"页面布局"选项卡"稿纸"工具组中的"稿纸设置"按钮，弹出"稿纸设置"对话框，可对稿纸的样式、行数、列数等进行设置，单击"确定"按钮，则文档就具有了稿纸效果，可在稿纸的方格内输入文字，如图 2-89 所示。

（3）同一文档的各部分使用不同的页面设置

在同一文档中，也可以设置不同部分分别使用不同的纸张大小、纸张方向、页边距等，其方法是在文档中需要变换页面的地方分节。然后将插入点定位到上一节的任意位置，打开"页面设置"对话框，设置上一节的页面；但在"页面设置"对话框底部"应用于"列表中，必须选择"本节"而不是"整篇文档"。再将插入点定位到下一节的任意位置，打开"页面设置"对话框，设置下一节的页面；同样在对话框底部"应用于"列表中，必须选择"本节"而不是"整篇文档"。这样分别设置每一节的页面就可以了。

2）页面背景

白底黑字是传统的配色，但看久了也容易造成视觉疲劳，能否让文档获得更美观的视觉效果呢？这就可以对页面进行多种修饰，如页面颜色、背景图片、水印效果等。

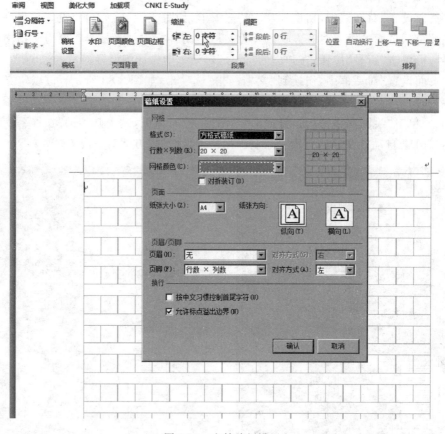

图 2-89　文档稿纸设置

（1）设置页面背景颜色和背景图片

在"页面布局"选项卡"页面背景"工具组中单击"页面颜色"按钮，然后从下拉列表中选择一种颜色，即可设置页面背景为一种纯色。例如，在下拉列表中选择"填充效果"命令，打开"填充效果"对话框，还可以设置页面背景为渐变颜色、纹理、图案或图片等。

如需将一张图片作为 Word 文档的背景，将对话框切换到"图片"选项卡，如图 2-90 所示。单击"选择图片"按钮，在打开的对话框中选择图片文件，单击"插入"按钮；返回"填充效果"对话框再单击"确定"按钮即可。

（2）制作水印

有时，会在宣传单、公告或技术资料中看到文档正文下方有淡淡的文字，写着"机密""严禁复制""请勿带出"等标语提醒读者，或在正文下方衬着浅浅的底图。这些经过淡化处理且压

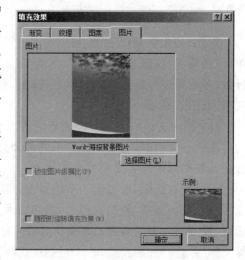

图 2-90　"图片"选项卡

在正文下面的文字或图片称为水印。水印包括文字水印和图片水印两种。

在"页面布局"选项卡"页面背景"工具组中单击"水印"按钮，从下拉列表中选择"自定义水印"命令，如图 2-91 所示。弹出"水印"对话框，如图 2-92 所示。在对话框中选择"文字水印"选项，再在"文字"文本框中输入要设置为水印的文字，例如输入"中国互联网信息中心"。还可以对水印文字的字体、字号、颜色及版式等进行设置，例如设为"斜式"。若要半透明显示文字水印，可勾选"半透明"复选框，否则水印有可能干扰文档中的正文文字。单击"确定"按钮，则设置好的水印效果可参看图 2-91 中文档部分。

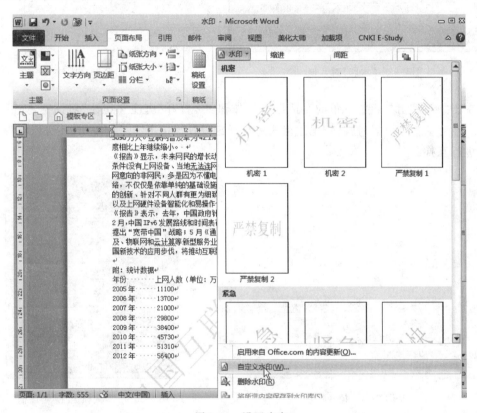

图 2-91　设置水印

如果要制作图片水印，操作方法基本相同，也是打开"水印"对话框。只不过在该对话框中选择"图片水印"选项，然后单击"选择图片"按钮，再选择一张希望作为水印的图片即可。如果图片可能干扰文档中的正常文字，可勾选"冲蚀"复选框。

6. 在文档中添加其他引用内容

1）脚注和尾注

脚注和尾注常见于学术论文或专著中，它们是对正文添加的注释：在页面底部添加的注释称为脚注，如图 2-93 所示。在每节的末尾或全篇文档末尾添加的注释称为尾注。Word 提供了自动插入脚注和尾注的功能，并会自动为脚注和尾注编号。

将插入点定位到要插入注释的位置。如果要插入脚注，单击"引用"选项卡"脚注"工具组中的"插入脚注"按钮，如图 2-94 所示；如果要插入尾注，单击该工具组中的"插入尾注"按钮。此时，Word 会自动将插入点定位到脚注或尾注区域中，可以直接输入注释内容。

利用 Word 高效创建电子文档

水印
无水印(N)
图片水印(I)
选择图片(P)...
缩放(L): 自动
冲蚀(W)
文字水印(X)
语言(国家/地区)(L): 中文(中国)
文字(T): 中国互联网信息中心
字体(F): 宋体
字号(S): 自动
颜色(C):
半透明(E)
版式: 斜式(D) 水平(H)
应用(A) 确定 取消

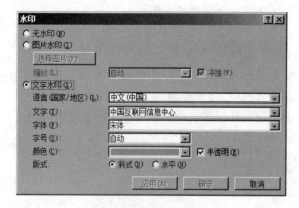

图 2-92 “水印”对话框

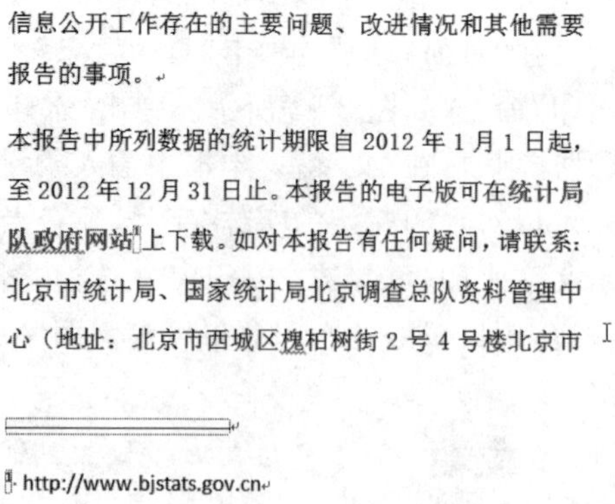

信息公开工作存在的主要问题、改进情况和其他需要报告的事项。
本报告中所列数据的统计期限自 2012 年 1 月 1 日起，至 2012 年 12 月 31 日止。本报告的电子版可在统计局队政府网站上下载。如对本报告有任何疑问，请联系：北京市统计局、国家统计局北京调查总队资料管理中心（地址：北京市西城区槐柏树街 2 号 4 号楼北京市
http://www.bjstats.gov.cn

图 2-93 脚注

单击“脚注”工具组右下角的对话框开启按钮，打开“脚注和尾注”对话框，如图 2-95 所示。在对话框中可以对脚注/尾注格式进行详细设置。单击“转换”按钮，还可以将脚注和尾注进行互换。

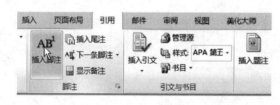

插入 页面布局 引用 邮件 审阅 视图 美化大师
插入脚注
插入尾注
下一条脚注
显示备注
脚注
插入引文
管理源
样式: APA 第五
书目
引文与书目
插入题注

图 2-94 插入脚注

脚注和尾注
位置
脚注(F): 页面底端
尾注(E): 文档结尾
转换(C)...
格式
编号格式(N): ①, ②, ③ …
自定义标记(U):
符号(Y)...
起始编号(S): ①
编号(M): 连续
应用更改
将更改应用于(P): 本节
插入(I) 取消 应用(A)

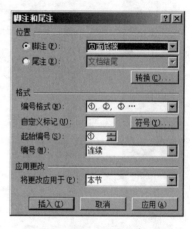

图 2-95 “脚注和尾注”对话框

2）书签和超链接

与我们读书时使用的书签类似，Word 文档中的书签也用于在文档中做标记，便于今后快速找到文档中的这个位置。要在 Word 文档中插入书签，先将插入点定位到要插入书签的位置，或选中要插入书签的文本；单击“插入”选项卡“链接”工具组中的“书签”按钮，弹出“书签”对话框，在对话框中输入书签名称(不能包含空格)，单击“添加”按钮即可。

有了书签，就可以快速定位到文档中的书签位置，这对于浏览长文档非常方便。单击“书签”按钮，在弹出的“书签”对话框中，选择要跳转到的书签，单击“定位”按钮，即可快速定位到文档中这个书签的位置。

Word 中的书签默认是不显示出来的(虽然它能发挥作用)。要显示书签，单击“文件”菜单中的“选项”命令，在弹出的“Word 选项”对话框中单击左侧的“高级”，在右侧的“显示文档内容”列表中勾选“显示书签”，单击“确定”按钮后，书签才能在文档中显示出来。在显示书签时，该书签的文本将以“[ ]”括起来；如果是定位插入点插入的书签，该书签将以“|”

标记。

超链接是网页中常见的元素,单击它,即可跳转到所链接的网页或打开某个视频、声音、图片或文件。在 Word 文档中也可以添加超链接,它可将文档中的文字和某个对象、位置等链接起来。在 Word 文档中设置超链接后,只需按住 Ctrl 键单击超链接,就可以跳转到目标位置,或是打开某个视频、声音、图片或文件。

在 Word 文档中选择要添加超链接的文本,单击"插入"选项卡"链接"工具组中的"超链接"按钮。弹出"插入超链接"对话框,如图 2-96 所示。在左侧"链接到"列表中选择要链接的目标类型,在中间文件列表中选择要链接的文件,或在"地址"栏中输入。

选择左侧的"链接到"列表中的"电子邮件地址",还可创建电子邮件超链接。例如,若将文档中的"联系我们"或"站长信箱"之类的文字设为电子邮件超链接,则将来用户按住 Ctrl 键单击这些文字就能直接给设定的电子邮箱发邮件了。

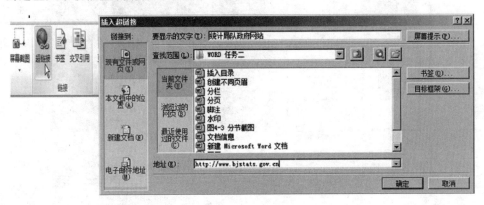

图 2-96 插入超链接和"插入超链接"对话框

如果文档中还设置过书签,则还可以添加书签超链接。这种链接被用户单击后,将直接跳转到文档中的书签位置。利用这个功能,可以在文档中添加诸如"快速移动到文档首""跳转到指定标题"等功能。

已经被添加的超链接还可以被编辑修改。在需要被编辑的超链接上右击,从快捷菜单中选择"编辑超链接"命令,即可对已添加的超链接进行修改;如果从快捷菜单中选择"取消超链接"命令,则可删除超链接,原有的超链接文本将会变成普通文本。如果在文档中删除了带有超链接的文本,也能删除超链接,这时文本连同其超链接将一起被删除。

7. 插入封面页

Word 提供了许多预定义的封面样式,内含预设好的图片、文本框等元素,这使为一篇文档作一个封面变得非常简单。在"插入"选项卡"页"工具组中单击"封面"按钮,从下拉列表中选择一种封面,即可为文档插入封面页,如图 2-97 所示。插入封面页后,再在封面页中的对应区域(如文本框)中输入相应内容(如文档标题)就可以了。

8. 使用文档部件

对于需要在文档中重复使用的文本段落、表格或图片元素,可以将它们保存为文档部件。这样以后在需要重复使用它们时,可以快速将它们插入到文档中;而不必再去查找原文位置以及"复制、粘贴"等工作了。

构建文档部件的操作方法是:选中文档中的图文或表格内容,例如选中图 2-98 的表

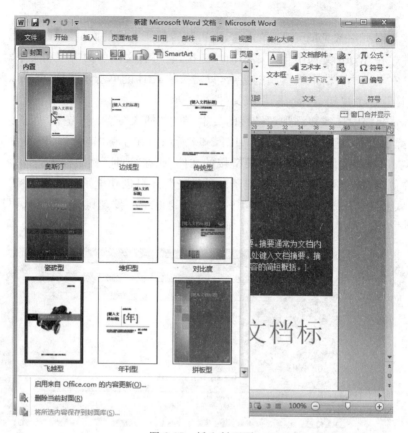

图 2-97　插入封面页

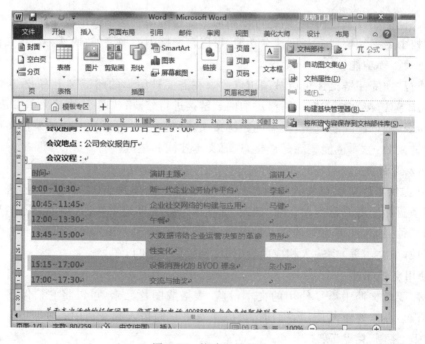

图 2-98　构建文档部件

格,然后在"插入"选项卡"文本"工具组中单击"文档部件"按钮,从下拉菜单中选择"将所选内容保存到文档部件库"命令,如图 2-98 所示,打开如图 2-99 所示的"新建构建基块"对话框,在"名称"文本框中输入此文档部件的名称,例如"会议日程"在"库"中选择要放入的"库",例如选择"表格";然后单击"确定"按钮。

这样,在编辑文档的过程中,如果需要再次使用这一文档部件,操作方法为:在"插入"选项卡"文本"工具组中单击"文档部件"按钮,从下拉列表中选择"构建基块管理器"命令,弹出"构建基块管理器"对话框,如图 2-100 所示。选择所需内容,单击"插入"按钮即可。

图 2-99 "新建构建基块"对话框

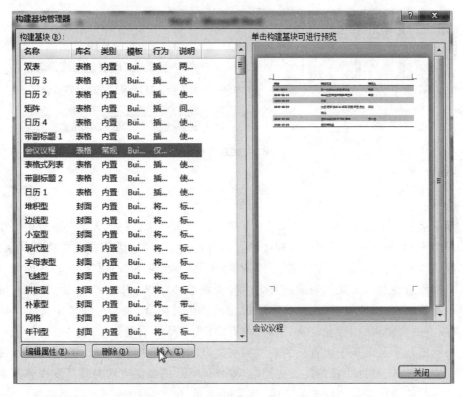

图 2-100 "构建基块管理器"对话框

9. 使用文档主题

使用文档主题,我们可以快速改变 Word 文档的整体外观,包括字体、段落、表格、图片的效果。如果在 Word 2010 中打开 Word 97 文档或 Word 2003 文档,则无法使用主题,而必须将其另存为 Word 2010 文档才可以使用主题。

在"页面布局"选项卡"主题"工具组中单击"主题"按钮,如图 2-101 所示,从下拉列表中选择一种主题,则该文档的字体、段落、表格、图片等都将改变为这种主题下的效果。

利用 Word 高效创建电子文档

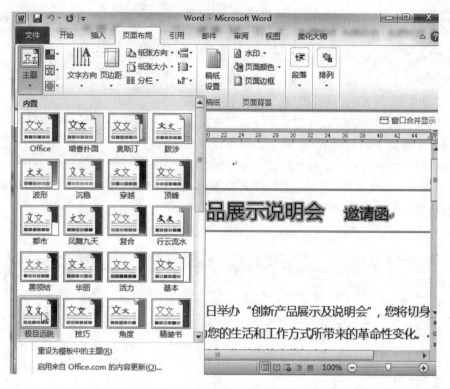

图 2-101　使用文档主题

 任务描述

大学毕业论文要完成的一项"艰难"的工作就是排版论文。每所大学对毕业论文格式的要求都可能不同,但都会要求很严格和详细,因此毕业论文的排版比普通文档要复杂得多。如运用样式设置各级标题、插入目录、不同的页眉、页脚及"域"的使用等,这些在前面的短文档编辑中都没有提及。短文档通常定义为内容篇幅在 10 页以内的文档,比如通知、班级文档级规章制度、公告、请示等等文体都属于短文档。相对而言,长文档通常定义为内容篇幅为 10 页以上的文档,比如毕业论文、报告、政府文件、产品说明书等。

对于动则几十页甚至于上百页的长文档来说,倘若还用初级的手工方式来排版,简直是不可能完成的任务。由此,在编排长文档时,Word 2010 的高级方法与技巧发挥着至关重要的作用。比如长文档排版时样式的应用、目录的生成、域的应用等等都有事半功倍的效果。本节以一篇未排版的毕业论文初稿(节选部分)为例来进行排版。

 任务实施

1. 页面布局

1) 要求与效果

打开"毕业论文素材.docx"文档,对文档进行页面设置。

2) 操作步骤

页面布局相关设置的入口如图 2-102 所示。

文字方向：水平；页边距：普通（日常使用建议用"适中"或"窄"，节约用纸，提交的论文报告才用"普通"）；纸张方向：纵向；纸张大小：A4；接着，在"视图"中，将"导航窗格"选中，方便不同的章节跳转导航，如图 2-103 所示。

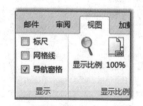

图 2-102　"页面布局"设置框　　　　　图 2-103　"导航窗格"设置框

2. 制作封面

基本页面设置好后，接下来是对整个论文格式进行一个简单的规划，往往是封面＋内容。具体步骤如下：

（1）插入 1×5 表格，如图 2-104 所示。

为什么是表格呢？因为表格是一个标准格式化的布局方式，比直接手动操作快速方便很多。若格子不够则右击某个单元格，选择"插入"并确定插入位置，如图 2-105 所示。

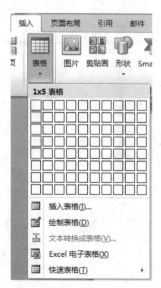

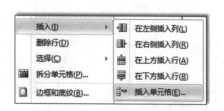

图 2-104　"表格"设置　　　　　　图 2-105　"插入单元格"设置

（2）插入文档部件，如图 2-106 所示。

在建立的表格中选择"插入"→"文档部件"→"文档属性"每一行分别选择菜单中的"类别""标题""作者""单位""发布日期"（当然可以手动输入，不过以上方式可以自动为文档加入一些额外信息，对知识产权保护有一定作用，同时便于文档管理）。

（3）设置格式。

根据图中格式要求设置格式，拖动表格放好位置，并选择整个表格，将对齐方式设置为全居中，如图 2-107 和图 2-108 所示。接着选择整个表格，单击"设计"→"表框"→"无框线"。这样，一个比较正式的封面就做好了，效果如图 2-109 所示。

利用 Word 高效创建电子文档

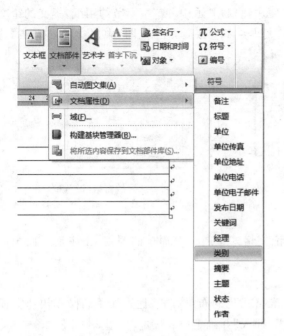

图 2-106　"文档属性"设置框

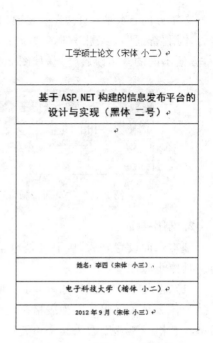

图 2-107　"论文"表格效果

图 2-108　"对齐"设置框

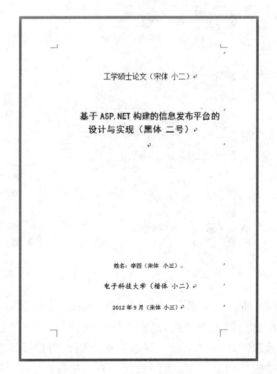

图 2-109　"论文"封面效果

3. 设置样式

通常,学校会对论文的字体大小、样式等格式进行统一规定,学生需要根据学校的规定,设置论文的排版格式。所以,为了提高排版效率,需要先自定义格式样式,论文排版格式要求如表 2-10 所示。样式设置的具体步骤如下。

表 2-10　文本格式设置

内　　容	字符格式要求	段落格式要求
章标题(一级标题)	中文:黑体,二号,加粗 西文:Times New Roman、二号、加粗	居中,无缩进,段前后间距均为 15磅、单倍行距
节标题(二级标题)	中文:黑体、三号、加粗 西文:Times New Roman、三号、加粗	居左,无缩进,段前后间距均为 10磅、单倍行距
目标题(三级标题)	中文:黑体、四号、加粗 西文:Times New Roman、四号、加粗	居左,无缩进,段前后间距均为 5磅、单倍行距
正文文字	中文:宋体、小四 西文:Times New Roman、小四	两端对齐,首行缩进 2 字符、段前后间距为 0 磅、行距20磅
参考文献	中文:宋体、五号 西文:Times New Roman、五号	左对齐、无缩进、段前后间距为 0磅、行距1.5 倍
页眉 (封面不设,其余各页设为章标题)	中文:宋体,小五 西文:Times New Roman、小五	居中,无缩进,段前后间距均为 0行、单倍行距,加下框线
页码 (摘要、目录为罗马数字Ⅰ、Ⅱ;正文页码为1、2、…)	Times New Roman、小五	居中,无缩进,段前后间距均为 0行、单倍行距

1) 新建“一级标题”样式

(1) 如图 2-110 所示,按照格式要求在“开始”→“样式”选项组中,单击对话框启动器按钮。

图 2-110　“样式”设置

(2) 在随即打开的“样式”任务窗格中,单击“新建样式”按钮,如图 2-111 所示。

(3) 在“根据格式设置创建新样式”对话框中,在“名称”文本框中输入标题名称,将“样式类型”“样式基准”和“后续段落样式”分别设置为“段落”“标题 1”以及“正文”等,如图 2-112 所示。

(4) 根据表 2-10 的格式要求进行格式设置,字体格式以及居中、单倍行距在此对话框中就可完成。

(5) 段落设置。单击“格式”按钮,在随即打开的下拉列表中单击“段落”选项,如图 2-113 所示。

在“段落”对话框中,设置段前段后间距“15 磅、无缩进”,如图 2-114 所示。

样式“一级标题”即定义完毕。其他样式如“二级标题”“三级标题”“正文”和“参考文献”以上面类似的方法并按表 2-2 格式要求修改完成。

图 2-111　新建"样式"

图 2-112　"样式"设置

图 2-113　"段落"菜单

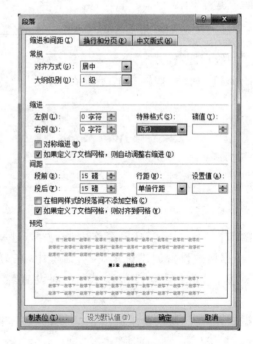

图 2-114　"段落"设置

2）样式"一级标题"的套用

切换到"开始"工具栏，用鼠标选中"摘要"，再单击样式工具栏中的样式"一级标题"，即"摘要"这个章标题已经套用了样式"一级标题"了，此时"摘要"这个章标题已经出现在左侧的大纲结构窗口中了。

用同样的方法，将其他章标题如"第3章　关键技术简介""致谢""参考文献"，套用样式

"一级标题"。此时大纲结构窗口中出现了 4 个一级标题，如图 2-115 所示。

值得注意的，在导航窗格中，我们选中某个标题，按回车键，便可得到一个同级的新标题，这对布局相当管用，特别是对于编了章节号的标题，它也会自动生成相同格式的章节号，并且，在这里拖动章节标题的位置，会相当智能。

4. 设置页眉与分节

一般来说论文封面是不需要页眉标记和页脚页码的，所以我们利用分节符将论文封面和论文正文两者分开（当然，内容和封面分两个文档制作也是可以的）。

（1）在封面、摘要、致谢、参考文献和每一章结束的最后分节。选择"页面布局"→"分隔符"→"分节符"→"下一页"，如图 2-116 所示。

图 2-115 "文档框架"效果

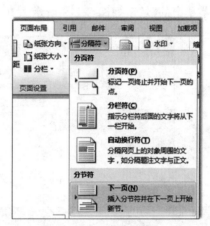

图 2-116 插入分隔符

（2）双击页面顶部页眉位置，在页眉页脚设置中就能看到如图 2-117 所示的效果。

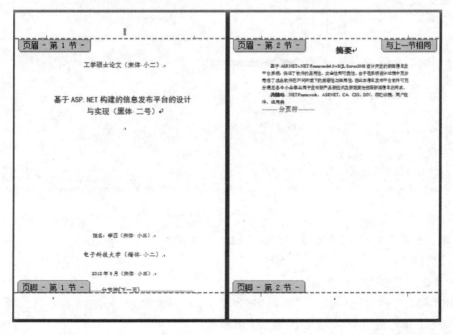

图 2-117 "页眉页脚"设置

项目二

利用 Word 高效创建电子文档

（3）单击第 2 节页眉，在"页眉页脚工具"→"设计"中，将"链接到前一条页眉（页脚）"取消掉，如图 2-118 所示。这样，我们便可以分开设置不同节的页眉页脚了。

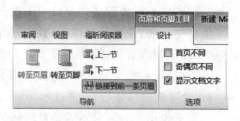

图 2-118　不同节设置

说明：首页不要页眉和页脚，摘要和目录采用相同的页眉页脚，正文、致谢、参考文献采用相同的页眉页脚。

（4）在页眉中添加章节名。在论文中还有另一种需求，就是在页眉中添加章节名。双击页眉，进入页眉编辑模式，选择"插入"→"文档部件"下拉菜单中的"域"，如图 2-119 所示。并按如图 2-120 所示设置。

图 2-119　"文档部件"设置

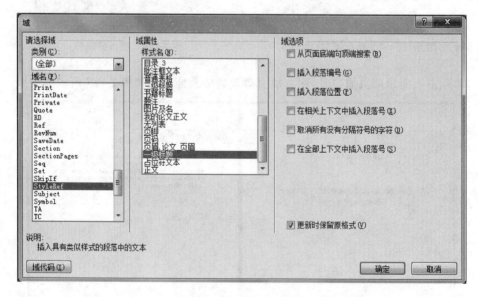

图 2-120　"域"设置

说明：如单页要章，双页要节，同理。勾选"奇偶页不同"，分开设置即可。

5. 设置页码

1）页面底端插入页码

单击"插入"→"页眉页脚"→"页码"选择子菜单"页面底端"再选择下面第二项子菜单"普通数字 2"即完成页码插入，如图 2-121 所示。

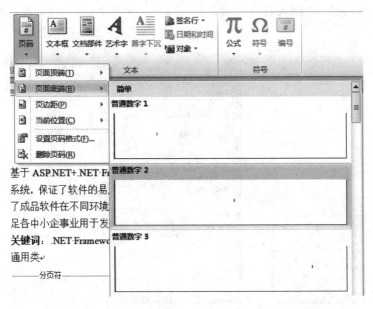

图 2-121　插入页码

2）调整第 1 节的页码

对于所有毕业论文来讲，在第 1 节的第一页（即封面页）是不需要页眉与页码的，所以要在封面页里去掉这个页眉与页码。

将光标放置在第 1 节的第一页里，双击封面页的页眉，选择"页眉页脚工具"→"设计"，选中"首页不同"选项，如图 2-122 所示。

然后直接删除封面页的页眉和页脚内容。这样，封面页就没有页眉与页码了。

3）摘要的页码以罗马数字Ⅰ、Ⅱ、Ⅲ、…来编排

选中"摘要"的页码右击，单击"设置页码格式"，将编号格式设为"罗马数字"，起始页码设为"Ⅰ"，如图 2-123 所示。

图 2-122　页眉页脚选项

图 2-123　"页码格式"设置

说明：正文页码设置方法同上，第一页页码的格式设置为 1、2、3、…，起始页码为 1。

6. 目录引用

文章编写后，需要添加目录，在前面的章节框架设置的基础上，我们可以自动添加目录。

利用 Word 高效创建电子文档

选择"引用"→"目录"→"插入目录",设置如图 2-124～图 2-126 所示,在论文封面后添加目录。

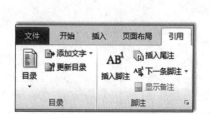

图 2-124 "引用"设置

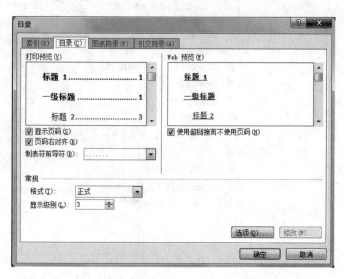

图 2-125 "目录"设置

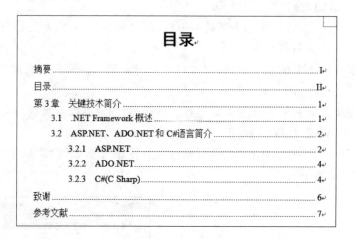

图 2-126 "目录"效果

说明:需要更新目录时,右击目录,单击"更新域",如图 2-127 所示。

7. 细节优化

图表公式都是依靠"插入题注"和"交叉引用"命令,如图 2-128 所示。

图 2-127 "更新域"设置

图 2-128 图表的题注设置

8. 审阅与修订

论文往往是需要反复修订的,所以审阅这一系列工具就很有用了。利用更改可以直接设置修订内容,"上一条""下一条","接受"或"拒绝",如图 2-129 所示。当然有时候老师并没使用这种方法给予修订,那么,使用"比较"即可,如图 2-130 所示,当然,在英文写作中,这里的辅助工具也是很有用的。

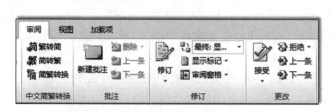

图 2-129 "审阅"设置　　　　　　　　　　　　图 2-130 "比较"设置

9. 输出与打印

将文件另存为 PDF 格式,如图 2-131 所示,这样生成的 PDF 是带完整书签的,便于收藏查阅,同时去打印的时候不至于被打印处将格式破坏。其实,要用好 Word,应该注意格式和内容分离,别用空格对齐上下文。

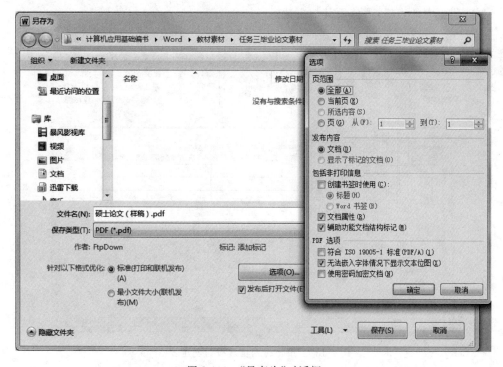

图 2-131 "另存为"对话框

利用 Word 高效创建电子文档

任务三　Word 表格与图表

 **预备知识**

表格表达的信息量大、结构严谨，是办公文档中经常使用的。Word 也有很强的制作表格的本领。虽不如 Excel 的功能强大，但其独具一格地创建、编辑和修饰表格的功能，对于日常办公文档还是绰绰有余的，操作起来也轻松自如。在 Word 中同样可以制作图表，将表格数据转换为图表，就能把藏于表格中的数据含义直观地"表白"出来了。Word 实际上是调用了 Excel 的图表功能来制作图表的，因而 Excel 能制作的图表，Word 都能实现。

1. 创建表格

表格是由行和列组成的，行列交叉点的一个"小方格"称为单元格，可在单元格内输入文字或插入图片。在 Word 中创建表格有 5 种方式：①通过功能区按钮创建表格；②用"插入表格"对话框创建表格；③手动绘制表格；④将文本转化为表格；⑤引入 Excel 表格。

1) 通过功能区按钮创建表格

如果要创建的表格的行列比较规则，且行列数都不多，可以通过单击功能区按钮的行列方格来创建表格。将插入点定位到文档中要插入表格的位置；单击"插入"选项卡"表格"工具组中的"表格"按钮，在下拉列表的预设方格内，移动鼠标到所需的行列数后单击，即可创建一个该行数和列数的表格，如图 2-132 所示。通过这种方法只能创建 8 行、10 列以内的表格。要创建更大的表格，需使用其他方法。

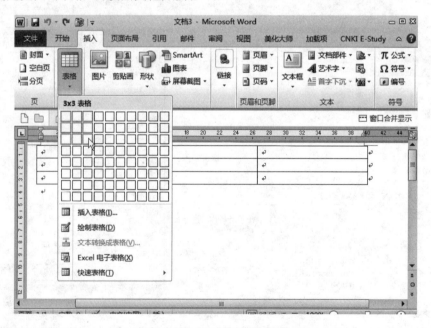

图 2-132　单击行列工具按钮创建表格

创建表格后，就可以在表格中输入内容了。在表格中输入内容与在表格外输入相同。在一个单元格内也可含有多个段落，在单元格内输入也是用回车键开始一个新段落。

表格中每个单元格内都有段落标记 ↵ ，它指示该单元格内容中的一个段落，将插入点定位到此标记之前，即可在此单元格中输入内容。在表格每一行的末尾边框线外还有一个行尾段落标记 ↵ ，表示该行结束，在此标记前按回车键可插入新表格行。

在一个单元格中输入内容后，如果要在下一个单元格内继续输入，可单击下一个单元格；也可以按下键盘上的 Tab 键或向右的箭头键移动插入点到下一个单元格。

2）通过"插入表格"对话框创建表格

通过"插入表格"对话框，可直接输入所需的行数和列数来创建表格。要创建包含的行、列数较多的大表格时，通过这种方法比较方便。在文档中将插入点定位到要插入表格的位置；单击"插入"选项卡"表格"工具组中的"表格"按钮，从下拉列表中选择"插入表格"命令，弹出"插入表格"对话框，如图 2-133 所示。在其中输入表格的行数与列数，例如输入 5 列 10 行；还可以选择"自动调整"的方式，单击"确定"按钮，即创建了一个 5 列 10 行的表格。"自动调整"方式的含义如表 2-11 所示。

图 2-133 "插入表格"对话框

表 2-11 Word 表格的"自动调整"方式

名　　称	功　能　作　用
固定列宽	在右侧文本框中再输入具体数值表示列宽；使表格中每个单元格的宽度保持该尺寸
根据内容调整表格	每个单元格根据内容多少自动调整高度和宽度
根据窗口调整表格	表格尺寸将根据 Word 页面大小（如不同的纸张类型）而自动改变

3）手动绘制表格

在 Word 中，还可以通过直接手动绘制表格线的方式来绘制表格。创建不规则表格时使用这种方法比较方便。单击"插入"选项卡"表格"工具组中的"表格"按钮，从下拉列表中选择"绘制表格"命令。当鼠标指针变为铅笔形状时将鼠标移动到文档编辑区，按住鼠标左键从左上角拖动鼠标到右下角，绘制表格的外围边框线轮廓，如图 2-134 所示，然后再在轮廓区域内，按住鼠标左键从左到右拖动鼠标绘制行线，如图 2-135 所示；用同样方法可绘制列线甚至斜线。

在绘制表格时，功能区将显示"表格工具—设计"和"表格工具—布局"两个选项卡。在完成绘制表格后，在"表格工具—设计"选项卡"绘图边框"工具组中单击"绘制表格"按钮使之非高亮，或按下键盘上的 Esc 键，就可退出表格绘制状态，鼠标指针恢复正常形状。

如果要清除表格中不需要的线段，在"表格工具—设计"选项卡"绘图边框"工具组中单击"擦除"按钮，鼠标指针变为橡皮擦形状 ⌦ ，单击不需要的边框线或在边框线上拖动，即可擦除边框线。完成后再次单击"擦除"按钮，或按 Esc 键，指针恢复正常形状。

4）将文本转换为表格

Word 还有将文档中文本自动转换为表格的功能。文本中要包含一定的分隔符，作为划分列的标识：例如，在不同列的文本之间添加空格、制表符（Tab）、逗号等都是可以的，但分隔符只能是一个字符。

利用 Word 高效创建电子文档

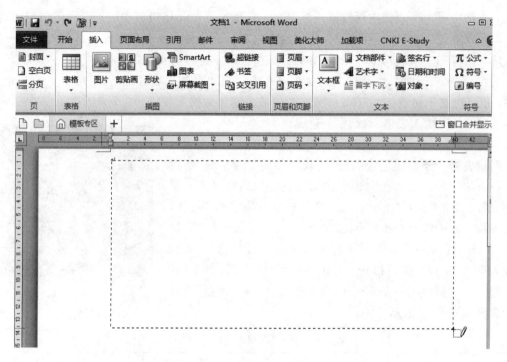

图 2-134　手动绘制表格——绘制边框线

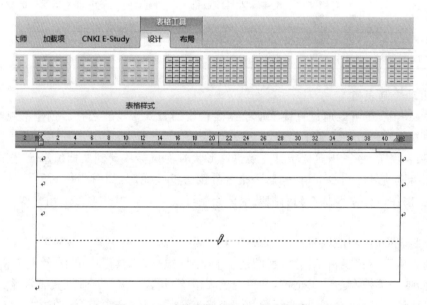

图 2-135　手动绘制表格——绘制行线

　　选中文档中要转换为表格的文本,例如,选中文档中"附:统计数据"后面的文本,如图 2-136 所示。然后在"插入"选项卡"表格"工具组中单击"表格"按钮,从下拉列表中选择"文本转换成表格"命令。弹出"将文字转换成表格"对话框,如图 2-136 所示。

　　在对话框中设置列数和文字分隔位置,这里文字是以"空格"分隔的,选中"空格",然后单击"确定"按钮,转换后的效果如图 2-137 所示。

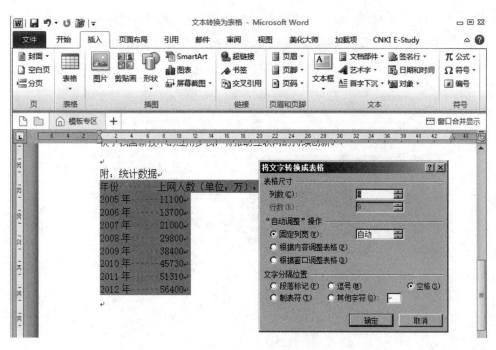

图 2-136　将文字转换为表格

图 2-137　转换后的表格

5）引入 Excel 表格

可以将用 Excel 制作好的表格直接引入到 Word 文档中。

例如打开一个 Excel 文件，如图 2-138 所示，选中除第一行外的表格内容，右击，从弹出的快捷菜单中选择"复制"命令；或者按 Ctrl＋C 组合键，复制所选内容。

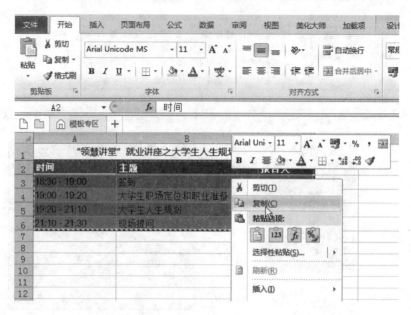

图 2-138　活动日程安排 Excel 素材文件

　　然后切换到 Word 文档中，将插入点定位到要引入表格的位置。在"开始"选项卡"剪贴板"工具组中单击"粘贴"按钮的向下箭头，单击"链接与保留源格式"或"链接与使用目标格式"，或从下拉列表中选择"选择性粘贴"，弹出"选择性粘贴"对话框，如图 2-139 所示。在对话框中选择"粘贴链接"，在"形式"列表中选择"HTML 格式"，单击"确定"按钮，则 Excel 表格就被引入到了 Word 文档中。由于选择了"粘贴链接"，这时若 Excel 文件中的内容发生变化，Word 文档中的日程安排信息也将随之发生变化。

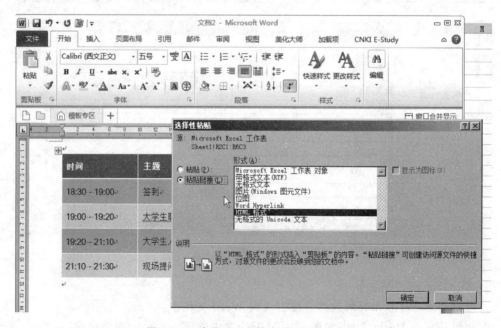

图 2-139　在 Word 文档中引入 Excel 表格

如果在"形式"列表中选择"Microsoft Excel 工作表对象",则表格作为整体被引入,不能在 Word 文档中进一步编辑表格,如无法设置表格格式等。要作为整体引入 Excel 工作表的另一方法是:在"插入"选项卡"文本"工具组中单击"对象"按钮,在弹出的"对象"对话框中切换到"由文本创建"标签页,再浏览一个 Excel 文件,并勾选"链接到文件"复选框,单击"确定"按钮。

注意:尽管"Word 文档中的表格将随 Excel 文件内容的变化而同时变化",但如果 Excel 文件中的内容发生了变化,Word 文档中的表格是不会自动变化的。可在 Word 表格上右击,从快捷菜单中选择"更新链接"命令,强制同步更新。在关闭了 Word 文档后,如果再重新打开这个引入了 Excel 表格的 Word 文档,系统会弹出提示"此文档包含的链接可能引用了其他文件,是否要用链接文件中的数据更新此文档?"单击"是"按钮,则文档中的表格才会被更新;如果单击"否"按钮,则表格仍不能被更新,需要在右键菜单中手动"更新链接"来更新。

在 Word 中,还可以直接调用 Excel 软件制作表格,单击"插入"选项卡"表格"工具组中的"表格"按钮,从下拉列表中选择"Excel 电子表格"命令。此时,Word 界面将自动切换为 Excel 的界面,可以像使用 Excel 一样在这里制作表格;制作好后,单击表格外的任意区域即返回到 Word。

2. 编辑表格

1) 选择表格、行、列或单元格

遵循"选中谁,操作谁"的原则:如果要对表格进行编辑或者要删除表格时,要首先选中表格;如果要对表格中的整行(列)进行编辑,则要首先选中整行(列);而要仅对某单元格进行编辑时,则要首先选中单元格。

将插入点定位到表格中,在"表格工具—布局"选项卡"表"工具组中单击"选择"按钮,在下拉菜单中单击相应命令,即可选择表格、行、列或单元格,如图 2-140 所示。选择表格、行、列或单元格另外的方法如下:

(1) 单击表格左上角的十字标记 可选择整个表格。

(2) 将鼠标指针指向需选择的行的最左端,当鼠标指针变为 形状时,单击可选择一行;如果再按住鼠标左键不放向上或向下拖动,则可选择连续的多行。

(3) 将鼠标指针指向需选择的列的顶部,当鼠标指针变为 形状时,单击即可选择一列;如果再按住鼠标左键不放向左或向右拖动,则可选择连续的多列。

(4) 将鼠标指针指向单元格的左下角,当鼠标指针变为 形状时,单击选择相应的单元格;如果再按住鼠标左键不放拖动,则可选择连续的多个单元格。

(5) 如果按住键盘上的 Ctrl 键不放再做选择操作,可选择不连续的行、列或者单元格。

2) 添加和删除行、列或单元格

要插入行或列,将插入点定位到表格中要插入行或列的位置,单击"表格工具—布局"选项卡"行和列"工具组中的"在下方插入"或"在上方插入"按钮,即可在插入点所在行"之下"或"之上"插入新行;单击"在右侧插入"或"在左侧插入"按钮,即可在插入点所在列之"右侧"或"左侧"插入新列。也可右击,从快捷菜单中选择"插入"命令。

如果要一次插入多行(多列),先在表格中选中同样行数(列数)的行(列),再单击"插入"命令,可一次插入多行(多列)。

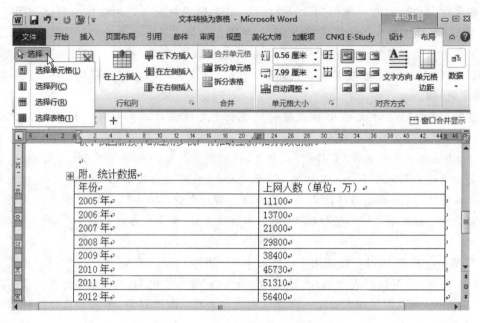

图 2-140　选择表格

　　将插入点定位到表格某行最后一个单元格的外侧、行尾段落标记之前,按下键盘上的 Enter 键将在本行下方插入一个新行；将插入点定位到表格最后一行的最后一个单元格内, 按下键盘上的 Tab 键可在整个表格最下方插入一个新行。

　　要插入单元格,选择表格中要插入单元格的位置,右击,选择"插入"命令中的"插入单元格",弹出如图 2-141 所示的"插入单元格"对话框。由于插入单元格具有不同方式,在对话框中选择需要的插入方式,单击"确定"按钮。

　　要删除行或列,选定要删除的行或列,单击"表格工具—布局"选项卡,在"行和列"工具组中单击"删除"按钮,也可在要删除的行和列上右击,从弹出的快捷菜单中选择"删除行"或"删除列"命令。

　　要删除单元格,将插入点定位到表格中要删除的单元格,右击,选择"删除单元格"命令,弹出如图 2-142 所示的"删除单元格"对话框。由于删除单元格也具有不同方式,在对话框中选择需要的删除方式,单击"确定"按钮。

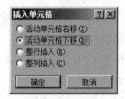

图 2-141　"插入单元格"对话框

图 2-142　"删除单元格"对话框

　　选中表格后,按下键盘上的 Del 键可删除表格中的内容,但保留表格边框线；按下 BackSpace 键删除的是包括表格边框线在内的所有内容。

　　3) 合并、拆分单元格

　　合并单元格是将表格中的相邻几个单元格合并(行或列相邻均可),成为一个较大的单

元格。合并单元格在编辑不规则表格中经常用到。例如,图 2-143 所示表格中,希望第二行
"专家组"的 5 个单元格合并为一个,选择该行的这 5 个单元格,右击,从快捷菜单中选择"合
并单元格"命令,如图 2-143 所示。合并后的效果如图 2-144 所示:第二行 5 个单元格已合
并为一个单元格,内容为"专家组"。但单元格内部文字还是两端对齐状态;可再单击"开
始"选项卡"段落"工具组中的"居中"按钮,使"专家组"文字在这个单元格内居中对齐。

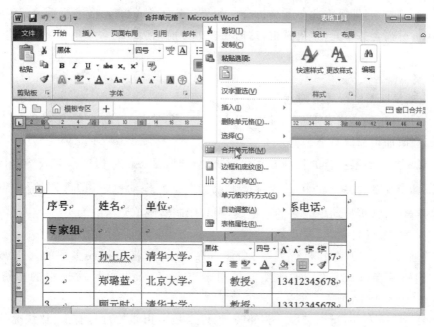

图 2-143　合并单元格

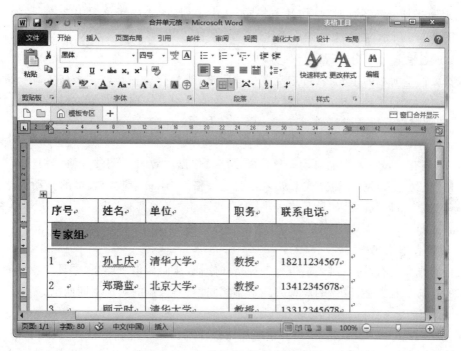

图 2-144　合并单元格后的效果

利用 Word 高效创建电子文档

也可单击"表格工具—布局"选项卡"合并"工具组中的"合并单元格"按钮对单元格进行合并。

拆分单元格与合并单元格相反,它是将一个单元格分解为多个单元格。选择要拆分的单元格,右击,选择"拆分单元格"命令;也可单击"表格工具—布局"选项卡"合并"工具组中的"拆分单元格"按钮,弹出"拆分单元格"对话框,在"行数""列数"框中设置要拆分为的行列数,单击"确定"按钮,即可将此单元格拆分。如果选定了多个单元格进行拆分,还可在对话框中勾选"拆分前合并单元格"复选框,这时将在拆分前把选定的多个单元格先合并,然后再拆分。

4) 调整行高与列宽

(1) 拖动鼠标调整行高与列宽

将鼠标指针指向表格右下角的缩放标记 □ 上,当鼠标指针变为 ↖ 形状时按下鼠标左键并拖动鼠标,即可缩放整个表格。

当需要单独调整某些行的行高或某些列的列宽时,可将鼠标指针指向表格的行线或列线上,当鼠标指针变为 ÷ 或 ↔ 形状时按下鼠标左键并拖动鼠标,即可调整行高或列宽。如果先选择单元格,再拖动单元格的边框线,则只能调整该单元格的大小。

(2) 平均分布行列

Word 还提供了"平均分布行列"的功能,可一次性地将多行或多列的大小调整为平均分配它们的总高度或总宽度,此功能可用于整个表格,也可只对选中的多行或多列使用。

选中要平均分布的各行(可以是相邻的,也可以是不相邻的行),右击,从快捷菜单中选择"平均分布各行"命令。也可在"表格工具—布局"选项卡"单元格大小"工具组中单击 分布行 按钮,平均分布各列时,操作基本相同,选中各列后,从快捷菜单中选择"平均分布各列",如图 2-145 所示,或在工具组中单击 分布列 按钮。

(3) 通过输入尺寸指定行高与列宽

选择要调整大小的单元格(可选定多个单元格,或整行、整列),在"表格工具—布局"选项卡"单元格大小"工具组中的"宽度"与"高度"数值框中直接输入数值,可精确地调整单元格大小,或调整整行行高或整列列宽,如图 2-146 所示。

(4) 自动调整

Word 还有对表格大小的自动调整功能,分为"根据内容自动调整表格""根据窗口自动调整表格"和"固定列宽"3 种方式。如果在创建表格后,还希望改变表格的自动调整方式,在"表格工具—布局"选项卡"单元格大小"工具组单击"自动调整"按钮,从下拉菜单中选择相应的方式即可。

3. 设置表格格式

表格制作完成后,还要对表格进行各种格式修饰,从而做出更漂亮、更具专业性的表格,对表格的修饰与对文字、段落的修饰方式基本相同,只是操作的对象不同而已。

1) 表格样式

Word 预设了一些表格样式,可直接应用这些样式快速设置表格格式、美化表格。选定整个表格,或将插入点定位到表格中的任意单元格内,单击"表格工具—设计"选项卡"表格

图 2-145　平均分布各列

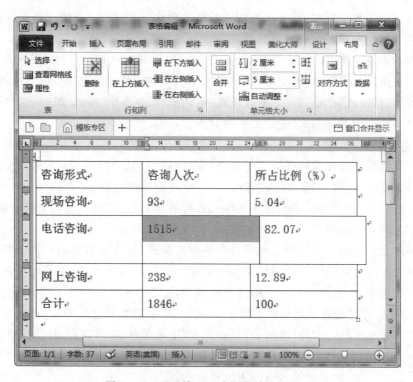

图 2-146　通过输入尺寸指定单元格大小

利用 Word 高效创建电子文档

样式"工具组的"其他"按钮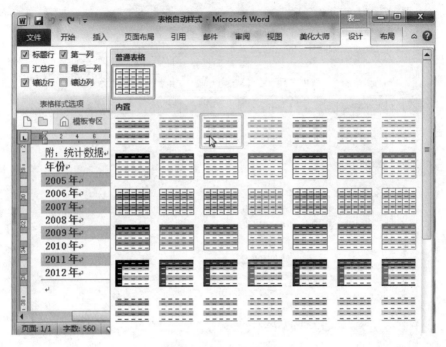，在表格样式的下拉列表中选择一种样式，例如"浅色底纹-强调文字颜色 2"，如图 2-147 所示，则表格会被自动设置为这种样式的格式。

图 2-147　表格自动样式

为表格应用了预设样式后，若又想恢复表格的默认格式，单击"表格工具—设计"选项卡"表格样式"工具组中的"网格型"图标即可。

如对 Word 的预设样式不满意，还可修改表格样式，将插入点定位到表格中的任意单元格内，单击"表格工具—设计"选项卡"表格样式"工具组中的"其他"按钮，在下拉列表中单击下面的"修改表格样式"命令，弹出"修改样式"对话框，可在其中"格式"组中的"填充颜色"中设置单元格颜色，在"对齐方式"中设置文本对齐方式等。

2）单元格中文本的格式

文字和段落的格式设置同样适用于表格的单元格内，只要将插入点定位到表格的单元格内，再单击"开始"选项卡"字体"或"段落"工具组的相应按钮即可。例如，要调整单元格中文本在单元格中的对齐方式（两端对齐、居中、右对齐等），只要单击"开始"选项卡"段落"工具组中的相应对齐按钮即可。

但表格单元格中的文字不仅有水平方向的对齐格式，还有垂直方向的对齐格式。将插入点定位到表格的单元格内，在"表格工具—布局"选项卡"对齐方式"工具组中可设置单元格内的文字在水平、垂直两个方向上的对齐方式，如图 2-148 所示。

在 Word 中，还可设置单元格内文字的方向（包括水平和垂直两种）。选中要设置文字的单元格，在"表格工具—布局"选项卡"对齐方式"工具组单击"文字方向"按钮，可切换单元格内的水平/垂直文字方向。在制作类似个人登记表的表格时，一般希望将某些栏目的标题"竖排"起来（如"照片""学历"等），可采用这种方法。

图 2-148　单元格的 9 种对齐方式

3）调整表格在文档中的位置

如果将插入点定位到表格的单元格内，或选定了单元格，再单击"开始"选项卡"段落"工具组的相应对齐按钮，可设置单元格内文本的对齐方式。如果选定了整个表格，再单击此工具组中的按钮，则设置的是整个表格在文档中的对齐方式。例如，要让整个宽度并不占满整个页面的"小型表格"在页面居中排版，则选择表格后，单击"开始"选项卡"段落"工具组中的"居中"按钮即可。

4）表格的边框和底纹

可以为整个表格添加边框和底纹，也可为单独的单元格添加。其方法是：选择表格或表格中的部分单元格，右击，从快捷菜单中选择"边框和底纹"命令，弹出"边框和底纹"对话框，如图 2-149 所示。在对话框中切换到"边框"选项卡，在"样式"列表中选择框线样式，在"颜色"中设置框线颜色，在"宽度"中设置框线宽度，然后在"预览"组中单击框线位置的对应按钮，设置不同位置的框线。在"应用于"列表中选择设置是针对单元格还是表格。在对话框中切换到"底纹"标签页，可设置底纹，同样要在"应用于"列表中选择设置是针对单元格还是表格。

 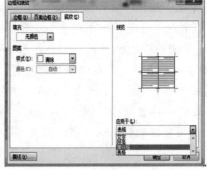

图 2-149　设置表格或单元格的边框和底纹

利用 Word 高效创建电子文档

也可在"表格工具—设计"选项卡"绘图边框"工具组中选择线框式和粗细,再在"表格样式"工具组中单击"边框"按钮,从下拉列表中直接选择边框样式;单击"底纹"按钮,从下拉列表中直接选择底纹颜色。

5)表格的跨页设置

当在 Word 文档中处理大型表格时,表格内容可能占据多页,在分页处表格会被 Word 自动分割。默认情况下,分页后的表格从第 2 页起就没有标题行了,这对于表格的查看不是很方便。要使分页后的每页表格都有重复标题行,单击"表格工具—布局"选项卡"数据"工具组中的"重复标题行"按钮。

4. 图表

在 Word 中,还可以绘制图表。将表格数据用图表表现出来,可以更加形象、直观地表达数据的发展趋势和阶段区别。Word 实际上是调用了 Excel 的图表功能来绘制图表的。因而图表功能非常强大,其创建与编辑图表的方法也与 Excel 中的操作基本是一致的。

1)创建图表

将插入点定位到文档中要插入的位置,在"插入"选项卡"插图"工具组中单击"图表"按钮,弹出如图 2-150 所示的"插入图表"对话框。

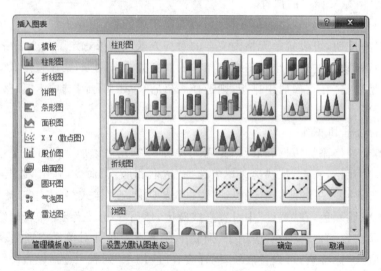

图 2-150 "插入图表"对话框

在对话框中选择一种图表类型,如"柱形图"中的"簇状柱形图",单击"确定"按钮,则在 Word 文档中立即出现了一张图表,如图 2-151 所示;且 Word 自动启动了 Excel 软件,在 Excel 窗口的表格中也已经含有了一些用于制作图表的数据。但这些数据为自动生成的示例数据,Word 文档中的图表也是根据示例数据制作出来的。这些示例数据和图表虽然不是我们所需要的,然而只要修改 Excel 中的数据为所需数据,Word 中的图表就会自动变化。在 Excel 窗口中将数据修改完成,Word 文档中的图表也就制作完成了。

将鼠标指针移动到 Excel 表格数据区右下角的 ⌐ 上,当指针变为 形时拖动鼠标调整数据区的大小(这里调整为 4 行 8 列;可删除区域外的内容),再将所需数据输入或粘贴到数据区内,Word 文档中的图表自动变为新数据的图表,如图 2-152 所示。

图 2-152 中的横轴为班级,不同颜色的柱形(称为数据系列)代表不同的科目,如希望使

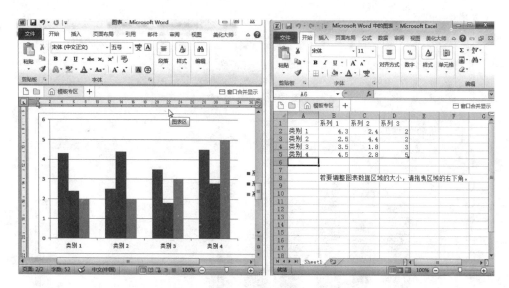

图 2-151 插入图表

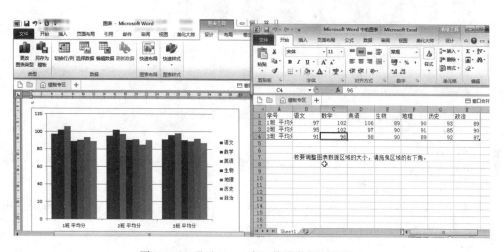

图 2-152 通过 Excel 窗口修改数据制作图表

科目作为横轴、不同柱形代表班级，可选中图表后，在"图表工具—设计"选项卡"数据"工具组中单击"切换行/列"按钮，切换后的图表如图 2-153 所示，图表制作完成后，关闭 Excel 窗口即可（Excel 窗口是由 Word 弹出的不必保存 Excel 文档，只保存 Word 文档即可）。

如果关闭了 Excel 窗口后，还希望修改数据，可选中图表，然后在"图表工具—设计"选项卡"数据"工具组中，单击"编辑数据"按钮，则 Word 会重新打开 Excel，我们可在其中修改数据；数据修改后，图表会自动发生相应的变化。

在 Word 文档中选中图表，则图表四周会出现一个浅灰色的边框，将鼠标指针移动到该边框的任一控制点上，当指针变为双向箭头时拖动鼠标可改变图表大小，也可在"图表工具—格式"选项卡"大小"工具组中精确设置图表的高度和宽度。

2）修改图表布局

选定图表后，功能区将出现 3 个选项卡："图表工具—设计""图表工具—布局"和"图表工具—格式"，通过这 3 个选项卡中的按钮，可对图表进行各种编辑和修改。

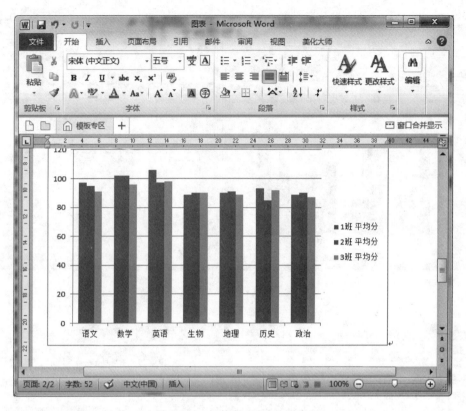

图 2-153　切换行/列后的图表

（1）选定图表

单击图表上的空白位置，图表四周会出现浅灰色的外框，表示选定了该图表（选定了整个图表区），这时可对图表整体进行修改。

要对图表内的各种元素进行修改，还要选中图表内的具体元素，如图 2-154 所示。组成图表的各项元素主要有以下内容。

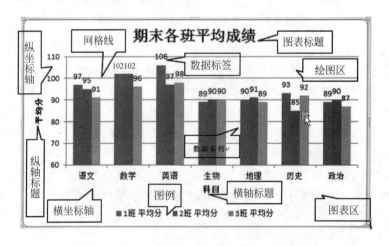

图 2-154　图表的组成

① 图表区：包含图表图形及标题、图例等所有图表元素的最外围矩形区域。

② 绘图区：图表区的一部分，是仅包含图表主体图形的矩形区域。

③ 图表标题：用来说明图表内容的标题文字。

④ 坐标轴和坐标轴标题：坐标轴是标识数值大小及分类的水平线和垂直线，也是界定绘图区的线条。坐标轴上有标定数值的刻度，用作度量参照。一般图表都有横坐标轴和纵坐标轴，横坐标轴通常指示分类，纵坐标轴通常指示数值。有些图表还有次要横坐标轴（一般位于图表上方）、次要纵坐标轴（一般位于图表右侧），三维图表还有竖坐标轴（Z轴），饼图和圆环图没有坐标轴。坐标轴还可被添加标题，坐标轴标题用来说明坐标轴的分类及内容，如图 2-154 所示的横坐标轴的标题是"科目"，纵坐标轴的标题是"平均分"。

⑤ 数据系列：在创建图表的原始数据中，同一列（或同一行）数据构成一组数据系列，由数据标记组成，一个数据标记对应一个单元格，图表可有一组或多组数据系列（饼图只能有一组数据系列），多组数据系列之间常用不同图案、颜色或符号来区分。如在图 2-155 的图表中，"1 班平均分""2 班平均分"和"3 班平均分"就是三组数据系列。

⑥ 数据标签：标记在图表上的文本说明，可以在图表上标记数据的值大小（如97），也可以标记数据值的分类名称（如"语文"），或系列名称（如"1 班平均分"）。

⑦ 图例：图例指出表中不同的符号、颜色或形状的数据系列所代表的内容。图例由两部分组成：一是图例标识，即不同颜色的小方块，代表数据系列；二是图例项，与图例标识对应的是数据系列名称，一种图例标识只能对应一种图例项。

⑧ 网格线：贯穿绘图区的线条，坐标轴上刻度线的延伸，用于估算图上数据系列值大小的标准。

在三维图表中还有背景墙和基底，背景墙用于显示图表的维度和边界；基底是三维图表下方的填充区域，相当于图表的底座。三维图表有两个背景墙和一个基底。

单击图表内的某一个元素可单独将其选定。当希望选定一个图案（数据标记）时，单击一个图案将选定整个数据系列，再次单击该图案才能将其选定。也可在"图表工具—布局"（或"格式"）选项卡"当前所选内容"工具组的"图表元素"下拉框中选择需要选定的元素，以选定图表中的对应元素，如图 2-155 所示。

（2）设置图表区和绘图区格式

要设置图表区格式，选中图表后，在"图表工具—布局"（或者"格式"）选项卡"当前所选内容"工具组的"图表元素"下拉框中选择"图表区"，以选中图表区，然后单击同一工具组的"设置所选内容格式"按钮，弹出"设置图表区格式"对话框，如图 2-156 所示，在对话框左侧选择填充、边框颜色、边框样式等，再在对话框右侧做相应详细设置，如在"填充"标签页中选择"图片或纹理填充"，再单击"文件"按钮还可使用一张图片填充图表区，并可拖动滑块设置图片的透明度，使图片自然地融入图表中。

设置绘图区格式方法是类似的：在"图表工具—布局"选项卡"当前所选内容"工具组的"图表元素"下拉按钮中选择"绘图区"，再单击"设置所选内容格式"按钮。

对于三维图表，在选定图表后，还可单击该选项卡"背景"工具组中的"图表背景墙"按钮，或"图表基底"按钮，从下拉列表中选择相应选项时对图表背景墙和图表基底的格式进行设置。

（3）添加和修饰图表标题

单击图表将其选中后，在"图表工具—布局"选项卡"标签"工具组中单击"图表标题"按

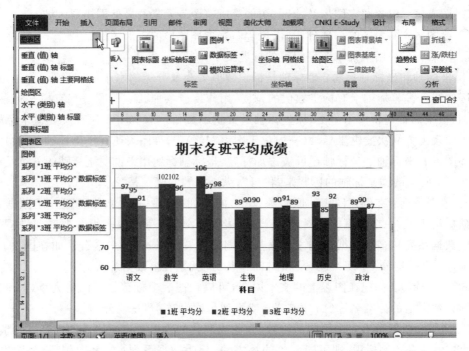

图 2-155　通过功能区下拉框选定图表元素

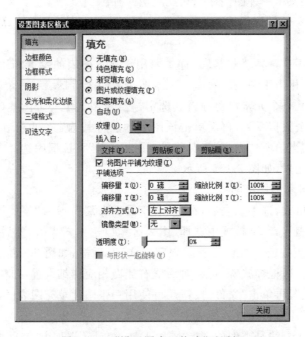

图 2-156　"设置图表区格式"对话框

钮,从下拉菜单中选择一种放置标题的方式,如"图表上方",如图 2-157 所示,然后在图表标题的文本框中删除"图表标题"文字并输入自己的标题内容即可。

选中图表标题文字,用"开始"选项卡"字体"工具组中的按钮还可设置标题文字的字体。选中标题,在"图表工具—布局"(或"格式")选项卡"当前所选内容"工具组中单击"设置所选

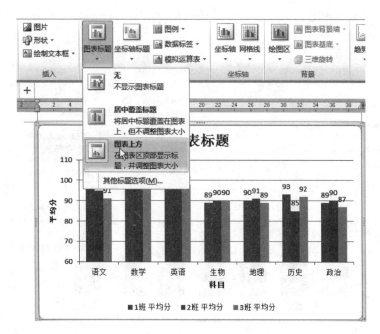

图 2-157　设置图表标题

内容格式"按钮打开"设置图表标题格式"对话框，如图 2-158 所示，可修饰标题，如设置填充、边框颜色、边框样式、阴影、三维格式等。

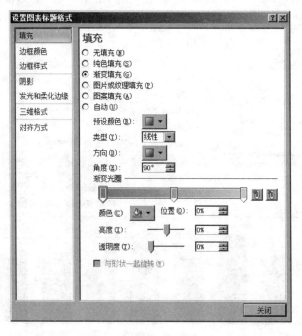

图 2-158　"设置图表标题格式"对话框

（4）设置坐标轴及坐标轴标题

可以设置是否在图表中显示坐标轴以及显示的方式，还可以为坐标轴添加标题。选定图表，在"图表工具—布局"选项卡"坐标轴"工具组中单击"坐标轴"按钮，选择"主要横坐标轴"或"主要纵坐标轴",从级联菜单中选择所需项目即可,如图 2-159 所示。

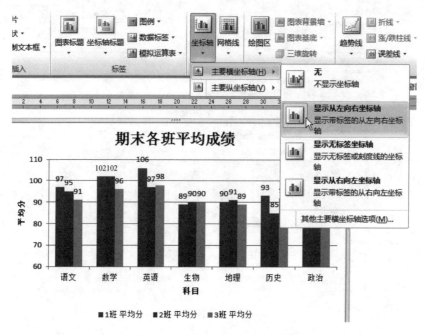

图 2-159　设置图表的坐标轴

要设置坐标轴标题,在"布局"选项卡"标签"工具组中单击"坐标轴标题"按钮,选择"主要横坐标轴标题"或"主要纵坐标轴标题"级联菜单中的设置项,如图 2-160 所示。然后在图表的坐标轴标题文本框内输入内容即可。

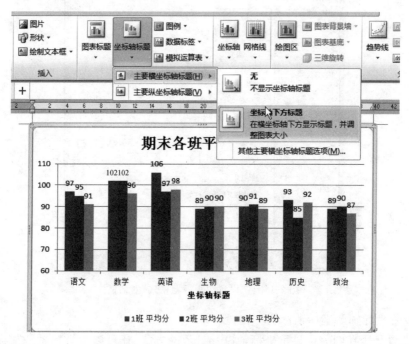

图 2-160　设置图表的坐标轴标题

选定横坐标轴或纵坐标轴，在"图表工具—布局"（或"格式"）选项卡"当前所选内容"工具组中单击"设置所选内容格式"按钮，或右击坐标轴从快捷菜单中选择"设置坐标轴格式"命令，打开"设置坐标轴格式"对话框，可对坐标轴的数值范围、刻度线以及填充、线条等进行详细设置。如图 2-161 所示为对纵坐标轴打开的"设置坐标轴格式"对话框，在对话框中设置"坐标轴选项"中的"最小值"为 70，"最大值"为 120、"主要刻度线单位"为 10 后的效果如图 2-161 所示。

 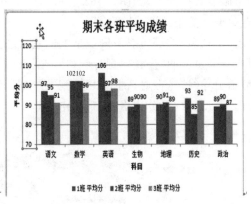

图 2-161   设置坐标轴格式（纵轴）

（5）设置图例

如果要将图例调整到绘图区下方，在"图表工具—布局"选项卡"标签"工具组单击"图例"按钮，从下拉列表中选择"在底部显示图例"，如图 2-162 所示，图例将位于绘图区下方并且绘图区会自动调整大小以适应新布局。

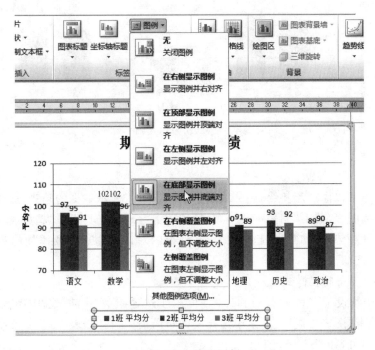

图 2-162   设置图例

利用 Word 高效创建电子文档

右击图例,从快捷菜单中选择"设置图例格式"命令,打开"设置图例格式"对话框,可设置图例填充、边框、阴影等格式效果。

要删除图例,从单击"图例"按钮的下拉列表中选择"无"即可。

(6) 添加数据标签

将系列的具体数值(或分类名、系列名等)标注到图表上,称为数据标签,选中图表,在"图表工具—布局"选项卡"标签"工具组中单击"数据标签"按钮,从下拉列表中选择一种位置即可添加数据标签,如图 2-163 所示。从下拉列表中选择"其他数据标签选项",在弹出的"设置数据标签格式"对话框中还可对数据标签进行详细设置,如显示"值"、显示"类别名称"或显示"系列名称"等。对不同类型的图表,该对话框中的内容略有不同。如图 2-164 所示,为对应一个饼图的"设置数据标签格式"对话框,相比柱形图,在饼图上还可以标记"百分比"和"显示引导线"。在对话框中切换到"数字"标签页,还可设置数据标签显示的格式,如设置保留的小数位数、百分比格式、日期格式等。

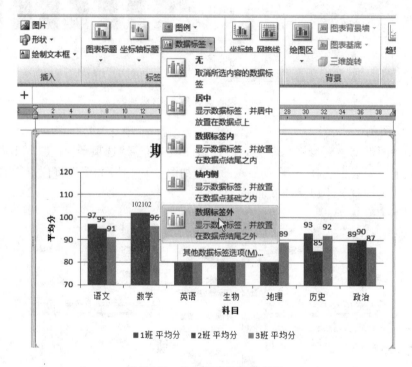

图 2-163　设置图表的数据标签

在图表中还可以添加趋势线,趋势线用于以图形方式显示数据的趋势,这种分析也称为回归分析。选择图表,单击"图表工具—布局"选项卡"分析"工具组中"趋势线"按钮,在下拉列表中选择一种趋势线,如"线性趋势线"。在弹出的对话框中选择要添加趋势线的某个系列,单击"确定"按钮。

(7) 设置图表布局和样式

在 Word 中预设了多种表布局和样式,可用于快速设置图表。选中图表,在"图表工具—设计"选项卡"图表布局"工具组中选择一种布局类型,在"图表样式"工具组中选择一种颜色搭配方案即可,如图 2-165 所示。

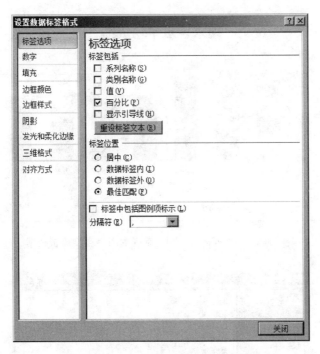

图 2-164 "设置数据标签格式"对话框

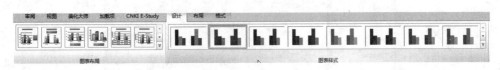

图 2-165 设置图表布局和样式

3）设置数据系列格式

（1）更改系列图表类型

在创建图表时可以选择图表类型。如果创建图表后，还希望改变图表类型，单击"图表工具—设计"选项卡"类型"工具组中的"更改图表类型"按钮，弹出"更改图表类型"对话框，在对话框中另外选择一种图表类型就可以了。

在同一个图表中还可以使用两种或两种以上的图表类型，这称为更改系列图表类型。例如，在图表中选中"3 班　平均分"的数据系列，然后再单击"更改图表类型"按钮，从"更改图表类型"对话框中选择另一种图表类型，如"折线图"中的"带数据标记的折线图"，单击"确定"按钮，图表效果如图 2-166 所示，其中"3 班平均分"的数据系列以折线图显示，其他 2 个班级的平均分仍以柱形图显示。

（2）更改数据标记形状

图 2-166 中的折线图上数据点是以"三角形"表示的，能否改变数据点的形状（如改为"×"）呢？在图表中选中"3 班平均分"的数据系列，然后在"图表工具—布局"选项卡"当前所选内容"工具组中单击"设置所选内容格式"按钮。弹出"设置数据系列格式"对话框，在对话框的左侧单击"数据标记选项"，再在右侧"内置"的"类型"中选择一种标记图形，如"×"即可，如图 2-167 所示。

利用 Word 高效创建电子文档

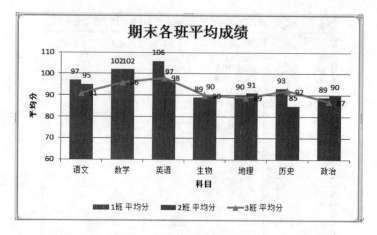

图 2-166　改"3 班　平均分"系列的图表类型为折线图

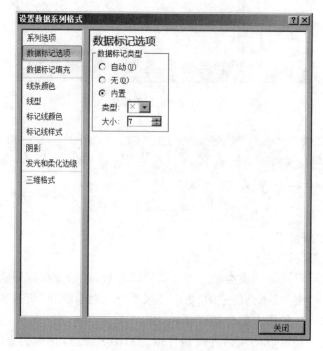

图 2-167　修改数据系列中的数据标记

在该对话框的左侧选择"标记线颜色""标记线样式"还可进一步设置标记形状的颜色、线条样式等。

（3）添加次坐标轴

在图表中还可以同时创建两个横坐标轴、两个纵坐标轴,其中一个称为主要横(纵)坐标轴,另一个称为次要横(纵)坐标轴。次要横(纵)坐标轴可以具有与主坐标轴不同的刻度单位,当图表包含的多个数据系列具有不同的数值范围,要反映不同的信息时,次要坐标轴就很有用了。

如图 2-168 所示,其中系列"网民数"使用左侧的主要纵坐标轴,系列"互联网普及率"使用右侧的次要坐标轴。因为"网民数"需要 0～70000 范围的纵坐标轴,而"互联网普及率"的值大小只是 0.0~0.6 之间的小数，两者无法在同一坐标轴上统一范围和刻度，而分别采用主要、次要两个坐标轴，就可以分别设置不同数值范围和刻度了。

图 2-168　包含主坐标轴和次坐标轴的图表

要使某数据系列使用次坐标轴，选中该数据系列后，在"图表工具—布局"选项卡"当前所选内容"工具组中单击"设置所选内容格式"按钮，弹出"设置数据系列格式"对话框。在对话框的左侧选中"系列选项"，再在右侧选中"次坐标轴"选项即可，如图 2-169 所示。

图 2-169　更改数据系列为次坐标轴

 **任务描述**

（1）新建一个 Word 文档，用自己的名字给文档命名并保存，如"表格制作.docx"。

利用 Word 高效创建电子文档

（2）按以下要求完成操作：

① 掌握创建表格的方法。

② 合并和拆分单元格。

③ 向表格中输入数据，调整字体和表格对齐方式。

④ 掌握使用公式进行计算。

⑤ 设置表格的边框和底纹。

⑥ 对表格应用样式。

表格的最终效果如图 2-170 所示。

中兴通讯股份有限公司员工表							
制作人：颜如玉				制作时间：2014-12-30			
姓名	性别	职务	部门	电话	工资	浮动工资	实发工资
金叹	男	经理	企业部	32342332	10500	1500	12000
李辉京	男	职员	生产部	23455324	5200	350	5550
都敏俊	男	出纳	人事部	53422324	5578	560	6138
千颂伊	女	会计	销售部	45454334	6570	543	7113
崔英道	男	职员	生产部	45466677	5200	350	5550
车恩尚	女	职员	人事部	63332234	5600	350	5950
尹灿荣	男	经理	销售部	46224662	11000	1500	12500
崔敏豪	男	经理	企业部	74432232	12500	1500	14000
李璇雨	男	会计	财务部	65422334	6570	543	7113
李宝娜	女	出纳	财务部	45566321	5578	560	6138
雪汉娜	女	职员	人事部	66332334	5600	350	5950
黄启奉	男	经理	生产部	54667744	11574	1500	13074
平均实发工资：							8423

图 2-170 表格的最终效果

 **任务实施**

1. 表格的创建

创建表格的方法有几种，执行"插入"→"表格"命令，如图 2-171 所示。

方法 1：单击"插入表格"命令，在弹出的菜单中移动鼠标选择待创建表格的行数和列数。

方法 2：在弹出菜单中单击"插入表格"命令，在弹出的"插入表格"对话框中，除了可以任意设定表格的行列数，还能够设定"自动调整"操作区域。

方法 3：单击"绘制表格"命令，可以手动绘制任意形状的不规则表格。

在这里，我们首先用方法 2 创建一个 16 行 8 列的规则表格，效果如图 2-172 所示。

2. 合并和拆分单元格

标准表格建立完毕之后，则需要根据需要来改变表格的形状。员工表的最顶端显示公司的名称，所以需要将第一行合并为一个单元格。具体方法是拖动鼠标选中第一行，然后在"布局"的"合并"分组中，单击"合并单元格"按钮，如图 2-173 所示，或者在右键菜单中选择"合并单元格"，如图 2-174 所示。

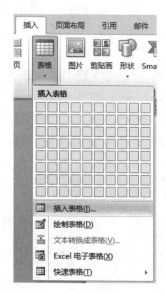

图 2-171　表格的最终效果

图 2-172　设置行列数

员工表的第二行一般用来显示制作人和制作时间,因此需要对第二行进行合并单元格操作,再将它拆分成两个单元格。具体的操作方法和以上相同。

员工表的最后一行用来显示平均实发工资,选中本行的前 7 个单元格进行合并单元格操作。

图 2-173　"合并单元格"工具

图 2-174　"合并单元格"菜单

3. 向表格中输入数据,调整字体和表格对齐方式

表格建立好之后,就可以向表格中输入数据。首先输入标题和员工的各字段名等信息,实发工资数据和平均实发工资的数据是通过计算得到的,无须手动输入。可以看到刚输入文字的员工表无论字体还是样式都显得呆板,在这里我们将对它进行"美化",让其"漂亮"起来。

1) 设定单元格对齐方式

员工表的标题以及一些字段需要将其内容显示在单元格的正中央。具体的操作方法是

利用 *Word* 高效创建电子文档

选中需要居中显示的单元格,然后在"表格工具"→"布局"的"对齐方式"分组,这里有9种对齐方式,我们选择"水平居中",如图2-175所示。

2)调整表格的字体格式

对于一张表格来说,如果所采用的字体格式都一样,会显得主题不够明确,内容不够清晰,可以使用设置字体格式的方法改进,步骤如下所示。

(1)选中第一行中的文本,将"字号"设定为"小二",并将"字体"设定为"华文新魏"。

(2)调整第二行文本的字体格式,将"字号"设置为"小四",并将"字体"设定为"幼圆"、字形为"加粗"。

(3)设置第三行文本的字体格式,将"字号"设置为"小四",并将"字体"设定为"华文行楷"。

(4)选中员工表的具体内容行(第4~15行),然后将"字体"设置为"黑体",将"字号"设置为"小四"。

(5)将最后一行文本的"字体"设置为"方正姚体",并将"字号"设置为"四号",这样所有的字体格式就设置完成了,字体设置如图2-176所示。

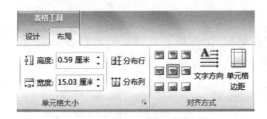

图 2-175　表格对齐方式

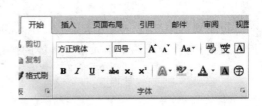

图 2-176　字体设置

4. 计算实发工资和平均实发工资

1)计算实发工资

以计算第一组数据为例,光标定位到第四行最后一列的单元格,单击"表格工具"→"布局"→"数据"→"公式"(如图2-177所示),在弹出的公式对话框中输入公式"＝SUM(G4,H4)",如图2-178所示。在单元格中输入公式时,如要引用其他单元格,引用方法是通过单元格的坐标来表示。表格中每个单元格都有一个坐标,列用A、B、C、…表示,行用1、2、3、…表示,例如B列2行表示为B2。公式"＝SUM(G4,H4)"的含义是"实发工资＝工资＋浮动工资",第一组数据的"工资"单元格坐标为G4,"浮动工资"单元格坐标为H4。其他员工实发工资的计算方法以此类推。

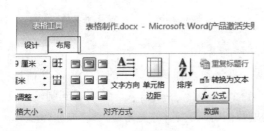

图 2-177　公式

图 2-178　插入 SUM 公式

公式中常用的函数有：求和函数 SUM()、求平均值函数 AVERAGE()、求最大值函数 MAX()、求最小值函数 MIN()、求计数函数 COUNT()等。

在公式中引用单元格，可用"，"分隔独立的单元格，用"："分隔某设定范围中的第一个和最后一个单元格。例如：SUM(A2,B2,C2)＝SUM(A2：C2)＝A2＋B2＋C2。

在公式对话框中，可进行以下操作：

（1）在输入公式时，公式必须以"＝"开始，并且所有的符号都必须是半角符号。

（2）如果需要设定数字格式，可从"编号格式"下拉列表中选择一种。

（3）若要使用函数，可从"粘贴函数"下拉列表中选择所需要的函数。

2）计算平均实发工资

将光标定位到最后一行最后一列的单元格，单击"表格工具"→"布局"→"数据"→"公式"，在弹出的公式对话框中输入公式"＝AVERAGE(ABOVE)"，如图 2-179 所示。常见的另外一种引用单元格的方式是：ABOVE 是指同列当前单元格上方的所有数字单元格；LEFT 是指同行当前单元格左侧的所有数字单元格。

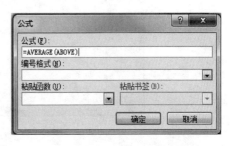

图 2-179　插入 AVERAGE 公式

5. 设置表格的边框和底纹

1）表格的边框设置

选中整个表格，在"表格工具"→"设计"的"绘图边框"分组中，单击"绘图边框"右下角的 按钮，或单击右键选择"边框和底纹"命令，弹出"边框和底纹"对话框，如图 2-180 所示。

图 2-180　"边框"选项卡

在弹出的"边框和底纹"对话框中打开"边框"选项卡，然后设置边框方式为"全部"，并将"线型"设置为双实线，应用于"表格"，其他沿用默认设置，最后单击"确定"按钮。

2）底纹的添加

用不同的底纹来区分字段和内容，使整张表格更加美观，添加底纹如图 2-181 所示。用

利用 Word 高效创建电子文档

户可以自主选择喜欢的填充颜色和图案。

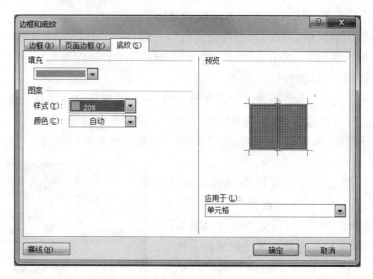

图 2-181 "底纹"选项卡

6. 对表格应用样式

若不手动设置边框和底纹等样式，Word 2010 还为用户提供了丰富的表格样式，将这些建立好的样式应用到表格上就能直接得到美观大方的表格，节省了很多设置的时间。

具体的操作方法是首先将光标移动到表格上之内，然后在"表格工具"→"设计"的"表格样式"分组中，单击所要的表格样式，就可以得到不同的表格效果，如图 2-182 所示。

图 2-182 "表格样式"工具栏

任务四　Word 图文混排

 预备知识

俗话说：一图解千文。在平面媒体的表现上，图形的感染力往往胜过文字的千言万语。在文档中插入适当的图片不仅丰富版面，更可便于读者理解内容。

1. 图片

1）插入图片

要将计算机中的图片插入到 Word 文档中，方法是：将插入点定位到文档中要插入图片的位置，在"插入"选项卡"插图"工具组中单击"图片"按钮，弹出"插入图片"对话框，在对话框中选择需要的图片,单击"插入"按钮即可,如图 2-183 所示。

图 2-183　插入图片

要删除插入的图片,单击图片选中它,在按下键盘的 Del 键或 BackSpace 键。还可以用复制+粘贴的方法在文档中插入图片:在文件夹中选择要插入的图片,按 Ctrl+C 组合键复制,再到 Word 文档中需插入图片的位置按 Ctrl+V 组合键粘贴,即可将图片插入到文档中。

插入剪贴画:Word 系统还提供了很多剪贴画。在"插入"选项卡"插图"工具组中单击"剪贴画"按钮,弹出"剪贴画"任务窗格,在其中输入搜索剪贴画的相关文字,单击"搜索"按钮找到剪贴画。再单击需要的剪贴画,即可将之插入到文档中。

插入屏幕截图:在 Word 中,还可以直接截取计算机中所打开的窗口外观作为图片,插入到 Word 文档中。截图时,既可截取全屏图像,也可只截取屏幕上的一个范围。将插入点定位到文档中需要插入截图的位置,单击"插入"选项卡"插图"工具组中的"屏幕截图"按钮,在下拉列表中选择需要截取的程序窗口即可。如果从下拉列表中选择"屏幕剪辑"命令,当屏幕变灰色且鼠标指针变为"+"时,按住鼠标左键不放拖动鼠标,可以在屏幕上截取任意部分。

2)编辑图片

(1)调整图片大小

单击插入到文档中的图片即可选中它。选中图片后,在图片周围会出现 8 个白色的控制点,将鼠标指针移动到控制点上时,鼠标指针会变成双向箭头形状,按住鼠标左键不放拖动鼠标即可调整图片大小,如图 2-184 所示。当要横向或纵向缩放图片时,应拖动图片四边的控制点;当要保持宽度和高度比例缩放图片时,应拖动图片四角的控制点。

如果用鼠标拖动图片上方的绿色按钮,还可以任意角度的旋转图片。

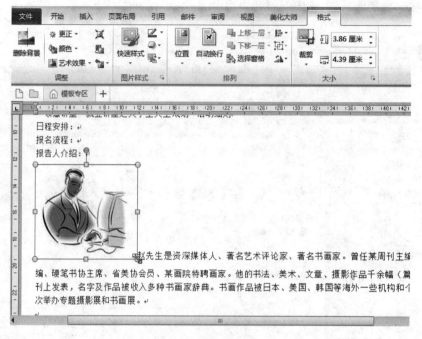

图 2-184　调整图片大小

选中图片后,在 Word 的功能区会自动出现"图片工具"选项卡。如需要更精确地调整图片大小,可在"图片工具—格式"选项卡"大小"工具组中,直接输入图片的"高度"和"宽度"数值。在"排列"工具中单击"旋转"按钮,可直接向左或向右旋转 90°,或垂直翻转、水平翻转等。也可以单击"图片格式—工具"选项卡"大小"工具组右下角的对话框开启按钮,弹出"布局"对话框,如图 2-185 所示。在高度和宽度的"绝对值"右侧的数值框中输入图片大小的数值,还可在"旋转"框中精确输入旋转角度。

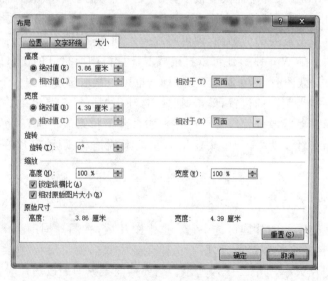

图 2-185　"布局"对话框"大小"选项卡

如果文档中有多张图片,按住 Ctrl 键和 Shift 键的同时再依次单击每张图片,可同时选中多张图片。然后拖动其中一张图片的控制点就可以同时改变所有选中图片的大小。

（2）图片的文字环绕方式

默认情况下,插入的图片是被"嵌入"到文档的正文中的,这种图片相当于文档中的一个"文字"。这时很多操作受到限制,例如,只能像移动文字一样将图片在文档中的正文文字之间移动。但可像设置普通文本的段落一样,用"开始"选项卡"段落"工具组中的"左对齐""居中对齐""右对齐"等按钮来调整图片的水平位置。

只有将图片设置为"非嵌入型"的其他环绕方式,图片和文字才能混排,也才能实现图片编辑的更多功能。例如,可将图片拖动到文档中的任意位置,设置为"非嵌入型"的其他环绕方式,还能使文档中的正文文字按照一定的方式环绕图片排版,达到美观的"图文混排"效果。

选中图片,在"图片工具—格式"选项卡"排列"工具组中单击"自动换行"按钮,从下拉菜单中选择一种"非嵌入型"的环绕方式,例如"四周型环绕"。然后将图片拖动到文档的适当位置,可见文档正文文字已围绕图片四周排版,如图 2-186 所示。

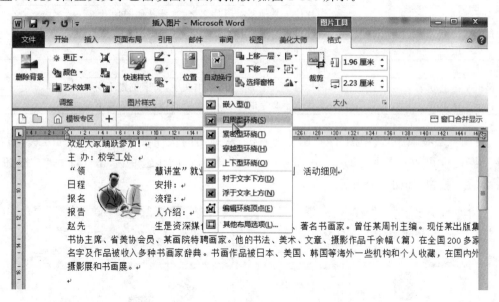

图 2-186 设置图片的环绕方式

除了"嵌入型"和"四周型环绕"外,Word 还提供了其他多种环绕方式,各种环绕方式如表 2-12 所示。

表 2-12 文字环绕方式

环绕方式	功 能 作 用
嵌入型	图片类似文档正文中的一个文字字符,图片只能在正文文字区域范围内移动
四周型环绕	图片形成一个矩形的无文字区域,文字在图片四周环绕排列,图片四周和文字之间有一定的间隔空间
紧密型环绕	图片形成一个矩形的无文字区域,文字密布在图片四周环绕排列,图片四周和文字之间的间隔空间很小,图片被文字紧紧包围

续表

环绕方式	功能作用
穿越型环绕	文字密布在图片四周,但穿过图形的空心部分,适用于空心图形
上下型环绕	图片所覆盖的"行"形成无文字区域,文字位于其上部和下部
衬于文字下方	图片作为背景,位于文字下方,不影响文字排列
衬于文字上方	图片覆盖在文字的上方遮挡文字,不影响文字排列

(3)图片的层叠顺序

如果在一篇文档中插入了多张图片,图片与图片之间就有"谁在谁之上""谁遮挡谁"的问题,这可通过图片层叠顺序来设置(只有图片为"非嵌入型"环绕方式才能设置层叠顺序),层叠顺序包括"置于顶层""上移一层""下移一层""置于底层""浮于文字上方""衬于文字下方"等,它们的含义如表 2-13 所示。

表 2-13　图片的层叠顺序

图片的层叠顺序	功能作用
置于顶层	图片位于其他所有图片之上,遮挡其他图片
置于底层	图片位于其他所有图片之下,被其他图片遮挡
上移一层	将图片上移一层
下移一层	将图片下移一层
浮于文字上方	图片位于文字的上方,遮挡文字,文字位置不变
衬于文字下方	图片位于文字的下方,被文字遮挡,文字位置不变

要调整层叠顺序,选中图片,在图片上右击,从弹出的快捷菜单中选择排列方式,如"上移一层";也可在"图片工具—格式"选项卡"排列"工具组中单击 上移一层 按钮或 下移一层 按钮,如图 2-187 所示。

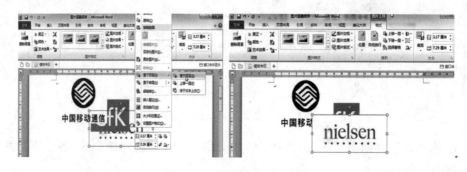

图 2-187　设置图片层叠顺序

(4)剪裁图片

利用 Word 对图片的剪裁功能,可将插入到文档中的图片去除一部分外周矩形区域的内容。

选择图片后,在"图片工具—格式"选项卡"大小"工具组中单击"剪裁"按钮,图片的控制点将变为黑色的"裁剪"控制点,将鼠标指针放到剪裁控制点上,指针变为倒立 T 形时,按住鼠标左键拖动,即可切去图片中的外周部分内容,如图 2-188 所示。单击文档空白处完成裁剪。

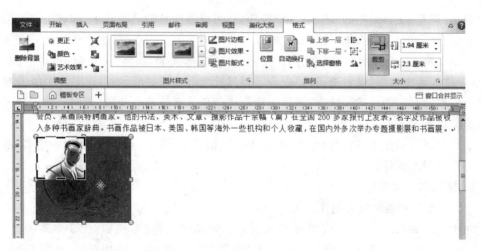

图 2-188　裁剪图片

（5）图片样式和图片效果

选中图片，在"图片工具—格式"选项卡中，Word 还提供了大量图片样式和图片效果的选项，使用这些功能，可使图片更加美观。很多需要 Photoshop 等专业图像处理软件才能完成的特殊效果，现在 Word 中就可以轻松获得。

单击"图片样式"工具组中的一种样式，可快速将图片设置为这种样式；单击"图片样式"工具组中的"图片边框"按钮，还可为图片添加边框。

单击"调整"工具组中的"颜色"按钮，可设置图片的颜色饱和度、色调等，还可为图片重新着色。

要为图片设置亮度和对比度，可单击"调整"工具组中的"更正"按钮，既可选择一种预定义的亮度和对比度，也可单击"图片更正选项"，弹出如图 2-189 所示的"设置图片格式"对话框，单击左侧选择"图片更正"，在右侧区域拖动相应滑块调整亮度和对比度。

图 2-189　调整图片亮度和对比度

利用 Word 高效创建电子文档

单击"调整"工具组中的"艺术效果"按钮,还可设置图片的艺术效果,如标记、铅笔灰度、铅笔素描、线条图、粉笔素描、发光散射等。

如果要为图片设置透明色,在"图片工具—格式"选项卡"调整"工具组中单击"颜色"按钮,从下拉列表中选择"设置透明色"命令。当鼠标指针变成 ✍ 形状时,在图片中单击要设置透明色的那种颜色的任意区域,则图片中所有该颜色的区域都会变成"透明",被图片覆盖的内容就会显示出来。

如果对图片的加工不满意,可在"图片工具—格式"选项卡"调整"工具组中单击"重设图片"按钮,将图片恢复到原始状态。

3)题注和交叉引用

(1)为图片和表格插入题注

题注是添加到图片、表格或图表等元素上的带编号的标签,例如"图 1-1 系统管模块""图 1-2 操作流程图""表 2-1 手工记账与会计电算化的区别"等。使用题注,可以利用 Word 保证文档尤其是长文档中的图片、表格或图表按顺序自动编号,当移动、添加或删除带题注的图片、表格或图表时,Word 会自动更新文档中各题注的编号;这比手工逐一修改要方便很多,也避免了编号出错。为图片、表格等元素创建题注的方法是类似的,下面以图片创建题注为例介绍操作方法。

要为文档中的图片、表格等元素添加题注,将插入点定位到要添加题注的位置,如表格的上方或图片的下方(当图片为"非嵌入型"环绕时,应选中图片)。在"引用"选项卡"题注"工具组中单击"插入题注"按钮,弹出如图 2-190 所示的"题注"对话框。

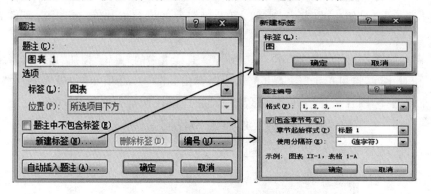

图 2-190 "题注""新建标签""题注编号"对话框

在"题注"对话框中给出的题注方式是"图表 1"。如不希望使用"图表"作为标签名称,而希望用"图"作为标签名称(将来题注为"图 1""图 2"、…),单击"新建标签"按钮,弹出"新建标签"对话框。在其中输入新标签"图",单击"确定"按钮,回到"题注"对话框。

如果希望在编号中再带上章节号(如第 1 章的图依次被编号为"图 1-1""图 1-2"、…,第 2 章的图依次被编号为"图 2-1""图 2-2"、…),再单击"编号"按钮,弹出"题注编号"对话框。勾选"包含章节号"复选框,再从"章节起始样式"中选择"标题 1",分隔符选择"-(连字符)",单击"确定"按钮,回到"题注"对话框,这时该对话框的变化如图 2-191 所示。

在"题注"对话框中单击"确定"按钮,即可插入题注,Word 已为我们写好了题注标签和编号,如图 2-191 所示。在此内容后继续输入图片的文字说明(如"系统管理模块")就可以了。

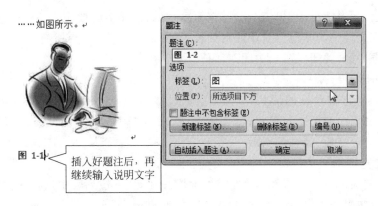

……如图所示。

图 1-1

插入好题注后，再继续输入说明文字

图 2-191　插入题注

当为文档中的第 2 张及以后各张图片插入题注时，在单击"插入题注"按钮弹出的"题注"对话框中，Word 会自动选择刚才所创建的新标签"图"和章节编号样式，用户只需单击"确定"按钮插入题注，然后在 Word 已为我们写好的题注标签和编号后直接输入文字即可。

（2）创建交叉引用

为图、表插入题注后，在正文内容中也要有相应的引用说明。例如，在创建了题注"图 1-1 系统管理模块"后，相应的正文内容就会有引用说明如"请见图 1-1"，而正文内容的引用说明应和图表的题注编号一一对应；若题注编号发生改变（如编号变为 2-2），正文中引用它的文字也应发生相应的改变（如变为"请见图 2-2"）。这一引用关系就成为交叉引用。

创建交叉引用的方法是：将插入点定位到要创建交叉引用的地方，例如文档中的"请见图"文字之后，在"引用"选项卡"题注"工具组中单击"交叉引用"按钮，弹出如图 2-192 所示的"交叉引用"对话框。在"引用类型"下拉列表中选择要引用的内容，例如"图"。在"引用内容"下拉列表中选择"只有标签和编号"，这样将仅插入"图 1-1"文字到文档中。如果勾选"插入为超链接"，则引用内容还会以超链接的方式插入到文档中，在按住 Ctrl 键的同时单击它可跳转到所引用的内容处。在"引用哪一个题注"中选择一个题注，例如"图 1-1 系统管理模块"。单击"插入"按钮，则图 1-1 文字被插入到文档中。

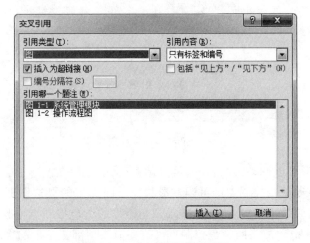

图 2-192　"交叉引用"对话框

利用 Word 高效创建电子文档

在"交叉引用"对话框中,单击"插入"按钮后,对话框并不会被关闭。可以继续在文档中定位插入点,在文档中的其他位置用此对话框再插入交叉引用。当所有交叉引用插入完毕后,单击对话框中的"关闭"按钮,关闭对话框。

2. 自选图形

Word 提供了许多预设的形状,如矩形、圆形、线条、箭头、流程图符号、标注等,称为自选图形。要在文档中使用这些形状,可直接用 Word 绘制它们,这样即使没有很强的美术功底也能绘画出十分专业、漂亮的图形。

1) 绘制自选图形

在"插入"选项卡"插图"工具组中单击"形状"按钮,从下拉列表中选择一种需要的形状,如"矩形",然后在 Word 文档中按住鼠标左键拖动鼠标,即可绘制出这种形状,如图 2-193 所示。鼠标拖动的起点位置为图形左上角,拖动的终点位置为图形的右下角。

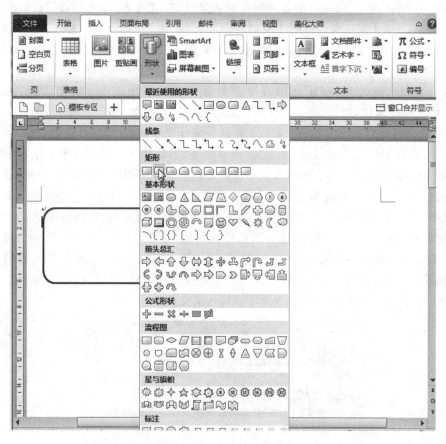

图 2-193　绘制自选图形

某些类型的图形可以调整形状,如果可以调整,选中它后在图形上会出现一到多个黄色的控制点,用鼠标拖动这些控制点即可调整形状。不同类型的自选图形所带的黄色控制点不同,拖动控制点的效果也不同。例如,拖动圆角矩形的黄色控制点可改变 4 个角的弯曲弧度,如图 2-194 所示,拖动箭头的黄色控制点可改变箭头顶部三角形的大小或尾部矩形的胖瘦,有些自选图形,如矩形、圆形等没有黄色控制点,因为它们没有再调整形状的必要。

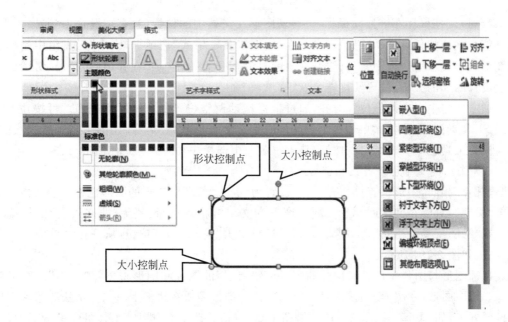

图 2-194　改变自选图像

右击形状,从快捷菜单中选择"编辑顶点",然后拖动顶点的控点可精细地改变形状的外形,还可增加或删除顶点,在顶点上右击,可选择多种顶点类型,如"平滑顶点"将使拐点处平滑。

要绘制规则图形,可按住 Shift 键的同时拖动鼠标绘制。比如要绘制正方形,单击"矩形"按钮后,按住 Shift 键的同时拖动鼠标;如要绘制圆形,单击"椭圆"按钮后,按住 Shift 键的同时拖动鼠标。绘制线条或线条状的箭头时,按住 Shift 键的同时可使角度为水平、垂直、45°或 135°方向。

既要把自选图形直接绘制到文档中,也可先在文档中插入绘图画布,然后再在绘图画布中绘制图形。插入绘图画布的方法是:在"插入"选项卡"插图"工具组单击"形状"按钮,从下拉列表中选择"新建绘图画布",然后再在画布中绘制各种形状,将形状绘制到画布中,画布将作为一个整体进行操作,这比直接在文档中绘制,更有助于阻止图形位置错乱。

选中图形后,在"绘图工具—格式"选项卡"形状样式"工具组中,单击"形状轮廓"按钮,从下拉列表中可设置图形的边框,包括颜色、粗细、线型等。如图 2-194 所示,为将一个圆角矩形的边框设为"短画线"的虚线样式,也可选择"无轮廓",这样图形将没有轮廓线。单击"图形状填充"按钮,从下拉列表中可设置图形的填充颜色,也可选择"无填充"颜色,这样图形的内部将是透明状态。如图 2-194 所示的圆角矩形,就被设置"无填充颜色"。

在该工具组中单击形状效果按钮,还可设置图形的阴影效果和三维效果等。

2)编辑自选图形

自选图形类似插入文档中的一张图片,对它的操作方法和图片有许多相似之处。

(1)图形大小和位置

单击选中一个自选图形,也会像图片那样在图形四周出现 8 个控制点,如图 2-194 所示,拖动控制点可改变图形的大小,拖动图形上绿色的控制点可旋转图形。将鼠标移动到自选图形上(对于空心或无填充颜色的图形,要移动到图形的边框上),当鼠标指针变成了四向

箭头 时,按住鼠标左键拖动鼠标,可移动图形在文档中的位置(只有被设置为"非嵌入型"的环绕方式才能任意拖动位置)。也可在"绘图工具—格式"选项卡"大小"工具组中精确设置图形大小,或单击"大小"工具组右下角的对话框开启按钮 ,在弹出的"布局"对话框中精确设置图形的大小、位置及旋转角度等。

如需要多个自选图形位置对齐,通过鼠标拖动调整位置的方式并不准确。可按住 Ctrl 键或 Shift 键的同时,依次单击每个形状同时选定多个形状,然后在"绘图工具—格式"选项卡"排列"工具组中单击"对齐"按钮,从下拉菜单中选择一种对齐方式使图形对齐。

(2) 图形的文字环绕方式和层叠顺序

与图片相同,图形也有排列方式,被设置为"嵌入型"环绕方式的图形也相当于文档中的一个"文字",只能在文字间移动。要是图形和文字混排,必须设置为"非嵌入型"的环绕方式。在"绘图工具—格式"选项卡"排列"工具组单击"自动换行"按钮,从下拉菜单中改变环绕方式,如图 2-194 所示。

自选图形与图片一样具有层叠顺序,位于"上层"的图片和图形将覆盖"下层"的图形和图片。选中图形,在图形上右击(对无填充颜色的图形需要在边框上右击),从快捷菜单中选择排列方式,如"上移一层";也可在"绘图工具—格式"选项卡"排列"工具组中单击"上移一层"或"下移一层"按钮。层叠顺序同样影响自选图形与图形之间的覆盖关系。

(3) 在自选图形中添加文字

多数自选图形都允许在其上添加文字。在选中的自选图形上右击,从快捷菜单中选择"添加文字"命令,然后输入文字即可。添加文字之后,还可以使用"开始"选项卡"字体"或"段落"工具组中的按钮设置图形中的文字格式。

(4) 组合图形

多个自选图形可以进行"组合",使它们成为一个图形。这样,无论移动位置、调整大小、复制等操作,它们都会被同时进行,且始终保持着相对位置关系。

要组合图形,按住 Ctrl 键或 Shift 键同时选定多个图形,在"绘图工具—格式"选项卡"排列"工具组中单击"组合"按钮,从下拉菜单中选择"组合"命令。或在任意一个选定图形上右击(无填充色的图形要右击它的边框),从快捷菜单中选择"组合"中的"组合"命令。

要取消组合,右击图形,从快捷菜单中选择"组合"中的"取消组合"命令即可,取消组合后,各个图形又可以被单独地进行编辑,互不影响。

3. 文本框和艺术字

文本框是一种特殊的对象,在其中可以像在 Word 文档正文里一样输入文字和段落,并设置文字和段落的格式。文本框与 Word 文档正文中的文字最大不同之处在于:文本框连同其中的文字又可作为一个整体的图形对象,可被独立排版,并可被随意拖放到文档中的任意位置。

1) 文本框

在 Word 文档中可以创建横排文本框和竖排文本框。

Word 提供了许多内置的文本框模板,使用这些模板可以快速创建特定样式的文本框,然后只管在文本框中输入内容就可以了。将插入点定位到文档中要插入文本框的位置,在"插入"选项卡"文本"工具组中单击"文本框"按钮,从下拉列表中选择一种样式,即可在文档中插入该种样式的文本框。文本框插入后,只要删除文本框中的示例文字,然后输入自己的内容即可。

如图 2-195 所示,在一个简历文档中插入了 8 个文本框,并在文本框中输入文字。这样可将文本框同其中的文字移动到任意位置,灵活地布置简历版面。当希望在文档页面的任意位置输入文字,不受段落限制时,应使用文本框。

实际上文本框与被添加了文字后的自选图形是同类事物,可像自选图形一样被编辑修改。

选中文本框后,文本框的四周也会出现 8 个控制点:按住鼠标左键拖动控制点可改变文本框的大小,将鼠标指针指向文本框的边框,当鼠标指针变成四向箭头 ✛ 时,按住鼠标左键拖动鼠标,可调整文本框在文档中的位置。文本框也可被设置环绕方式,只有被设为"非嵌入型"环绕方式的文本框才能被任意在文档中移动,如图 2-196 中的文本框是"四周型环绕",图 2-195 中的文本框均是"浮于文字上方"。

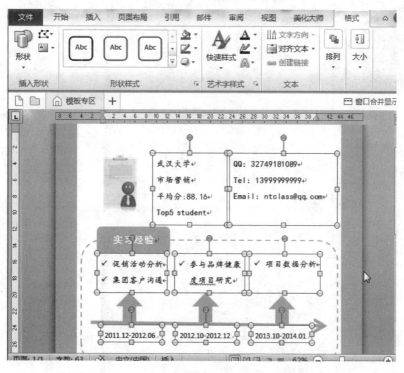

图 2-195　使用文本框在文档任意位置输入文字

与自选图形一样,选中文本框后,可在"绘图工具—格式"选项卡"形状样式"工具组中,用"形状填充"按钮的下拉列表设置填充色,用"形状轮廓"按钮的下拉列表设置边框颜色、粗细、线型等。

同图片、图形一样,文本框也可以被旋转。方法是选中文本框后,单击"绘图工具—格式"选项卡"排列"工具组的"旋转"按钮,从下拉菜单中选择一种旋转方式。或单击"大小"工具栏右下角的对话框开启按钮 ▣ ,打开对话框精准输入旋转角度。文本框被旋转后,其中的文字也随之一起旋转,达到任意角度旋转文本的效果,如图 2-197 所示。

注意文本框内部是文字,单击文本框内部是选定其内的文字或将插入点定位到其内的文字区域中。因此要选定文本框本身,单击文本框的边框线,而不能单击文本框的内部。

利用 Word 高效创建电子文档

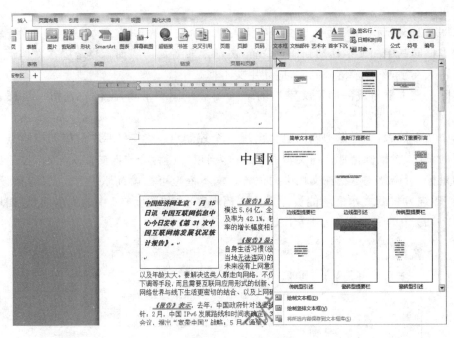

图 2-196　插入文本框

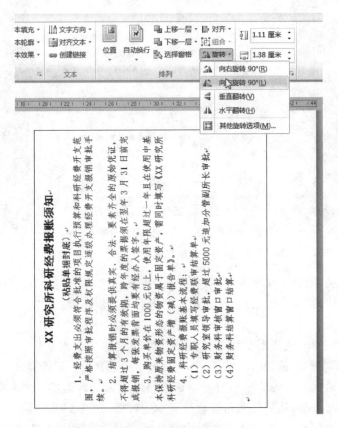

图 2-197　旋转文本框

在"绘图工具—格式"选项卡"插入形状"工作组中单击"编辑形状"按钮，从下拉列表中单击"更改形状"命令。然后再从列表中选择一种形状，可将文本框更改为一种自选图形的形状，这样与首先绘制这种自选图形，然后再在图形上输入文字的效果就相同了。

默认状态下，文本框的边框与内部文字之间有一段距离，要调整距离，右击文本框的边框线，从快捷菜单中选择"设置形状格式"命令。在弹出的"设置形状格式"对话框中单击左侧的"文本框"选项，在"内部边距"组中调整文本框内的文字与四周边框之间的距离。

注意：当插入文本框后，插入点就既可位于文档正文中，也可位于文本框中，两个位置的层次是不同的。在进行某些操作时，要留意插入点所在的位置，然后再进行操作，例如，当插入点位于文本框中时，进行插入图片的操作，图片将被插入到文本框中而不是文档正文中，文本框中的图片与文档不是一个层次，该图片不能与文档中的内容进行统一排版；且位于文本框中的图片也不能被设置环绕方式（"自动换行"按钮不可用）。

2）艺术字

艺术字本质上也是一个文本框，但文字被增加了特殊效果，具有非常美丽的外观。

在"插入"选项卡"文本"工具组中单击"艺术字"按钮，从下拉列表中选择一种艺术字格式，如图 2-198 所示，然后单击在文档中出现的"请在此放置您的文字"提示框，在其中输入文字即可，还可在"开始"选项卡"字体"工具组中对艺术字字体进行更改。

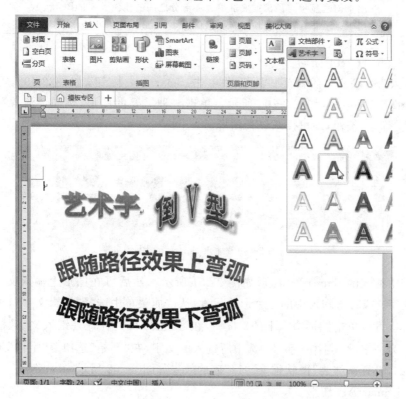

图 2-198　插入艺术字

选中艺术字，在"绘图工具—格式"选项卡"艺术字样式"工具组中单击"文本填充"按钮，可设置艺术字文字填充颜色，单击"文本轮廓"按钮，可设置艺术字文字轮廓颜色、粗细、线型等。单击"文本效果"按钮，可设置艺术字更多的效果，如阴影、映像、发光、转换（跟随路径、弯曲)等。

4. SmartArt 图形

在编辑工作报告、宣传单等文稿时,经常需要在文档中插入诸如生产流程、公司组织结构图或其他表明相互关系的流程图等。在 Word 中,可通过插入 SmartArt 图形来快速绘制此类图形,创建出具有专业级水平的图形效果。

SmartArt 图形是预先组合并设置好样式的一组文本框、形状、线条等,包括列表、流程、循环、层次结构、关系、矩阵、棱锥图和图片 8 种大类型,如表 2-14 所示。每种大类型下又包括若干图形样式。使用 SmartArt 图形时,应根据所要表达的内容选择合适的类型。

表 2-14　SmartArt 图形的类型和功能

类型	功能作用
列表	用于创建显示无序信息的图示
流程	用于创建在流程或时间线中显示步骤的图示
循环	用于创建显示持续循环过程的图示
层次结构	用于创建组织结构图,以便反映各种层次关系,也可以创建显示决策树的图示
关系	用于创建对连接进行图解的图示
矩阵	用于创建显示各部分如何与整体关联的图示
棱锥图	用于创建显示与顶部或底部最大一部分之间的比例关系的图示
图片	用于显示非有序信息块或者分组信息块,可最大化形状地水平或垂直显示空间

1) 插入 SmartArt 图形

在"插入"选项卡"插图"工具组中单击 SmartArt 按钮,如图 2-199 所示。弹出"SmartArt 图形"对话框,如图 2-200 所示。单击一种需要的图形,例如,"流程"中的"基本流程",单击"确定"按钮,即可插入该种图形。

图 2-199　插入 SmartArt 图形

在文档中插入的 SmartArt 图形如图 2-201 所示。然后可在图形上输入文字:单击其中的示例文字;或右击图形中的一个形状元素,从快捷菜单中选择"编辑文字",再输入文字就可以了。也可以单击图形边框上的 ⁝ 按钮,在旁边弹出的"在此处键入文字"框中输入所有文字。可为文字设置字体、字号;选中所输入的文字,在"开始"选项卡"字体"工具组中进行设置,例如,设置字体为"微软雅黑""14"磅的效果如图 2-202 所示。

2) 编辑 SmartArt 图形

选中 SmartArt 图形后,功能区将出现"SmartArt 工具—设计"和"SmartArt 工具—格式"两个选项卡,可通过其中的工具按钮对 SmartArt 图形进行编辑。

(1) 添加和删除形状

如果 SmartArt 图形中的形状元素不够,还可添加形状元素。方法是:选择要添加形状

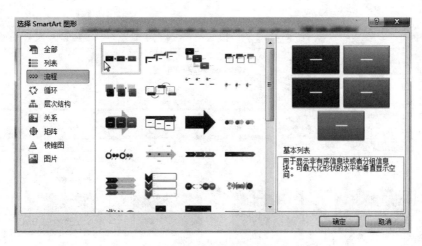

图 2-200 "选择 SmartArt 图形"对话框

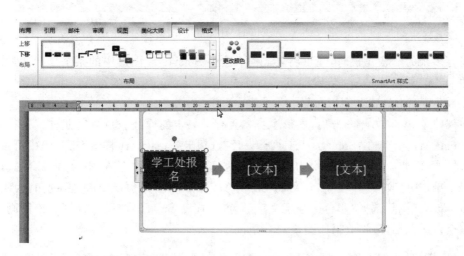

图 2-201 在 SmartArt 图形上输入文字

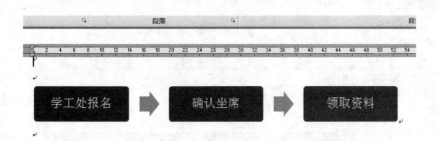

图 2-202 输入文字并设置文字字体后的效果

的 SmartArt 图形,在"SmartArt 工具—设计"选项卡"创建图形"工具组中单击"添加形状"按钮,从下拉菜单中选择所需选项,例如"在后面添加形状",如图 2-203 所示。然后可在新形状中继续输入内容,例如输入"领取门票"。

对包含分级图形的 SmartArt 图形,单击"在下方添加形状"是添加下一层的子图形元素,单击"在后面添加形状"是添加同级的图形的图形元素。

利用 Word 高效创建电子文档

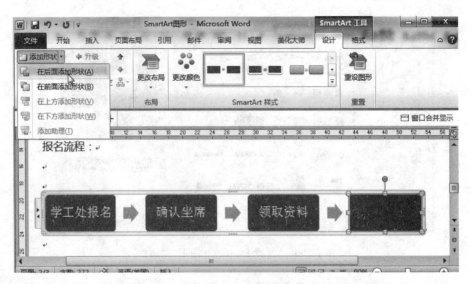

图 2-203　在 SmartArt 图形中添加形状

当有多余的形状元素时，还可将其删除：选中 SmartArt 图形中的某个形状元素，按下键盘的 Del 键或者 BackSpace 键即可。

（2）设置图形样式和图形布局

在创建了 SmartArt 图形后，图形本身就具有了一定的样式。也可对此样式进行修改：选中 SmartArt 图形，在"SmartArt 工具—设计"选项卡"SmartArt 样式"工具组中可选择一种图形样式，例如，在该工具组中为刚刚创建的 SmartArt 图形选择"中等效果"样式，在该工具组中单击"更改颜色"按钮，还可将 SmartArt 图形更改为预设的颜色，例如，为刚刚创建的 SmartArt 图形选择"彩色—强调文字颜色"。拖动 SmartArt 图形外围的绘图画布，将之调整至合适大小，最终效果如图 2-204 所示。

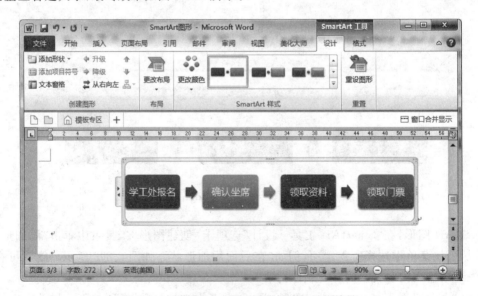

图 2-204　设置 SmartArt 图形样式的最终效果

要修改 SmartArt 图形布局，选择 SmartArt 图形，在"SmartArt 工具—设计"选项卡"布局"工具组中单击"更改布局"按钮，再从列表中选择一种布局即可。

 任务描述

（1）新建一个 Word 文档，用自己的学号名字给文档命名并保存，如"1823001 张三.docx"。

（2）打开素材"中兴公司简介.txt"，将所有文字复制到刚才建立的 Word 文档中。

（3）按以下要求完成操作：

① 在正文上方插入艺术字"中兴通讯"，并设置艺术字相应效果。

② 在艺术字下方插入图片"公司图片 2.jpg"，设置图片相应效果。

③ 将第一段文字设置为楷体五号，并将"中兴通讯"设置成黑体三号，在"综合通信"文字下加着重号。

④ 在文章的最后插入图片"中兴公司.jpg"和"公司图片 1.jpg"，两幅图片并排显示。

⑤ 将文章除第一段文字分为两栏，加分隔线，并在第三段文字插入"形状"，并设置相应效果。

⑥ 在图片"中兴公司.jpg"上插入文本框，输入文字。

图文混排的最终效果如图 2-205 所示。

图 2-205 图文混排的最终效果

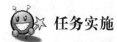

任务实施

建立文件"1823001 张三.docx",打开素材"中兴公司简介.txt",将所有文字复制"图文混排.docx"中。按要求开始文档排版。

(1) 在正文上方插入艺术字"中兴通讯",并设置艺术字相应效果。

将正文上方空一行,选择"插入"→"文本"→"艺术字"命令,在出现的文本框中输入文字"中兴通讯",然后在"格式"的"排列"分组中,单击"自动换行"按钮,在下拉列表中选择"上下型环绕",效果如图 2-206 所示。

在"格式""艺术字样式"分组中单击"文本效果"按钮右边的倒三角按钮,如图 2-207 所示,为艺术字设置各种效果,分别是"阴影→透视→左上对角透视","映像→映像变体→紧密映像,接触","发光→发光变体→红色,5pt 发光,强调文字颜色 2","转换→弯曲→波形 2"。将设置好的艺术字居中对齐,最终效果如图 2-208 所示。

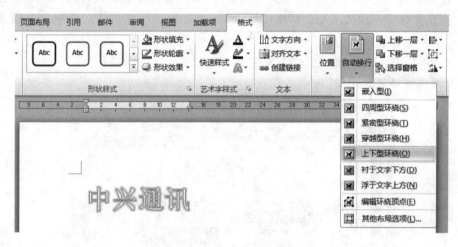

图 2-206　艺术字初始效果

图 2-207　设置艺术字效果　　　　　图 2-208　艺术字最终效果

（2）在艺术字下方插入图片"公司图片2.jpg"，设置图片相应效果。

单击"插入"的"插图"分组中的"图片"按钮，在出现的对话框中选择"公司图片2.jpg"，在艺术字下方插入图片，并居中显示，效果如图2-209所示。

图2-209　插入图片效果

（3）将第一段文字设置为楷体五号，并将"中兴通讯"设置成黑体三号，在"综合通信"文字下加着重号。

① 选中第一段文字，单击段落右下角的 ⌐ 按钮，弹出段落设置对话框，设置"首行缩进，两字符"。

② 在"字体"分组中，将第一段文字设置为楷体五号，并将"中兴通讯"设置成黑体三号。选中"综合通信"文字，单击字体右下角的 ⌐ 按钮，弹出字体设置对话框，在"综合通信"下方加上着重号。

（4）在文章的最后插入"中兴公司.jpg"和"公司图片1.jpg"，两幅图片并排显示。

在"插入"的"插图"分组中，单击"图片"按钮，在弹出的"插入图片"对话框中分别选择"中兴公司.jpg"和"公司图片1.jpg"两幅图片，在两幅图片中间输入若干空格键，并调整它们的大小，将两幅图片并排显示。

（5）将文章除第一段文字分为两栏，加分隔线，并在第三段文字插入"形状"，并设置相应效果。

选中第一段的所有文字，在"页面布局"的"页面设置"分组中，单击"分栏"按钮右边的倒三角按钮，选择"更多分栏"，将文字分为"两栏"，中间加分隔线。在"插入"的"插图"分组中，单击"形状"按钮，选择"箭头总汇→燕尾形"，如图2-210所示。

在第三段文字中适当位置拖动，形成图形，选中图形，在"格式"的"排列"分组中，单击"自动换行"按钮，选择"紧密型环绕"，如图2-211所示。

（6）在图片"中兴公司.jpg"上插入文本框，输入文字。

在"插入"的"文本"分组中单击"文本框"按钮，在"中兴公司.jpg"图片上绘制文本框，选中文本框，在"格式"的"形状样式"分组中，单击"形状填充"按钮，选择"无填充颜色"，如图2-212所示。

利用 Word 高效创建电子文档

图 2-210　选择形状"燕尾形"

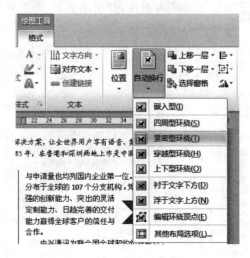

图 2-211　"形状"环绕方式

　　在文本框中输入一定的文字,在"格式"的"文本"分组中,设置文本框的"文字方向"和"对齐方式",如图 2-213 所示,图文混排设置完毕。

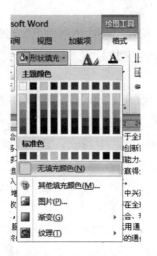

图 2-212　"形状填充"方式

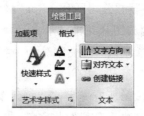

图 2-213　文本框文字设置

任务五　　邮件合并与文档审阅

预备知识

　　在实际工作中,人们有可能会向多人发送主体内容和格式相同,仅姓名、称谓、地址等几处内容不同的请帖、邀请函、通知信件等。如果分别为每个人制作一份 Word 文档,修改一

张打印一张,会相当烦琐。Word 提供了"邮件合并"功能,这使人们只需将主体内容制作一份 Word 文档;然后根据名单,Word 就会自动生成分别要发送给每个人的文档,在每个人的文档中会自动编辑好属于每个人的不同信息,提高了工作效率。

当文档编辑在纸稿上修改图书书稿或者当老师批改学生的作业时,常用不同颜色的笔进行批注。对于 Word 电子文档,Word 也提供了能够记录和标记审阅者对文档修改的功能,这就是 Word 的文档修订和审阅功能。使用这一功能可以标记对文档的修改,他人可以接受或拒绝这些修改;同时还可以添加批注,以记录自己的意见,方便对同一文档多人修订。

1. 制作中文信封

可以利用 Word 提供的"中文信封向导"快速制作出一个标准的信封,具体方法是:单击"邮件"选项卡"创建"工具组中的"中文信封"按钮,如图 2-214 所示。弹出"信封制作向导",如图 2-215 所示。

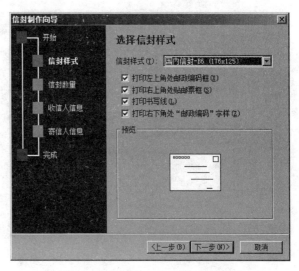

图 2-214 制作中文信封   图 2-215 信封制作向导

向导左侧有一个树状的制作流程,当前步骤以绿色显示。单击向导的"下一步"按钮,依次选择信封样式、输入收件人信息(包括姓名、称谓、单位、邮编等)、输入寄件人信息(包括姓名、称谓、单位、邮编等)。最后单击"完成"按钮即可完成信封的制作。

在制作信封时,既可以制作一个信封;也可以基于地址簿文件,批量制作多个信封。而使用后者的功能时,需事先制作一个名单信息表格,包括所有收信人的姓名、称谓、地址、邮编等,每行对应一个人的信息且第一行必须是标题行(可用 Excel 软件制作表格将表格保存为 Excel 文件;也可使用文件编辑软件制作表格保存为 TXT 文件)。在向导对应步骤中,选择此表格文件,则 Word 将依据此表格中的内容,批量生成多个信封,根据每行一个人的信息生成一个信封。

2. 使用邮件合并

1) 邮件合并概述

邮件合并的原理是:将需要制作的多份文档中的相同内容部分制作为一个 Word 文档,称为主文档。再将多份文档中的不同内容部分,例如不同的称呼、地址、收件人姓名等以表格形式制作为另一个文档,称为数据源。然后将主文档与数据源合并起来,利用 Word 的邮件合并功能自动生成人们所需要的这种主体相同、但关键内容又不同的多份文档。

例如,如图 2-216 所示是一份邀请函,现要将此邀请函发送给多位不同的受邀人,每个受邀人的姓名、地址都不同;图 2-216 所示的文档为主文档。所有受邀者的信息位于另一份 Excel 表格中,如图 2-217 所示,为数据源。现需把数据源合并到主文档中,就能生成主文档的多份副本,每份副本都分别有不同的姓名,可被分别分发给一位受邀者,合并后的文档如图 2-218 所示。

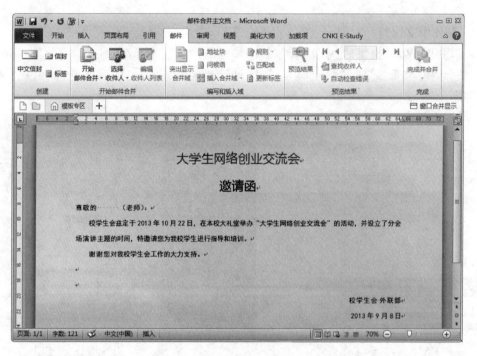

图 2-216 邀请函主文档

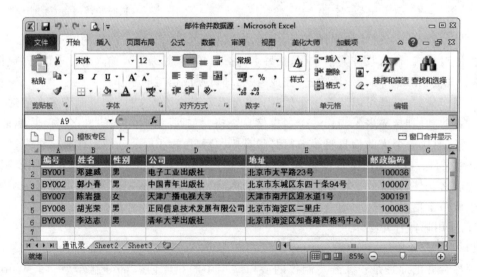

图 2-217 邀请函要合并的数据源

图 2-218　邮件合并后的文档

下面介绍如何通过邮件合并达到这一目的,邮件合并的过程如下。

（1）制作主文档:主文档包含的文本和图形会应用于合并后文档的所有副本中,设置好主文档文本、段落格式、添加页眉页脚等。

注意:如果在主文档中设置了页面背景图片,则背景图片将会在合并后的文档中消失。要在合并后的文档中使用背景图片,可待邮件合并后,在最终合并后的文档中再重新设置背景图片。

（2）制作数据源:数据源是一个文件,它包含要合并到文档的信息。例如,信函收件人的姓名和地址。数据源一般以表格表示,表格的每一列都要有一个列标题,如姓名、地址等;该列标题要占据表格的第一行(数据源表格的第一行必须为标题行,不能留空)。表格的以下各行的每行为一条数据记录,例如,一位受邀人的姓名、地址等信息。

（3）将文档链接到数据源:Word 将为数据源表格中的每一行(记录)生成主文档的一个副本;当然也可选择数据源中的一部分的行来制作。

（4）向文档添加占位符(称为邮件合并域):执行邮件合并时,邮件合并域会自动变为来自数据源表格中的信息。

（5）预览并完成合并:可以预览合并好的每个文档副本,预览无误后,再生成合并后的整组文档;可对合并后的文档进一步加工,并将合成后的文档另存为文件。

2）邮件合并

当主文档和数据源文档分别制作完成后,就可以进行邮件合并了。邮件合并最主要的操作就是在主文档中添加邮件合并的域。

（1）邮件合并的基本操作

打开主文档,在"邮件"选项卡"开始邮件合并"工具组中单击"开始邮件合并"按钮,从下拉菜单中选择"信函"。再在该工具组中单击"选择收件人"按钮,从下拉菜单中选择"使用现有列表"命令,如图 2-219 所示。弹出"选择数据源"对话框,在该对话框中找到并选择数据源文件,单击"打开"按钮。由于一个 Excel 文件可包含多个表,之后还要从弹出的"选择表格"对话框中选择数据源(如"数据源通讯录工作簿"),单击"确定"按钮。

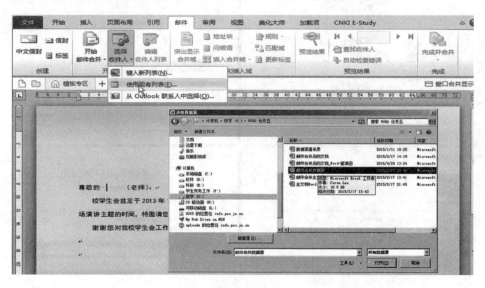

图 2-219　选择收件人

　　返回主文档,此时"编写和插入域"的工具组被激活,如图 2-220 所示。在文档中将插入点定位到要插入数据源表格中的内容的位置,例如定位到"尊敬的"和"(老师)"之间。单击"编写和插入域"工具组的"插入合并域"按钮的向下箭头,从下拉菜单中选择要插入的标签名称。本例仅插入拟邀请的专家和老师的姓名。因此从下拉菜单中选择"姓名",如图 2-220 所示。

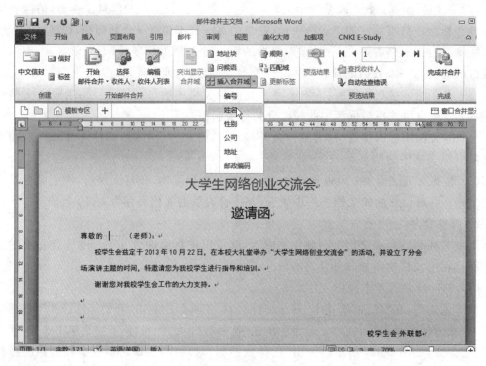

图 2-220　插入合并域

可以单击"预览结果"工具组中的"预览结果"按钮,查看合并后的效果。单击"完成"工具组中的"完成并合并"按钮,从下拉菜单中选择"编辑单个文档"命令,如图 2-221 所示。弹出"合并到新文档"对话框,在其中选择"全部",单击"确定"按钮,完成邮件合并。

完成邮件合并后,Word 自动生成了一份合并后的文档,如图 2-222 所示,其内包含多页邀请函,在每页邀请函中只包含了一位专家或老师的姓名。应将此文档另存为 Word 文件,单击"文件"中的"另存为"命令,将文档保存。

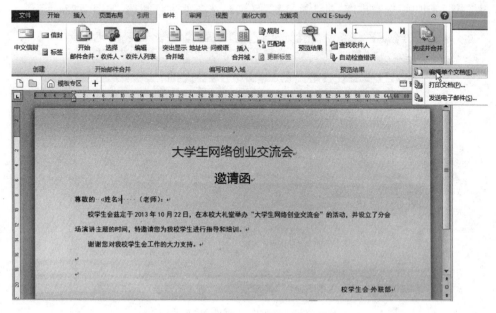

图 2-221　完成并合并

图 2-222　邮件合并后的文档

返回主文档,在主文档中由于已进行了邮件合并的操作,也应保存主文档。单击主文档的"快速访问"工具栏中的"保存"按钮,仍以原文件名保存。

利用 Word 高效创建电子文档

（2）编辑收件人列表

如果不希望为数据源中的所有人都生成邀请函，而是要从中挑选一部分的人生成邀请函；或者对各收件人的顺序要进行排序调整，则可编辑收件人列表。单击"邮件"选项卡"开始邮件合并"工具组中的"编辑收件人列表"按钮，弹出"邮件合并收件人"对话框，如图 2-223 所示。在对话框中单击各记录前的"对钩"改变勾选状态：被勾选表示邮件合并时将包含这条记录，被取消勾选表示筛选这条记录使它不参与合并。也可单击窗口下方的"筛选"超链接，弹出"筛选和排序"对话框，设置详细筛选条件进行筛选，如图 2-224 所示。

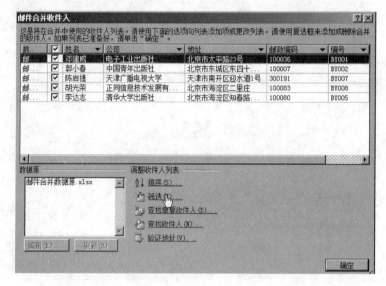

图 2-223 "邮件合并收件人"对话框

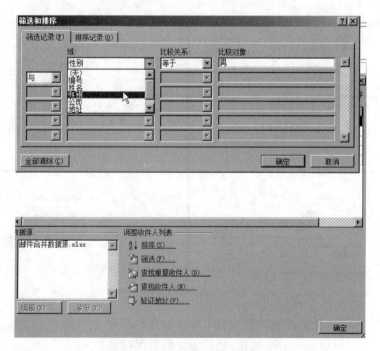

图 2-224 "筛选和排序"对话框

（3）使用规则

有时在合并后的文档中，还希望根据规则添加一些内容。例如，在生成的邀请函中，除包含每个人的姓名外，还希望根据每个人的性别，自动在姓名后添加"（先生）"或者"（女士）"字样。例如，"范俊弟（先生）""黄雅玲（女士）"。这可通过插入规则实现，这一规则就是：如果是为男，则添加"（先生）"字样，否则添加"（女士）"字样。

如图 2-225 所示，将插入点定位到已插入的"姓名"域之后，在功能区"邮件"选项卡"编写和插入域"工具组中单击"规则"下拉菜单中的"如果…那么…否则"命令。打开"插入Word域"对话框，如图 2-226 所示。在对话框的"域名"下拉列表中选择"性别"，在"比较条件"下拉列表中选择"等于"，在"比较对象"文本框中输入"男"，在"则插入此文字"文本框中输入"（先生）"，在"否则插入此文字"文本框中输入"（女士）"。单击"确定"按钮。则在合并后的文档中，将依据性别，自动在姓名后出现"（先生）"或"（女士）"字样。

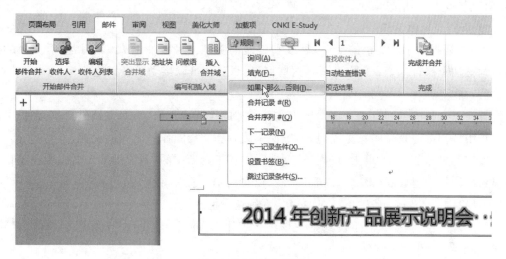

图 2-225　插入规则

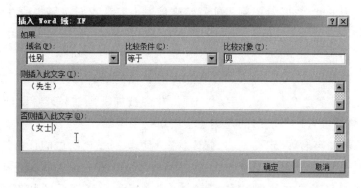

图 2-226　"插入 Word 域"对话框

3. 文档校对与审阅

1）检查拼写和语法

Word 具有在人们输入文档的同时，自动检查文字拼写和语法是否正确的功能，如Word 发现拼写和语法有错，会以波浪线画出错误的词句，其中红色波浪线表示拼写错误，绿色波浪线表示语法错误。右击带有波浪线的词句,将弹出快捷菜单,在快捷菜单中 Word 会提供一些修改建议和其他一些选项。

在"审阅"选项卡"校对"工具组中单击"拼写和语法"按钮,可以弹出"拼写和语法"对话框,在这里还可做更详细的设置。

2）文档字数统计

当需要统计一篇文档中的字数时,不必人工费力去数。Word 提供了字数统计的功能。当在文档中输入内容时,Word 将自动统计文档中的页数和字数,并将其显示在底部的状态栏上。

也可对选定的一段文字进行统计,选定一段文字后,单击"审阅"选项卡"校对"工具组中的"字数统计"按钮,弹出"字数统计"对话框,其中显示字数统计的结果,包括"页数""字数""段落数""行数"等信息。

3）审阅与修改文档

Word 还提供了对文档的批注、修改和审阅的功能。可以使他人(审阅者)对文档的修订自动被加上修订标记;原作者看到这些修订标记后,可以接受或者拒绝修订。

（1）批注

批注是文档的编写者或者审阅者为文档添加的注释或批语,在对文档进行审阅时,可以在文档中使用批注来说明意见或建议,方便审阅者和文档原作者之间的交流。

选定要批注的文本,单击"审阅"选项卡"批注"工具组中的"新建批注"按钮,则在窗口右侧显示批注框,在批注框中输入内容即可。在文档中的批注较多时,可在"审阅"选项卡"批注"工具组中单击"上一条""下一条"按钮,逐条查看批注。

要删除批注,将插入点定位到批注框中,在"审阅"选项卡"批注"工具组中单击"删除"按钮。

（2）修订文档

当要修改别人的文档,并希望别人能够清晰地看出究竟我们在哪些地方做过修订时,应启用"修订"功能:在"审阅"选项卡工具组中单击"修订"按钮,从下拉菜单中选择"修订"命令即启用了修订功能。

当启用"修订"功能后,文档进入修订状态。对文档的所有修改都会在文档中被添加修订标记;增加的文字颜色会与原文字颜色不同,并会被加下画线;被修改的文字也会被改变颜色,同时在修改位置所在段落的左侧还会出现一条竖线。

当对文档修改结束后,一定要退出"修改状态",否则对文档所做的任何操作仍属于对文档的修订。要退出"修改状态",只要再次单击"修改"按钮,使之成为非高亮状态即可。

也可使文档只显示最初状态(不显示修改)或者只显示修订后的状态等,在"审阅"选项卡"修订"工具组中单击"显示以供审阅"右侧的下三角按钮,从列表中选择显示方式即可。

如果有多人修订同一篇文档,则不同人的修订可以被设置为以不同颜色显示;在"审阅"选项卡"修订"工具组中单击"修订"按钮,从下拉菜单中选择"修订选项"命令,打开"修订选项"对话框,在对话框中做相应的设置。

（3）审阅文档

使用修订功能可以突出显示审阅者对文档提出的修订建议。当审阅者修订以后，原作者或其他审阅者可以决定是否接受其修订建议，可以部分接受或全部接受；也可以部分拒绝或全部拒绝，使文档恢复为被审阅者修订之前的状态。要接受或拒绝修订，只要在修订内容上右击，从弹出的快捷菜单中选择"接受修订"或"拒绝修订"即可。也可以在"审阅"选项卡"更改"工具组中单击"接受"或"拒绝"按钮，从弹出的菜单中选择对应命令。

当多人对同一篇文档进行修改时，被另存为不同的文档文件。可利用 Word 的"比较"功能比较两份文件的不同，或使用 Word 的"合并"功能将不同人的不同修订合并到一起。要使用这些功能，在"审阅"选项卡工具组中单击"比较"按钮，从下拉菜单中选择对应的选项即可。

 任务描述

大家知道邮件合并是 Word 的一个特有功能，我们可以利用邮件合并很轻松、很方便地完成大量的重复性工作，例如：批量打印信封、批量打印信件、批量打印工资、批量打印各类获奖证书等等，总之，只要有数据源（电子表格、数据库）等，只要是一个标准的二维数表，就可以很方便地按一个记录一页的方式从 Word 中用邮件合并功能打印出来。下面以学员信息表为例来做一个简单的演示。

 任务实施

（1）首先，新建一个 Word 文档，用自己的名字给文档命名并保存，如"李红4.docx"。

（2）打开该文档，按图 2-227 所示编辑表格。标题"信息工程与计算机学院学员信息表"字体设为"华文新魏，小二，加粗"，"编号""姓名""性别"和"身份证号码"字体设为"宋体，四号，加粗"。

信息工程与计算机学院学员信息表		
编号		
姓名		
性别		
身份证号码		

图 2-227 主文档

（3）我们需要准备好数据源，这里已经在 Word 文档做了一个数据源，如图 2-228 所示。

（4）在自己的文档中，单击"邮件"选项卡，在"开始邮件合并"选项中，单击"开始邮件合并"图标右边向下小箭头，选择"目录"选项，如图 2-229 所示。

（5）在自己的文档中，单击"邮件"选项卡，在"开始邮件合并"中，单击"选择收件人"图标右边的向下小箭头，选择"使用现有列表"选项，就会弹出"选择数据源"对话框，如图 2-230 所示，找到提前准备好的数据源，选中，单击"打开"按钮。

（6）将光标定位到表格中"编号"后面的单元格，在"邮件"的"编写和插入域"分组中，单击"插入合并域"图标右边的向下小箭头，选择"编号"选项，设置步骤如图 2-231 所示，操作完成后得到如图 2-232 所示的效果。

（7）重复执行第（5）步，就可以得到如图 2-233 所示的效果。

（8）在自己的文档中，在"邮件"的"预览结果"分组中，单击"预览结果"命令，就可以看到如图 2-234 所示的效果。

编号	姓名	性别	身 份 证 号	照片
BGBK005	郝莉洁	女	*********	
BGBK006	李琳	女	*********	
BGBK007	李萌	女	*********	

图 2-228　数据源

图 2-229　数据源

图 2-230　"选取数据源"对话框

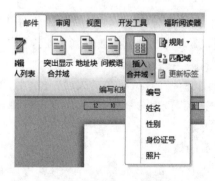

图 2-231　插入合并域

信息工程与计算机学院学员信息表

编号	《编号》
姓名	
性别	
身份证号码	

图 2-232　插入"编号"效果

信息工程与计算机学院学员信息表		
编号	《编号》	《照片》
姓名	《姓名》	
性别	《性别》	
身份证号码	《身份证号》	

图 2-233　插入合并域整体效果

信息工程与计算机学院学员信息表		
编号	BGBK005	《照片》
姓名	郝莉洁	
性别	女	
身份证号码	《身份证号》	

图 2-234　预览效果

（9）在"邮件"的"完成"分组中，单击"完成并合并"选项卡向下的箭头，单击"编辑单个文档"命令，如图 2-235 所示，就会弹出"合并到新文档"对话框，在这个对话框中，选中"全部"，单击"确定"按钮，即可得到最终结果，如图 2-236 所示。

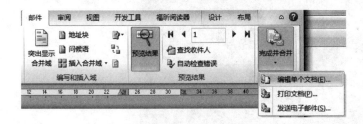

图 2-235　完成并合并

图 2-236　合并到新文档

合并后的最终效果如图 2-237 所示。

信息工程与计算机学院学员信息表		
编号	BGBK005	
姓名	郝莉洁	
性别	女	
身份证号码	*********	

信息工程与计算机学院学员信息表		
编号	BGBK006	
姓名	李琳	
性别	女	
身份证号码	*********	

信息工程与计算机学院学员信息表		
编号	BGBK007	
姓名	李萌	
性别	女	
身份证号码	*********	

图 2-237　邮件合并最终效果图

利用 Word 高效创建电子文档

实训一 设计班报

　　班报能给学生一片自己的天空，让每个同学参与班级建设与管理，在自我管理中自我教育、自我完善，对于学生素质的培养具有不可低估的作用。同时班报也能让同学们更加团结协作，激发同学们的创新能力，利用 Word 2010 的常用排版功能和新增的图片艺术效果功能，制作一期图文并茂的精美班报，最终效果如图 2-238 所示。

图 2-238 班报效果图

操作步骤：

1. 创建 Word 文档

1）要求与效果

打开并保存一个 Word 文档，对文档进行页面设置。

2）操作步骤

（1）启动 Microsoft Word 2010。

（2）选择"插入"→"空白页"，单击两次插入两页空白页。

（3）将 Word 文档"另存为"（文件名为"班报＋自己姓名.docx"）。

（4）设置页边距。单击"页面布局"→"页边距"→"自定义边距"命令，在弹出的页面设置对话框中设置页边距为：上边距和下边距都为"2 厘米"，左边距和右边距都为"2.5 厘米"。

（5）选择"页面布局"→"纸张方向"命令，设置为横向。

（6）选择"页面布局"→"纸张大小"命令，设置纸张大小为 A4。

2. 制作封面

1）要求与效果

班报的封面设计是最费心思的部分，一般要求简洁大方，能够清晰地表达班报主题，在以往的 Word 版本中编辑需要花费较多的精力去设计封面，但 Word 2010 提供最新的封面向导功能，能帮助我们轻松地完成封面设计，制作的班报封面效果如图 2-239 所示。

图 2-239　班报封面

2）操作步骤

（1）创建封面。选择"插入"→"封面"命令，弹出封面库，选择"飞越型"封面。

（2）更换封面的背景图片。右击图片，在弹出的右键菜单中选择"更改图片"选项，找到图片素材所在的位置；出现如图 2-240 所示的对话框，选择"广场.jpg"，并调整大小。

图 2-240　"图片插入"对话框

（3）插入图片并调整大小。选择"插入"→"图片"命令，找到图片素材所在的位置，出现如图 2-240 所示的对话框，选择"校训.jpg"。图片插入后默认情况是图片作为字符插入到 Word 2010 文档中，其位置随着其他字符的改变而改变，用户不能自由移动图片。而通过为图片设置文字环绕方式，则可以自由移动图片的位置。右击该图片，在弹出的菜单中选择"大小与位置"选项，弹出"布局"对话框，如图 2-241 所示。将图片的文字环绕效果设置为"四周型环绕"，调整到适当大小和位置。

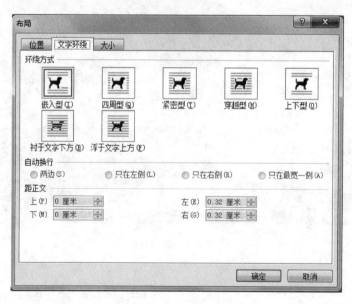

图 2-241　文字环绕方式设置

（4）输入标题和副标题。在相应位置输入相关文字信息，设置"萍乡学院 14 信息管理"字体格式为"华文行楷，20，蓝色，加粗"；"大学生活从这里开始"字体格式为"华文隶书，一号，红色，加粗"；"编辑委员会全体成员"和"第一期 2014 年 9 月"字体格式为"楷体，三号，红色，加粗"；最后调整到合适位置。

3．班报页面 1 的制作

1）要求与效果

在页面 1 中有自选图形、文本框、图片及艺术字。要求通过案例，学习自选图形的绘制及其形状、填充色、线条类型、粗细及颜色的设置，学习使用文本框、插入艺术字及图片格式的设置。并将各对象调整恰好充满本页，效果如图 2-242 所示。

精彩生活从这里开始

图 2-242　"精彩生活从这里开始"效果

2）操作步骤

（1）设置标题的艺术效果。转至文档第二页，单击"插入"→"艺术字"命令，从下拉菜单中选择"填充-蓝色，强调文字颜色 1，内部阴影—强调文字颜色 1"，如图 2-243 所示。输入标题"精彩生活从这里开始"。

（2）设置标题的字体格式。将"精彩生活从这里开始"字体格式设置为"华文琥珀，初号，加粗"，单击"字体"分组中右下角的 ▣ 弹出"字体"对话框，如图 2-244 所示，将字符间距设为"加宽，2 磅"。最后将标题调整到页面中间。

（3）插入折角形。单击"插入"→"形状"命令，在下拉菜单中选择"基本形状"中的"折角形"；选中折角形，单击"绘图工具"→"格式"中"形状样式"分组中的"其他"命令，如图 2-245 所示。设置形状样式为"细微效果—橄榄色，强调颜色 3"，调整高度为 14.5 厘米，宽度为 13.3 厘米。

178

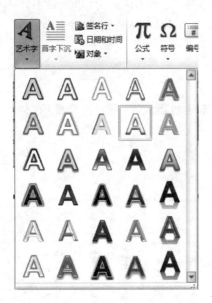

图 2-243 "艺术字"对话框

图 2-244 "字体"对话框

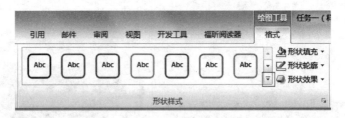

图 2-245 形状样式设置

（4）编辑正文。正文文字可到"文字素材.docx"复制。单击"插入"→"文本框"命令，在下拉菜单中选择"绘制文本框"选项，将文字素材1（"熬过了"……"人生机会啊！"）复制到文本框中。设置字体格式为"楷体、小四"；单击"开始"中"段落"分组的右下角的 🔲，弹出"段落"对话框，如图 2-246 所示，设置段落格式为"段前间距0.5行，行距固定值22磅"。

（5）插入文本框并设置效果。单击"插入"→"文本框"命令选择"绘制竖排文本框"，在页面右上角绘制一个高为 6.7 厘米、宽为 9.5 厘米的文本框。单击"绘图工具"→"格式"中"形状样式"分组中的"形状填充"选择"无填充颜色"，"形状轮廓"颜色设为"橄榄色，强调文字颜色3，深色25％"，粗细设为"1磅"，虚线为"长划线-点-点"，如图 2-247 所示。

（6）编辑文字。将文字素材2（"生活中其实没有绝境"……"——俞敏洪"）复制到文本框中，使用格式刷设置字体格式与文字素材1相同。首先选定任意部分文字素材1中的文字，然后单击"开始"→"剪贴板"→"格式刷"命令，最后将带格式刷的光标选中（"绝境在于"……"——俞敏洪"）的文字。标题文字"生活中其实没有绝境"字体格式设为"楷体，三号，标准色，蓝色"，文字对齐方式设为"水平居中"，如图 2-248 所示。最后将文字"——俞敏洪"对齐方式设为"文本右对齐"。

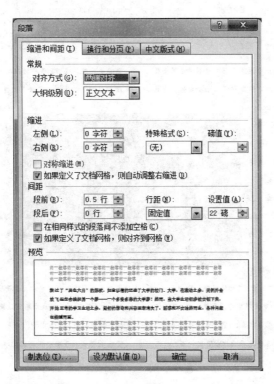

图 2-246 "段落"对话框

图 2-247 形状样式设置

图 2-248 对齐方式设置

（7）插入图片。将图片素材中的"班级照.jpg"插入到页面中,右击该图片,选择"大小与位置",弹出"布局"对话框,将图片的文字环绕效果设置为"四周型环绕",调整到适当大小和位置。

（8）设置图片样式。单击"图片工具"→"格式"中"图片样式"分组的"其他"选项,选择"菱台形椭圆,黑色";"图片边框"设为"橄榄色,强调文字颜色 3,深色 25%",粗细 1 磅,虚线为"长划线-点-点";"图片效果"为"映像变体"→"紧密映像,接触"。

4. 班报页面 2 的制作

1）要求与效果

本页面通过自定义文字效果、边框、分栏创建具有个人风格的版式。合理地对文字分栏既能方便读者阅读,还可以节约版面。本节将利用分栏将班报页面 2 展示给读者,并可以通过添加文字效果或图片特效来装饰它,最终效果如图 2-249 所示。

2）操作步骤

（1）设置标题文本效果。转至第三页,自定义标题文字"萍乡学院——梦开始的地方"

利用 Word 高效创建电子文档

萍乡学院——梦开始的地方

萍乡学院是经教育部批准设置，面向全国招生的全日制公办普通本科院校。萍乡位于江西省西部，与长沙毗邻，距黄花国际机场 120 公里。境内有高速铁路、新增铁路横贯东西，319、320 国道交叉通过，G60 高速公路贯穿全境。这里，人文荟萃，好学成风，自古享有"读书之乡、教育之都"的美誉，尤以中国近代工业、工人运动型诞地——安源，而誉称于安。改革开放后，昔日的江南煤都、赣西明珠通过城市转型，而貌焕然一新。工业陶瓷、矿山机械、新型材料等支柱产业连勃型展，经济社会繁荣进步，"文化兴市"蔚为大观。

学校前身是 1941 年创办的省立萍乡师范学校，至 1978 年开办大专班，1982 年成立萍乡教育学院，1993 年经教育部批准更名为萍乡高等专科学校，2013 年高乐通过教育部评审，升格

为萍乡学院。在 70 多年的办学历程中，学校秉承"厚德至善、勤学笃行"的校训，坚持"立德树人、追求卓越、务实创新、科学型展"的理念，为国家培养了一大批高素质人才。学校现有占地面积 1006 亩，建筑面积 26.66 万平方米。教学实验中心 132 个，校内外实习实训基地 125 个，教学科研仪器设备总值 5626 万元，图书馆纸质藏书 100 万册，电子图书 25 万册。新建了工程训练中心、材料工艺实训中心、音乐厅、艺术楼、学生公寓、若水读书广场、学术交流中心、体育馆及训练中心、行政及科研中心等，为莘莘学子的成才与深造提供了理想的学习与生活场所。校内绿树成荫，空气清新，鹄鸣山、探花岭、桃李园、荷花池、萝东阁等构成了融自然与文化为一体的校园景观。

图 2-249 "萍乡学院——梦开始的地方"效果

的文本效果，字体为"华文琥珀，初号"；轮廓为"标准色，蓝色"；阴影变体为"透视，右上对角透视"。

（2）设置标题边框。选中标题文字"萍乡学院——梦开始的地方"，单击"页面布局"→"页面边框"命令，弹出"边框和底纹"对话框，如图 2-250 所示，选择"边框"标签，设置选择为"自定义"，应用于"段落"，给段落设置下边框，边框颜色为"橄榄色，强调文字颜色 3，深色25％"；边框的宽度为 3.0 磅。

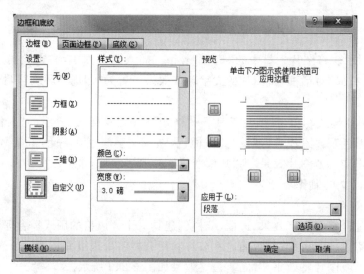

图 2-250 "边框和底纹"对话框

（3）编辑文字格式。将文字素材 3（"萍乡学院是"……"校园景观。"）复制到正文区，字体格式设置为"楷体，小四"；文字的段落格式设置为"首行缩进 2 字符；行距为固定值 25 磅"。

（4）设置分栏。选中所有正文文字设置分栏。单击"页面布局"→"分栏"命令，选择下拉菜单中的"更多分栏"选项，如图 2-251 所示，打开分栏设置对话框，栏数为两栏，栏间距为 4 字符，如图 2-252 所示。

（5）将正文第一个"萍"字设置首字下沉。单击"插入"→"文本"→"首字下沉"命令，从下拉菜单中选择"首字下沉"选项，在弹出的"首字下沉"对话框中设置字体为"微软雅黑"，下沉行数为 2 行，如图 2-253 所示。

（6）将图片素材中的"毛主席.jpg"插入到文档中，将图片的文字环绕效果设置为"四周型环绕"，调整大小和位置。至此，班报的排版制作就完成了。

图 2-251 "分栏"工具

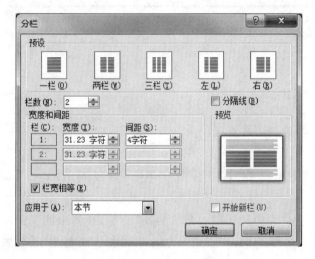

图 2-252 "分栏"对话框

图 2-253 "首字下沉"对话框

实训二 设计求职简历

为了在激烈的人才竞争中占有一席之地，除了有过硬的知识储备和工作能力外，还应该让别人尽快了解自己。而制作一份简洁精致的求职简历无疑是自己留给别人的第一印象的直接方法，所以求职简历的好坏，可能影响到自己的命运。简历的外观与内容在一定程度上也可以映射出求职者本人的风格与水平层次，所以制作一份个性鲜明且美观大方的简历对大学毕业生来说就显得尤其重要。

大学生求职书一般是由封面、个人简历、证书复印件组成的。我们可以利用 Word 2010 的图片编辑处理功能来制作精美的封面；利用 Word 2010 超强的文字编辑处理功能来制作自荐书；利用 Word 2010 的独特的手绘表格功能来制作恰当的个人简历表，最终效果如

图 2-254 所示。

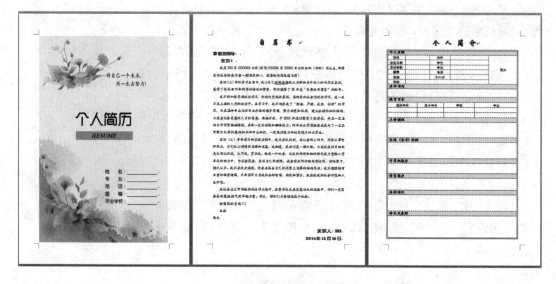

图 2-254 "简历"效果图

操作步骤：

1. 创建 Word 文档

1）要求与效果

打开并保存一个 Word 文档，对文档进行页面设置。

2）操作步骤

（1）新建文档。启动 Word 2010 并新建空白文档，将其保存为"学号＋姓名(简历).docx"，如"18329001 张三(简历).docx"。

（2）设置页边距。选择"页面布局"→"页边距"→"自定义边距"命令，在弹出的页面设置对话框中设置页边距为：上边距和下边距为"2.5 厘米"，左边距和右边距都为"2.5 厘米"。其他设置保持不动。

（3）建立三个空白页。选择"页面布局"→"分隔符"→"分页符"命令。如图 2-255 所示。连续插入两次"分页符"，即预留 3 个空白页面，此 3 个空白页面将分别用于制作封面、自荐书和个人简介。

2. 制作个人简历封面

1）要求与效果

封面的要求一般要简洁，可以在封面上出现个人信息，方便用人单位查阅。并且封面的风格尽量符合应聘公司的文化和背景，也要凸显自己的个性和风格，效果如图 2-256 所示。

2）操作步骤

（1）插入图片。选择"插入"→"图片"命令，弹出"插入图片"对话框，找到图片素材所在的位置选中"封面.jpg"，将图片插入 Word 2010 的编辑窗口，并调整大小到充满整个页面。

图 2-255　插入分页符

图 2-256　封面效果

利用 Word 高效创建电子文档

（2）如果感觉插入的图片亮度、对比度、清晰度没有达到自己的要求，可以单击"图片工具"→"格式"→"更正"命令，在弹出的效果缩略图中选择自己需要的效果，如图 2-257 所示，调节图片的锐化和柔化、亮度和对比度等。

（3）如果图片的色彩饱和度、色调不符合自己的意愿，可以单击"图片工具"→"格式"→"颜色"命令，在弹出的效果缩略图中选择自己需要的效果，如图 2-258 所示，调节图片的色彩饱和度、色调，或者为图片重新着色。

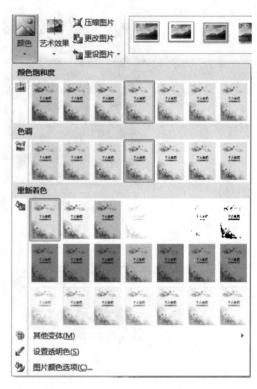

图 2-257　调节图片亮度、对比度等　　　　图 2-258　调节图片色彩和色调

说明：以上图片更正、颜色和艺术效果的设置也可以使用图片的右键菜单来完成。单击鼠标右键选择"设置图片格式"命令，在弹出的"设置图片格式"对话框中（如图 2-259 所示）单击"图片更正"选项卡可设置柔化、锐化、亮度、对比度，在"图片颜色"选项卡中设置图片颜色饱和度、色调，或者对图片重新着色，在"艺术效果"选项卡中为图片添加艺术效果。

（4）输入求职者信息。选择"插入"→"文本框"命令，在下拉菜单中选择"绘制文本框"选项，在合适的位置绘制文本框。输入求职者信息如图 2-260 所示，将文字字体设置为"微软雅黑、小三"；段落行间距设置为"固定值，25 磅"。

3. 制作自荐书

1）要求与效果

自荐书是求职者向求职单位提交的一封书信，不仅要包含个人专业强项与技能的优势、求职与事业发展动机与目的，也有必要个性化和略带感性化的个人陈述，自荐书的效果如图 2-261 所示。

图 2-259 “设置图片格式”对话框

图 2-260 “求职者”信息

自 荐 书

尊敬的领导：

您好！

我是XXX，系XXXXXXXX大学(学院)XXXXXX系XXXXX专业的本科（专科）毕业生，即将走向社会的我怀着一颗热忱的心，诚挚地向您毛遂自荐！

在四(三)年的学习生活中，我以自己积极进取敬业乐群和乐于助人的作风及表现，赢得了领导老师和同学的信任和赞誉，同时获得了XX年度“优秀共青团员”的称号。

我不断加强思想政治学习，积极向党组织靠拢，坚持参加业余党校的学习，是一名不求上进的入党积极分子。在学习中，我不但养成了“勤奋、严谨、求实、创新”的学风，而且坚持专业与非专业并进的指导思想，努力拓宽知识面，建立合理的知识结构，以适应社会发展对人才的需要。英语方面，于XXXX年通过国家X级考试，并且一直坚持自学商贸英语课程，具有一定的读写和翻译能力。四年的大学深造使我成为了一名具有较为扎实的基础知识和专业知识、一定组织能力和社交能力的大学生。

这四（三）年的学习和实践过程中，我充分认识到，在以后的工作中，无论从事何种职业，它们也必将得到发挥和发展。我知道，成功不是一蹴而就。而我现在的目标就是让您认识我，认可我，赏识我。给我一个机会，让我的热情和知识转化成力量融入贵单位的动力中，为社会服务，实现自己的理想。我会用实际行动向您证明：剑鸣匣中，期之以声。我不求流光溢彩，但求在适合自己的位置上发挥的淋漓尽致；我不期望拥有丰富的物质待遇，只希望早日用我的全部智慧、热忱和努力，来实现我的社会价值和人生价值。

在社会主义市场经济的汪洋大海中，在贵单位未来发展壮大的征途中，你们一定需要具有蓬勃朝气的年轻力量。那么，请你们不要错过这个机会。

盼望您的召唤!!!

此致

敬礼

求职人：XXX

2014年12月15日

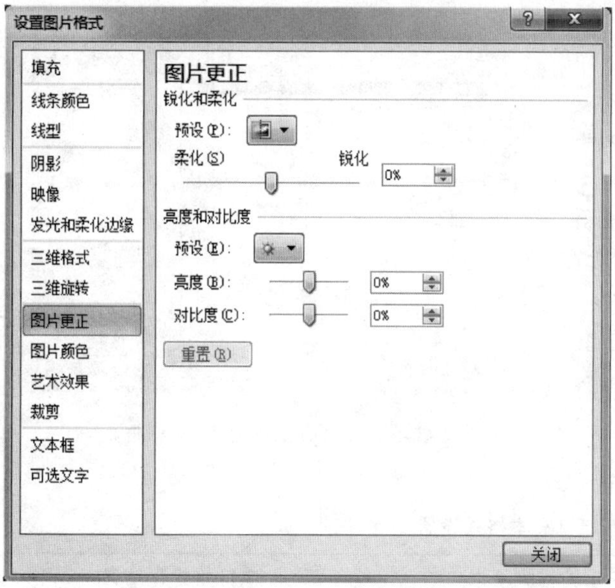

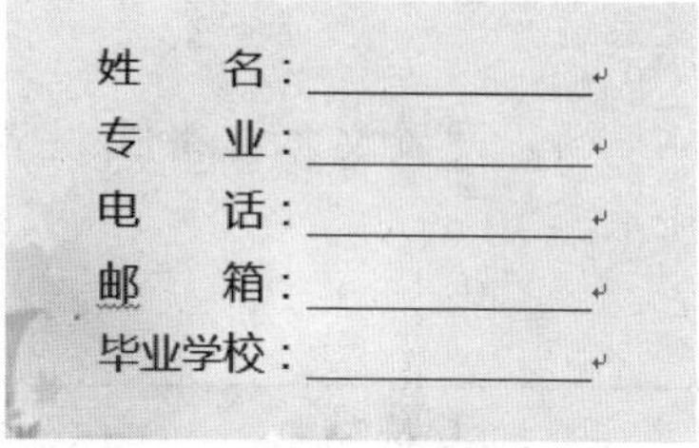

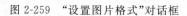

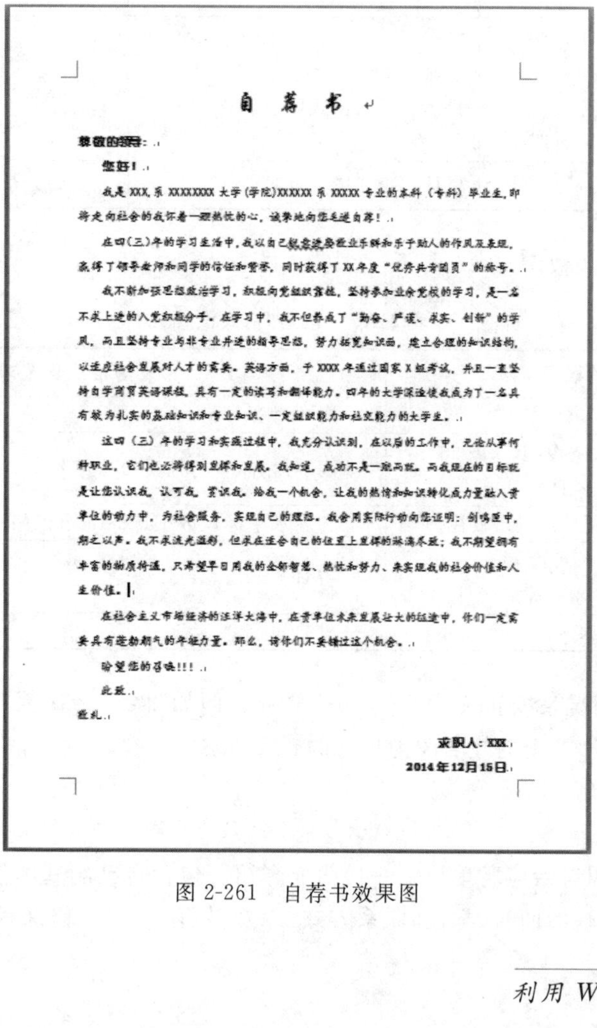

图 2-261 自荐书效果图

2）操作步骤

（1）将光标定位于第二页，将"自荐书.docx"的内容复制过来。

（2）将插入点定位到自荐书的最后面。

（3）执行"插入"→"日期和时间"命令，打开"日期和时间"对话框，选中"自动更新"复选框，在"可用格式"列表框中，选择所需的日期格式为中文格式：××××年××月××日。单击"确定"按钮，如图 2-262 所示。

（4）设置文本。格式设置如表 2-15 所示。

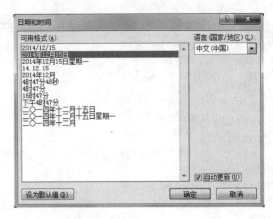

图 2-262　"日期和时间"对话框

表 2-15　文本格式设置

字符内容	字符格式要求	字符格式化结果
标题"自荐书"	华文行楷、一号、字符间距（加宽10 磅）	自荐书
"尊敬的领导：" "您好！" "求职人：×××" "××年××月××日"	幼圆、四号，加粗 提示：可用格式刷复制格式	尊敬的领导：
正文文字	楷体_GB2312、小四	我是……敬礼

（5）段落格式设置如表 2-16 所示。

表 2-16　"段落"格式设置

应选择的段落	段落格式化要求
标题"自荐书"	居中对齐
正文第一段（"尊敬的"）～第十二段（××××年××月××日）	两端对齐、首行缩进 2 个字符、行距固定值 24 磅
第一和十段（"尊敬的领导："和"敬礼"）	利用水平标尺或 BackSpace（退格）键取消首行缩进
第十一段（求职人：×××）、 第十二段（××××年××月××日）	右对齐
第十一段（求职人：×××）	段前间距 20 磅

（6）根据实际情况替换正文中"××…"部分。例如将"×××系"改为自己所在的系名，将"求职人：×××"中的姓名改为自己的真实姓名。

4. 制作个人简介

1）要求与效果

个人简介是求职者给应聘单位的一份简要介绍。包含自己的基本信息：姓名、性别、出生日期、民族、籍贯、政治面貌、学位、联系方式，以及教育背景、主修课程、工作（实践）经历、技能能力、荣誉与成就、求职愿望等，一般采用表格的方式呈现，效果如图 2-263 所示。

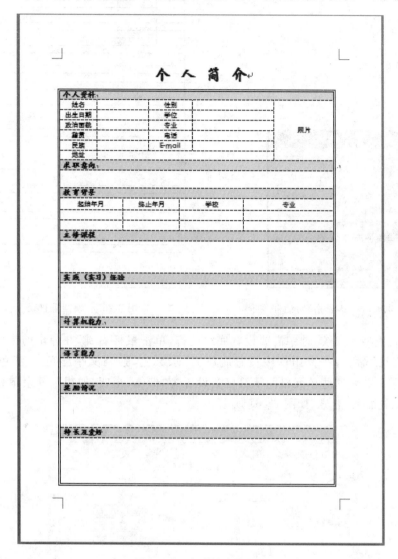

图 2-263　个人简介效果图

2) 操作步骤

(1) 设置标题"个人简介"格式。在页面开始位置输入标题行"个人简介"，采用格式刷复制"自荐书"格式，然后将字符间距改为"标准"。

(2) 按下 Enter 键，产生一个新的段落，并单击"开始"→"样式"→"其他"命令，选择下拉菜单中的"清除格式"选项，以便清除光标的格式。

(3) 插入表格。选择"插入"→"表格"→"插入表格"命令，在"插入表格"对话框中设置"列数为 1，行数为 25"，如图 2-264 所示。

(4) 绘制垂直线，如图 2-265 所示。

(5) 合并单元格，将第 5 列中的第 2～7 行单元格选中，单击鼠标右键，在弹出的快捷菜单中选择"合并单元格"命令合并为一个单元格。

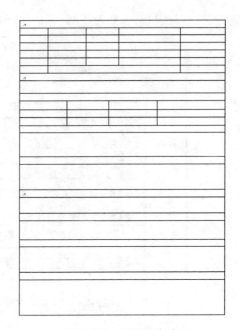

图 2-264 "插入表格"对话框   图 2-265 绘制垂直线

（6）设置表格的底纹，选中需要设置底纹的行，单击鼠标右键，在弹出的快捷菜单中选择"边框和底纹"命令，在弹出框中设置底纹为"水绿色，强调文字颜色5，淡色80％"，如图 2-266 所示。并将这些单元格的字符格式设置为"楷体、小四、加粗"，其余单元格字符格式设置为"华文细黑，五号"如图 2-267 所示。

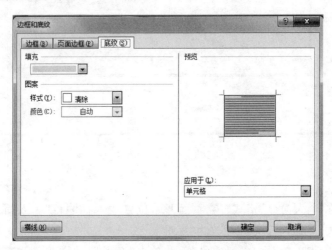

图 2-266 "边框和底纹"对话框

（7）调整单元格的宽度或高度，利用"表格属性"对话框调整第2～7行的固定高度，或根据实际内容调整单元格的宽度或高度。

（8）设置单元格的对齐方式，选中第2～7行和第11～13行单元格中的文字，单击鼠标右键，在弹出的右键菜单中选择"单元格对齐方式"命令设置"水平居中"，如图 2-268 所示。或者选择"表格工具→布局→对齐方式"中的"水平居中"，如图 2-269 所示。

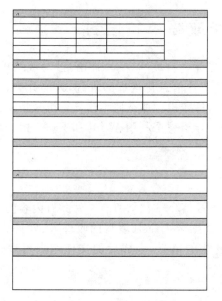

图 2-267　表格底纹效果图　　　　　图 2-268　"单元格对齐方式"设置方法 1

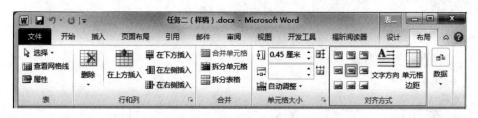

图 2-269　"单元格对齐方式"设置方法 2

（9）设置表格的边框,将表格的内框线设置为"虚线 ",外边框设置为"双细线

",如图 2-270 所示。至此,对"求职简历"的排版工作全部完成。

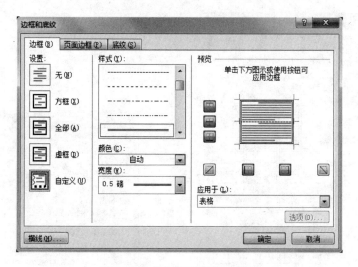

图 2-270　"边框和底纹"对话框

利用 Word 高效创建电子文档

实训三　批量制作成绩单和信封

期末了,班主任又将忙碌于学生学业评价,统计各科成绩,撰写评语,抄写成绩单,这些琐碎的事情,给班主任增添了几多的劳累。随着教育信息化进程的推进,大部分中、小学校已配备了计算机,大部分教师家庭也都有计算机、打印机。那么何不让计算机来帮我们完成以上那些琐碎但又繁重的工作呢? 在这里为大家介绍一个利用 Word 和 Excel 相结合的方法,轻松快速实现学生学业评价的做法。

操作步骤

1. 总体分析

邮件合并: 在 Office 中,先建立两个文档: 一个 Word 包括所有文件共有内容的主文档(比如未填写的信封等)和一个包括变化信息的数据源 Excel(填写的收件人、发件人、邮编等),然后使用邮件合并功能在主文档中插入变化的信息,合成后的文件用户可以保存为Word 文档,可以打印出来,也可以以邮件形式发出去。

2. 解决方案

(1) 创建 Word 主文档,插入表格,并设置表格格式。

(2) 使用邮件合并功能生成批量成绩单。

(3) 使用信封制作向导批量制作信封。

(4) 使用邮件合并分步向导批量制作信封。

3. 邮件合并实现步骤

1) 建立主文档

(1) 插入表格

新建 Word 文档并命名为"期末成绩报告单",输入首行标题"期末成绩报告单",设置字体为宋体,三号,居中对齐;选择"插入"→"表格"命令执行下拉菜单中的"插入表格"命令,如图 2-271 所示。在弹出的"插入表格"对话框中设定行、列数,单击"确定"按钮,如图 2-272所示。

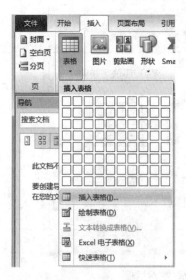

图 2-271　插入表格　　　　　　　　　图 2-272　设置行列数

（2）设置边框

选中表格，单击鼠标右键，选择"边框和底纹"命令，在弹出的对话框中选择线型设置边框，"设置"选中"自定义"，"样式"选中"双线型"，设置表格外边框为双线型，内边框不变，如图 2-273 所示。

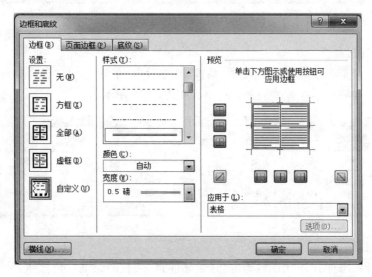

图 2-273　设置表格边框

（3）输入内容并设置格式

输入表格中每份成绩单都相同的文字内容，并设定好文字为"宋体、四号"；选中表格，单击鼠标右键，"单元格对齐方式"选择"水平居中"和"垂直居中"选项，如图 2-274 所示。

期末成绩报告单

学号	
姓名	
专业	
排名	
总分	
高等数学	
大学物理	
大学英语	
大学计算机基础	
工程制图	

图 2-274　制作完成的成绩单效果图

2）建立"成绩报告单"数据源

从素材文件夹复制"学生成绩单.xlsx"，如图 2-275 所示。

3）邮件合并

准备好主文档"期末成绩报告单.docx"和数据源"学生成绩单.xlsx"之后，就可以进行邮件合并了。

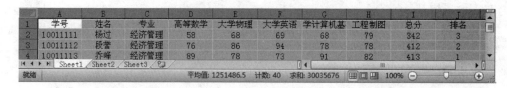

图 2-275 "学生成绩单"工作表

（1）选择数据源

在"期末成绩报告单"Word 文档中，切换到"邮件"功能区，此时"编写和插入域"组中的按钮呈现灰色，需要激活才能进行邮件合并，如图 2-276 所示。

图 2-276 邮件功能区

首先在"开始邮件合并"组中，单击"开始邮件合并"右侧的下三角按钮，从下拉菜单中选择"信函"命令，如图 2-277 所示。

再在"开始邮件合并"组中，单击"选择收件人"右侧的下三角按钮，从下拉菜单中选择"使用现有列表"命令，如图 2-278 所示。

图 2-277 "信函"命令

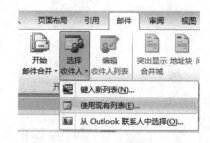

图 2-278 "使用现有列表"命令

在弹出的"选择数据源"对话框中，选择数据源文件，也就是前面我们复制的"学生成绩单"Excel 工作簿，如图 2-279 所示。单击"打开"按钮，弹出"选择表格"对话框，从中选择表"学生成绩单"工作簿中的"学生成绩单"工作表，如图 2-280 所示。

（2）设置邮件合并

现在设置邮件合并将光标定位于"期末成绩报告单"的 Word 文档中表格"学号"单元格右侧的空白单元处，选择"插入合并域"命令，如图 2-281 所示。

然后单击图中的学号插入学号项，依次插入其他项，完成后如图 2-282 所示。

图 2-279　选择数据库

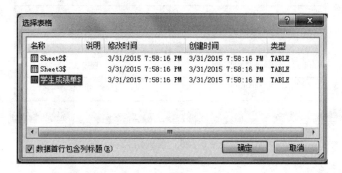

图 2-280　选择工作表

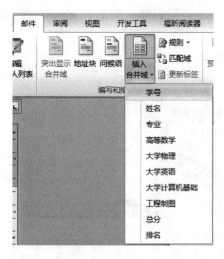

图 2-281　插入合并域

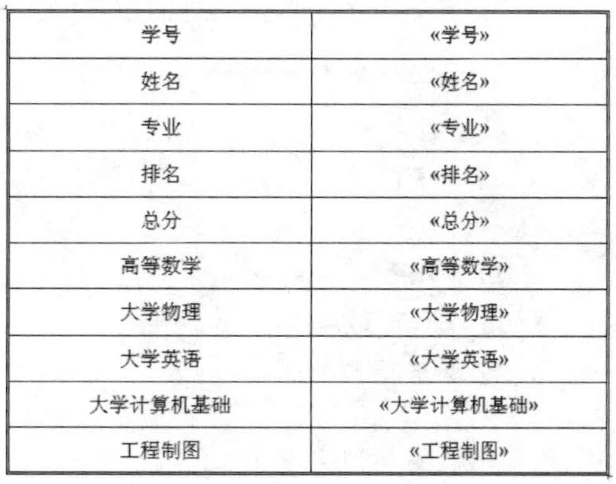

学号	《学号》
姓名	《姓名》
专业	《专业》
排名	《排名》
总分	《总分》
高等数学	《高等数学》
大学物理	《大学物理》
大学英语	《大学英语》
大学计算机基础	《大学计算机基础》
工程制图	《工程制图》

图 2-282　插入合并域后的效果图

利用 Word 高效创建电子文档

（3）预览邮件合并结果

设置好邮件合并后，我们可以在邮件区的预览结果组中，单击"预览结果"按钮进行预览，如图 2-283 所示。

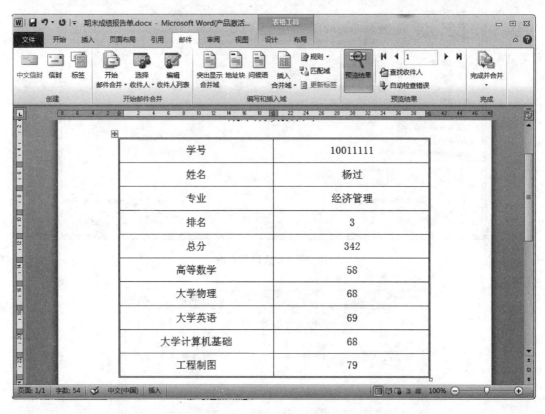

图 2-283　预览结果

（4）完成邮件合并

如果对预览合并后的效果满意，就可以完成邮件合并的操作了。

在"完成"组中，单击"完成并合并"按钮，在下拉菜单中，选择"编辑单个文档"命令，如图 2-284 所示。

在弹出的"合并到新文档"对话框中，设置合并的范围，如图 2-285 所示。

图 2-284　选择"编辑单个文档"

图 2-285　"合并到新文档"对话框

4. 批量制作信封

学生成绩通知单打印完成后，需要打印每个寄给学生家长的信封，以便完成寄送工作。这项工作可以使用邮件合并中专门的信封制作向导或者邮件合并分步向导两种方法来完成。

在新建的"信封.docx"Word文档中，切换到"邮件"功能区，在"创建"组中，单击"中文信封"按钮，弹出"信封制作向导"对话框。单击"下一步"按钮，打开如图2-286所示的对话框。根据实际情况选择信封样式及选项，如图2-287所示。

图2-286 "信封制作向导"对话框

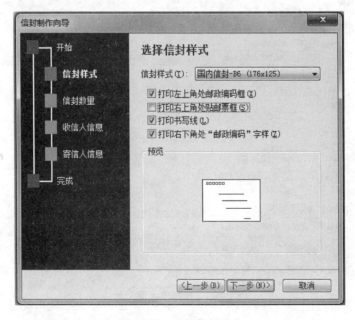

图2-287 选择信封样式

利用 Word 高效创建电子文档

接着单击"下一步"按钮，在弹出的对话框中，选择"基于地址簿文件，生成批量信封"，如图 2-288 所示。在弹出的"打开"对话框中的右下角选择文件类型为"Excel"，然后选择所需的"学生成绩单寄送信封"工作簿，如图 2-289 所示。

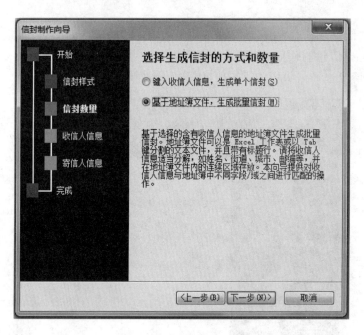

图 2-288　选择"基于地址簿文件，生成批量信封"

图 2-289　选择地址簿文件

单击"打开"按钮,返回到"信封制作向导"对话框。在"匹配收件人信息"列表中进行相应的配置,如图 2-290 所示。单击"下一步"按钮,在弹出的对话框中,输入寄件人的信息,如图 2-291 所示。

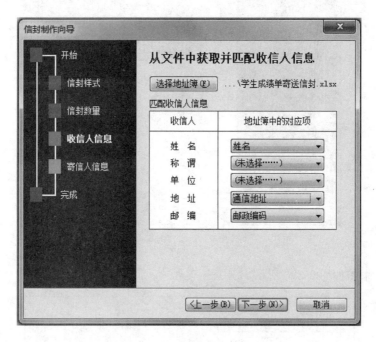

图 2-290 "匹配收件人信息"列表

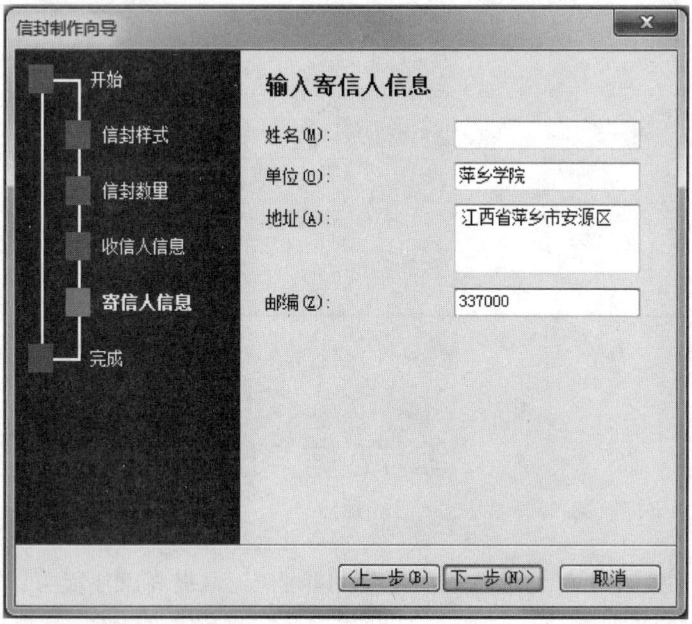

图 2-291 输入寄件人的信息

继续单击"下一步"按钮,弹出如图 2-292 所示的对话框。

项目
二

利用 Word 高效创建电子文档

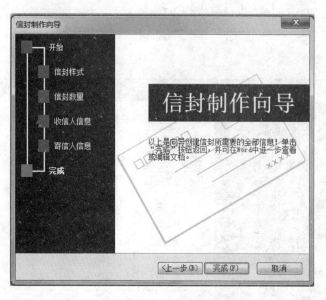

图 2-292　完成对话框

信封的效果图如图 2-293 所示。

图 2-293　信封效果图

综 合 练 习

练习 1：

某高校为了使学生更好地进行职场定位和职业准备，提高就业能力，该校学工处将于 2013 年 4 月 29 日（星期五）19：30—21：30 在校国际会议中心举办题为"领慧讲堂——大学生人生规划"就业讲座，特别邀请资深媒体人、著名艺术评论家赵蕈先生担任演讲嘉宾。

请根据上述活动的描述，利用 Microsoft Word 制作一份宣传海报（宣传海报的参考样式请参考"Word——海报参考样式.docx"文件），要求如下：

（1）调整文档版面，要求页面高度为 35 厘米，页面宽度为 27 厘米，页边距（上、下）为 5 厘米，页边距（左、右）为 3 厘米，并将考生文件夹下的图片"Word——海报背景图片.jpg"设置为海报背景。

（2）根据"Word——海报参考样式.docx"文件，调整海报内容文字的字号、字体和颜色。

（3）根据页面布局需要，调整海报内容中"报告题目""报告人""报告日期""报告时间""报告地点"信息的段落间距。

（4）在"报告人："位置后面输入报告人姓名（赵蓴）。

（5）在"主办：校学工处"位置后另起一页，并设置第 2 页的页面纸张大小为 A4 篇幅，纸张方向设置为"横向"，页边距为"普通"页边距定义。

（6）在新页面的"日程安排"段落下面，复制本次活动的日程安排表（请参考"Word——活动日程安排.xlsx"文件），要求表格内容引用 Excel 文件中的内容，如若 Excel 文件中的内容发生变化，Word 文档中的日程安排信息随之发生变化。

（7）在新页面的"报名流程"段落下面，利用 SmartArt，制作本次活动的报名流程（学工处报名、确认座席、领取资料、领取门票）。

（8）设置"报告人介绍"段落下面的文字排版布局为参考示例文件中所示的样式。

（9）更换报告人照片为考生文件夹下的 Pic 2.jpg 照片，将该照片调整到适当位置，并不要遮挡文档中的文字内容。

（10）保存本次活动的宣传海报设计为 WORD.docx。

练习 2：

某高校学生会计划举办一场"大学生网络创业交流会"的活动，拟邀请部分专家和老师给在校学生进行演讲。因此，校学生会外联部需制作一批邀请函，并分别递送给相关的专家和老师。请按如下要求，完成邀请函的制作：

（1）调整文档版面，要求页面高度为 18 厘米、宽度为 30 厘米，页边距（上、下）为 2 厘米，页边距（左、右）为 3 厘米。

（2）将考生文件夹下的图片"背景图片.jpg"设置为邀请函背景。

（3）根据"Word—邀请函参考样式.docx"文件，调整邀请函中内容文字的字体、字号和颜色。

（4）调整邀请函中内容文字段落对齐方式。

（5）根据页面布局需要，调整邀请函中"大学生网络创业交流会"和"邀请函"两个段落的间距。

（6）在"尊敬的"和"（老师）"文字之间，插入拟邀请的专家和老师姓名，拟邀请的专家和老师姓名在考生文件夹下的"通讯录.xlsx"文件中。每页邀请函中只能包含 1 位专家或老师的姓名，所有的邀请函页面请另外保存在一个名为"Word——邀请函.docx"文件中。

（7）邀请函文档制作完成后，请保存"Word.docx"文件。

练习 3：

书娟是海明公司的前台文秘，她的主要工作是管理各种档案，为总经理起草各种文件。新年将至，公司定于 2013 年 2 月 5 日下午 2:00，在中关村海龙大厦办公大楼五层多功能厅举办一个联谊会，重要客人名录保存在名为"重要客户名录.docx"的 Word 文档中，公司联系电话为 010-66668888。

根据上述内容制作请柬,具体要求如下:

(1) 制作一份请柬,以"董事长:王海龙"的名义发出邀请,请柬中需要包含标题、收件人名称、联谊会时间、联谊会地点和邀请人。

(2) 对请柬进行适当的排版,具体要求:改变字体、加大字号,且标题部分("请柬")与正文部分(以"尊敬的×××"开头)采用不相同的字体和字号;加大行间距和段间距;对必要的段落改变对齐方式,适当设置左右及首行缩进,以美观且符合中国人阅读习惯为准。

(3) 在请柬的左下角位置插入一幅图片(图片自选),调整其大小及位置,不影响文字排列、不遮挡文字内容。

(4) 进行页面设置,加大文档的上边距;为文档添加页眉,要求页眉内容包含本公司的联系电话。

(5) 运用邮件合并功能制作内容相同、收件人不同(收件人为"重要客户名录.docx"中的每个人,采用导入方式)的多份请柬,要求先将合并主文档以"请柬1.docx"为文件名进行保存,再进行效果预览后生成可以单独编辑的单个文档"请柬2.docx"。

练习 4:

某单位的办公室秘书小马接到领导的指示,要求其提供一份最新的中国互联网发展状况统计情况。小马从网上下载了一份未经整理的原稿,按下列要求帮助他对该文档进行排版操作并按指定的文件名进行保存。

(1) 打开考生文件夹下的文档"Word 素材.docx",将其另存为"中国互联网络发展状况统计报告.docx",后续操作均基于此文件。

(2) 按下列要求进行页面设置:纸张大小为 A4,对称页边距,上、下边距各为 2.5 厘米,内侧边距为 2.5 厘米、外侧边距为 2 厘米,装订线为 1 厘米,页眉、页脚均距边界 1.1 厘米。

(3) 文稿中包含 3 个级别的标题,其文字分别用不同的颜色显示。按表 2-17 所示要求对书稿应用样式,并对样式格式进行修改。

表 2-17　文字颜色、样式、格式要求

文字颜色	样式	格　式
红色(章标题)	标题 1	小二号字、华文中宋、不加粗、标准深蓝色、段前 1.5 行、段后 1 行、行距最小值 12 磅、居中、与下段同页
蓝色"用一、、二、、三、、…标识的段落"	标题 2	小三号字、华文中宋、不加粗、标准深蓝色、段前 1 行、段后 0.5 行、行距最小值 12 磅
绿色"用(一)、(二)、(三)、…标识的段落"	标题 3	小四号字、宋体、加粗、标准深蓝色、段前 12 磅、段后 6 磅、行距最小值 12 磅
除上述三个级别标题外的所有正文(不含表格、图表及题注)	正文	仿宋体、首行缩进 2 字符、1.25 倍行距、段后 6 磅、两端对齐

(4) 为书稿中用黄色底纹标出的文字"手机上网比例首超传统 PC"添加脚注,脚注位于页面底部,编号格式为①、②、…,内容为"网民最近半年使用过台式机或笔记本或同时使用台式机和笔记本统称为传统 PC 用户"。

(5) 将考试文件夹下的图片 pic1.png 插入到书稿中用浅绿色底纹标出的文字"调查总体细分图示"上方的空行中,在说明文字"调查总体细分图示"左侧添加格式如"图 1""图 2"

的题注,添加完毕,将样式"题注"的格式修改为楷体、小五号字、居中。在图片上方用浅绿色底纹标出的文字的适当位置引用该题注。

（6）根据表 2-1 内容生成一张如示例文件 chart.png 所示的图表,插入到表格后的空行中,并居中显示。要求图表的标题、纵坐标轴和折线图的格式和位置与示例图相同。

（7）参照示例文件 cover.png,为文档设计封面,并对前言进行适当的排版。封面和前言必须位于同一节中,且无页眉、页脚、页码。封面上的图片可取自考生文件夹下的文件 Logo.jpg,并进行适当的裁剪。

（8）在前言内容和报告摘要之间插入自动目录,要求包含标题第 1～3 级及对应页码,目录的页眉页脚按下列格式设计:页脚居中显示大写罗马数字Ⅰ、Ⅱ格式的页码,起始页码为 1 且自奇数页码开始;页眉居中插入文档标题属性信息。

（9）自报告摘要开始为正文。为正文设计下述格式的页码:自奇数页开始,起始页码为 1,页码格式为阿拉伯数字 1、2、3、…。偶数页页眉内容依次显示:页码、一个全角空格、文档属性中的作者信息,居左显示;奇数页页眉内容依次显示:章标题、一个全角空格、页码,居右显示,并在页眉内容下添加横线。

（10）将文稿中所有的西文空格删除,然后对目录进行更新。

练习 5:

文档"北京政府统计工作年报.docx"是一篇从互联网上获取的文字资料,请打开该文档并按下列要求进行排版及保存操作:

（1）将文档中的西文空格全部删除。

（2）将纸张大小设为 16 开,上边距设为 3.2 厘米、下边距设为 3 厘米,左右页边距均设为 2.5 厘米。

（3）利用素材前三行内容为文档制作一个封面页,令其独占一页(参考样例见文件"封面样例.png")。

（4）将标题"(三)咨询情况"下用蓝色标出的段落部分转换为表格,为表格套用一种表格样式使其更加美观。基于该表格数据,在表格下方插入一个饼图,用于反映各种咨询形式所占比例,要求在饼图中仅显示百分比。

（5）将文档中以"一、""二、"…开头的段落设为"标题 1"样式;以"(一)""(二)"…开头的段落设为"标题 2"样式;以"1、""2、"…开头的段落设为"标题 3"样式。

（6）为正文第 2 段中用红色标出的文字"统计局对应政府网站"添加超链接,链接地址为"http://www.bjstats.gov.cn/"。同时在"统计局对应政府网站"后添加脚注,内容为"http://www.bjstats.gov.cn"。

（7）将除封面页外的所有内容分为两栏显示,但是前述表格及相关图表仍需跨栏居中显示,无须分栏。

（8）在封面页与正文之间插入目录,目录要求包含标题第 1～3 级及对应页号。目录单独占用一页,且无须分栏。

（9）除封面页和目录页外,在正文页上添加页眉,内容为文档标题"北京市政府信息公开工作年度报告"和页码,要求正文页码从第 1 页开始,其中奇数页眉居右显示,页码在标题右侧,偶数页眉居左显示,页码在标题左侧。

（10）将完成排版的文档先以原 Word 格式及文件名"北京政府统计工作年报.docx"进

行保存,再另行生成一份同名的 PDF 文档进行保存。

练习 6:

为了更好地介绍公司的服务与市场战略,市场部助理小王需要协助制作完成公司战略规划文档,并调整文档的外观与格式。

现在,请按照如下需求,在 Word.docx 文档中完成制作工作:

(1) 调整文档纸张大小为 A4 幅面,纸张方向为纵向;并调整上、下页边距为 2.5 厘米,左、右页边距为 3.2 厘米。

(2) 打开考生文件夹下的"Word_样式标准.docx"文件,将其文档样式库中的"标题 1,标题样式一"和"标题 2,标题样式二"复制到 Word.docx 文档样式库中。

(3) 将 Word.docx 文档中的所有红颜色文字段落应用为"标题 1,标题样式一"段落样式。

(4) 将 Word.docx 文档中的所有绿颜色文字段落应用为"标题 2,标题样式二"段落样式。

(5) 将文档中出现的全部"软回车"符号(手动换行符)更改为"硬回车"符号(段落标记)。

(6) 修改文档样式库中的"正文"样式,使得文档中所有正文段落首行缩进 2 个字符。

(7) 为文档添加页眉,并将当前页中样式为"标题 1,标题样式一"的文字自动显示在页眉区域中。

(8) 在文档的第 4 个段落后(标题为"目标"的段落之前)插入一个空段落,并按照下面的数据方式在此空段落中插入一个折线图图表,将图表的标题命名为"公司业务指标"。

	销售额	成本	利润
2010年	4.3	2.4	1.9
2011年	6.3	5.1	1.2
2012年	5.9	3.6	2.3
2013年	7.8	3.2	4.6

练习 7:

打开素材练习并保存文档。

(1) 调整纸张大小为 B5,页边距的左边距为 2cm,右边距为 2cm,装订线为 1cm,对称页边距。

(2) 将文档中第一行"黑客技术"为 1 级标题,文档中黑体字的段落设为 2 级标题,斜体字段落设为 3 级标题。

(3) 将正文部分内容设为四号字,每个段落设为 1.2 倍行距且首行缩进 2 字符。

(4) 将正文第一段落的首字"很"下沉 2 行。

(5) 在文档的开始位置插入只显示 2 级和 3 级标题的目录,并用分节方式令其独占一页。

(6) 文档除目录页外均显示页码,正文开始为第 1 页,奇数页码显示在文档的底部靠右,偶数页码显示在文档的底部靠左。文档偶数页加入页眉,页眉中显示文档标题"黑客技术",奇数页页眉没有内容。

(7) 将文档最后 5 行转换为 2 列 5 行的表格,倒数第 6 行的内容"中英文对照"作为该表格的标题,将表格及标题居中。

(8) 为文档应用一种合适的主题。

练习 8:

北京计算机大学组织专家对《学生成绩管理系统》的需求方案进行评审,为使参会人员对会议流程和内容有一个清晰的了解,需要会议会务组提前制作一份有关评审会的秩序手册。请根据考生文件夹下的文档"需求评审会.docx"和相关素材完成编排任务,具体要求如下:

(1) 将素材文件"需求评审会.docx"另存为"评审会会议秩序册.docx",并保存,以下的操作均基于"评审会会议秩序册.docx"文档进行。

(2) 设置页面的纸张大小为 16 开,页边距上下为 2.8 厘米、左右为 3 厘米,并指定文档每页为 36 行。

(3) 会议秩序册由封面、目录、正文三大块内容组成。其中,正文又分为四个部分,每部分的标题均已经以中文大写数字一、二、三、四进行编排。要求将封面、目录以及正文中包含的四个部分分别独立设置为 Word 文档的一节。页码编排要求为:封面无页码;目录采用罗马数字编排;正文从第一部分内容开始连续编码,起始页码为 1(如采用格式- 1 -),页码设置在页脚右侧位置。

(4) 按照素材中"封面.jpg"所示的样例,将封面上的文字"北京计算机大学《学生成绩管理系统》需求评审会"设置为二号、华文中宋;将文字"会议秩序册"放置在一个文本框中,设置为竖排文字、华文中宋、小一;将其余文字设置为四号、仿宋,并调整到页面合适的位置。

(5) 将正文中的标题"一、报到、会务组"设置为一级标题,单倍行距、悬挂缩进 2 字符、段前段后为自动,并以自动编号格式"一、二、…"替代原来的手动编号。其他三个标题"二、会议须知""三、会议安排""四、专家及会议代表名单"格式,均参照第一个标题设置。

(6) 将第一部分("一、报到、会务组")和第二部分("二、会议须知")中的正文内容设置为宋体五号字,行距为固定值、16 磅,左、右各缩进 2 字符,首行缩进 2 字符,对齐方式设置为左对齐。

(7) 参照素材图片"表 1.jpg"中的样例完成会议安排表的制作,并插入到第三部分相应位置中,格式要求:合并单元格、序号自动排序并居中、表格标题行采用黑体。表格中的内容可从素材文档"秩序册文本素材.docx"中获取。

(8) 参照素材图片"表 2.jpg"中的样例完成专家及会议代表名单的制作,并插入到第四部分相应位置中。格式要求:合并单元格、序号自动排序并居中、适当调整行高(其中样例中彩色填充的行要求大于 1 厘米)、为单元格填充颜色、所有列内容水平居中、表格标题行采用黑体。表格中的内容可从素材文档"秩序册文本素材.docx"中获取。

(9) 根据素材中的要求自动生成文档的目录,插入到目录页中的相应位置,并将目录内容设置为四号字。

练习 9:

公司将于今年举办"创新产品展示说明会",市场部助理小王需要将会议邀请函制作完成,并寄送给相关的客户。现在,请你按照如下需求,在 Word.docx 文档中完成制作工作:

(1) 将文档中"会议议程:"段落后的 7 行文字转换为 3 列、7 行的表格,并根据窗口大小自动调整表格列宽。

（2）为制作完成的表格套用一种表格样式，使表格更加美观。

（3）为了可以在以后的邀请函制作中再利用会议议程内容，将文档中的表格内容保存至"表格"部件库，并将其命名为"会议议程"。

（4）将文档末尾处的日期调整为可以根据邀请函生成日期而自动更新的格式，日期格式显示为"2014 年 1 月 1 日"。

（5）在"尊敬的"文字后面，插入拟邀请的客户姓名和称谓。拟邀请的客户姓名在考生文件夹下的"通讯录.xlsx"文件中，客户称谓则根据客户性别自动显示为"先生"或"女士"，例如"范俊弟（先生）""黄雅玲（女士）"。

（6）每个客户的邀请函占 1 页内容，且每页邀请函中只能包含 1 位客户姓名，所有的邀请函页面另外保存在一个名为"Word-邀请函.docx"的文件中。如果需要，删除"Word-邀请函.docx"文件中的空白页面。

（7）本次会议邀请的客户均来自台资企业，因此，将"Word-邀请函.docx"中的所有文字内容设置为繁体中文格式，以便于客户阅读。

（8）文档制作完成后，分别保存"Word.docx"文件和"Word-邀请函.docx"文件。

（9）关闭 Word 应用程序，并保存所提示的文件。

练习 10：

某出版社的编辑小刘手中有一篇有关财务软件应用的书稿"会计电算化节节高升.docx"，打开该文档，按下列要求帮助小刘对书稿进行排版操作并按原文件名进行保存。

（1）按下列要求进行页面设置：纸张大小为 16 开，对称页边距，上边距 2.5 厘米、下边距 2 厘米，内侧边距 2.5 厘米、外侧边距 2 厘米，装订线 1 厘米，页脚距边界 1.0 厘米。

（2）书稿中包含三个级别的标题，分别用"（一级标题）""（二级标题）""（三级标题）"字样标出。按下列要求对书稿应用样式、多级列表，以及样式格式进行相应修改。

内　　容	样　式	格　　式	多级列表
所有用"一级标题"标识的段落	标题 1	小二号字、黑体、不加粗、段前 1.5 行、段后 1 行、行距最小值 12 磅、居中	第 1 章、第 2 章、…、第 n 章
所有用"二级标题"标识的段落	标题 2	小三号字、黑体、不加粗、段前 1 行、段后 0.5 行、行距最小值 12 磅	1-1、1-2、2-1、2-2、…、n-1、n-2
所有用"三级标题"标识的段落	标题 3	小四号字、宋体、加粗、段前 12 磅、段后 6 磅、行距最小值 12 磅	1-1-1、1-1-2、…、n-1-1、n-2-1 且与二级标题缩进位置相同
除上述三个级别标题外的所有正文（不含图表及题注）	正文	首行缩进 2 字符、1.25 倍行距、段后 6 磅、两端对齐	

（3）样式应用结束后，将书稿中各级标题文字后面括号中的提示文字及括号"（一级标题）""（二级标题）""（三级标题）"全部删除。

（4）书稿中有若干表格及图片，分别在表格上方和图片下方的说明文字左侧添加形如"表 1-1""表 2-1""图 1-1""图 2-1"的题注，其中连字符"-"前面的数字代表章号、"-"后面的数字代表图表的序号,各章节图和表分别连续编号。添加完毕,将样式"题注"的格式修改为仿宋、小五号字、居中。

(5) 在书稿中用红色标出的文字的适当位置,为前两个表格和前三个图片设置自动引用其题注号。为第 2 张表格"表 1-2 好朋友财务软件版本及功能简表"套用一个合适的表格样式、保证表格第 1 行在跨页时能够自动重复且表格上方的题注与表格总在一页上。

(6) 在书稿的最前面插入目录,要求包含标题第 1～3 级及对应页号。目录、书稿的每一章均为独立的一节,每一节的页码均以奇数页为起始页码。

(7) 目录与书稿的页码分别独立编排,目录页码使用大写罗马数字(Ⅰ、Ⅱ、Ⅲ、…),书稿页码使用阿拉伯数字(1、2、3、…)且各章节间连续编码。除目录首页和每章首页不显示页码外,其余页面要求奇数页页码显示在页脚右侧,偶数页页码显示在页脚左侧。

(8) 将考生文件夹下的图片"Tulips.jpg"设置为本文稿的水印,水印处于书稿页面的中间位置、图片增加"冲蚀"效果。

练习 11:

北京××大学信息工程学院讲师张东明撰写了一篇名为"基于频率域特性的闭合轮廓描述子对比分析"的学术论文,拟投稿于某大学学报,根据该学报相关要求,论文必须遵照该学报论文样式进行排版。请根据考生文件夹下"素材.docx"和相关图片文件等素材完成排版任务,具体要求如下:

(1) 将素材文件"素材.docx"另存为"论文正样.docx",保存于考生文件夹下,并在此文件中完成所有要求,最终排版不超过 5 页,样式可参考考生文件夹下的"论文正样 1.jpg"～"论文正样 5.jpg"。

(2) 论文页面设置为 A4 幅面,上下左右边距分别为 3.5 厘米、2.2 厘米、2.5 厘米和2.5 厘米。论文页面只指定行网格(每页 42 行),页脚距边 1.4 厘米,在页脚居中位置设置页码。

(3) 论文正文以前的内容,段落不设首行缩进,其中论文标题、作者、作者单位的中英文部分均居中显示,其余为两端对齐。文章编号为黑体小五号字;论文标题(红色字体)大纲级别为 1 级、样式为标题 1,中文为黑体,英文为 Times New Roman,字号为三号。作者姓名的字号为小四,中文为仿宋,西文为 Times New Roman。作者单位、摘要、关键字、中图分类号等中英文部分字号为小五,中文为宋体,西文为 Times New Roman,其中摘要、关键字、中图分类号等中英文内容的第一个词(冒号前面的部分)设置为黑体。

(4) 参考"论文正样 1.jpg"示例,将作者姓名后面的数字和作者单位前面的数字(含中文、英文两部分)设置成正确的格式。

(5) 自正文开始到参考文献列表为止,页面布局分为对称的 2 栏。正文(不含图、表、独立成行的公式)为五号字(中文为宋体,西文为 Times New Roman),首行缩进 2 字符,行距为单倍行距;表注和图注为小五号(表注中文为黑体,图注中文为宋体,西文均用 Times New Roman),居中显示,其中正文中的"表 1""表 2"与相关表格有交叉引用关系(注意:"表1""表 2"的"表"字与数字之间没有空格),参考文献列表为小五号字,中文为宋体,西文均用Times New Roman,采用项目编号,编号格式为"[序号]"。

(6) 素材中黄色字体部分为论文的第一层标题,大纲级别为 2 级,样式为标题 2,多级项目编号格式为"1、2、3、…",字体为黑体、黑色、四号,段落行距为最小值 30 磅,无段前段后间距;素材中蓝色字体部分为论文的第二层标题,大纲级别为3级,样式为标题3,对应的多级项目编号格式为"2.1、2.2、…、3.1、3.2、…",字体为黑体、黑色、五号,段落行距为最小值18磅,段前段后间距为3磅,其中参考文献无多级编号。

练习12:

某单位财务处请小张设计《经费联审结算单》模板,以提高日常报账和结算单审核效率。请根据考生文件夹下"Word素材1.docx""Word素材2.xlsx"文件完成制作任务,具体要求如下:

(1) 将素材文件"Word素材1.docx"另存为"结算单模板.docx",保存于考生文件夹下,后续操作均基于此文件。

(2) 将页面设置为A4幅面、横向,页边距均为1厘米。设置页面为2栏,栏间距为2字符,其中左栏内容为《经费联审结算单》表格,右栏内容为《××研究所科研经费报账须知》文字,要求左右两栏内容不跨栏、不跨页。

(3) 设置《经费联审结算单》表格整体居中,所有单元格内容垂直居中对齐。参考考生文件夹下"结算单例.jpg",适当调整表格行高和列宽,其中两个"意见"的行高不低于2.5厘米,其余各行高不低于0.9厘米。设置单元格的边框,细线宽度为0.5磅,粗线宽度为1.5磅。

(4) 设置《经费联审结算单》标题(表格第一行)水平居中,字体为小二、华文中宋,其他单元格中已有文字字体均为小四、仿宋、加粗;除"单位:"为左对齐外,其余含有文字的单元格均为居中对齐。表格第二行的最后一个空白单元格将填写填报日期,字体为四号、楷体,并右对齐;其他空白单元格格式均为四号、楷体、左对齐。

(5)《××研究所科研经费报账须知》以文本框形式实现,其文字的显示方向与《经费联审结算单》相比,逆时针旋转90°。

(6) 设置《××研究所科研经费报账须知》的第一行格式为小三、黑体、加粗,居中;第二行格式为小四、黑体,居中;其余内容为小四、仿宋,两端对齐、首行缩进2字符。

(7) 将"科研经费报账基本流程"中的4个步骤改用"垂直流程"SmartArt图形显示,颜色为"强调文字颜色1",样式为"简单填充"。

(8) 将"Word素材2.xlsx"文件中包含了报账单据信息,需使用"结算单模板.docx"的数据自动批量生成所有结算单。其中,对于结算金额为5000(含)以下的单据,"经办单位意见"栏填写"同意,送财务审核。";否则填写"情况属实,拟同意,请所领导审批。"。另外,因结算金额低于500的单据不再单独审核,需在批量生成结算单据时将这些单据记录自动跳过。生成的批量单据存放在考生文件夹下。以"批量结算单.docx"命名。

练习13:

财务部助理小王需要协助公司管理层制作本财年的年度报告,请按照如下需求完成制作工作:

(1) 打开"Word_素材.docx"文件,将其另存为"Word.docx",之后所有的操作均在"Word.docx"文件中进行。

(2) 查看文档中含有绿色标记的标题,例如"致我们的股东""财务概要"等,将其段落格式赋予到本文档样式库中的"样式1"。

(3) 修改"样式1"样式,设置其字体为黑色、黑体,并为该样式添加0.5磅的黑色、单线条下画线边框,该下画线边框应用于"样式1"所匹配的段落,将"样式1"重新命名为"报告标题1"。

(4) 将文档中所有含有绿色标记的标题文字段落应用"报告标题1"样式。

(5) 在文档的第1页与第2页之间,插入新的空白页,并将文档目录插入到该页中。文档目录要求包含页码,并仅包含"报告标题1"样式所示的标题文字。将自动生成的目录标题"目录"段落应用"目录标题"样式。

(6) 因为财务数据信息较多,因此设置文档第5页"现金流量表"段落区域内的表格标题行可以自动出现在表格所在页面的表头位置。

(7) 在"产品销售一览表"段落区域的表格下方插入一个产品销售分析图,图表样式请参考"分析图样例.jpg"文件所示,并将图表调整到与文档页面宽度相匹配。

(8) 修改文档页眉,要求文档第1页不包含页眉,文档目录页不包含页码,从文档第3页开始在页眉的左侧区域包含页码,在页眉的右侧区域自动填写该页中"报告标题1"样式所示的标题文字。

(9) 为文档添加水印,水印文字为"机密",并设置为斜式版式。

(10) 根据文档内容的变化,更新文档目录的内容与页码。

练习14:

张静是一名大学本科三年级学生,经多方面了解分析,她希望在下个暑期去一家公司实习。为获得难得的实习机会,她打算利用Word精心制作一份简洁而醒目的个人简历,示例样式如"简历参考样式.jpg"所示,要求如下:

(1) 调整文档版面,要求纸张大小为A4,页边距(上、下)为2.5厘米,页边距(左、右)为3.2厘米。

(2) 根据页面布局需要,在适当的位置插入标准色为橙色与白色的两个矩形,其中橙色矩形占满A4幅面,文字环绕方式设为"浮于文字上方",作为简历的背景。

(3) 参照示例文件,插入标准色为橙色的圆角矩形,并添加文字"实习经验",插入一个短画线的虚线圆角矩形框。

(4) 参照示例文件,插入文本框和文字,并调整文字的字体、字号、位置和颜色。其中"张静"应为标准色橙色的艺术字,"寻求能够……"文本效果应为跟随路径的"上弯弧"。

(5) 根据页面布局需要,插入考生文件夹下图片"1.png",依据样例进行裁剪和调整,并删除图片的剪裁区域;然后根据需要插入图片2.jpg、3.jpg、4.jpg,并调整图片位置。

(6) 参照示例文件,在适当的位置使用形状中的标准色橙色箭头(提示:其中横向箭头使用线条类型箭头),插入SmartArt图形,并进行适当编辑。

(7) 参照示例文件,在"促销活动分析"等4处使用项目符号"对钩",在"曾任班长"等4处插入符号"五角星"、颜色为标准色红色。调整各部分的位置、大小、形状和颜色,以展现统一、良好的视觉效果。

练习15:

2012级企业管理专业的林楚楠同学选修了"供应链管理"课程,并撰写了题目为"供应链中的库存管理研究"的课程论文。论文的排版和参考文献还需进一步修改,根据以下要求,帮助林楚楠对论文进行完善。

(1) 在考生文件夹下,将文档"Word素材.docx"另存为"Word.docx"(".docx"为扩展名),此后所有操作均基于该文档,否则不得分。

(2) 为论文创建封面,将论文题目、作者姓名和作者专业放置在文本框中,并居中对齐;文本框中的环绕方式为四周型,在页面中的对齐方式为左右居中。在页面的下侧插入图片"图片1.jpg",环绕方式为四周型,并应用一种映像效果。整体效果可参考示例文件"封面效果.docx"。

(3) 对文档内容进行分节,使得"封面""目录""图表目录""摘要""1.引言""2.库存管理的原理和方法""3.传统库存管理存在的问题""4.供应链管理环境下的常用库存管理方法""5.结论""参考书目"和"专业词汇索引"各部分的内容都位于独立的节中,且每节都从新的一页开始。

(4) 修改文档中样式为"正文文字"的文本,使其首行缩进2字符,段前段后的间距为0.5行;修改"标题1"样式,将其自动编号的样式修改为"第1章,第2章,第3章,…";修改标题2.1.2下方的编号列表,使用自动编号,样式为"1)、2)、3)、…";复制考生文件夹下"项目符号列表.docx"文档中的"项目符号列表"样式到论文中,并应用于标题2.2.1下方的项目符号列表。

(5) 将文档中的所有脚注转换为尾注,并使其位于每节的末尾;在"目录"节中插入"流行"格式的目录,替换"请在此插入目录!"文字;目录中需包含各级标题和"摘要""参考书目"以及"专业词汇搜索"在目录中需和标题1同级别。

(6) 使用题注功能,修改图片下方的标题编号,以便其编号可以自动排序和更新,在"图表目录"节中插入格式为"正式"的图表目录;使用交叉引用功能,修改图表上方正文中对于图表标题编号的引用(已经用黄色底纹标记),以便这些引用能够在图表标题的编号发生变化时可以自动更新。

(7) 将文档中所有的文本"ABC分类法"都标记为索引项;删除文档中文本"供应链"的索引项标记;更新索引。

(8) 在文档的页脚正中插入页码,要求封面无页码,目录和图表目录部分使用"Ⅰ、Ⅱ、Ⅲ、…"格式。正文以及参考书目和专业词汇索引部分使用"1、2、3、…"格式。

(9) 删除文档中的所以空行。

习　　题

(1) 某Word文档中有一个5行×4列的表格,如果要将另外一个文本文件中的5行文字复制到该表格中,并且使其正好成为该表格一列的内容,最优的操作方法是(　　)。

　　A) 在文本文件中选中这5行文字,复制到剪贴板;然后回到Word文档中,将光标置于指定列的第一个单元格,将剪贴板内容粘贴过来

　　B) 将文本文件中的5行文字,一行一行地复制、粘贴到Word文档表格对应列的5个单元格中

　　C) 在文本文件中选中这5行文字,复制到剪贴板,然后回到Word文档中,选中对应列的5个单元格,将剪贴板内容粘贴过来

　　D) 在文本文件中选中这5行文字,复制到剪贴板,然后回到Word文档中,选中该表格,将剪贴板内容粘贴过来

（2）张经理在对 Word 文档格式的工作报告修改的过程中，希望在原始文档显示其修改的内容和状态，最优的操作方法是（　　）。

  A）利用"审阅"选项卡的批注功能，为文档中每一处需要修改的地方添加批注，将自己的意见写到批注框里

  B）利用"插入"选项卡的文本功能，为文档中的每一处需要修改的地方添加文档部件，将自己的意见写到文档部件中

  C）利用"审阅"选项卡的修订功能，选择带"显示标记"的文档修订查看方式后单击"修订"按钮，然后在文档中直接修改内容

  D）利用"插入"选项卡的修订标记功能，为文档中每一处需要修改的地方插入修订符号，然后在文档中直接修改内容

（3）小华利用 Word 编辑一份书稿，出版社要求目录和正文的页码分别采用不同的格式，且均从第 1 页开始，最优的操作方法是（　　）。

  A）将目录和正文分别存在两个文档中，分别设置页码

  B）在目录与正文之间插入分节符，在不同的节中设置不同的页码

  C）在目录与正文之间插入分页符，在分页符前后设置不同的页码

  D）在 Word 中不设置页码，将其转换为 PDF 格式时再增加页码

（4）小明的毕业论文分别请两位老师进行了审阅。每位老师分别通过 Word 的修订功能对该论文进行了修改。现在，小明需要将两份经过修订的文档合并为一份，最优的操作方法是（　　）。

  A）小明可以在一份修订较多的文档中，将另一份修订较少的文档修改内容手动对照补充进去

  B）请一位老师在另一位老师修订后的文档中再进行一次修订

  C）利用 Word 比较功能，将两位老师的修订合并到一个文档中

  D）将修订较少的那部分舍弃，只保留修订较多的那份论文作为终稿

（5）在 Word 文档中有一个占用 3 页篇幅的表格，如需将这个表格的标题行都出现在各页面首行，最优的操作方法是（　　）。

  A）将表格的标题行复制到另外 2 页中

  B）利用"重复标题行"功能

  C）打开"表格属性"对话框，在列属性中进行设置

  D）打开"表格属性"对话框，在行属性中进行设置

（6）在 Word 文档中包含了文档目录，将文档目录转变为纯文本格式的最优操作方法是（　　）。

  A）文档目录本身就是纯文本格式，不需要再进行进一步操作

  B）使用 Ctrl＋Shift＋F9 组合键

  C）在文档目录上单击鼠标右键，然后执行"转换"命令

  D）复制文档目录，然后通过选择性粘贴功能以纯文本方式显示

（7）小张完成了毕业论文，现需要在正文前添加论文目录以便检索和阅读，最优的操作方法是（　　）。

  A）利用 Word 提供的"手动目录"功能创建目录

项目二

利用 Word 高效创建电子文档

B) 直接输入作为目录的标题文字和相对应的页码创建目录

C) 将文档的各级标题设置为内置标题样式,然后基于内置标题样式自动插入目录

D) 不使用内置标题样式,而是直接基于自定义样式创建目录

(8) 小王计划邀请 30 家客户参加答谢会,并为客户发送邀请函。快速制作 30 份邀请函的最优操作方法是( )。

A) 发动同事帮忙制作邀请函,每个人写几份

B) 利用 Word 的邮件合并功能自动生成

C) 先制作好一份邀请函,然后复印 30 份,在每份上添加客户名称

D) 先在 Word 中制作一份邀请函,通过复制、粘贴功能生成 30 份,然后分别添加客户名称

(9) 以下不属于 Word 文档视图的是( )。

A) 阅读版式视图   B) 放映视图

C) Web 版式视图   D) 大纲视图

(10) 在 Word 文档中,不可直接操作的是( )。

A) 录制屏幕操作视频   B) 插入 Excel 图表

C) 插入 SmartArt   D) 屏幕截图

(11) 下列文件扩展名,不属于 Word 模板文件的是( )。

A) .DOCX   B) .DOTM

C) .DOTX   D) .DOT

(12) 小张的毕业论文设置为两栏页面布局,现需在分栏之上插入一个横跨两栏内容的论文标题,最优的操作方法是( )。

A) 在两栏内容之前空出几行,打印出来后手动写上标题

B) 在两栏内容之上插入一个分节符,然后设置论文标题位置

C) 在两栏内容之上插入一个文本框,输入标题,并设置文本框的环绕方式

D) 在两栏内容之上插入一个艺术字标题

(13) 在 Word 功能区中,拥有的选项卡分别是( )。

A) 开始、插入、页面布局、引用、邮件、审阅等

B) 开始、插入、编辑、页面布局、引用、邮件等

C) 开始、插入、编辑、页面布局、选项、邮件等

D) 开始、插入、编辑、页面布局、选项、帮助等

(14) 在 Word 中,邮件合并功能支持的数据源不包括( )。

A) Word 数据源   B) Excel 工作表

C) PowerPoint 演示文稿   D) HTML 文件

(15) 在 Word 文档中,选择从某一段落开始位置到文档末尾的全部内容,最优的操作方法是( )。

A) 将指针移动到该段落的开始位置,按 Ctrl+A 组合键

B) 将指针移动到该段落的开始位置,按住 Shift 键,单击文档的结束位置

C) 将指针移动到该段落的开始位置,按 Ctrl+Shift+End 组合键

D) 将指针移动到该段落的开始位置,按 Alt+Ctrl+Shift+PageDown 组合键

（16）Word 文档的结构层次为"章-节-小节"，如章"1"为一级标题、节"1.1"为二级标题、小节"1.1.1"为三级标题，采用多级列表的方式已经完成了对第一章中章、节、小节的设置，如需完成剩余几章内容的多级列表设置，最优的操作方法是（　　　）。

    A）复制第一章中的"章、节、小节"段落，分别粘贴到其他章节对应位置，然后替换标题内容

    B）将第一章中的"章、节、小节"格式保存为标题样式，并将其应用到其他章节对应段落

    C）利用格式刷功能，分别复制第一章中的"章、节、小节"格式，并应用到其他章节对应段落

    D）逐个对其他章节对应的"章、节、小节"标题应用"多级列表"格式，并调整段落结构层次

（17）在 Word 文档编辑过程中，如需将特定的计算机应用程序窗口画面作为文档的插图，最优的操作方法是（　　　）。

    A）使所需画面窗口处于活动状态，按 PrintScreen 键，再粘贴到 Word 文档指定位置

    B）使所需画面窗口处于活动状态，按 Alt＋PrintScreen 组合键，再粘贴到 Word 文档指定位置

    C）利用 Word 插入"屏幕截图"功能，直接将所需窗口画面插入到 Word 文档指定位置

    D）在计算机系统中安装截屏工具软件，利用该软件实现屏幕画面的截取

（18）在 Word 文档中，学生"张小民"的名字被多次错误地输入为"张晓明""张晓敏""张晓民""张晓名"，纠正该错误的最优操作方法是（　　　）。

    A）从前往后逐个查找错误的名字，并更正

    B）利用 Word"查找"功能搜索文本"张晓"，并逐一更正

    C）利用 Word"查找和替换"功能搜索文本"张晓＊"，并将其全部替换为"张小民"

    D）利用 Word"查找和替换"功能搜索文本"张晓?"，并将其全部替换为"张小民"

（19）小王利用 Word 撰写专业学术论文时，需要在论文结尾处罗列出所有参考文献或书目，最优的操作方法是（　　　）。

    A）直接在论文结尾处输入所参考文献的相关信息

    B）把所有参考文献信息保存在一个单独表格中，然后复制到论文结尾处

    C）利用 Word 中"管理源"和"插入书目"功能，在论文结尾处插入参考文献或书目列表

    D）利用 Word 中"插入尾注"功能，在论文结尾处插入参考文献或书目列表

（20）小明需要将 Word 文档内容以稿纸格式输出，最优的操作方法是（　　　）。

    A）适当调整文档内容的字号，然后将其直接打印到稿纸上

    B）利用 Word 中"稿纸设置"功能即可

    C）利用 Word 中"表格"功能绘制稿纸，然后将文字内容复制到表格中

    D）利用 Word 中"文档网格"功能即可

（21）下列操作中，不能在 Word 文档中插入图片的操作是（　　　）。

A) 使用"插入对象"功能　　　　　　B) 使用"插入交叉引用"功能

C) 使用复制、粘贴功能　　　　　　D) 使用"插入图片"功能

(22) 在 Word 文档编辑状态下,将光标定位于任一段落位置,设置 1.5 倍行距后,结果将是(　　)。

　　A) 全部文档没有任何改变

　　B) 全部文档按 1.5 倍行距调整段落格式

　　C) 光标所在行按 1.5 倍行距调整格式

　　D) 光标所在段落按 1.5 倍行距调整格式

(23) 小王需要在 Word 文档中将应用了"标题 1"样式的所有段落格式调整为"段前、段后各 12 磅,单倍行距",最优的操作方法是(　　)。

　　A) 将每个段落逐一设置为"段前、段后各 12 磅,单倍行距"

　　B) 将其中一个段落设置为"段前、段后各 12 磅,单倍行距",然后利用格式刷功能将格式复制到其他段落

　　C) 修改"标题 1"样式,将其段落格式设置为"段前、段后各 12 磅,单倍行距"

　　D) 利用查找替换功能,将"样式:标题 1"替换为"行距:单倍行距,段落间距段前:12 磅,段后:12 磅"

(24) 如果希望为一个多页的 Word 文档添加页面图片背景,最优的操作方法是(　　)。

　　A) 在每一页中分别插入图片,并设置图片的环绕方式为衬于文字下方

　　B) 利用水印功能,将图片设置为文档水印

　　C) 利用页面填充效果功能,将图片设置为页面背景

　　D) 执行"插入"选项卡中的"页面背景"命令,将图片设置为页面背景

(25) 在 Word 中,不能作为文本转换为表格的分隔符的是(　　)。

　　A) 段落标记　　　B) 制表符　　　C) @　　　　D) ##

(26) 将 Word 文档中的大写英文字母转换为小写,最优的操作方法是(　　)。

　　A) 执行"开始"选项卡"字体"组中的"更改大小写"命令

　　B) 执行"审阅"选项卡"格式"组中的"更改大小写"命令

　　C) 执行"引用"选项卡"格式"组中的"更改大小写"命令

　　D) 单击鼠标右键,执行右键菜单中的"更改大小写"命令

(27) 小李正在 Word 中编辑一篇包含 12 个章节的书稿,他希望每一章都能自动从新的一页开始,最优的操作方法是(　　)。

　　A) 在每一章最后插入分页符

　　B) 在每一章最后连续按回车键 Enter,直到下一页面开始处

　　C) 将每一章标题的段落格式设为"段前分页"

　　D) 将每一章标题指定为标题样式,并将样式的段落格式修改为"段前分页"

(28) 小李的打印机不支持自动双面打印,但他希望将一篇在 Word 中编辑好的论文连续打印在 A4 纸的正反两面上,最优的操作方法是(　　)。

　　A) 先单面打印一份论文,然后找复印机进行双面复印

　　B) 打印时先指定打印所有奇数页,将纸张翻过来后,再指定打印偶数页

　　C) 打印时先设置"手动双面打印",等 Word 提示打印第二面时将纸张翻过来继

续打印

D) 先在文档中选择所有奇数页并在打印时设置"打印所选内容",将纸张翻过来后,再选择打印偶数页

(29) 张编辑休假前正在审阅一部 Word 书稿,他希望回来上班时能够快速找到上次编辑的位置,在 Word 2010 中最优的操作方法是(   )。

A) 下次打开书稿时,直接通过滚动条找到该位置

B) 记住一个关键词,下次打开书稿时,通过"查找"功能找到该关键词

C) 记住当前页码,下次打开书稿时,通过"查找"功能定位页码

D) 在当前位置插入一个书签,通过"查找"功能定位书签

(30) 在 Word 中编辑一篇文稿时,纵向选择一块文本区域的最快捷操作方法是(   )。

A) 按住 Ctrl 键不放,拖动鼠标分别选择所需的文本

B) 按住 Alt 键不放,拖动鼠标选择所需的文本

C) 按住 Shift 键不放,拖动鼠标选择所需的文本

D) 按住 Ctrl＋Shift＋F8 组合键,然后拖动鼠标选择所需的文本

(31) 在 Word 中编辑一篇文稿时,如需快速选取一个较长段落文字区域,最快捷的操作方法是(   )。

A) 直接用鼠标拖动选择整个段落

B) 在段首单击,按住 Shift 键不放再单击段尾

C) 在段落的左侧空白处双击鼠标

D) 在段首单击,按住 Shift 键不放再按 End 键

(32) 小刘使用 Word 编写与互联网相关的文章时,文中频繁出现"@"符号,他希望能够在输入"(A)"后自动变为"@",最优的操作方法是(   )。

A) 将"(A)"定义为自动更正选项

B) 先全部输入为"(A)",最后再一次性替换为"@"

C) 将"(A)"定义为自动图文集

D) 将"(A)"定义为文档部件

(33) 王老师在 Word 中修改一篇长文档时不慎将光标移动了位置,若希望返回最近编辑过的位置,最快捷的操作方法是(   )。

A) 操作滚动条找到最近编辑过的位置并单击

B) 按 Ctrl＋F5 组合键

C) 按 Shift＋F5 组合键

D) 按 Alt＋F5 组合键

(34) 郝秘书在 Word 中草拟一份会议通知,他希望该通知结尾处的日期能够随系统日期的变化而自动更新,最快捷的操作方法是(   )。

A) 通过插入日期和时间功能,插入特定格式的日期并设置为自动更新

B) 通过插入对象功能,插入一个可以链接到原文件的日期

C) 直接手动输入日期,然后将其格式设置为可以自动更新

D) 通过插入域的方式插入日期和时间

(35) 小马在一篇 Word 文档中创建了一个漂亮的页眉,她希望在其他文档中还可以直

接使用该页眉格式,最优的操作方法是( )。

    A) 下次创建新文档时,直接从该文档中将页眉复制到新文档中

    B) 将该文档保存为模板,下次可以在该模板的基础上创建新文档

    C) 将该页眉保存在页眉文档部件库中,以备下次调用

    D) 将该文档另存为新文档,并在此基础上修改即可

(36) 小江需要在 Word 中插入一个利用 Excel 制作好的表格,并希望 Word 文档中的表格内容随 Excel 源文件的数据变化而自动变化,最快捷的操作方法是( )。

    A) 在 Word 中通过"插入"→"对象"功能插入一个可以链接到原文件的 Excel 表格

    B) 复制 Excel 数据源,然后在 Word 中通过"开始"→"粘贴"→"选择性粘贴"命令进行粘贴链接

    C) 复制 Excel 数据源,然后在 Word 右键快捷菜单中选择带有链接功能的粘贴选项

    D) 在 Word 中通过"插入"→"表格"→"Excel 电子表格"命令链接 Excel 表格

项目三　使用 Excel 处理电子表格

Excel 是一款强大的电子表格处理软件，它是 Microsoft Office 办公系列软件中的"一员大将"。它不仅具有强大的数据处理分析功能，还提供了图表、财务、统计、求解规划方程等工具和函数，可以满足用户各方面的需求。因此被广泛应用于财务、金融、统计、行政和教育领域。本项目通过成绩表的处理与分析、销售情况统计、工资表的制作案例，介绍 Excel 2010 中文版的使用，包括 Excel 的基本操作，公式和函数的使用，图表制作，数据的排序、筛选、数据透视表、数据透视图、分类汇总等内容。Microsoft Excel 2010 与早期版本的 Excel 相比，则可以通过比以往更多的方法分析、管理和共享信息，从而帮助用户做出更好、更明智的决策；可以在移动办公时从几乎所有 Web 浏览器或 Smartphone 访问自己的重要数据；甚至可以将文件上载到网站并与其他人同时在线协作。无论用户是要生成财务报表还是管理个人支出，使用 Excel 2010 都能够更高效、更灵活地实现目标。

在 Excel 中，用户接触最多的就是工作簿、工作表和单元格，工作簿就像是我们日常生活中的账本，而账本中的每一页账表就是工作表，账表中的一格就是单元格，工作表中包含了数以百万计的单元格。

1. 工作簿、工作表和单元格

1）工作簿

一个 Excel 文件就是一个工作簿，Excel 2010 文件的扩展名为". xlsx"。当启动 Excel 时，会自动新建一个工作簿，默认名称为"工作簿 1. xlsx"，一个工作簿可以包含多张工作表，如图 3-1 所示。

2）工作表

一个工作簿可以包含多张工作表，一个新建的工作簿默认包含 3 张工作表，默认名称为"Sheet1""Sheet2""Sheet3"，用户可以根据需要添加或删除工作表。

3）单元格、单元格地址和当前单元格

单元格是 Excel 工作簿的最小组成单位，所有的数据都存储在单元格中。工作表编辑区中每一个长方形的小格就是一个单元格，每一个单元格都可用其所在的行号和列标标识，如 A1 单元格表示位于第 A 列第 1 行的单元格。工作表中以数字标识行，以字母标识列。一张工作表最多可以包含 1 048 576 行，16 384 列，是一张非常庞大的工作表。如果选中的单元格位于 B 列，6 行，则该单元格用"B6"标识，即该单元格的地址为"B6"，该单元格称为当前单元格。

4）单元格区域

Excel 中，如果选定的是一个单元格区域，则用左上角单元格地址和右下角的单元格地址共同表示，如"A6:D10"表示从 A6 到 D10 中共 20 个单元格。

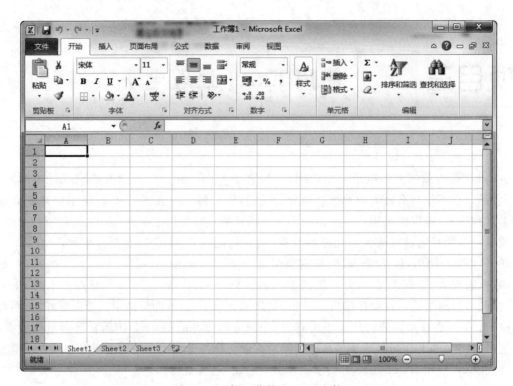

图 3-1　新建"工作簿 1.xlsx"文件

2. Excel 的窗口界面

启动 Excel 2010,在屏幕上即可显示出其工作界面的主窗口,如图 3-2 所示,它主要包括标题栏、选项卡、快速访问工具栏、功能区、对话框启动器、编辑栏、名称框、工作表编辑区、工作表标签、状态栏等。

(1) 标题栏:位于 Excel 窗口最顶部,显示当前打开的文件名。标题栏中还包含 Excel 程序图标、"最小化""最大化""还原"和"关闭"按钮。

(2) "文件"菜单:单击此菜单,可以对文件进行保存、打开、新建、打印、关闭等操作,还可以进行"选项"设置。

(3) 选项卡:Excel 2007 之前的版本中,"文件"菜单也是菜单的形式,在 Excel 2010 之后,就用多个标签页区分了不同选项功能区,如"开始""插入""页面布局""公式""数据""审阅""视图"等。

(4) 快速访问工具栏:该工具栏位于工作界面的左上角,标题栏的左边,包含一组用户使用频率较高的工具,如"保存""撤销"和"恢复"。用户可单击"快速访问工具栏"右侧的倒三角按钮,在展开的列表中选择要在其中显示或隐藏的工具按钮。

(5) 功能区:位于标题栏的下方,是一个由 9 个选项卡组成的区域。Excel 2010 将用于处理数据的所有命令组织在不同的选项卡中。单击不同的选项卡标签,可切换功能区中显示的工具命令。在每一个选项卡中,命令又被分类放置在不同的组中。组的右下角通常都会有一个对话框启动器按钮,用于打开与该组命令相关的对话框,以便用户对要进行的操作做更进一步的设置。

(6) 对话框启动器:在功能区中单击 <span></span> 按钮,还可以开启专属的对话框来做更细致的

图 3-2　Excel 窗口界面

设定。例如我们想要美化单元格,就可以切换到"开始"选项卡,单击"字体"区右下角的 按钮,开启"字体"对话框来设定。

(7) 编辑栏:编辑栏主要用于输入和修改活动单元格中的数据。当在工作表的某个单元格中输入数据时,编辑栏会同步显示输入的内容。

(8) 名称框:显示当前单元格或选定区域的名称。

(9) 工作表编辑区:用于显示或编辑工作表中的数据。

(10) 工作表标签:位于工作簿窗口的左下角,默认名称为 Sheet1、Sheet2、Sheet3、…,单击不同的工作表标签可在工作表间进行切换。

不使用 Excel 2010 时,需要退出该程序。用户可单击程序窗口右上角(即标题栏右侧)的"关闭"按钮退出程序,也可双击窗口左上角的程序图标或按 Alt+F4 组合键退出。

3. Excel 数据类型

在 Excel 的单元格中可以输入多种类型的数据,如文本、数值、日期时间、逻辑类型等。

(1) 字符型数据。在 Excel 中,字符型数据包括汉字、英文字母、空格等,每个单元格最多可容纳 32 000 个字符。默认情况下,字符数据自动沿单元格左边对齐。当输入的字符串超出了当前单元格的宽度时,如果右边相邻单元格里没有数据,那么字符串会往右延伸;如果右边单元格有数据,超出的那部分数据就会隐藏起来,只有把单元格的宽度变大后才能显示出来。

如果要输入的字符串全部由数字组成,如邮政编码、电话号码、存折账号等,为了避免 Excel 把它按数值型数据处理,在输入时要将它们处理为字符型数据。

(2) 数值型数据。在 Excel 中,数值型数据包括 0~9 中的数字以及含有正号、负号、货币符号、百分号等任一种符号的数据。默认情况下,数值自动沿单元格右边对齐。在输入过程中,有以下两种比较特殊的情况要注意。

使用 Excel 处理电子表格

① 负数：在数值前加一个"-"号或把数值放在括号里，都可以输入负数，例如要在单元格中输入"-66"，可以输入"-66"或"(66)"，然后按回车键都可以在单元格中出现"-66"。

② 分数：要在单元格中输入分数形式的数据，应先在编辑框中输入"0"和一个空格，然后再输入分数，否则 Excel 会把分数当作日期处理。例如，要在单元格中输入分数"2/3"，在编辑框中输入"0"和一个空格，然后接着输入"2/3"，按回车键，单元格中就会出现分数"2/3"。

（3）日期时间型数据。在人事管理中，经常需要录入一些日期时间型的数据，这些数据因为可以计算，所以沿单元格右边对齐，在录入过程中要注意以下几点：

① 输入日期时，年、月、日之间要用"/"号或"-"号隔开，如"2017-8-16""2017/8/16"。

② 输入时间时，时、分、秒之间要用冒号隔开，如"10:29:36"。

③ 若要在单元格中同时输入日期和时间，日期和时间之间应该用空格隔开。

（4）逻辑类型：这种类型的数据只有两个值，表示真的 TRUE 和表示假的 FALSE，数据输入后自动居中对齐。

4. 数据录入

Excel 2010 最主要的功能是帮助用户存储和处理数据信息，所有的操作都是在有数据内容的前提下才是有效的。下面介绍数据录入的一些常用技巧，让用户在录入数据的时候可以更加高效。

1）数据录入的几种方法

由于工作表是由一个个的单元格组成的，用户想要在工作表中添加数据，其实就是向单元格中输入数据。对单元格的数据录入有以下两种方法：

（1）选中后直接输入

例如：我们希望在数据表 A1 处输入"你好"，操作方法如下：

步骤1：选中需要输入数据的单元格，例如：A1。

步骤2：当单元格边框变为黑色，说明此单元格已选中，我们直接录入内容即可，如图3-3所示。

（2）在编辑栏输入

有时候我们需要录入的内容过长，可能超出所选单元格的边界。这个时候在单元格内编辑和修改变得不太方便，我们就可以选择在"编辑栏"录入内容。例如我们要在 C3 处录入一段较长的内容，操作步骤如下：

图 3-3　在单元格中输入数据

步骤1：选中需要录入内容的单元格。

步骤2：在"编辑栏"录入数据，如图3-4所示。

图 3-4　在"编辑栏"中输入数据

2）录入以 0 开头的内容

在很多情况下当用户输入以"0"开头内容的时候例如输入"001"，在单元格里将显示为"1"，如果向在单元格中输入以 0 开头的内容可以使用以下两种方法：

（1）将单元格的数据类型设置为文本

在 Excel 中单元格的数据类型默认是"常规"类型的，这是一种不包含任何特定的数字格式，当我们向单元格中输入"001"，系统将它看成是一串数字，然而任何数字前面的"0"都是没有数学意义的，所以系统会将其省略掉。我们只需将单元格的格式改为文本就可了，操作步骤如下：

步骤 1：选中需要更改的单元格或单元格区域右击，在弹出的快捷菜单中选择"设置单元格格式"，如图 3-5 所示。

步骤 2：在弹出的"设置单元格格式"对话框中选择"数字"选项卡，如图 3-6 所示，在下面的"分类"列表框中选择"文本"即可。

图 3-5　快捷菜单

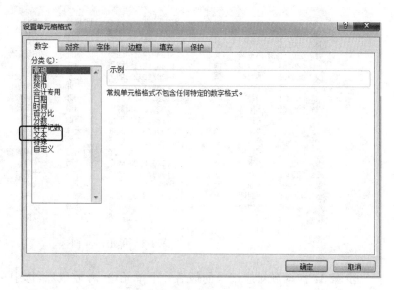

图 3-6　"设置单元格格式"对话框

步骤 3：单击"确定"按钮后，我们会发现"001"已正常显示。

（2）在需要输入的内容前加上"撇号"

还有一种方法就是在我们需要输入的内容前加上"撇号"，用以注释当前所输入的内容按文本格式处理例如："'001"。

第一种方法适用于需要预设格式的单元格区域，比如在"学号"列，第二种方法适用于单个单元格的输入。

3）使用填充录入内容

Excel 中最棒的功能莫过于填充了，使用填充可以使我们在输入或更改内容的时候效率大大提高，节省时间。下面介绍在 Excel 2010 中常用的几种填充方法。

（1）使用填充复制内容

当我们需要在一列或者一行输入相同内容的时候，可以使用填充来快速实现。例如我们希望在"学生信息表"中添加一个新的字段"国籍"，然后给所有的学生都加上"中国"可以参考以下步骤：

步骤 1：首先打开"学生信息表"，在"已修学分"字段后添加一个新的字段名"国籍"，并输入"中国"，如图 3-7 所示。

	A	B	C	D	E	F	G	H	I
1	学号	姓名	性别	出生日期	政治面貌	籍贯	专业	已修学分	国籍
2	080101	李斌	男	1989/10/15	团员	江西	计算机	120	中国
3	080102	张娜拉	女	1989/5/20	群众	河北	文秘	56	
4	080103	陈一颖	女	1989/8/10	团员	湖北	市场策划	80	
5	080104	张成根	男	1988/12/15	团员	浙江	外语	110	
6	080105	罗力敏	男	1988/10/21	团员	山东	硬件设计	98	
7	080109	王浩	男	1989/3/10	1	河北	数学教育	100	

图 3-7　学生信息表

步骤 2：选中我们所输入的"中国"，在黑色边框的右下角有一个黑色的小正方形，被称为"填充柄"，我们按住它向下拖动，如图 3-8 所示。

	A	B	C	D	E	F	G	H	I
1	学号	姓名	性别	出生日期	政治面貌	籍贯	专业	已修学分	国籍
2	080101	李斌	男	1989/10/15	团员	江西	计算机	120	中国
3	080102	张娜拉	女	1989/5/20	群众	河北	文秘	56	
4	080103	陈一颖	女	1989/8/10	团员	湖北	市场策划	80	
5	080104	张成根	男	1988/12/15	团员	浙江	外语	110	
6	080105	罗力敏	男	1988/10/21	团员	山东	硬件设计	98	
7	080109	王浩	男	1989/3/10	1	河北	数学教育	100	
8	080201	孙磊萍	男	1989/6/29	群众	天津	初等教育	66	
9	080202	张鹏英	男	1989/1/18	群众	海南	初等教育	99	
10	080203	刘红玉	女	1989/6/1	群众	广西	外语	110	
11	080301	李军	男	1988/9/25	群众	天津	化学	115	
12	080302	陈旭	女	1989/10/28	团员	广东	机械	79	
13	080303	李红玲	女	1989/3/22	团员	山西	初等教育	86	
14	080304	王睿	男	1989/3/23	群众	江西	体育	55	
15	080305	孙莉娜	女	1989/7/10	团员	江西	计算机	90	
16	080401	周静	女	1988/12/24	团员	河北	软件	120	
17	080402	王启明	男	1989/3/15	群众	海南	软件	110	
18	080403	陈艳艳	女	1988/11/12	团员	新疆	软件	79	
19	080404	李华	男	1988/11/12	团员	新疆	软件	99	

图 3-8　单击填充柄

步骤 3：拖动到对应记录的最后一个单元格，释放鼠标，选中单元格内的所有内容已变为中国，如图 3-9 所示。

	A	B	C	D	E	F	G	H	I
1	学号	姓名	性别	出生日期	政治面貌	籍贯	专业	已修学分	国籍
2	080101	李斌	男	1989/10/15	团员	江西	计算机	120	中国
3	080102	张娜拉	女	1989/5/20	群众	河北	文秘	56	中国
4	080103	陈一颖	女	1989/8/10	团员	湖北	市场策划	80	中国
5	080104	张成根	男	1988/12/15	团员	浙江	外语	110	中国
6	080105	罗力敏	男	1988/10/21	团员	山东	硬件设计	98	中国
7	080109	王浩	男	1989/3/10	1	河北	数学教育	100	中国
8	080201	孙磊萍	男	1989/6/29	群众	天津	初等教育	66	中国
9	080202	张鹏英	男	1989/1/18	群众	海南	初等教育	99	中国
10	080203	刘红玉	女	1989/6/1	群众	广西	外语	110	中国
11	080301	李军	男	1988/9/25	群众	天津	化学	115	中国
12	080302	陈旭	女	1989/10/28	团员	广东	机械	79	中国
13	080303	李红玲	女	1989/3/22	团员	山西	初等教育	86	中国
14	080304	王睿	男	1989/3/23	群众	江西	体育	55	中国
15	080305	孙莉娜	女	1989/7/10	团员	江西	计算机	90	中国
16	080401	周静	女	1988/12/24	团员	河北	软件	120	中国
17	080402	王启明	男	1989/3/15	群众	海南	软件	110	中国
18	080403	陈艳艳	女	1988/11/12	团员	新疆	软件	79	中国
19	080404	李华	男	1988/11/12	团员	新疆	软件	99	中国

图 3-9　填充后的效果

（2）填充序列

填充不仅可以复制内容还可以对有序的序列进行填充，系统会根据前面单元格的内容计算步长值自动对序列进行填充，例如：我们想对学号为001、002的序列进行填充，一直到020。

步骤1：选中前两个元素所在的单元格。

步骤2：按住黑色边框的右下角的填充柄，向下拉动，一直到填充的值为20和39，如图3-10和图3-11所示。

图3-10　以步长值为1填充序列

图3-11　以步长值为2填充序列

（3）填充日期

填充日期可以选择不同的日期单位，例如工作日，填充日期的时候将忽略周末或其他国家法定节假日。

步骤1：在A2单元格中输入日期"2015-5-10"，同时选择需要填充的单元格A2：A10，同时也包括数据所在单元格，如图3-12所示。

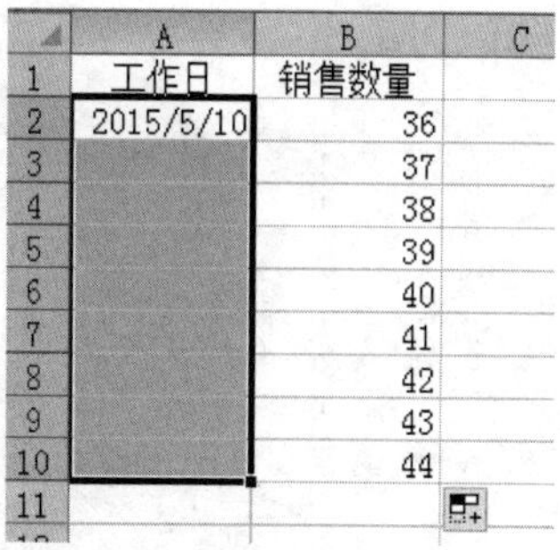

步骤2：在"开始"选项卡下单击"填充"按钮，从下拉列表中选择"系列"选项，如图3-13所示。

步骤3：在弹出的"系列"对话框中选择"日期"类型，日期单位选择"工作日"，步长值设置为1，如图3-14所示。

图3-12　选中要填充的数据区域

步骤4：单击"确定"按钮显示结果，我们可以从显示结果看出，系统忽略了2015-5-16和2015-5-17周六和周日这两天，如图3-15所示。

（4）创建自定义序列填充内容

如果用户所需的序列比较特殊，比如（张三、李四、王五、赵六）可以先加以定义，再像内置序列那样使用。自定义序列的操作步骤如下：

步骤1：单击"文件"→"选项"→"高级"命令，移动垂直滚动条找到"常规"选项卡，可以看到"编辑自定义列表"按钮，如图3-16所示。

使用Excel处理电子表格

图 3-13　选择填充按钮下的系列

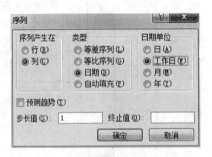

图 3-14　"序列"对话框

图 3-15　填充结果

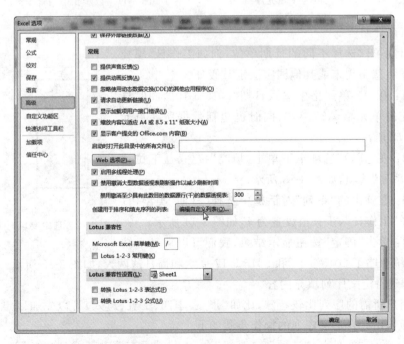

图 3-16　打开"自定义序列"

步骤 2：单击此按钮弹出选择"自定义序列"对话框，在"输入序列"列表框中输入自定义序列的全部内容，每输入一条按一次回车键，完成后单击"添加"按钮，如图 3-17 所示。

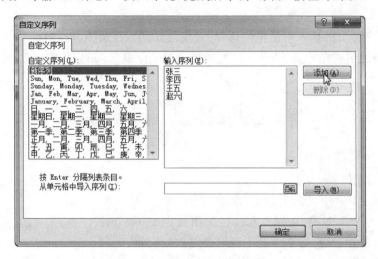

图 3-17　"自定义序列"对话框

步骤 3：整个序列输入完毕后，单击"确定"按钮。

创建好了自定义序列，在 A2 单元格中输入"张三"，用拖放填充柄的方法即可以进行序列填充。

任务一　制作"高二年级成绩表"

 预备知识

1. 工作表的基本操作

1）新建工作表

在新建的工作簿中默认只有三个工作表，当用户存储数据分类过多时三个表往往难以满足用户的需求，这时我们可以在工作簿中新增工作表，新建工作表主要有以下 3 种方法。

方法 1：使用插入按钮快速添加工作表。在工作簿中最后一个工作表标签后有一个新建工作表的按钮，用户只需要单击按钮便可添加一张新的工作表，如图 3-18 所示。

方法 2：使用"开始"选项卡中的插入功能。用户只需在"开始"选项卡中找到插入功能按钮，在弹出的下拉菜单中找到"插入工作表"即可，如图 3-19 所示。

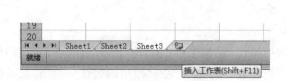

图 3-18　"新建工作表"按钮

图 3-19　插入工作表

使用 Excel 处理电子表格

方法 3：右键快捷菜单插入工作表。

步骤 1：在需要插入工作表的标签上右击弹出快捷菜单，然后选择菜单项中的插入命令。

步骤 2：在弹出的插入对话框内选择"常规"选项卡，在选项卡内选择"工作表"。

插入完成之后在工作表 Sheet2 之前就会新增工作表 Sheet4，如图 3-20 所示。

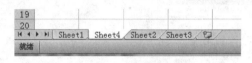

图 3-20　插入 Sheet4

2）重命名工作表

在 Excel 2010 中，工作表的命名方式默认是 Sheet1 到 Sheet255，这样的命名方式在使用过程中不利于数据的分类和管理，通常情况下我们会对数据表重新定义一个有具体意义的名字。重命名表的步骤如下：

步骤 1：对我们需要重命名的表右击弹出快捷菜单，例如我们想把"Sheet1"改为学生信息表，右击后在快捷菜单内选择"重命名"命令，如图 3-21 所示。

步骤 2：此时工作表的标签处于可编辑状态，如图 3-22 所示。

图 3-21　"工作表"快捷菜单

步骤 3：在工作表标签内输入我们需要重命名的内容"学生信息表"，然后按回车键确认，如图 3-23 所示。

图 3-22　编辑工作表名

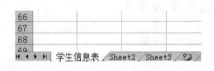

图 3-23　重命名工作表

3）更改工作表标签颜色

为了能够更好地区分工作表的类型和用途，我们可以给工作表标签添加颜色。这样用户就可以从标签颜色上区分不同的工作表了。

步骤 1：右击需要更改颜色的工作表标签，在弹出的快捷菜单中选择"工作表标签颜色"命令。

步骤 2：将鼠标悬停在命令上不动就会弹出调色板，选择需要的颜色即可更改，如图 3-24 所示。

4）移动或复制工作表

对工作表的移动和复制也是常用的操作，假如想对"学生信息表"进行备份，我们就需要进行复制操作。如果工作簿中有很多工作表，我们想把经常使用的放在最前面，就需要进行移动操作。工作表的移动和复制通常分为两种情况：一种是在同一个工作簿中进行移动和复制，二是在不同的工作簿中进行移动和复制。

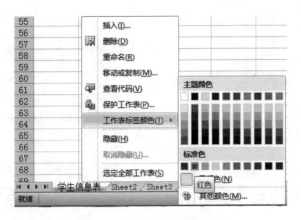

图 3-24　选择工作表标签颜色

（1）在同一工作簿中移动工作表

在同一个工作簿中移动工作表的操作非常简单，例如我们想将"学生信息表"移动到"学生成绩表"后面，只需要进行如下操作。

步骤 1：用鼠标左键按住需要移动的表标签，然后拖动鼠标，此时在目的位置会出现一个下三角形的图标。

步骤 2：到达指定的位置后松开鼠标即可，如图 3-25 所示。

图 3-25　移动工作表

（2）在同一工作簿中复制工作表

在同一工作簿中复制工作表的方法有多种，在这里我们介绍最常用的一种方法，例如我们想对"学生信息表"进行备份，可以通过以下操作进行实现。

步骤 1：用鼠标左键按住需要复制的表标签的同时按住 Ctrl 键，然后拖动鼠标，此时在目的位置会出现一个下三角形的图标。

步骤 2：当到达指定的位置后松开鼠标完成粘贴操作。

（3）在不同的工作簿中进行移动和复制操作

例如，现在我们有"工作簿 1"和"工作簿 2"两个工作簿，要将工作簿 1 中的"学生信息表"移动到"工作簿 2"的"Sheet2"工作表之前，可以进行如下操作。

步骤 1：同时打开我们需要操作的"工作簿 1"和"工作簿 2"，右击工作簿 1 中的"学生信息表"标签，在弹出的快捷菜单内选择"移动和复制"命令，如图 3-26 所示。

步骤 2：在弹出的对话框中单击上方的"将选定工作表移至"下拉菜单，选择"工作簿 2"（注意：如果没有同时打开"工作簿 2"，是不会出现"工作簿 2"的）。

步骤 3：在下方的"下列选定工作表之前"列表框中选择需要移动到"工作簿 2"的位置，这里选择"Sheet2"，如图 3-27 所示。

步骤 4：单击"确定"按钮后打开"工作簿 2"可以看到"学生信息表"已经移到 Sheet2 之前，如图 3-28 所示。

注意：如果在弹出的"移动或复制"对话框中用户选择了"建立副本"，那么"学生信息表"在移动到"工作簿 2"的同时也会保留在"工作簿 1"中，这样就可以完成复制操作了。

使用 Excel 处理电子表格

图 3-26　工作表操作菜单

图 3-27　移动或复制工作表

图 3-28　移动工作表

5）隐藏工作表

我们经常会在工作表中存储一些很重要的数据，如果这些数据信息不想被其他人浏览，可以将数据所在的工作表隐藏起来，在自己需要使用的时候再将其显示即可。

步骤 1：右击需要隐藏的工作表，在弹出的快捷菜单中选择"隐藏"选项，如图 3-29 所示。

步骤 2：此时被我们隐藏的"学生信息表"就不会显示在工作表标签中了。

步骤 3：如果需要显示被隐藏的工作表只需执行取消隐藏操作即可，在任意标签右击，在弹出的快捷菜单中选择"取消隐藏"。

步骤 4：在弹出的"取消隐藏"快捷菜单中，选择需要重新显示的工作表，如图 3-30 所示，单击"确定"按钮。

图 3-29　工作表操作菜单

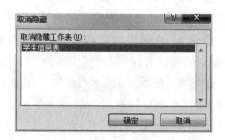

图 3-30　"取消隐藏"对话框

2. 工作表的美化

1）设置单元格格式

（1）设置数字格式

利用"单元格格式"对话框中"数字"标签下的选项卡，可以改变数字（包括日期）在单元格中的显示形式，但是不改变在编辑区的显示形式。

数字格式的分类主要有：常规、数值、分数、日期和时间、货币、会计专用、百分比、科学记数、文本和自定义等。其中数值项可以设置数值的小数位数；货币项和会计专用项可以设置货币的小数位数，同时还可以设置不同国家的货币表现符号；日期时间项可以设置日期时间的表现形式和设置国家区域；百分比项可以设置以百分数的形式显示数值，以及保留几位小数。

（2）设置对齐和字体方式

利用"单元格格式"对话框中"对齐"标签下的选项卡，可以设置单元格中内容的水平对齐、垂直对齐和文本方向，还可以完成相邻单元格的合并，合并后只有选定区域左上角的内容会放到合并后的单元格中。

如果要取消合并单元格，则选定已合并的单元格，清除"对齐"标签选项卡下的"合并单元格"复选框即可。利用"单元格格式"对话框中"字体"标签下的选项卡，可以设置单元格内容的字体、颜色、下画线和特殊效果等。

（3）设置单元格边框

利用"设置单元格格式"对话框中"边框"标签下的选项卡，可以利用"预置"选项组为单元格或单元格区域设置"外边框"和"边框"；利用"边框"样式为单元格设置上边框、下边框、左边框、右边框和斜线等；还可以设置边框的线条样式和颜色。

如果要取消已设置的边框，选择"预置"选项组中的"无"即可。

（4）设置单元格颜色

利用"单元格格式"对话框中"填充"标签下的选项卡，可以设置突出显示某些单元格或单元格区域，为这些单元格设置背景色和图案。

选择"开始"选项卡的"对齐方式"命令组、"数字"命令组内的命令可快速完成某些单元格的格式化工作。

2）设置列宽和行高

（1）设置列宽

① 使用鼠标粗略设置列宽

将鼠标指针指向要改变列宽的列标之间的分隔线上，鼠标指针变成水平双向箭头形状，按住鼠标左键并拖动鼠标，直至将列宽调整到合适宽度，放开鼠标即可。

② 使用"列宽"命令精确设置列宽

选定需要调整列宽的区域，选择"开始"选项卡内的"单元格"命令组的"格式"命令，选择"列宽"对话框可精确设置列宽。

（2）设置行高

① 使用鼠标粗略设置行高

将鼠标指针指向要改变行高的行号之间的分隔线上，鼠标指针变成垂直双向箭头形状，按住鼠标左键并拖动鼠标，直至将行高调整到合适高度，放开鼠标即可。

② 使用"行高"命令精确设置行高

选定需要调整行高的区域,选择"开始"选项卡内的"单元格"命令组的"格式"命令,选择"行高"对话框可精确设置行高。

3)设置条件格式

条件格式可以对含有数值或其他内容的单元格或者含有公式的单元格应用某种条件来决定数值的显示格式。

条件格式的设置是利用"开始"选项卡内的"样式"命令组完成的。

4)使用样式

样式是单元格字体、字号、对齐、边框和图案等一个或多个设置特性的组合,将这样的组合加以命名和保存供用户使用。应用样式即应用样式名的所有格式设置。

样式包括内置样式和自定义样式。内置样式为 Excel 内部定义的样式,用户可以直接使用,包括常规、货币和百分数等;自定义样式是用户根据需要自定义的组合设置,需定义样式名。

样式设置是利用"开始"选项卡内的"样式"命令组完成的。

5)自动套用格式

自动套用格式是把 Excel 提供的显示格式自动套用到用户指定的单元格区域,可以使表格更加美观,易于浏览,主要有"简单""古典""会计序列"和"三维效果"等格式。

自动套用格式是利用"开始"选项卡内的"样式"命令组完成的。

6)使用模板

模板是含有特定格式的工作簿,其工作表结构也已经设置。用户可以使用样本模板创建工作簿,具体操作是:单击"文件"选项卡内的"新建"命令,在弹出的"新建"窗口中,单击"样本模板",选择提供的模板建立工作簿文件。

3. 认识公式和函数

1)认识公式

Excel 中的公式是一种对工作表中的数值进行计算的等式,它可以帮助用户快速地完成各种复杂的运算。公式以"="开始,其后是公式的表达式,如"= A1 + A2"。

利用公式可以对工作表中的数据进行加减乘除等运算,公式中包含的元素有运算符、函数、常量、单元格引用、单元格区域引用,如图 3-31 所示。

常量:直接输入到公式中的数字或者文本,是不用计算的值。

图 3-31 公式和单元格引用

单元格引用:引用某一单元格或单元格区域中的数据,可以是当前工作表的单元格、同一工作簿中其他工作表中的单元格、其他工作簿中工作表中的单元格。

函数:包括函数及它们的参数。

运算符:是连接公式中的基本元素并完成特定计算的符号,例如"+""/"等。不同的运算符完成不同的运算。

Excel 2010 公式中,运算符有算术运算符、比较运算符、文本连接运算符和引用运算符

4 种类型。

（1）算术运算符（表 3-1）

表 3-1　算术运算符

算术运算符	含义	示例
＋	加号	2＋1
－	减号	2－1
＊	乘号	3＊5
/	除号	4/2
％	百分号	30％
＾	乘幂号	4^2

（2）比较运算符（表 3-2）

该类运算符能够比较两个或者多个数字、文本串、单元格内容、函数结果的大小关系，比较的结果为逻辑值 True 或者 False。

表 3-2　比较运算符

比较运算符	含义	示例
＝	等于	A2＝B1
＞	大于	A2＞B1
＜	小于	A2＜B1
＞＝	大于等于	A2＞＝B1
＜＝	小于等于	A2＜＝B1
＜＞	不等于	A2＜＞B1

（3）文本连接运算符

文本连接运算符用"＆"表示，用于将两个文本连接起来合并成一个文本。例如，公式"江西"＆"萍乡"的结果就是"江西萍乡"。

例如：A1 单元格内容为"Excel 2010"，B2 单元格内容为"教程"，如要使 C1 单元格内容为"Excel 2010 教程"公式应该写成"＝A1＆B2"。

（4）引用运算符（表 3-3）

引用运算符可以把两个单元格或者区域结合起来生成一个联合引用。

表 3-3　引用运算符

引用运算符	含义	示例
：（冒号）	区域运算符，生成对两个引用之间所有单元格的引用	A5：A8
，（逗号）	联合运算符，将多个引用合并为一个引用	SUM(A5：A10，B5：B10)（引用 A5：A10 和 B5：B10 两个单元区域）
（空格）	交集运算符，产生对两个引用共有的单元格的引用	SUM(A1：F1 B1：B3)（引用 A1：F1 和 B1：B3 两个单元格区域相交的 B1 单元格）

2) 公式的使用方法

公式在 Excel 中的作用就是为用户完成某种特定的算术运算或逻辑判断。

（1）输入公式

在 Excel 2010 中使用公式必须遵循特定的语法结构，即在公式的最开始位置必须是以"="开头的，后面跟的是参与公式的运算符和元素，元素可以是之前介绍的"常量"或单元格的引用。例如要求完成"某公园植树情况统计表"可以参考以下步骤。

步骤 1：选择需要输入公式的单元格，在我们的工作表中"总计"的显示位置应该是 E3：E5，我们先以 E3 为例，如图 3-32 所示。

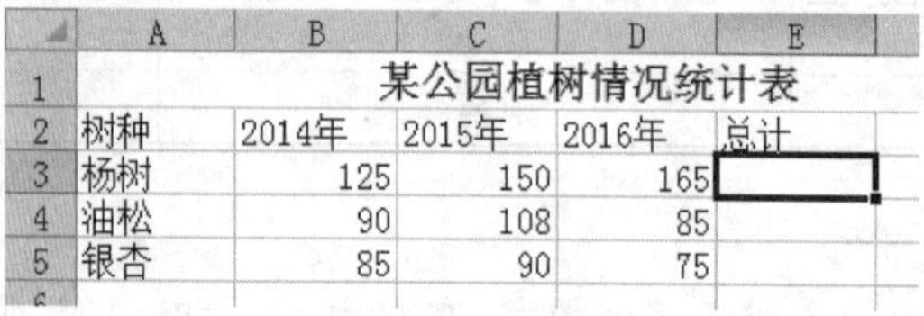

图 3-32　某公园植树情况统计表

步骤 2：在 E3 单元格内先输入"="。

步骤 3：将需要参与运算的单元格进行引用，我们可以直接单击需要引用的单元格，也可以在 E3 中直接输入，如图 3-33 所示。使用运算符"+"将需要引用的单元格连接起来，我们可以从不同颜色的边框看到本次公式引用了多少个单元格。

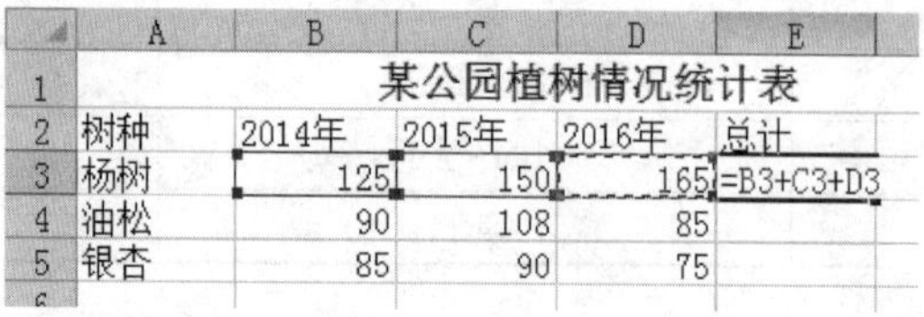

图 3-33　输入公式

步骤 4：按 Enter 键查看运算结果，如图 3-34 所示。

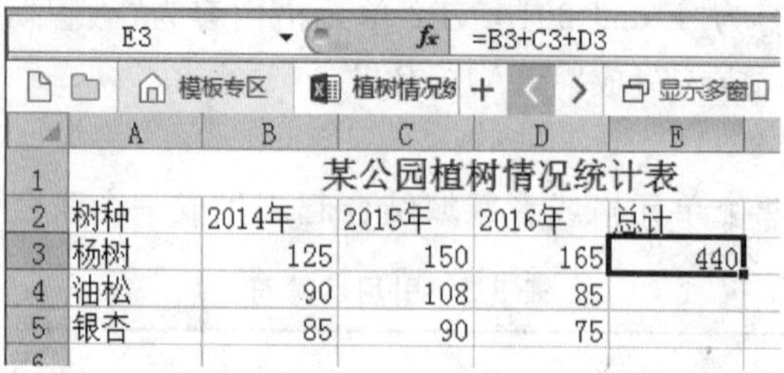

图 3-34　输入公式显示结果

注意：E3 单元格中显示计算结果，但编辑栏中仍显示公式。

（2）复制公式

从上面的实例可以看出后面几个树种的计算方法和杨树是一样的，那么我们需要像前面那样在每个单元格中重新写入公式吗？答案当然是否定的，我们只需要复制 E3 单元格的公式，将其应用在后面单元格中即可，最简单的公式复制方法就是填充柄的拖放或双击。

（3）常见错误解析

在利用 Excel 完成任务的过程中，公式被使用得非常多，正如前面所介绍的，公式能够解决各种各样的问题。但是，这并不意味着公式的运用总会一帆风顺，如果我们运用函数和公式的时候稍微不仔细，公式就可能返回一些奇怪的错误代码，这可不是我们希望得到的结果。看到这些奇怪的错误代码，有的朋友可能会手忙脚乱，甚至感到烦躁。其实，任何错误均有它内在的原因，我们可以通过表 3-4 知道每种错误提示的原因以及处理方法。

表 3-4　常见错误及原因和处理方法

错　　误	常 见 原 因	处 理 方 法
♯DIN/0!	在公式中有除数为零，或者有除数为空白的单元格（Excel 把空白单元格也当作 0）	把除数改为非零的数值，或者用 IF 函数进行控制
♯N/A	在公式使用查找功能的函数（VLOOKUP、HLOOKUP、LOOKUP 等）时，找不到匹配的值	检查被查找的值，使之的确存在于查找的数据表中的第一列
♯NAME?	在公式中使用了 Excel 无法识别的文本，例如函数的名称拼写错误，使用了没有被定义的区域或单元格名称，引用文本时没有加引号等	根据具体的公式，逐步分析出现该错误的可能，并加以改正
♯NUM!	当公式需要数字型参数时，我们却给了它一个非数字型的参数；给了公式一个无效的参数；公式返回的值太大或者太小	根据公式的具体情况，逐一分析可能的原因并修正
♯VALUE	文本类型的数据参与了数值运算，函数参数的数值类型不正确； 函数的参数本应该是单一值，却提供了一个区域作为参数； 输入一个数组公式时，忘记按 Ctrl＋Shift＋Enter 组合键	更正相关的数据类型或参数类型； 提供正确的参数； 输入数组公式时，记得使用 Ctrl＋Shift＋Enter 组合键确定
♯REF!	公式中使用了无效的单元格引用。通常如下这些操作会导致公式引用无效的单元格：删除了被公式引用的单元格；把公式复制到含有引用自身的单元格中	避免导致引用无效的操作，如果已经出现错误，先撤销，然后用正确的方法操作
♯NULL!	使用了不正确的区域运算符或引用的单元格区域的交集为空	改正区域运算符使之正确；更改引用使之相交
＃＃＃＃	列宽不够或日期和时间为负数	加宽列宽或设置为非日期或时间格式来显示该值

3）单元格的引用

在使用公式进行计算时，我们除了直接使用常量外还会用到引用单元格，所谓的引用就是在本公式中所使用到的数据元素是来源于其他单元格的，在 Excel 中引用分为相对引用、绝对引用和混合引用。

（1）相对引用

在上面的例子中不少同学可能会纠结于一个问题，那就是计算杨树总计的公式为 ＝B4＋C4＋D4，如果把它复制到其他树种中去计算的话得到的结果应该也是前面的结果才对，为什么会是其他树种的总计呢？

那是因为在复制公式并粘贴的时候 Excel 2010 默认使用的是相对引用，所谓相对引用就是当前单元格与公式所在单元格的相对位置。如图 3-35 所示，我们可以看到，对公式进行相对引用的时候，公式其实已经发生了变化。

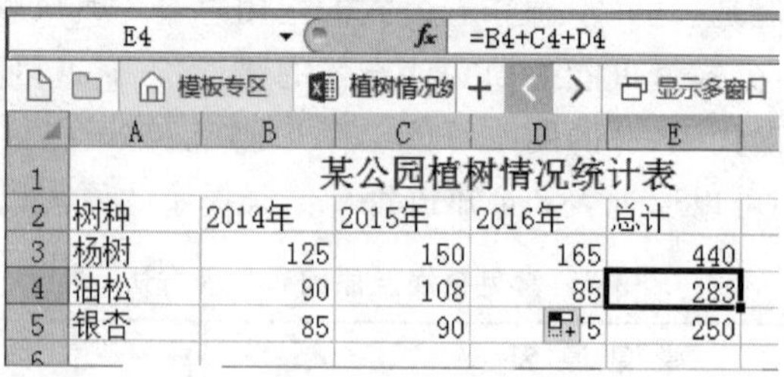

	A	B	C	D	E
1	某公园植树情况统计表				
2	树种	2014年	2015年	2016年	总计
3	杨树	125	150	165	440
4	油松	90	108	85	283
5	银杏	85	90	75	250

图 3-35　复制公式的结果

产生这种变化的原因在于，杨树的总计是它左边的三个数进行相加。当我们将公式向下填充，到了油松的单元格，由于是相对引用，油松的总计也是它左边的三个数相加自然也就是正确的了。大家可以思考一下如果将 E3 的公式向右填充，公式会是怎样的呢？

(2) 绝对引用

绝对引用是指公式复制到新的位置后公式中的单元格地址不会随着新的位置而改变，与它包含公式的单元格位置无关，绝对引用是通过“冻结”单元格地址来达到效果的，在 Excel 中想要使用绝对引用就必须在单元格地址的行坐标和列坐标的前面添加“ $ ”符号。通过以下实例我们来初探绝对引用的方法。

我们要计算公园中每个树种所占百分比，公式应该是每个树种的总计除以三个数种的总计。

步骤 1：在 F3 单元格中输入公式，并对树种总计所在单元格进行绝对引用，如图 3-36 所示，按回车键确认。

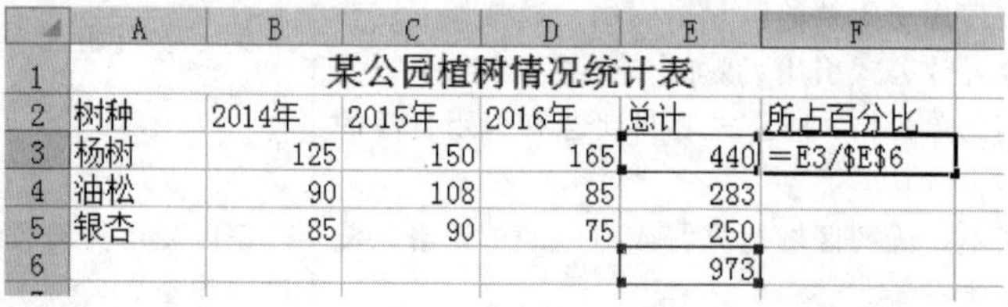

	A	B	C	D	E	F
1	某公园植树情况统计表					
2	树种	2014年	2015年	2016年	总计	所占百分比
3	杨树	125	150	165	440	=E3/$E$6
4	油松	90	108	85	283	
5	银杏	85	90	75	250	
6					973	

图 3-36　公式中使用绝对引用

步骤 2：复制 F3 单元格内容填充 F4 和 F5，如图 3-37 所示，我们可以看到，填充到第二个树种的时候，公式的第一个参数已经发生了变化，但是第二个参数由于是绝对引用还是 E6。

	A	B	C	D	E	F
1	某公园植树情况统计表					
2	树种	2014年	2015年	2016年	总计	所占百分比
3	杨树	125	150	165	440	45%
4	油松	90	108	85	283	29%
5	银杏	85	90	75	250	26%
6					973	

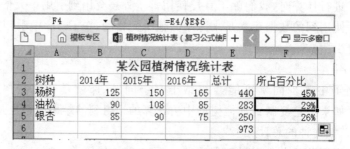

图 3-37　使用绝对引用后复制公式

(3) 混合引用

绝对引用是在单元格的行和列之前都加上“$”符号用来固定住单元格的位置，混合引用则是只固定行或列的其中一个，如果公式所在单元格的位置改变，则相对引用改变，而绝对引用不变。我们用相对引用来完成“九九乘法表”的自动填充。

步骤 1：在工作表第一行填充数字 1～9，第一列填充数字 1～9。

步骤 2：B2 单元格的公式应为＝A2 * B1，但是这样写的话向右和向下填充肯定会是错误的，使用混合引用将 A2 的列固定住，B1 的行固定住，如图 3-38 所示。

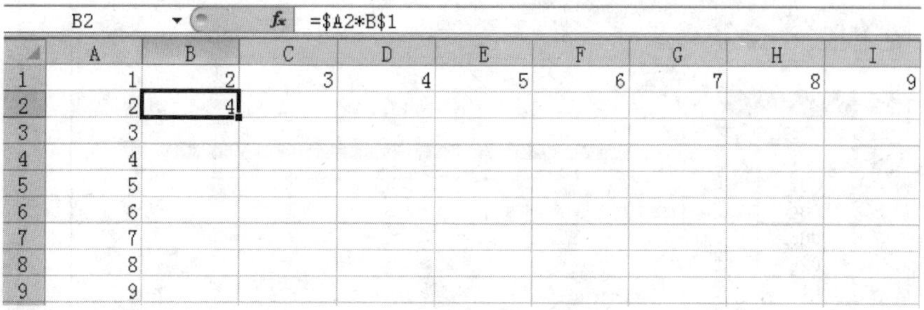
B2 fx =$A2*B$1

	A	B	C	D	E	F	G	H	I
1	1	2	3	4	5	6	7	8	9
2	2	4							
3	3								
4	4								
5	5								
6	6								
7	7								
8	8								
9	9								

图 3-38　制作九九乘法表

步骤 3：利用填充柄拖放向下和向右自动填充数据，完成九九乘法表的制作，如图 3-39 所示，不管公式复制在哪里，被固定住的 A 列和 1 行永远不会发生改变，而没有被固定住的位置，则会随公式位置的变化而改变。

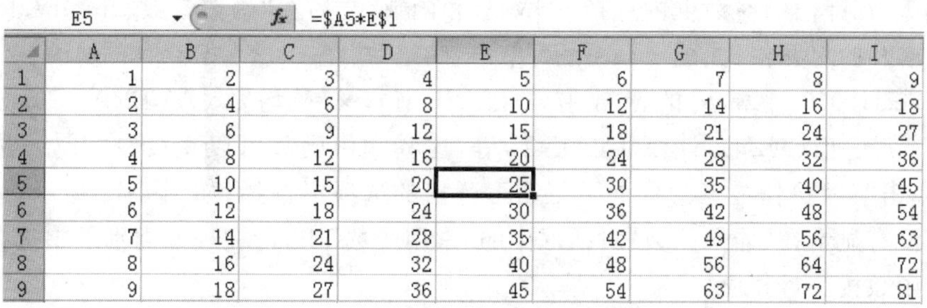
E5 fx =$A5*E$1

	A	B	C	D	E	F	G	H	I
1	1	2	3	4	5	6	7	8	9
2	2	4	6	8	10	12	14	16	18
3	3	6	9	12	15	18	21	24	27
4	4	8	12	16	20	24	28	32	36
5	5	10	15	20	25	30	35	40	45
6	6	12	18	24	30	36	42	48	54
7	7	14	21	28	35	42	49	56	63
8	8	16	24	32	40	48	56	64	72
9	9	18	27	36	45	54	63	72	81

图 3-39　使用相对引用后复制公式

4) 函数的使用

Excel 中所提的函数其实是一些预定义的公式，它们使用一些称为参数的特定数值按特定的顺序或结构进行计算。简单点说，函数是一组功能模块，使用函数能帮助我们实现某个功能。

(1) 函数的使用方法

函数一般包含三个部分：等号(＝)、函数名、参数，例如“＝SUM(A1:A5)”，SUM 是求和函数的函数名，后面(A1:A5)是函数的参数，告诉函数求 A1 到 A5 内所有单元格的和。我们通过学生成绩表来学习如何使用函数帮我们快速地完成数据的计算和统计功能。

打开学生成绩表，在单元格求出第一位同学的总分，之后我们就能使用填充功能完成所有同学的总分计算了。

步骤 1：选中需要插入函数的 F3 单元格，单击“公式”选项卡中的“插入函数”按钮，或单击"编辑栏"中的"fx"按钮弹出"插入函数"对话框，如图 3-40 所示。

图 3-40 "插入函数"对话框

步骤 2：在弹出的对话框内选择 SUM 求和函数，之后在"函数参数"Number1 中选择或输入需要求和的单元格，如图 3-41 所示，单击"确定"按钮。

在 Excel 2010 中常用的函数有求和（SUM），求平均数（AVERAGE），求最大值（MAX），求最小值（MIN），计数（COUNT）等，这些常用函数可以直接在"开始"选项卡"编辑"组中单击"Σ"按钮或旁边的向下三角形弹出的选项中选择，如图 3-42 所示。如果要选择的函数没有显示在"插入函数"对话框中的"常用函数"中，请在选择类别框中选择"全部函数"，所有函数按字母排序。

图 3-41 "函数参数"对话框

图 3-42 常用函数菜单

(2) 函数的嵌套使用

在函数的使用过程中一个函数可以作为其他函数的参数来使用,这种使用方法称为函数的嵌套使用,在 Excel 2010 中公式最多可以包含 7 层函数的嵌套。例如我们要在成绩表中根据总分给每个学生一个总评等级,求总分高于 350 分的同学显示为“优秀”,300～350 分为“中等”,300 分以下为“及格”。

步骤 1:在 G3 单元格中输入公式“=IF(F3>=350,"优秀","")”,函数的意思为如果 F3 单元格的值大于等于 350 则显示优秀,否则为空,350 分以上的显示是正确的,但 350 分以下就不正确了,因为 350 分以下不止一个选择。

步骤 2:所以选中 G3 单元格,在编辑栏中继续编辑公式,在第三个参数的位置进行 IF 函数的嵌套,公式输入为“=IF(F3>=350,"优秀",IF(F3>=300, "中等","及格"))”,编辑栏内容如图 3-43 所示,这个公式就是两个 IF 函数的嵌套。

```
=IF(F3>=350,"优秀",IF(F3>=300, "中等","及格")
```

图 3-43 函数嵌套

步骤 3:向下填充公式,完成所有同学的分数判断,如图 3-44 所示。

	A	B	C	D	E	F	G	H
1	高一(1)班成绩表							
2	考号	姓名	语文	数学	英语	总分	总评等级	
3	006	肖金慧	114	102	123	339	中等	
4	021	肖佳	116	140	125	381	优秀	
5	007	谭洪武	120	144	110	374	优秀	
6	004	李梦婷	80	102	103	285	及格	
7	005	彭晓	123	80	112	315	中等	
8	025	曾游	118	124	121	363	优秀	
9	011	金波	122	124	116	362	优秀	
10	010	罗源	111	136	113	360	优秀	
11	001	张滕	110	124	125	359	优秀	
12	002	肖静博	113	128	116	357	优秀	

图 3-44 成绩表

4. 图表的操作

1) 图表的类型

Excel 2010 中提供了多种图表的样式供用户使用,每一种都有多种的组合和变换。每一种图表都有它最适用的场景,用户可以根据数据和适用要求的不同来选择合适的图表类型,我们具体可以把图表分为表 3-5 所示的 5 大类别。

表 3-5 图表类别

类别	类 型	特 征
第一类	柱形图、折线图、散点图	这类图表主要用来反映数据的变化趋势及对比。其中散点图与柱形、折线图的区别在于其横轴按数值表示,是连续的;而前者的横轴按类别表示,是离散的。条形图、圆柱图、圆锥图、棱锥图都是柱形图的变种
第二类	曲面图	曲面图是一种真三维图表(三维柱形、圆柱、圆锥、棱锥等类型,当数据轴上只有一组数据时,本质上只是二维图),它适合用于分析多组数据的对比与变化趋势

类别	类 型	特 征
第三类	饼图、圆环图、雷达图	这三种图的基本面都是圆形的,主要用来观察数据之间的比例
第四类	面积图	面积图与折线图类似,但它具有堆积面积图和百分比堆积面积图两种变种,因此可以更好地反映某一(组)数据在全部数据(组)中所占的比例
第五类	气泡图、股价图	气泡图可以看作是散点图的扩展,它用气泡大小反映数据点的另一组属性。股价图顾名思义是反映类似股市行情的图表,它在每一个数据点上可以包括:开盘价、收盘价、最高价、最低价、成交量

2)创建图表

(1)创建普通图表

认识了图表的类型之后,接下来就可以创建图表了,图表是数据特征的一种体现,所以要使用图表就必须要有相应的数据对象。例如,我们可以使用柱形图来显示"销售表"中从第一季度到第四季度的销售额对比情况。

步骤 1:打开"某公园植树情况统计表",使用 Ctrl 键分别选择图表中需要使用到的两列数据,树种和所占百分比,如图 3-45 所示。

	A	B	C	D	E	F	G
1			某公园植树情况统计表				
2	树种	2014年	2015年	2016年	总计	所占百分比	
3	杨树	125	150	165	440	45%	
4	油松	90	108	85	283	29%	
5	银杏	85	90	75	250	26%	
6					973		

图 3-45 选择数据

步骤 2:在"插入"选项卡"图表"组中单击"饼图"按钮,在弹出的列表中单击"二维饼图"中的第一个"饼图"。

步骤 3:单击后,图表就会出现在工作表的空白区域,效果如图 3-46 所示。

图 3-46 插入饼图

（2）创建迷你图表

迷你图表是 Excel 2010 的一个新功能，它是显示在单元格中的一个微型图表，可提供数据的直观表示。例如：我们希望在"手机销售表"销量的最后面加上折线图用来表示此款手机销量的走势。

步骤 1：打开我们需要插入迷你图的工作表，选择需要插入迷你图的 F2 单元格。

步骤 2：在"插入"选项卡中的"迷你图"组中选择"折线图"，如图 3-47 所示。

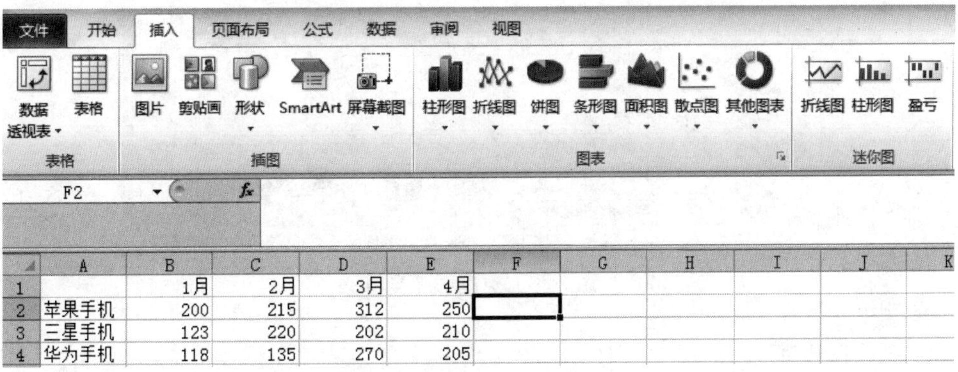

图 3-47　插入迷你图表

步骤 3：在弹出的"创建迷你图"对话框中输入苹果手机的数据范围 B2：E2，单击"确定"按钮。

步骤 4：向下填充，完成所有手机的迷你图创建，如图 3-48 所示。

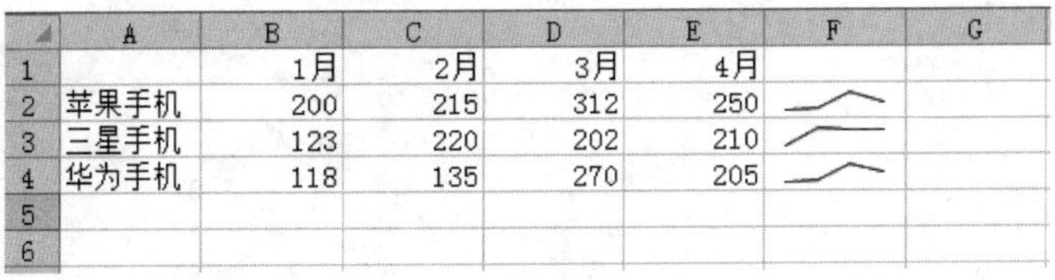

图 3-48　插入迷你图表

3）更改图表

使用上述的方法创建出来的图表往往比较简单，用户还可以对已创建的图表类型进行修改、重设图表数据源、编辑图表显示方式等。

（1）更改图表类型

对于一个已经建立好的图表，如果觉得图表的显示效果不太直观，可以修改图表的类型。下面我们将已创建好的销售额图表用饼形图来显示，饼形图还可以显示每个季度销售额所占的百分比。

步骤 1：首先我们选择已经创建好的柱形图表，打开"设计"选项卡，单击"更改图表类型"按钮。

步骤 2：在弹出的"更改图表类型"对话框中选择"饼图"，如图 3-49 所示。

步骤 3：单击"确定"按钮后可以看到原来的"柱形图"已经更改为"饼图"了，如图 3-50 所示。

项目三

使用 Excel 处理电子表格

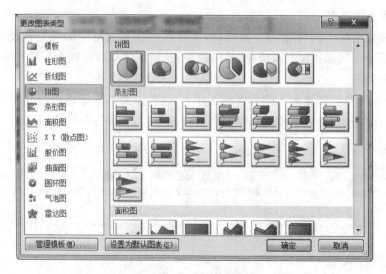

图 3-49　更改图表类型

（2）更改图表布局

创建图表后，用户可以立即更改外观。可以快速地向图表应用预定义布局，Excel 2010 提供了多种快速布局的方法让用户使用。

步骤 1：选定之前我们建好的饼形图。

步骤 2：在"图标工具—设计"选项卡下单击"图标布局"中的"布局 1"将饼形图按照百分比的方法显示，如图 3-51 所示。

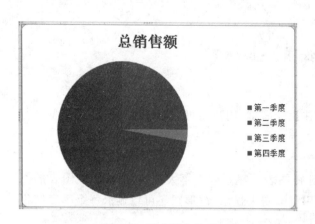

图 3-50　更改图表类型

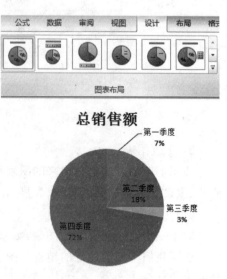

图 3-51　更改图表布局

选定布局后，我们可以看到图表的显示方式已经发生了变化，合理地利用系统提供给我们的布局可以使我们的图表操作更加高效。

（3）移动图表位置

在默认情况下我们所建立的图表显示在当前工作表中，但如果需要将图表移动到别的工作表中可以进行以下操作：

步骤 1：选定需要移动的图表，在"图表工具—设计"选项卡下单击"移动图表"按钮，如图 3-52 所示。

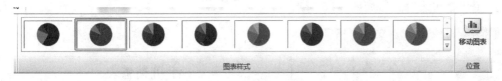

图 3-52 移动图表按钮

步骤 2：在弹出的"移动图表"对话框中，选择"新工作表"，新建表名为"图表"，当然如果需要移动到其他工作表中，只需要在"对象位于"后选择工作簿中已有的工作表即可，如图 3-53 所示。

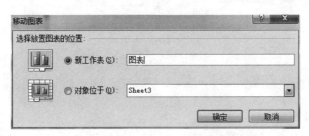

图 3-53 "移动图表"对话框

步骤 3：工作簿中已经新建了一个"图表"工作表，图表移动到了此位置。

4）为图表添加标签

之前我们学习了如何使用系统预设的图表布局，本节中将介绍如何手动设置图表的标题、坐标轴标题、图例和数据标签等内容。

（1）添加图表标题

在很多时候自动创建的图表是没有标题的，如果用户需要在图表上添加标题可以进行以下操作：

步骤 1：选择我们需要操作的"手机销量"图表，该图表以"折线图"的方式显示各品牌手机在 1—4 月份的销量，如图 3-54 所示。

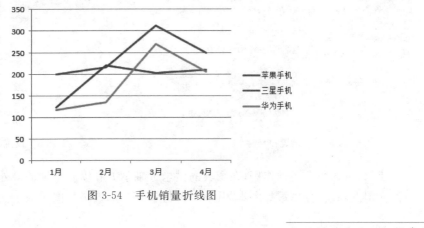

图 3-54 手机销量折线图

步骤 2：在"图标工具—布局"选项卡下单击"图表标题"按钮，在弹出的列表中选择"图标上方"，如图 3-55 所示。

步骤 3：单击按钮之后，在图表的上方就会出现一个可编辑的文本框，在文本框内输入标题"手机销售表"即可，如图 3-56 所示。

图 3-55　设置图表标题菜单

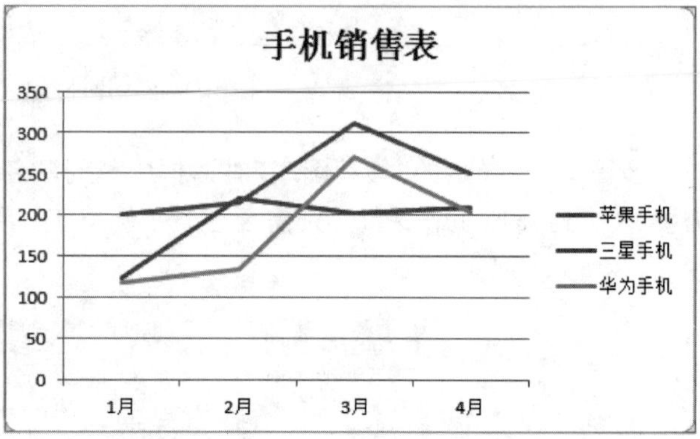

图 3-56　设置图表标题

（2）设置坐标轴标题

默认情况下图表的坐标轴标题也是不显示的，如果用户希望显示坐标轴标题可以使用以下步骤：

步骤 1：在"图标工具—布局"选项卡下单击"坐标轴标题"按钮，在列表中分别选择"主要横坐标轴标题"＞"坐标轴下方标题"。"主要纵坐标轴标题"＞"竖排标题"，如图 3-57 和图 3-58 所示。

图 3-57　设置横坐标轴

图 3-58　设置纵坐标轴

步骤 2：执行上述操作后，在图表的横坐标轴下方和纵坐标轴的最外面会出现两个可编辑的文本框，我们分别添加文本"月份""销售量"即可，效果如图 3-59 所示。

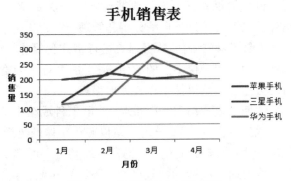

图 3-59 设置图表坐标轴标题

（3）显示数据标签

默认情况下创建的图表中是没有数据标签的,例如我们上面的手机销售折线图,我们只能用纵坐标轴来估计每一个节点大概的数值,而没有一个明确的显示,要显示数据标签的方法如下:

步骤 1：在"图标工具一布局"选项卡下单击"数据标签"按钮,在弹出的列表中选择"居中",如图 3-60 所示。

步骤 2：完成上一步的操作后,在图表中的每一个节点都显示其数据标签,效果如图 3-61 所示。

图 3-60 数据标签布局

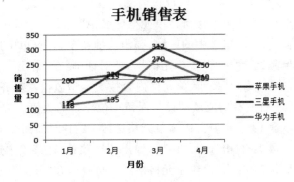

图 3-61 设置数据标签

 案例描述

在学校的教学过程中,对学生成绩的处理是必不可少的。一学期结束了,小刘在教务处

使用 Excel 处理电子表格

负责学生的成绩管理,他将高二年级三个班的成绩录入了"Excel素材1.xlsx"工作簿文档中,下面我们要协助小刘按以下要求进行成绩分析和管理。

(1) 将工作表"第一学期期末成绩"的数据列表进行格式化操作:将第一列"学号"设置为文本,将所有的成绩列设为保留一位小数的数值,适当加大行高列宽,改变字体、字号,设置对齐方式,增加适当的边框和底纹以使工作表更加美观。

(2) 将工作表"第一学期期末成绩"语文、数学、英语三科成绩中低于90分的成绩所在单元格以浅红色填充,其他三科中低于60分的成绩以蓝色字体颜色标出。

(3) 填充工作表"第一学期期末成绩"中的"总分""平均分"和"名次"列内容。

(4) 在工作表"第一学期期末成绩"的"姓名"列后插入一列"对应班级","学号的第3、4位"代表学生所在班级,例如,"160206"代表16级2班6号,请提取每个学生所在的班级,并按如图3-62所示对应关系填写在"班级"列中。

"学号"的第3、4位	对应班级
01	1班
02	2班
03	3班

图3-62 学号、班级对应关系

(5) 新建工作表"期末成绩分析"放置在"第一学期期末成绩"工作表之后,求出每科的最高分、最低分、平均成绩、统计每科优秀人数(语、数、英120分以上,物、化、生80分以上),及格人数(语、数、英90~120分之间,物、化、生60~80分之间),不及格人数(语、数、英90分以下,物、化、生60分以下)。

(6) 选中"第一学期期末成绩"表中的姓名和平均分两列,插入簇状柱形图,将图表放置在新工作表"平均分图表"中的B2:H18区域。

 案例实施

1. 打开素材文件

步骤1:双击"Excel素材1.xlsx"文件图标,打开文件。

步骤2:单击"文件"菜单"另存为"命令,将文件名改为"高二年级成绩表.xlsx"文件,再继续编辑。

2. 美化工作表

(1) 将第一列"学号"设置为文本。

步骤1:选中学号所在单元格区域A2:A22。

步骤2:右击选中的区域,弹出快捷菜单,在菜单中选择"设置单元格格式"命令。

步骤3:弹出"设置单元格格式"对话框,在"数字"选项卡"分类"中选择文本,如图3-63所示,单击"确定"按钮,单元格内容按文本型数据左对齐。

(2) 将所有的成绩列设为保留一位小数的数值。

步骤1:选中所有成绩单元格区域C2:J22,如图3-64所示。

步骤2:右击选中的区域,弹出快捷菜单,在菜单中选择"设置单元格格式"命令。

步骤3:弹出"设置单元格格式"对话框,在"分类"中选择数值,设置小数倍数为1位,如图3-65所示,单击"确定"按钮,所有成绩数据将显示为一位小数。

(3) 适当加大行高列宽,改变字体、字号,设置对齐方式,增加适当的边框和底纹以使工作表更加美观。

步骤1:选中表格数据所有单元格区域A1:K22。

步骤2:打开"开始"选项卡,单击"单元格"组中"格式"按钮旁的下三角形,在弹出的菜

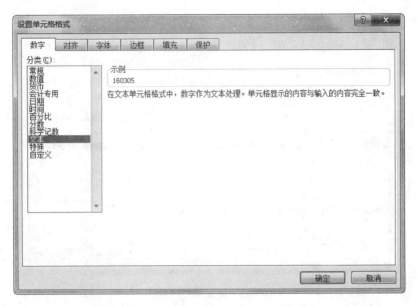

图 3-63　"设置单元格格式"对话框

	A	B	C	D	E	F	G	H	I	J	K	L
1	学号	姓名	语文	数学	英语	物理	化学	生物	总分	平均分	名次	
2	160305	潘志阳	91.5	89	94	61	56	72				
3	160203	蒋文奇	93	129	92	86	73	86				
4	160104	苗超鹏	102	116	113	88	86	78				
5	160301	阮军胜	109	148	121	91	95	95				
6	160306	邢尧磊	101	94	99	67	55	70				
7	160206	王圣斌	100.5	125	104	69	78	88				
8	160302	焦宝亮	98	105	94	60	59	52				
9	160204	翁建民	95.5	92	96	55	51	64				
10	160201	张志权	93.5	107	96	73	80	68				
11	160304	李帅帅	95	97	102	65	72	63				
12	160103	王帅	95	85	99	62	52	78				
13	160105	乔泽宇	98	98	101	63	55	59				
14	160202	钱超群	86	107	89	52	88	48				
15	160205	陈称意	103.5	105	105	93	90	93				
16	160102	盛雅	110	95	98	73	62	69				
17	160303	王佳君	84	100	97	58	49	57				
18	160101	史二映	97.5	106	108	69	79	68				
19	160106	王晓亚	90	111	116	85	63	52				
20	160307	魏利娟	93	102	105	80	78	65				
21	160207	杨慧娟	125	120	110	81	66	53				
22	160107	刘璐璐	103	126	94	72	85	80				

图 3-64　选定成绩区域

单中选择"行高"命令,弹出对话框,设置适当的行高,例如 20。

　　步骤 3:打开"开始"选项卡,单击"单元格"组中"格式"按钮旁的下三角形,在弹出的菜单中选择"自动调整列宽"命令。

使用 Excel 处理电子表格

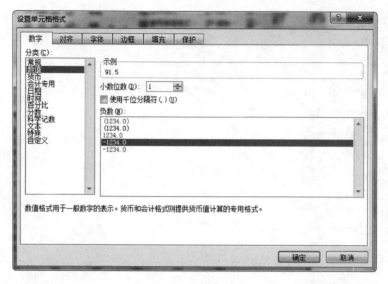

图 3-65　设置单元格格式

步骤 4：打开"开始"选项卡，单击"对齐方式"组中"居中"按钮，使所有单元格数据居中。

步骤 5：打开"开始"选项卡，单击"字体"组中"边框"按钮旁的下三角形，在弹出的菜单中选择"所有框线"命令，如图 3-66 所示。

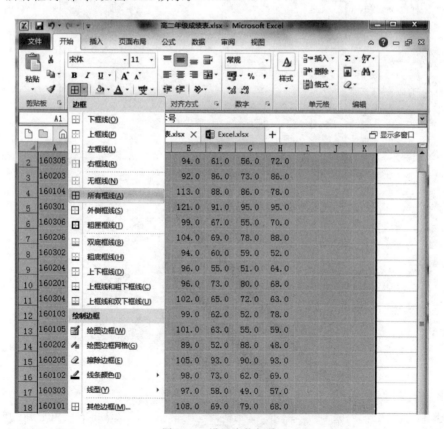

图 3-66　设置表格框线

步骤6：打开"开始"选项卡，单击"字体"组中"填充颜色"按钮旁的下三角形，在弹出的颜色框中选择某一种颜色为背景色，如"茶色"，设置合适的字体，再根据内容调整列宽。设置完成后，"第一学期期末成绩"工作表显示效果如图 3-67 所示。

	A	B	C	D	E	F	G	H	I	J	K
1	学号	姓名	语文	数学	英语	物理	化学	生物	总分	平均分	名次
2	160305	潘志阳	91.5	89.0	94.0	61.0	56.0	72.0			
3	160203	蒋文奇	93.0	129.0	92.0	86.0	73.0	86.0			
4	160104	苗超鹏	102.0	116.0	113.0	88.0	86.0	78.0			
5	160301	阮军胜	109.0	148.0	121.0	91.0	95.0	95.0			
6	160306	邢尧磊	101.0	94.0	99.0	67.0	55.0	70.0			
7	160206	王圣斌	100.5	125.0	104.0	69.0	78.0	88.0			
8	160302	焦宝亮	98.0	105.0	94.0	60.0	59.0	52.0			
9	160204	翁建民	95.5	92.0	96.0	55.0	51.0	64.0			
10	160201	张志权	93.5	107.0	96.0	73.0	80.0	68.0			
11	160304	李帅帅	95.0	97.0	102.0	65.0	72.0	63.0			
12	160103	王帅	95.0	85.0	99.0	62.0	52.0	78.0			
13	160105	乔泽宇	98.0	98.0	101.0	63.0	55.0	59.0			
14	160202	钱超群	86.0	107.0	89.0	52.0	88.0	48.0			
15	160205	陈称意	103.5	105.0	105.0	93.0	90.0	93.0			
16	160102	盛雅	110.0	95.0	98.0	73.0	62.0	69.0			
17	160303	王佳君	84.0	100.0	97.0	58.0	49.0	57.0			
18	160101	史二映	97.5	106.0	108.0	69.0	79.0	68.0			
19	160106	王晓亚	90.0	111.0	116.0	85.0	63.0	52.0			
20	160307	魏利娟	93.0	102.0	105.0	80.0	78.0	65.0			
21	160207	杨慧娟	125.0	120.0	110.0	81.0	66.0	53.0			

图 3-67　美化后的成绩表

3. 标识不及格成绩

步骤1：选中所有学生的语、数、英成绩，即 C2：E22 单元格。

步骤2：单击"开始"选项卡"样式"组中的"条件格式"命令，弹出快捷菜单，选择"突出显示单元格规则"→"小于"命令，在弹出的对话框中输入"90"，并进行格式的设置，如图 3-68 所示，单击"确定"按钮。

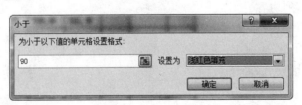

图 3-68　设置条件格式

步骤3：选中 F2：H22 单元格，按以上操作，选择"突出显示单元格规则"→"小于"命令，在弹出的对话框中输入"60"，并进行格式的设置；使用"自定义格式"设置字体颜色为蓝色，如图 3-69 所示，单击"确定"按钮。用两种方式标识出了不及格的学生成绩，如图 3-70 所示。

使用 Excel 处理电子表格

图 3-69　设置条件格式

	A	B	C	D	E	F	G	H	I	J	K
1	学号	姓名	语文	数学	英语	物理	化学	生物	总分	平均分	名次
2	160305	潘志阳	91.5	89.0	94.0	61.0	56.0	72.0			
3	160203	蒋文奇	93.0	129.0	92.0	86.0	73.0	86.0			
4	160104	苗超鹏	102.0	116.0	113.0	88.0	86.0	78.0			
5	160301	阮军胜	109.0	148.0	121.0	91.0	95.0	95.0			
6	160306	邢尧磊	101.0	94.0	99.0	67.0	55.0	70.0			
7	160206	王圣斌	100.5	125.0	104.0	69.0	78.0	88.0			
8	160302	焦宝亮	98.0	105.0	94.0	60.0	59.0	52.0			
9	160204	翁建民	95.5	92.0	96.0	55.0	51.0	64.0			
10	160201	张志权	93.5	107.0	96.0	73.0	80.0	68.0			
11	160304	李帅帅	95.0	97.0	102.0	65.0	72.0	63.0			
12	160103	王帅	95.0	85.0	99.0	62.0	52.0	78.0			
13	160105	乔泽宇	98.0	98.0	101.0	63.0	55.0	59.0			
14	160202	钱超群	86.0	107.0	89.0	52.0	88.0	48.0			
15	160205	陈称意	103.5	105.0	105.0	93.0	90.0	93.0			
16	160102	盛雅	110.0	95.0	98.0	73.0	62.0	69.0			
17	160303	王佳君	84.0	100.0	97.0	58.0	49.0	57.0			
18	160101	史二映	97.5	106.0	108.0	69.0	79.0	68.0			
19	160106	王晓亚	90.0	111.0	116.0	85.0	63.0	52.0			
20	160307	魏利娟	93.0	102.0	105.0	80.0	78.0	65.0			
21	160207	杨慧娟	125.0	120.0	110.0	81.0	66.0	53.0			

图 3-70　设置了条件格式的成绩表

4. 填充工作表"第一学期期末成绩"中的"总分""平均分"和"名次"列内容

（1）填充"总分"列内容。

步骤 1：选中第一个学生的总分所在单元格 I2。

步骤 2：单击"开始"选项卡"编辑"组中的"Σ"按钮，在 I2 单元格中出现公式"＝SUM（C2：H2）"，按回车键确认，如图 3-71 所示。

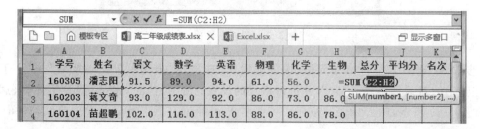

图 3-71　求总分

步骤 3：选中 I2 单元格，利用填充柄拖放或双击填充 I3:I22 单元格，计算出所有人的"总分"。

（2）填充"平均分"列内容。

步骤 1：选中第一个学生的平均分所在单元格 J2。

步骤 2：单击"开始"选项卡"编辑"组中的"∑"按钮旁的下三角形，在弹出的菜单中选择"平均值"命令，在 J2 单元格中出现公式"= AVERAGE(C2：I2)"，如图 3-72 所示。

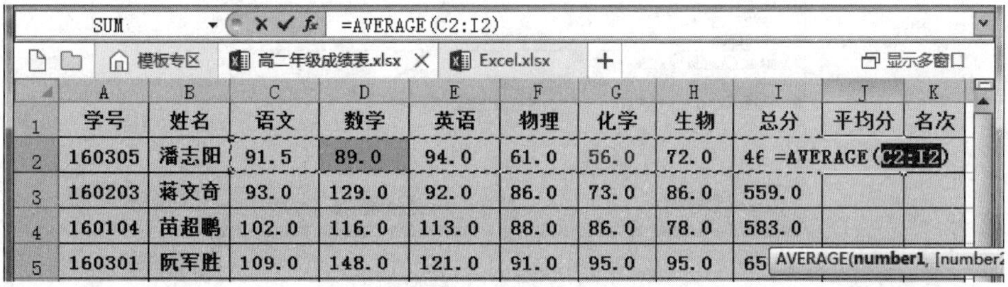

图 3-72　求平均分

步骤 3：使用鼠标拖放改变参数的值为"(C2：H2)"，如图 3-73 所示，然后按回车键确认。

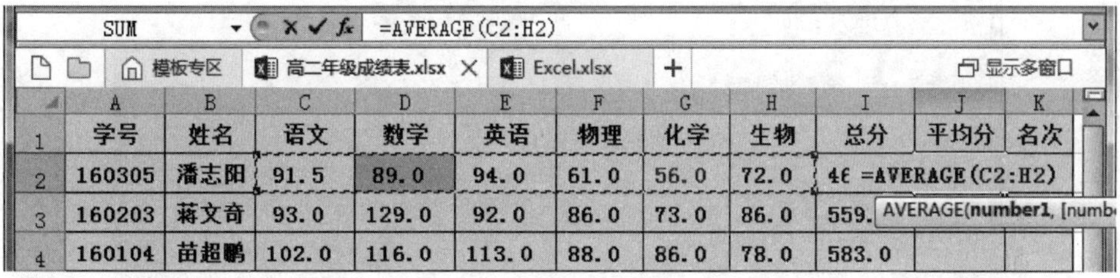

图 3-73　改变函数参数

步骤 4：选中 J2 单元格，利用填充柄拖放或双击填充 J3:J22 单元格，计算出所有人的"平均分"。

（3）填充"名次"列内容。

步骤 1：选中名次列所有数据所在单元格区域 K2。

步骤 2：单击"编辑栏"中的"fx"按钮，弹出"插入函数"对话框，选择"全部"类别中的"RANK"函数，如图 3-74 所示，单击"确定"按钮。

步骤 3：在弹出的"函数参数"对话框中设置 RANK 函数的参数：数据所在单元格，排序数据区域（使用绝对引用固定所选区域）和排序方式，如图 3-75 所示，单击"确定"按钮。

步骤 4：选中 K2 单元格，利用填充柄拖放或双击填充 K3:K22 单元格，填充所有人的"名次"。

5. 按要求填充"班级"列内容

步骤 1：单击"班级"要插入的 C 列（语文列），右击弹出快捷菜单，选择"插入"命令，C 列为空白列，语文列往后调整到 D 列。

步骤 2：选中 C1 单元格输入"班级"。

使用 Excel 处理电子表格

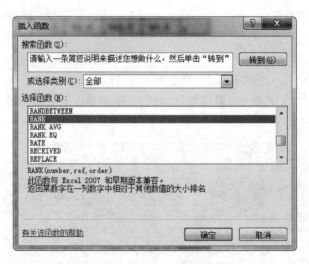

图 3-74 "插入函数"对话框

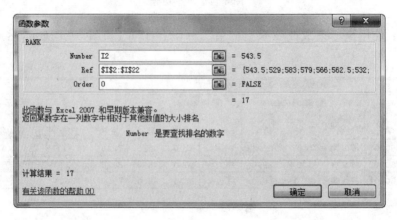

图 3-75 设置 RANK 函数参数

步骤 3：选中 C2 单元格，在其中输入公式"＝IF(VALUE(MID(A2,3,2))＜10,MID(A2,4,1)&"班",MID(A2,3,2)&"班")"，编辑栏内容如图 3-76 所示，按回车键确认。

$$=IF(VALUE(MID(A2,3,2))<10,MID(A2,4,1)\&"班",MID(A2,3,2)\&"班")$$

图 3-76 编辑栏内容

这个公式使用了三个函数的嵌套，用 MID 函数截取了学号第 3 位和第 4 位，用 VALUE 函数将截取的字符串转换成了数值，用 IF 函数判断该数值是否小于 10，如果小于 10，则只截取第 4 位，否则截取第 3 位和第 4 位用"&"符号和"班"字连接。

步骤 4：选中 C2 单元格，使用填充柄复制填充 C3：C22 内容，效果如图 3-77 所示。

6. 制作"期末成绩分析"工作表

步骤 1：右击工作表标签 Sheet2，选择"重命名"命令，将 Sheet2 重命名为"期末成绩分析"。

步骤 2：在 A1 单元格中输入"科目"，然后复制"第一学期期末成绩"表中的标题行 D1：I1

	A	B	C	D	E	F	G	H	I	J	K	L
1	学号	姓名	班级	语文	数学	英语	物理	化学	生物	总分	平均分	名次
2	160305	潘志阳	3班	91.5	89.0	94.0	61.0	56.0	72.0	463.5	77.3	19
3	160203	蒋文奇	2班	93.0	129.0	92.0	86.0	73.0	86.0	559.0	93.2	6
4	160104	苗超鹏	1班	102.0	116.0	113.0	88.0	86.0	78.0	583.0	97.2	3
5	160301	阮军胜	3班	109.0	148.0	121.0	91.0	95.0	95.0	659.0	109.8	1
6	160306	邢尧磊	3班	101.0	94.0	99.0	67.0	55.0	70.0	486.0	81.0	14
7	160206	王圣斌	2班	100.5	125.0	104.0	69.0	78.0	88.0	564.5	94.1	4
8	160302	焦宝亮	3班	98.0	105.0	94.0	60.0	59.0	52.0	468.0	78.0	18
9	160204	翁建民	2班	95.5	92.0	96.0	55.0	51.0	64.0	453.5	75.6	20
10	160201	张志权	2班	93.5	107.0	96.0	73.0	80.0	68.0	517.5	86.3	10
11	160304	李帅帅	3班	95.0	97.0	102.0	65.0	72.0	63.0	494.0	82.3	13
12	160103	王帅	1班	95.0	85.0	99.0	62.0	52.0	78.0	471.0	78.5	16
13	160105	乔泽宇	1班	98.0	98.0	101.0	63.0	55.0	59.0	474.0	79.0	15
14	160202	钱超群	2班	86.0	107.0	89.0	52.0	88.0	48.0	470.0	78.3	17
15	160205	陈称意	2班	103.5	105.0	105.0	93.0	90.0	93.0	589.5	98.3	2
16	160102	盛雅	1班	110.0	95.0	98.0	73.0	62.0	69.0	507.0	84.5	12
17	160303	王佳君	3班	84.0	100.0	97.0	58.0	49.0	57.0	445.0	74.2	21
18	160101	史二映	1班	97.5	106.0	108.0	69.0	79.0	68.0	527.5	87.9	8
19	160106	王晓亚	1班	90.0	111.0	116.0	85.0	63.0	52.0	517.0	86.2	11
20	160307	魏利娟	3班	93.0	102.0	105.0	80.0	78.0	65.0	523.0	87.2	9
21	160207	杨慧娟	2班	125.0	120.0	110.0	81.0	66.0	53.0	555.0	92.5	7
22	160107	刘璐璐	1班	103.0	126.0	94.0	72.0	85.0	80.0	560.0	93.3	5

图 3-77　完成的成绩表

单元格内容到本工作表的 B1：F1 单元格,在 A 列中输入要求的各项内容,效果如图 3-78
所示。

	A	B	C	D	E	F	G
1	科目	语文	数学	英语	物理	化学	生物
2	最高分						
3	最低分						
4	平均分						
5	优秀人数						
6	及格人数						
7	不及格人数						

图 3-78　期末成绩分析表

　　步骤 3：选中 B2 单元格,单击“编辑栏”中的“fx”按钮,弹出“插入函数”对话框,选择“全
部”类别中的 MAX 函数,单击“确定”按钮。

　　步骤 4：在弹出的“函数参数”对话框中选择“第一学期期末成绩”工作表中的 D2：D22
单元格,设置后如图 3-79 所示,单击“确定”按钮。

　　步骤 5：选中 B3 单元格,单击“编辑栏”中的“fx”按钮,弹出“插入函数”对话框,选择“全
部”类别中的“MIN”函数,单击“确定”按钮,如步骤 4 描述设置函数参数,单击“确定”按钮。

　　步骤 6：选中 B4 单元格,单击“编辑栏”中的“fx”按钮,弹出“插入函数”对话框,选择“全部”
类别中的 AVERAGE 函数,单击“确定”按钮,如步骤 4 描述设置函数参数,单击“确定”按钮。

　　步骤 7：选中 B5 单元格,单击“编辑栏”中的“fx”按钮,弹出“插入函数”对话框,选择“全
部”类别中的 COUNTIF 函数,单击“确定”按钮。在弹出的“函数参数”对话框中设置 Range

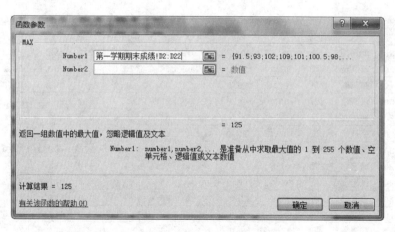

图 3-79　MAX 函数参数设置

值,选择"第一学期期末成绩"工作表中的 D2:D22 单元格,设置 Criteria 值,输入">=120"
后如图 3-80 所示,单击"确定"按钮。

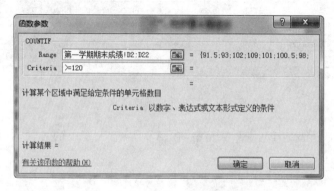

图 3-80　COUNTIF 函数参数设置

步骤 8:及格人数是语文成绩在 90 分以上人数减去优秀人数,可以利用公式运算得到。
选中 B6 单元格,在"编辑栏"中输入公式"=COUNTIF(第一学期期末成绩!D2:D22,
">=90")-B5",单击"确定"按钮。

步骤 9:选中 B7 单元格,单击"编辑栏"中的"fx"按钮,弹出"插入函数"对话框,选择"全
部"类别中的 COUNTIF 函数,单击"确定"按钮。在弹出的"函数参数"对话框中设置 Range
值,选择"第一学期期末成绩"工作表中的 D2:D22 单元格,设置 Criteria 值,输入"<90",单
击"确定"按钮。

步骤 10:选中 B2:B7 单元格,使用填充柄拖放,自动填充数学、英语、物理科目内容,如
图 3-81 所示。

步骤 11:修改物理科目的一些公式,因为计算优秀、及格的分数不同,然后选中 E2:E7
单元格,使用填充柄自动填充化学、生物科目内容,最后效果如图 3-82 所示。

7. 插入图表

步骤 1:右击"期末成绩分析"工作表标签,在弹出的快捷菜单中选择"插入"工作表,重
命名工作表名称为"平均分图表",如图 3-83 所示。

	A	B	C	D	E	F	G
1	科目	语文	数学	英语	物理	化学	生物
2	最高分	125	148	121	93		
3	最低分	84	85	89	52		
4	平均分	98.3	107.47619	101.57143	71.57143		
5	优秀人数	1	5	1	0		
6	及格人数	18	14	19	2		
7	不及格人数	2	2	1	19		
8							

图 3-81　自动填充

	A	B	C	D	E	F	G
1	科目	语文	数学	英语	物理	化学	生物
2	最高分	125	148	121	93	95	95
3	最低分	84	85	89	52	49	48
4	平均分	98.3	107.47619	101.57143	71.57143	70.09524	69.42857
5	优秀人数	1	5	1	7	6	5
6	及格人数	18	14	19	11	8	10
7	不及格人数	2	2	1	3	7	6

图 3-82　完成期末成绩分析表

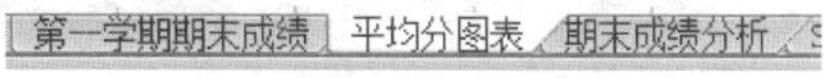

图 3-83　工作表标签

步骤 2：单击“第一学期期末成绩”工作表标签，按住 Ctrl 键，选中“姓名”和“平均分”两列，如图 3-84 所示。

	A	B	C	D	E	F	G	H	I	J	K	L
1	学号	姓名	班级	语文	数学	英语	物理	化学	生物	总分	平均分	名次
2	160305	潘志阳	3班	91.5	89.0	94.0	61.0	56.0	72.0	463.5	77.3	19
3	160203	蒋文奇	2班	93.0	129.0	92.0	86.0	73.0	86.0	559.0	93.2	6
4	160104	苗超鹏	1班	102.0	116.0	113.0	88.0	86.0	78.0	583.0	97.2	3
5	160301	阮军胜	3班	109.0	148.0	121.0	91.0	95.0	95.0	659.0	109.8	1
6	160306	邢尧磊	3班	101.0	94.0	99.0	67.0	55.0	70.0	486.0	81.0	14
7	160206	王圣斌	2班	100.5	125.0	104.0	69.0	78.0	88.0	564.5	94.1	4
8	160302	焦宝亮	3班	98.0	105.0	94.0	60.0	59.0	52.0	468.0	78.0	18
9	160204	翁建民	2班	95.5	92.0	96.0	55.0	51.0	64.0	453.5	75.6	20
10	160201	张志权	2班	93.5	107.0	96.0	73.0	80.0	68.0	517.5	86.3	10
11	160304	李帅帅	3班	95.0	97.0	102.0	65.0	72.0	63.0	494.0	82.3	13
12	160103	王帅	1班	95.0	85.0	99.0	62.0	52.0	78.0	471.0	78.5	16
	160105	乔泽宇	1班	98.0	98.0	101.0	63.0	55.0	59.0	474.0	79.0	15
	160202	钱超群	2班	86.0	107.0	89.0	52.0	88.0	48.0	470.0	78.3	17
	160205	陈称意	2班	103.5	105.0	105.0	93.0	90.0	93.0	589.5	98.3	2
	160102	盛雅	1班	110.0	95.0	98.0	73.0	62.0	69.0	507.0	84.5	12
17	160303	王佳君	3班	84.0	100.0	97.0	58.0	49.0	57.0	445.0	74.2	21
18	160101	史二映	1班	97.5	106.0	108.0	69.0	79.0	68.0	527.5	87.9	8
19	160106	王晓业	1班	90.0	111.0	116.0	85.0	63.0	52.0	517.0	86.2	11
20	160307	魏利娟	3班	93.0	102.0	105.0	80.0	78.0	65.0	523.0	87.2	9
21	160207	杨慧娟	2班	125.0	120.0	110.0	81.0	66.0	53.0	555.0	92.5	7
22	160107	刘璐璐	1班	103.0	126.0	94.0	72.0	85.0	80.0	560.0	93.3	5
23												

图 3-84　选中“姓名”“平均分”列

步骤 3：在"插入"选项卡"图表"组中单击"柱形图"，选择"簇状柱形图"，如图 3-85 所示。

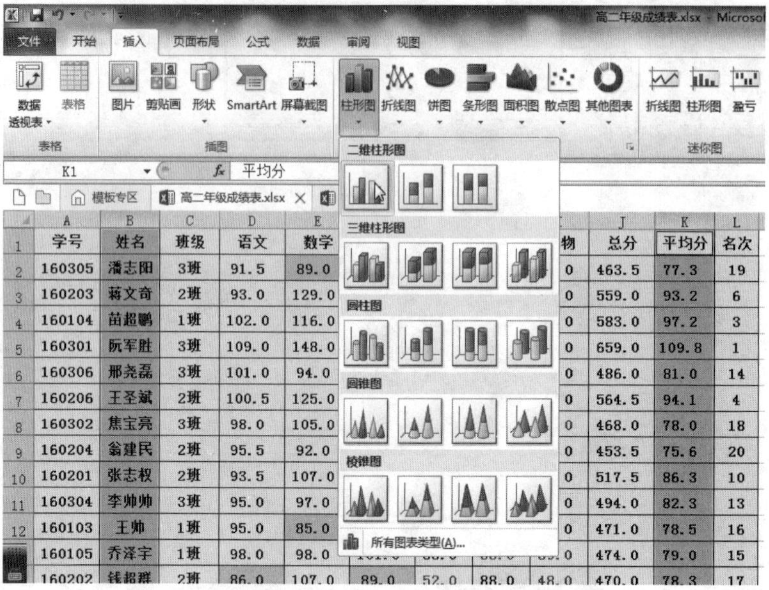

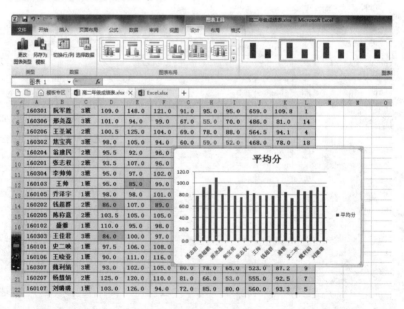

图 3-85　选择图表类型为簇状柱形图

步骤 4：工作区中显示图表，如图 3-86 所示，并在"功能区"中显示出图表工具：图表类型、数据、图表布局、图表样式、位置等。

图 3-86　输入图表

步骤 5：选中图表，右击，弹出快捷菜单，选择"剪切"命令，将其粘贴到"平均分图表"，并且可以使用"图表工具"功能区中的按钮对图表进行适当设置，将图表移动到适当位置，完成图表制作,效果如图 3-87 所示。

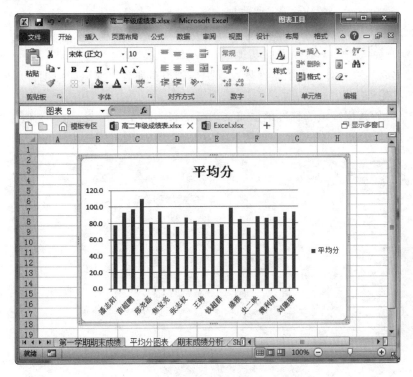

图 3-87　平均分图表

任务二　制作"图书销售情况表"

 预备知识

1. 定义区域名称

(1) 为了引用的方便,Excel 可以将一个数据区域设置为一个简短的名称,在后面的引用中就可以用这个名称代替数据区域。

步骤 1:选定一个要引用的数据区域 \$A\$2:\$I\$12,如图 3-88 所示。

	A	B	C	D	E	F	G	H	I
1	学号	姓名	语文	数学	英语	生物	地理	历史	政治
2	120305	包宏伟	91.5	89	94	92	91	86	86
3	120203	陈万地	93	99	92	86	86	73	92
4	120104	杜学江	102	116	113	78	88	86	73
5	120301	符合	99	98	101	95	91	95	78
6	120306	吉祥	101	94	99	90	87	95	93
7	120206	李北大	100.5	103	104	88	89	78	90
8	120302	李娜娜	78	95	94	82	90	93	84
9	120204	刘康锋	95.5	92	96	84	95	91	92
10	120201	刘鹏举	93.5	107	96	100	93	92	93
11	120304	倪冬声	95	97	102	93	95	92	88
12	120103	齐飞扬	95	85	99	98	92	92	88
13									

图 3-88　选定数据区域

步骤2：在"编辑栏"的名称框中输入区域名称，并按回车键确认，如图3-89所示，则"成绩表"和数据区域 \$A \$2：\$I \$12 就是等价的。

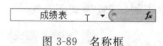

图3-89 名称框

（2）Excel提供了一个很强大的功能——表，将原始二维数据区域转化成"表"会对后续数据处理及维护提供很多便利。那么如何把普通单元格区域数据转化"表"呢？

步骤1：原始数据区域为标准的二维表：第一行为抬头，每一行均为类似原始数据，并且不带有汇总行，如图3-90所示。

	A	B	C	D	E	F	G	H	I	J	K	L
1	学号	姓名	班级	语文	数学	英语	生物	地理	历史	政治	总分	平均分
2	120305	包宏伟		91.5	89	94	92	91	86	86		
3	120203	陈万地		93	99	92	86	86	73	92		
4	120104	杜学江		102	116	113	78	88	86	73		
5	120301	符合		99	98	101	95	91	95	78		
6	120306	吉祥		101	94	99	90	87	95	93		
7	120206	李北大		100.5	103	104	88	89	78	90		
8	120302	李娜娜		78	95	94	82	90	93	84		
9	120204	刘康锋		95.5	92	96	84	95	91	92		
10	120201	刘鹏举		93.5	107	96	100	93	92	93		
11	120304	倪冬声		95	97	102	93	95	92	88		
12	120103	齐飞扬		95	85	99	98	92	92	88		
13	120105	苏解放		88	98	101	89	73	95	91		
14	120202	孙玉敏		86	107	89	88	92	88	89		
15	120205	王清华		103.5	105	105	93	93	90	86		
16	120102	谢如康		110	95	98	99	93	93	92		
17	120303	闫朝霞		84	100	97	87	78	89	93		

图3-90 原始数据

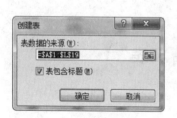

图3-91 "创建表"对话框

步骤2：选中全部数据区域，单击"插入"选项卡"表格"组中的"表格"按钮，弹出"插入表"对话框，如图3-91所示，注意表来源的数据区域，如果默认区域不对，可以通过鼠标手动选中要创建表的数据区域，并单击"确定"按钮。

步骤3：如何将"表"转化为普通数据区域呢？在"表"内任意单元格单击鼠标右键→选择"表格"→"转换为区域"命令即可，如图3-92所示。

2. VLOOKUP函数的用法

VLOOKUP：纵向查找函数，按列查找，通过制定一个查找目标（M：即两个表中相同的那一列），从指定的区域找到另一个想要查的值。这样就可以将一个表中数据匹配到另一个表中。基本语法为：

VLOOKUP（查找目标，查找范围，返回值的列数，精确 OR 模糊查找）

注：精确为0或FALSE，模糊为1或TRUE。

例如，要求根据表二中的姓名，在表一中查找对应的年龄，如图3-93所示。

公式：B13 ＝VLOOKUP(A13, \$B \$2：\$D \$8,3,0)

（1）查找目标：A13，就是指定的查找的内容或单元格引用。本例中表二A列的姓名就是查找目标。我们要根据表二的"姓名"在表一中进行查找。

（2）查找范围：\$B \$2：\$D \$8区域，如果没有说从哪里查找，Excel肯定会很为难，所以下一步就要指定从哪个范围中进行查找（VLOOKUP的第二个参数可以指定从一个单元格

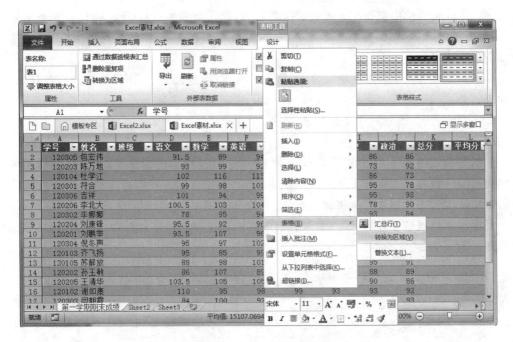

图 3-92 "表格工具"菜单

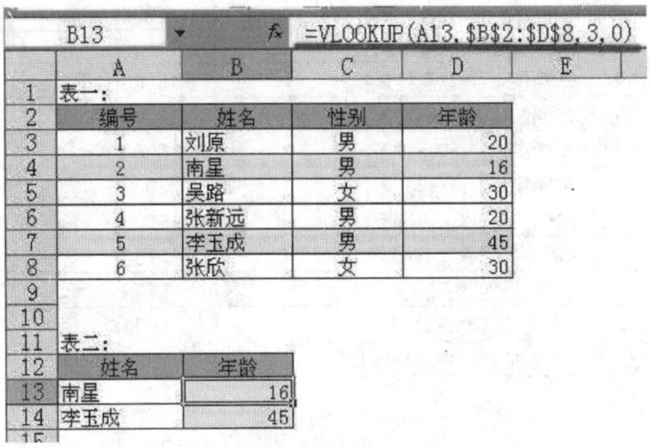

图 3-93 原始数据

区域中查找,也可以指定从一个常量数组或内存数组中查找)。

查找范围需符合以下条件:

① 查找目标要在该区域的第一列。本例中在表一中查找表二的姓名,那么表一的姓名列一定要是查找区域的第一列。本例中,给定的区域要从第二列开始,即 $B$2:$D$8,而不能是 $A$2:$D$8。

② 该区域中需包含要返回的值所在的列,本例中要返回的值是年龄。表一的 D 列(年龄)一定要包括在这个范围内,即 $B$2:$D$8,如果写成 $B$2:$C$8 就是错的。

(3) 返回值的列数:3,"返回值"是在第二个参数查找范围 $B$2:$D$8 中的列数,注意不是在工作表中的列数。

(4) 精确 OR 模糊查找:精确即完全一样,模糊即包含的意思。0 或 False 表示精确查

255

找,1 或 True 表示模糊查找。如果缺少这个参数,默认为模糊查找,无法精确查找到结果。

若表一和表二不在同一个 Sheet 或 Excel 文件中,只需对上面的公式稍加修改:在查找范围前加上表名。

简单的处理方法:表二中输入公式、第一个参数后,返回表一,用鼠标框选查找区域,然后在表二公式的第二个参数处,会自动出现表一的表名,公式为:

VLOOKUP(A13,表一!B$2:$D$8,3,0)

3. 数据透视表

数据透视表功能强大,能够将数据筛选、排序和分类汇总等操作依次完成,制作出所需要的数据统计报表。在实际工作中可以举一反三、多加应用。我们可以通过一份发货清单数据做实际应用来掌握数据透视表的操作。

发货清单数据信息包含(印件编号、印件名称、数量、单位、征订机构、机构代码),数据格式如图 3-94 所示。

	A	B	C	D	E	F
1	印件编号	印件名称	数量	单位	机构代码	征订机构
2	B0CPA102413	10-机动车辆保险证(非套打版)	30000	套	05	深圳
3	B0CPA102413	10-机动车辆保险证(非套打版)	40000	套	06	辽宁
4	B0CPA102413	10-机动车辆保险证(非套打版)	4000	套	07	大连
5	B0CPA102413	10-机动车辆保险证(非套打版)	25000	套	08	吉林
6	B0CPA102413	10-机动车辆保险证(非套打版)	20000	套	09	湖北
7	B0CPA102413	10-机动车辆保险证(非套打版)	25000	套	10	江苏
8	B0CPA102413	10-机动车辆保险证(非套打版)	40000	套	12	浙江
9	B0CPA102413	10-机动车辆保险证(非套打版)	11000	套	13	福建
10	B0CPA102413	10-机动车辆保险证(非套打版)	15000	套	14	广西
11	B0CPA102413	10-机动车辆保险证(非套打版)	10000	套	15	海南
12	B0CPA102413	10-机动车辆保险证(非套打版)	10000	套	18	重庆
13	B0CPA102413	10-机动车辆保险证(非套打版)	20000	套	20	湖北
14	B0CPA102413	10-机动车辆保险证(非套打版)	15000	套	21	贵州
15	B0CPA102421	128-航空运输货物保险保险单	100	套	09	湖北
16	B0CPA102411	137-平安个人抵押物保险保险单	500	套	03	天津
17	B0CPA102411	137-平安个人抵押物保险保险单	1000	套	19	黑龙江
18	B0CPA102411	137-平安个人抵押物保险保险单	1000	套	21	贵州

图 3-94　数据清单

根据以上数据、通过使用 Excel 数据透视表功能对数据进行数据统计分析。

步骤 1:打开 Excel 2010 中的"插入"选项卡,在"表格"组中单击"数据透视表"命令,弹出创建数据透视表对话框,单击"确认"按钮,如图 3-95 所示。

步骤 2:单击"确定"按钮后,Excel 将自动创建新的空白数据透视表,如图 3-96 所示。

步骤 3:把报表字段中的"印件编号"字段拖动到"列标签""征订机构"字段拖动到"行标签""数量"字段拖动到"数值",即可统计显示每个印件发往各机构的数量,如图 3-97 所示。

如果把报表字段中的"印件编号"字段拖动到"行标签""征订机构"字段拖动到"列标签""数量"字段拖动到"数值",数据分类显示格式如图 3-98 所示。

把报表字段中的"印件编号"字段拖动到"列标签""征订机构"字段拖动到"列标签","数量"字段拖动到"数值",数据分类并且汇总显示如图 3-99 所示。

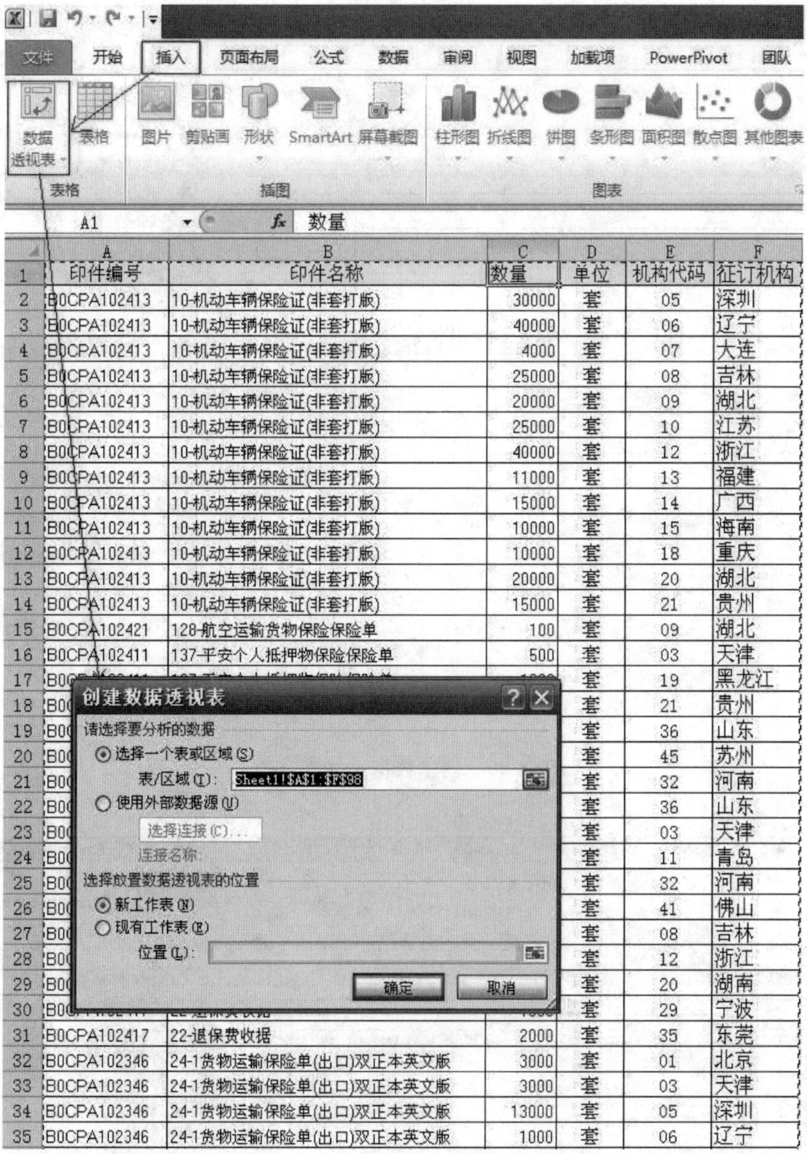

图 3-95 "创建数据透视表"对话框

当然还有很多数据统计显示格式，只要按自己的需求进行字段的拖放，即可得到不同的数据统计报表。

步骤 4：数据透视表中数据过滤设置。在第三步中图 3-97 看到数据行显示征订机构，数据列显示印件编号。在图 3-97"机构代码"字段拖入"报表筛选"区，然后选择要过滤出来的数据的"机构代码"。比如选择过滤出发往深圳地区各印件数量的数据，只需要在过滤条件中选择"05"即可。"05"代表深圳，过滤前数据显示如图 3-100 所示。

数据过滤后的数据显示如图 3-101 所示。

当然可以把多个字段拖入"报表筛选"区，进行多条件过滤。

使用 Excel 处理电子表格

图 3-96　创建数据透视表字段

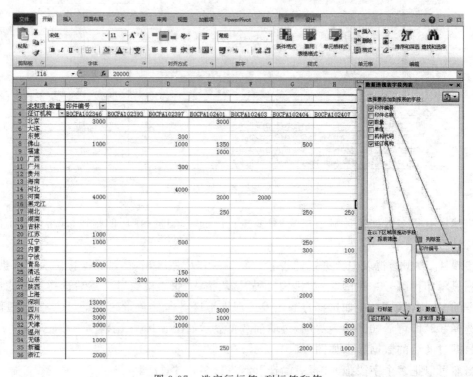

图 3-97　选定行标签、列标签和值

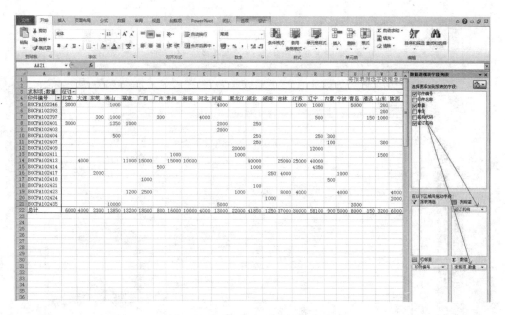

图 3-98　另选行标签、列标签和值

印件编号	征订机构	汇总
⊟BOCPA102346	北京	3000
	佛山	1000
	河南	4000
	江苏	1000
	辽宁	1000
	青岛	5000
	山东	200
	深圳	13000
	四川	2000
	苏州	3000
	天津	3000
	无锡	1000
	浙江	2000
BOCPA102346 汇总		39200
⊞BOCPA102393	山东	200
BOCPA102393 汇总		200
⊟BOCPA102397	东莞	300
	佛山	1000
	广州	300
	河北	4000
	辽宁	500
	清远	150
	山东	1000
	上海	2000
	苏州	2000
	天津	1000
	珠海	300
BOCPA102397 汇总		12550
⊟BOCPA102401	北京	3000
	佛山	1350
	福建	1000
	河南	2000
	湖北	250
	四川	3000
	苏州	1000
	新疆	250
BOCPA102401 汇总		11850

图 3-99　分类字段

项目三

使用 Excel 处理电子表格

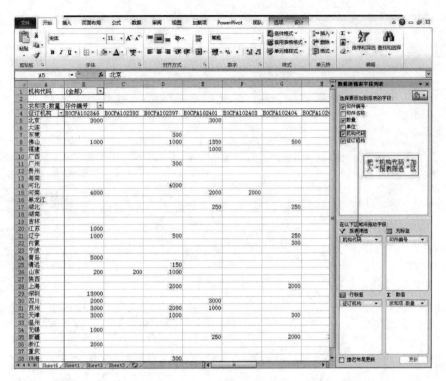

图 3-100　过滤前的数据

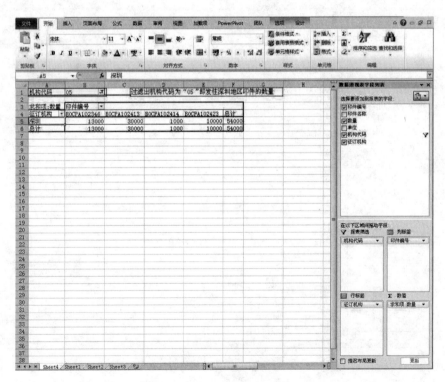

图 3-101　过滤后的数据

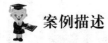

案例描述

Flight 公司销售部助理 Linda 需要针对 2015 年和 2016 年公司图书销售情况进行统计分析，以便制订新的销售计划和工作任务，下面我们要协助 Linda 按以下要求对销售情况进行分析。

（1）在"订单明细"工作表中，删除订单编号重复的记录（保留第一次出现的那条记录），但需保持原订单明细的记录顺序。

（2）在"订单明细"工作表的"单价"列中，利用 VLOOKUP 公式计算并填写相对应图书的单价金额。图书名称与图书单价的对应关系见工作表"图书定价"。

（3）如果每订单的图书销量超过 40 本（含 40 本），则按照图书单价的 9 折销售；否则按图书单价的原价进行销售。按照此规则，使用公式计算并填写"订单明细"工作表中每笔订单的"销售额小计"，保留两位小数。要求该工作表中的金额以显示精度参与后续的统计计算。

（4）根据"订单明细"工作表的"发货地址"信息，并对照"城市对照"工作表中省市与销售区域的对应关系，计算并填写"订单明细"工作表中每笔订单的"所属区域"。

（5）根据"订单明细"工作表中的销售记录，分别创建名为"东区""西区""南区"和"北区"的工作表，这 4 个工作表分别统计销售区域各类图书的累计销售金额，统计格式请参考"统计样例"工作表。将这 4 个工作表中的金额设置为带千分位的、保留两位小数的数值格式。

（6）在"统计报告"工作表中，分别根据"统计项目"列的描述，计算并填写所对应的"统计数据"单元格中的信息。

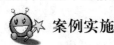

案例实施

1. 打开素材文件

步骤 1：双击"Excel 素材 2. xlsx"文件图标，打开文件。

步骤 2：单击"文件"菜单"另存为"命令，将文件名改为"图书销售情况表. xlsx"，再继续编辑。

2. 定义表格区域

为了方便后面的操作，可以将数据区域转换为表格区域，如果已经转换，则这一步骤可以省略。

步骤 1：在"订单明细"工作表中单击任一单元格，单击"插入"选项卡"表格"组中的"表格"按钮，弹出"创建表"对话框，将表数据的来源改为"$A$2：$I$647"，如图 3-102 所示。

步骤 2：单击"确定"按钮，设定好表格区域，在标题栏内会在每个字段前显示筛选标记，如图 3-103 所示。

步骤 3：单击"数据"选项卡"排序和筛选"组中的"筛选"按钮，如图 3-104 所示，取消显示筛选标记。

图 3-102 "创建表"对话框

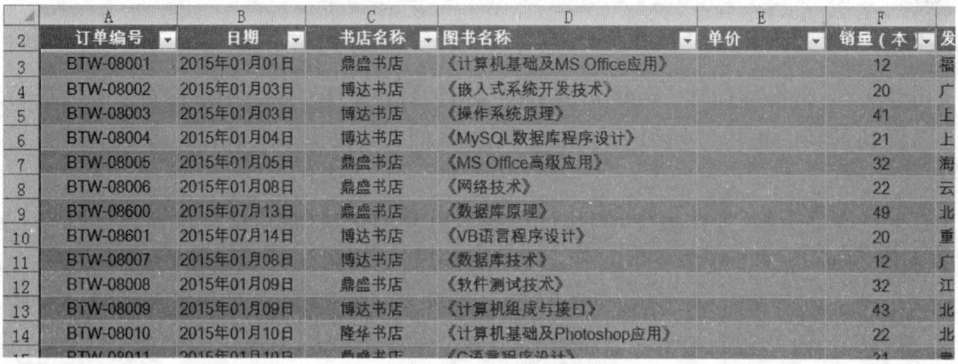

图 3-103　创建表后的显示

图 3-104　取消筛选标记

3. 删除"订单明细"工作表中的重复记录

原工作表中有记录 645 条,有一些订单编号重复的记录,下面通过操作进行删除。

步骤 1:单击"数据"选项卡"数据工具"组中的"删除重复项"按钮,如图 3-105 所示。

图 3-105　删除重复项

步骤 2:弹出"删除重复项"对话框,选中"订单编号"列,如图 3-106 所示。

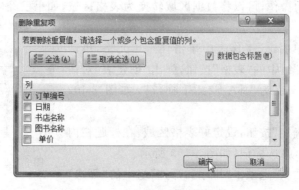

图 3-106　"删除重复项"对话框

步骤 3：单击"确定"按钮后，弹出操作后的提示框，显示删除的重复记录数和保留的记录数量，如图 3-107 所示。

图 3-107 "删除重复记录"消息框

4. 填充"订单明细"工作表的"单价"列数据

步骤 1：选中"订单明细"工作表中的 E3 单元格，单击"编辑栏"中"fx"按钮，在弹出的"插入函数"对话框中，设定选择类别为"全部"，选定 VLOOKUP 函数，如图 3-108 所示。

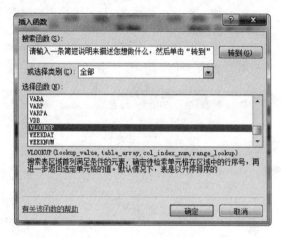

图 3-108 "插入函数"对话框

步骤 2：单击"确定"按钮后，弹出"函数参数"对话框，进行 4 个参数的设置，首先设置 Lookup_value 参数，单击"订单明细"工作表中的"图书名称"列的数据第一项，即 D3 单元格；设置 Table_array 参数，在"图书定价"工作表中选中所有数据区域；设置 Col_index_num 参数为 2；设置 Range_lookup 参数为 0，如图 3-109 所示。

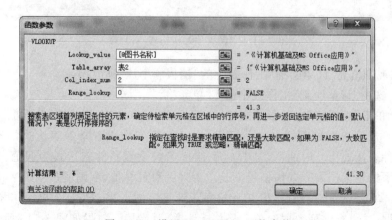

图 3-109 设置 VLOOKUP 函数参数

步骤 3：双击 E3 单元格的填充柄，自动填充其他记录的图书单价，如图 3-110 所示。

	日期	书店名称	图书名称	单价	销量（本）	发货地址
3	2015年01月01日	鼎盛书店	《计算机基础及MS Office应用》	41.3	12	福建省厦
4	2015年01月03日	博达书店	《嵌入式系统开发技术》	43.9	20	广东省深
5	2015年01月03日	博达书店	《操作系统原理》	41.1	41	上海市闵
6	2015年01月04日	博达书店	《MySQL数据库程序设计》	39.2	21	上海市浦
7	2015年01月05日	鼎盛书店	《MS Office高级应用》	36.3	32	海南省海
8	2015年01月08日	鼎盛书店	《网络技术》	34.9	22	云南省昆
9	2015年07月13日	鼎盛书店	《数据库原理》	43.2	49	北京市石
10	2015年07月14日	博达书店	《VB语言程序设计》	39.8	20	重庆市渝
11	2015年01月08日	博达书店	《数据库技术》	40.5	12	广东省深
12	2015年01月09日	鼎盛书店	《软件测试技术》	44.5	32	江西省南
13	2015年01月09日	博达书店	《计算机组成与接口》	37.8	43	北京市海

图 3-110　自动填充后的工作表

步骤 4：选中"单价"列中的所有数据，单击"开始"选项卡"单元格"组中的"格式"按钮，设置单元格格式为"会计专用"，如图 3-111 所示，单击"确定"按钮。

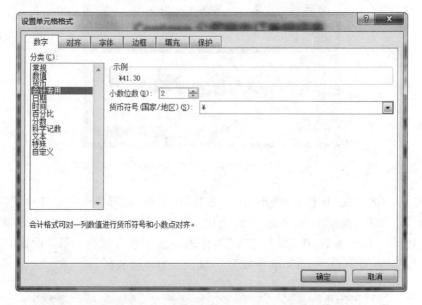

图 3-111　"设置单元格格式"对话框

5. 按照规则填充"订单明细"工作表中的"销售额小计"列数据

步骤 1：选中"订单明细"工作表中的 I3 单元格。

步骤 2：单击"编辑栏"中的"fx"按钮，选择 if 函数，弹出"函数参数"对话框，通过鼠标选中和输入符号设置参数如图 3-112 所示，Logical_test 参数设置条件表达式，Value_if_true 参数设置条件表达式为真时的值，Value_if_true 参数设置条件表达式为假值，这样的参数设置就表达了销量大于 40 本时，销售额是单价×销量再 9 折，否则就是单价×销量。

步骤 3：单击"确定"按钮后，I3 单元格显示计算后的结果，双击 I3 单元格填充柄，自动填充该列数据，并设置该列数据的单元格格式为"会计专用"，效果如图 3-113 所示。

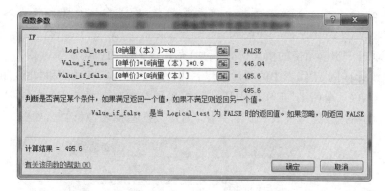

图 3-112　设置 IF 函数参数

	F	G	H	I
1	公司销售订单明细表			
2	销量（本）	发货地址	所属区域	销售额小计
3	12	福建省厦门市思明区莲岳路118号中烟大厦1702室		¥ 495.60
4	20	广东省深圳市南山区蛇口港湾大道2号		¥ 878.00
5	41	上海市闵行区浦星路699号		¥ 1,516.59
6	21	上海市浦东新区世纪大道100号上海环球金融中心56楼		¥ 823.20
7	32	海南省海口市琼山区红城湖路22号		¥ 1,161.60
8	22	云南省昆明市官渡区拓东路6号		¥ 767.80
9	49	北京市石河子市石河子信息办公室		¥ 1,905.12
10	20	重庆市渝中区中山三路155号		¥ 796.00
11	12	广东省深圳市龙岗区坂田		¥ 486.00
12	32	江西省南昌市西湖区洪城路289号		¥ 1,424.00
13	43	北京市海淀区东北旺西路8号		¥ 1,462.86
14	22	北京市西城区西绒线胡同51号中国会		¥ 935.00

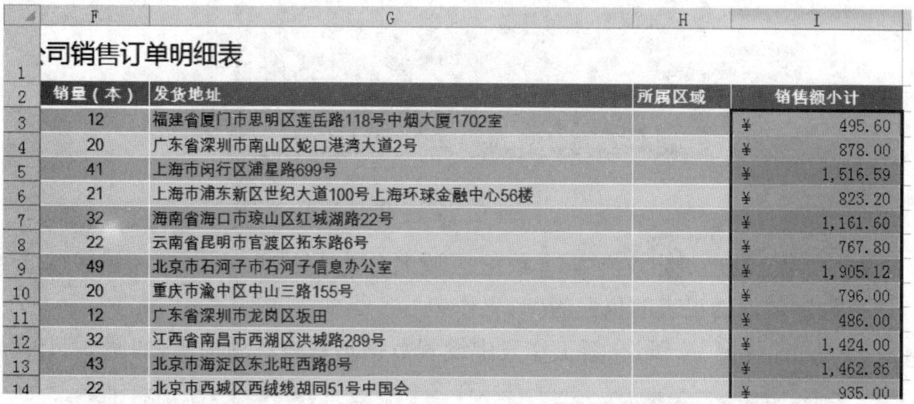

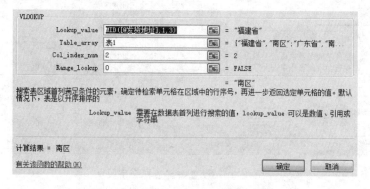

图 3-113　设置数据“会计专用”格式

6. 按规则填充“订单明细”工作表的“所属区域”列数据

步骤 1：选中“订单明细”工作表中的 H3 单元格，单击“编辑栏”中的“fx”按钮，在弹出的“插入函数”对话框中，设定选择类别为“全部”，选定 VLOOKUP 函数。

步骤 2：单击“确定”按钮后，弹出函数参数对话框，进行 4 个参数的设置，如图 3-114 所示，单击“确定”按钮。

图 3-114　设置 VLOOKUP 函数参数

注意：Lookup_value 参数不是某个单元格的值，而是取这个单元格内容的前三个字符，所以要输入 MID 函数进行字符截取。

步骤 3：双击 H3 单元格的填充柄，自动填充其他记录的所属区域数据。

7. 参照"统计样例"工作表中的图片创建名为"东区""西区""南区"和"北区"的工作表

步骤 1：选中"订单明细"工作表中任一数据单元格，单击"插入"选项卡"表格"组中"数据透视表"按钮中的"数据透视表"命令，弹出"创建数据透视表"对话框，如图 3-115 所示。

图 3-115　创建数据透视表

步骤 2：因为之前已经定义好所有数据区域名称为"表 4"，现在表区域默认参数就为"表 4"，选择放置数据透视表的位置为"新工作表"。

步骤 3：单击"确定"按钮，在新工作表中设置数据透视表各项内容，如图 3-116 所示。

图 3-116　设置数据透视表字段

步骤 4：将"所属区域"字段拖放至"报表筛选"字段位置，设置"图书名称"字段为"行标签"，"销售额小计"字段为数值，效果如图 3-117 所示。

图 3-117　数据透视表内容

步骤 5：在所属区域中选择"东区"，依照"统计样例"工作表修改 A3 单元格内容为"图书名称"，双击 B3 单元格，在弹出的"值字段设置"对话框中设置自定义名称为"销售额"，如图 3-118 所示。

步骤 6：设置销售额所有数据单元格格式为"数值"，显示小数位数 2 位，使用"千位分隔符"，最后效果如图 3-119 所示。

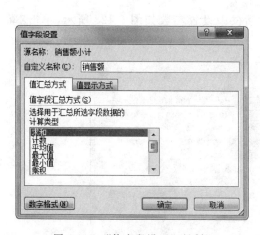

图 3-118　"值字段设置"对话框

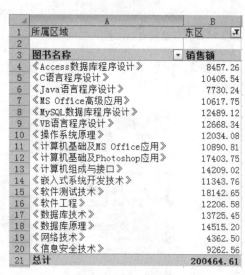

图 3-119　设置数据格式

步骤 7：在工作表标签位置右击这个新工作表，将该工作表重命名为"东区"，并拖动工作表标签，将其移动到"统计样例"工作表后，效果如图 3-120 所示。

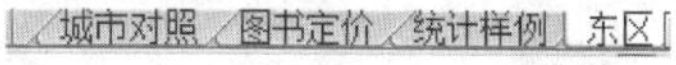

步骤 8：选中"东区"工作表标签，右击菜单选择"移动

城市对照　图书定价　统计样例　东区

图 3-120　工作表标签

项目三

使用 Excel 处理电子表格

或复制工作表"命令,选择"东区"后的一个工作表为复制的位置,选择"建立副本",如图 3-121 所示,单击"确定"按钮,创建了一个叫"东区 2"的工作表,将工作表标签重命名为"西区",并在"所属区域"中选择"西区"。其他两个工作表的操作如上所述,这里就不再赘述了。

8. 填充"统计报告"工作表数据

"统计报告"工作表中的数据都是要进行某种条件的数据计算,可以使用 SUMIFS 函数。

下面是计算"2016 年所有图书订单的销售额"的操作步骤如下。

步骤 1:选中"统计报告"工作表中 B3 单元格,单击"编辑栏"中的"fx"按钮,在"插入函数"对话框中选择 SUMIFS 函数,如图 3-122 所示。

图 3-121 "移动或复制工作表"对话框　　　　图 3-122 "插入函数"对话框

步骤 2:单击"确定"按钮,在"函数参数"对话框中设置参数如图 3-123 所示,单击"确定"按钮,填充完成。

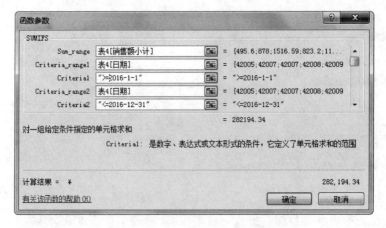

图 3-123 设置 SUMIFS 函数参数

步骤 3:按照以上步骤填充 B4,B5 单元格,分别设置参照如图 3-124 和图 3-125 所示。

注意:图 3-124 和图 3-125 都只显示最后 5 个参数的值。

图 3-124　在 B4 单元格设置 SUMIFS 函数参数

图 3-125　在 B5 单元格设置 SUMIFS 函数参数

步骤 4：填充 B6 单元格。B6 单元格要求隆华书店在 2015 年的每月平均销售额，所以要用 SUMIFS 函数求出 2015 年总销售额，再除以 12 个月，先插入 SUMIFS 函数，设置参数如图 3-126 所示。

图 3-126　在 B6 单元格设置 SUMIFS 函数参数

使用 Excel 处理电子表格

插入函数后单击"编辑栏"在后面添加"/12"，编辑栏内容如图 3-127 所示，按回车键确认。

=SUMIFS(表4[销售额小计], 表4[书店名称], "=隆华书店", 表4[日期], ">=2015-1-1", 表4[日期], "<=2015-12-31")/12

图 3-127　编辑栏内容

步骤 5：填充 B7 单元格。B7 单元格要求 2016 年隆华书店销售额占公司全年销售总额的百分比，用 SUMIFS 函数求出 2016 年隆华书店销售额，再除以 B3 单元格中已经求出的全公司 2016 年的总销售额，先插入 SUMIFS 函数，设置参数如图 3-128 所示。

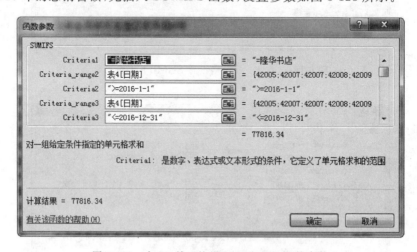

图 3-128　在 B7 单元格设置 SUMIFS 函数参数

插入函数后单击"编辑栏"在后面添加"/B3"，编辑栏内容如图 3-129 所示，按回车键确认。

=SUMIFS(表4[销售额小计], 表4[书店名称], "=隆华书店", 表4[日期], ">=2016-1-1", 表4[日期], "<=2016-12-31")/B3

图 3-129　编辑栏内容

步骤 6：选中 B3：B6 单元格，设置单元格格式为"会计专用"，设置 B7 单元格格式为"百分比"，显示小数位数两位，完成效果如图 3-130 所示。

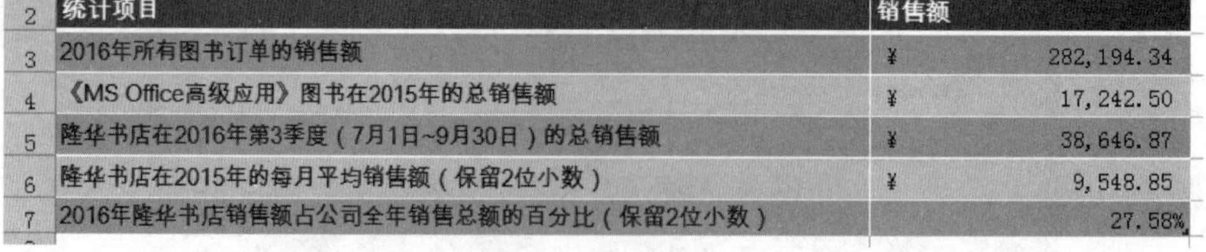

A	B
Flight 公司销售统计报告	
统计项目	销售额
2016年所有图书订单的销售额	¥ 282,194.34
《MS Office高级应用》图书在2015年的总销售额	¥ 17,242.50
隆华书店在2016年第3季度（7月1日~9月30日）的总销售额	¥ 38,646.87
隆华书店在2015年的每月平均销售额（保留2位小数）	¥ 9,548.85
2016年隆华书店销售额占公司全年销售总额的百分比（保留2位小数）	27.58%

图 3-130　填充结果

任务三　制作"工资表"

预备知识

1. 数据导入

Excel 可以导入很多种类的数据,例如 Access 数据、网站、文本及其他数据库数据。打开 Excel,打开"数据"选项卡,就可以看到"获取外部数据"组,如图 3-131 所示。

图 3-131　"数据"选项卡

如果需要导入的外部文件是个文本文件,可以选择"自文本",然后在对话框里找到文本文件的具体位置。单击"导入",在导入步骤窗口中进行选项设置,其中最为关键的是起始行设置、列宽度、最后单击"完成"按钮,就完成了外部数据的导入。

2. 数据筛选

数据管理时经常需要从众多的数据中挑选出一部分满足条件的记录进行处理,即进行条件查询。如挑选能参加兴趣小组的学生,要从成绩表中筛选出符合条件的记录。

对于筛选数据,Excel 提供了自动筛选和高级筛选两种方法:自动筛选是一种快速的筛选方法,它可以方便地将那些满足条件的记录显示在工作表上;高级筛选可进行复杂的筛选,挑选出满足多重条件的记录。

1）自动筛选

"自动筛选"一般用于简单的条件筛选,筛选时将不满足条件的数据暂时隐藏起来,只显示符合条件的数据。

2）高级筛选

"高级筛选"一般用于条件较复杂的筛选操作,其筛选的结果可显示在原数据表格中,不符合条件的记录被隐藏起来;也可以在新的位置显示筛选结果,不符合条件的记录同时保留在数据表中而不会被隐藏起来,这样就更加便于进行数据的比对了。

3）自动筛选和高级筛选的区别

（1）同一字段的多个条件,无论是"与"还是"或",不同字段的"与"的条件都可以使用自动筛选,而有不同字段的"或"的条件就只能使用高级筛选来完成。

（2）自动筛选的结果都是在原有区域上显示,即隐藏不符合条件的记录。高级筛选的结果可以在原有区域上显示,也可以复制到其他指定区域,即复制符合条件的记录。

（3）高级筛选的条件设定

在输入高级筛选条件时,如果是"与"的条件,则条件输入在同一行,如果是"或"的条件,则条件必须在不同行输入。

3. 分类汇总

分类汇总,就是根据指定的类别,将数据进行汇总统计。汇总包括求和、记数、最大值、最小值、乘等。在分类汇总时,必须先将同一类别的数据放在一起,一般采用排序的方法。例如我们要统计销售表中每个地区的销售总额,操作步骤如下:

步骤 1:将数据清单按要求进行分类汇总的列进行排序,如图 3-132 所示。在本例中我们按地区进行排序。

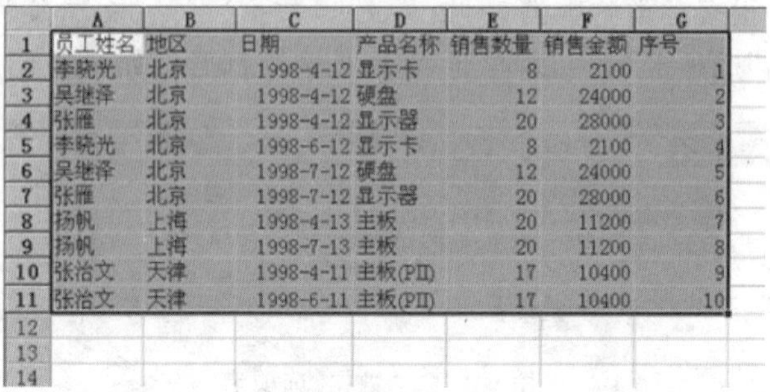

图 3-132　数据排序

步骤 2:在要进行分类汇总的数据清单里,选取一个单元格。执行"数据"菜单中的"分类汇总"命令,在屏幕上我们还看到一个如图 3-133 所示的对话框。

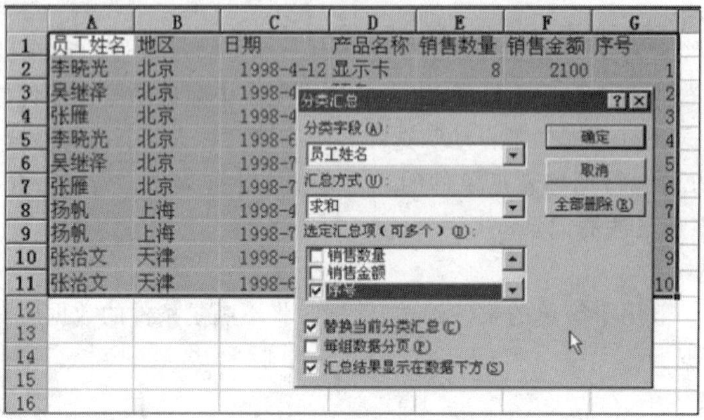

图 3-133　"分类汇总"对话框

步骤 3:在"分类字段"框中,选择一列:它包含要进行分类汇总的那些组或者接受默认选择。在"汇总方式"列表框中,选择想用来进行汇总数据的函数,默认选择是"求和"。在"选定汇总项"中,选择包含有要进行汇总的数值的那一列或者接受默认选择。单击"确定"按钮,我们就可以看到如图 3-134 所示的结果。

 案例描述

每年年终,Flight 公司都会给公司在职人员发放年终奖金,公司会计 Jack 要负责计算工资奖金的个人所得税,为每位员工制作工资条,请按以下要求完成工资奖金的计算及工资条的制作。

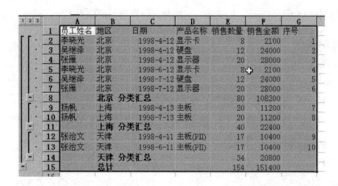

图 3-134　分类汇总结果

（1）将公司人事处提供的"员工档案.csv"文件导入到工作表"员工基础档案"中，并设置工作表中的所有数据区域名称为"档案"。

（2）按"身份证号"信息填充"员工基础档案"工作表中包含"性别""出生日期"字段，计算"年龄""工龄工资""基本工资"字段内容，计算截止日期为 2016 年 11 月 30 日。

① 年龄按周岁计算，满 1 年才计 1 岁，每月按 30 天，一年按 360 天计算。

② 工龄工资的计算方法：本公司工龄达到或超过 20 年的每满一年每月增加 60 元、不足 20 年的每满一年每月增加 40 元，不足 10 年的每满一年每月增加 30 元，不满一年的没有工龄工资。

③ 基本月工资＝签约月工资＋月工龄工资。

（3）按照"员工基础档案"工作表内容填充"年终奖金"工作表中的各字段内容，并按照年基本工资总额的 20% 计算每个员工的年终奖金。

（4）在工作表"年终奖金"中，根据工作表"个人所得税税率"中的对应关系计算每个员工年终奖金应交的个人所得税、实发奖金、并填入 G 列和 H 列。年终奖金的计税方法是：

① 年终奖金的月应税所得额＝全部年终奖金/12。

② 根据步骤①计算得出的月应税所得额在个人所得税税率表中找到对应税率。

③ 年终奖金应交个税＝全部年终奖金 * 月应税所得额的对应税率－对应速算扣除数。

④ 实发奖金＝应发奖金－应交个税。

（5）根据工作表"年终奖金"中的数据，在"12 月工资表"中依次输入每个员工的"应发年终奖金""奖金个税"，并计算员工的"实发工资奖金"总额。（实发工资奖金＝应发工资奖金合计－扣除社保－工资个税－奖金个税）

（6）在"12 月工资表"工作表后新建一个工作表"12 月各部门实发工资奖金总计"，使用分类汇总统计每个部门 12 月份实发工资奖金总额。

（7）在"12 月工资表"工作表后新建一个工作表"各部门高薪人员"，筛选出 12 月份实发工资奖金 3 万元以上的人员。

（8）基于工作表"12 月份工资表"中的数据，从工作表"工资条"的 A2 单元格开始依次为每位员工生成样例所示的工资条，要求每张工资条占用两行、内外均加框线，第 1 行为工号、姓名、部门等列标题，第 2 行为相应工资奖金及个税金额，两张工资条之间空一行以便剪裁、该空行行高统一设为 40 默认单位，自动调整列宽到最合适大小，字号不得小于 10 磅。

（9）调整工作表"工资条"的页面布局以备打印：纸张方向为横向，缩减打印输出使得

273

项目三

所有列只占一个页面宽(但不得改变边距),水平居中打印在纸上。

 **案例实施**

1. 打开素材文件。

步骤 1:双击"Excel 素材 3.xlsx"文件图标,打开文件。

步骤 2:单击"文件"菜单"另存为"命令,将文件名改为"工资表.xlsx",再继续编辑。

2. 创建"员工基础档案"工作表

1) 创建工作表

步骤 1:右击工作表区域中的"年终奖金"工作表标签,单击"插入"新工作表。

步骤 2:右击新插入的工作表标签重命名为"员工基础档案",创建效果如图 3-135 所示。

员工基础档案 / 年终奖金 / 12月工资表 / 个人所得税税率 / 工资条 / 工资条样例 /

图 3-135　工作表标签

2) 导入数据文件

步骤 1:单击"数据"选项卡"获取外部数据"组中的"自文本"。

步骤 2:在弹出的对话框中选中相应的档案文件,如"员工档案.csv",单击"导入"。

步骤 3:在"文本导入向导-第 1 步,共 3 步"对话框中设置文件原始格式为"简体中文 (GB2312)",如图 3-136 所示,单击"下一步"按钮。

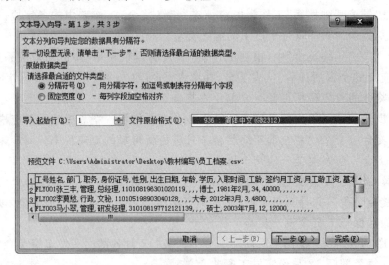

图 3-136　"文本导入向导-第 1 步,共 3 步"对话框

步骤 4:在"文本导入向导-第 2 步,共 3 步"对话框中设置分隔符,如这个文件的分隔符为"逗号",如图 3-137 所示,单击"下一步"按钮。

步骤 5:在"文本导入向导-第 3 步,共 3 步"对话框中设置列数据格式,特别是"身份证号"列设置列数据格式为"文本",如图 3-138 所示,单击"完成"按钮。

步骤 6:选择数据放置位置,选择"现有工作表",单击"确定"按钮,导入效果如图 3-139 所示。

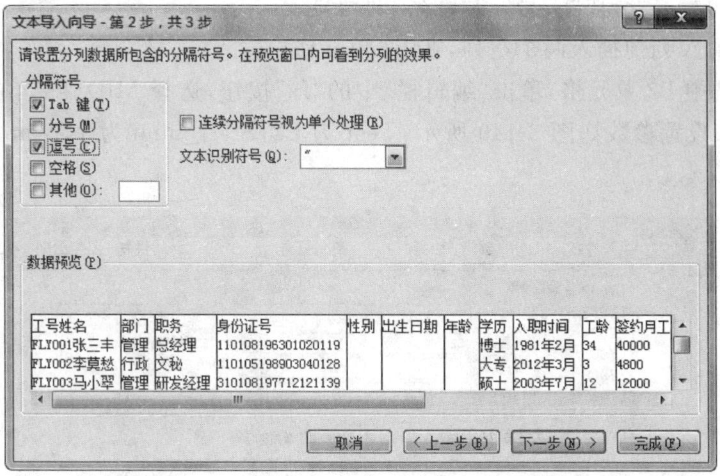

图 3-137 "文本导入向导-第 2 步，共 3 步"对话框

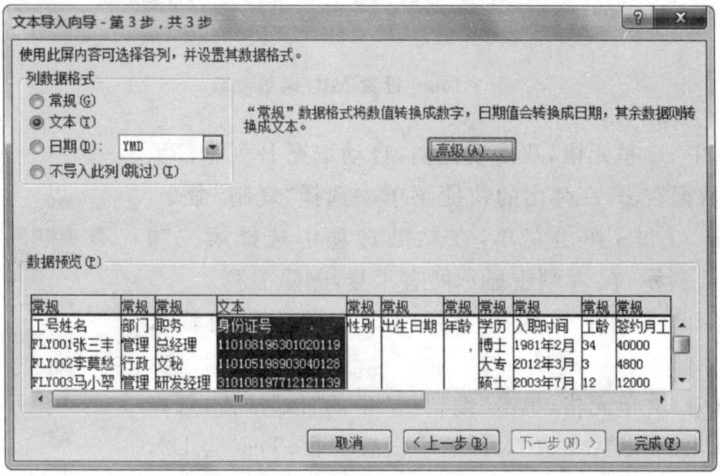

图 3-138 "文本导入向导-第 3 步，共 3 步"对话框

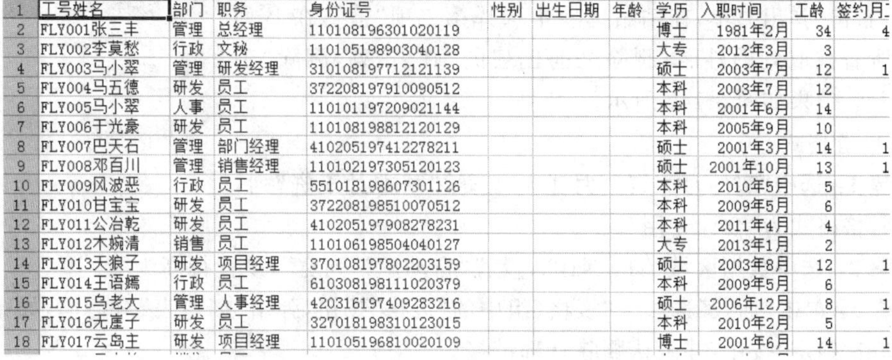

	A	B	C	D	E	F	G	H	I	J	K
1	工号姓名	部门	职务	身份证号	性别	出生日期	年龄	学历	入职时间	工龄	签约月工
2	FLY001张三丰	管理	总经理	110108196301020119				博士	1981年2月	34	4
3	FLY002李莫愁	行政	文秘	110105198903040128				大专	2012年3月	3	
4	FLY003马小翠	管理	研发经理	310108197712121139				硕士	2003年7月	12	1
5	FLY004马五德	研发	员工	372208197910090512				本科	2003年7月	12	
6	FLY005马小翠	人事	员工	110101197209021144				本科	2001年6月	14	
7	FLY006于光豪	研发	员工	110108198812120129				本科	2005年9月	10	
8	FLY007巴天石	管理	部门经理	410205197412278211				硕士	2001年3月	14	1
9	FLY008邓百川	管理	销售经理	110102197305120123				硕士	2001年10月	13	1
10	FLY009风波恶	行政	员工	551018198607301126				本科	2011年5月	5	
11	FLY010甘宝宝	研发	员工	372208198510070512				本科	2009年5月	6	
12	FLY011公冶乾	研发	员工	410205197908278231				本科	2011年4月	4	
13	FLY012木婉清	销售	员工	110106198504040127				大专	2013年1月	2	
14	FLY013天狼子	研发	项目经理	370108197802203159				硕士	2003年8月	12	1
15	FLY014王语嫣	行政	员工	610308198111020379				本科	2009年5月	6	
16	FLY015乌老大	管理	人事经理	420316197409283216				硕士	2006年12月	8	1
17	FLY016无崖子	研发	员工	327018198310123015				本科	2010年2月	5	
18	FLY017云岛主	研发	项目经理	110105196810020109				博士	2001年6月	14	1

图 3-139 文本导入结果

3）将"工号姓名"分成"工号"和"姓名"两列显示

步骤 1：在 A 列前插入两个空列，在 B1 单元格内输入"工号"。

步骤 2：选中 B2 单元格，单击"编辑栏"中的"fx"按钮，选择 MID 函数，在弹出的"函数参数"对话框中设置参数如图 3-140 所示，Test 为 C2，Start_num 为 1，Num_chars 为 6，单击"确定"按钮。

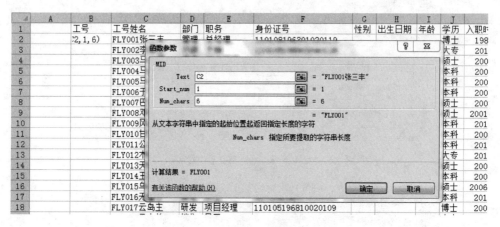

图 3-140　设置 MID 函数参数

步骤 3：选中 B2 单元格，双击填充柄，自动填充 B 列全部数据。选中 B 列数据右击，在弹出的快捷菜单中选择"复制"命令，选中 A1 单元格，右击，弹出菜单，在粘贴选项中选择第二项"值"，如图 3-141 所示，在 A 列中显示所有工号，删除 B 列。

步骤 4：在 B 列前插入两个空列，在 C1 单元格内输入"姓名"。

步骤 5：选中 C2 单元格，单击"编辑栏"中的"fx"按钮，选择 MID 函数，在弹出的"函数参数"对话框中设置参数，Test 为 D2，Start_num 为 7，Num_chars 为 4，单击"确定"按钮。

步骤 6：选中 C2 单元格，双击填充柄，自动填充 C 列全部数据。选中 C 列数据右击，在右键菜单中选择"复制"命令，选中 B1 单元格，右击，弹出菜单，在粘贴选项中选择第二项"值"，在 B 列中显示所有截取到的姓名，删除之前创建的"姓名"列，删除"工号姓名"列，效果如图 3-142 所示。

图 3-141　快捷菜单

4）设置格式

步骤 1：选中"签约月工资""月工龄工资""基本月工资"列，设置单元格格式为"会计专用"。

步骤 2：选中数据区域 A1：N102，设置"自动调整列宽"，设置行高为"20"。

步骤 3：单击"插入"选项卡"表格"组中的"表格"按钮，弹出"创建表"对话框，如图 3-143 所示，单击"确定"按钮，并确认删除外部链接。

步骤 4：单击"公式"选项卡"定义的名称"组中的"名称管理器"按钮，弹出对话框如图 3-144 所示。

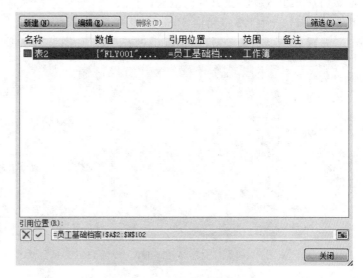

	A	B	C	D	E	F	G	H	I
1	工号	姓名	部门	职务	身份证号	性别	出生日期	年龄	学历
2	FLY001	张三丰	管理	总经理	110108196301020119				博士
3	FLY002	李莫愁	行政	文秘	110105198903040128				大专
4	FLY003	马小翠	管理	研发经理	310108197712121139				硕士
5	FLY004	马五德	研发	员工	372208197910090512				本科
6	FLY005	马小翠	人事	员工	110101197209021144				本科
7	FLY006	于光豪	研发	员工	110108198812120129				本科
8	FLY007	巴天石	管理	部门经理	410205197412278211				硕士
9	FLY008	邓百川	管理	销售经理	110102197305120123				硕士
10	FLY009	风波恶	行政	员工	551018198607301126				本科
11	FLY010	甘宝宝	研发	员工	372208198510070512				本科
12	FLY011	公冶乾	研发	员工	410205197908278231				本科
13	FLY012	木婉清	销售	员工	110106198504040127				大专
14	FLY013	天狼子	研发	项目经理	370108197802203159				硕士
15	FLY014	王语嫣	行政	员工	610308198111020379				本科

图 3-142　填充效果

图 3-143　"创建表"对话框　　　　　图 3-144　"名称管理器"对话框

步骤 5：选中刚创建的表，单击"编辑"命令，将其名称设置为"档案"。

3. 填充"员工基础档案"各列

1）填充"性别"列

这列数据的填充要使用函数嵌套：先使用 MID 函数截取身份证号倒数第 2 位，再使用 MOD 函数求截取到的数字除以 2 的余数，最后用 IF 函数判断余数为 1 时为"男"，否则为"女"。

步骤 1：选中 F2 单元格，单击"编辑栏"中"fx"按钮，选择 IF 函数。

步骤 2：进行函数参数设置，如图 3-145 所示，Logical_test 设置为"MOD(MID([@身份证号],17,1),2)=1"，Value_if_true 设置为"男"，Value_if_false 设置为"女"，单击"确定"按钮。

步骤 3：选中 F2 单元格，双击填充柄，完成"性别"列数据的填充。

2）填充"出生日期"列

出生日期截取自身份证号，所以先用 MID 函数分别截取年、月、日数字，再使用 DATE

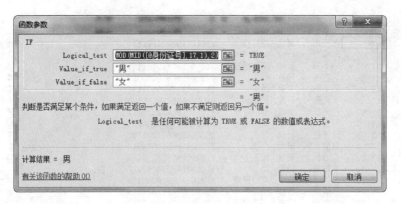

图 3-145　设置 IF 函数参数

函数将这三个数字转换成日期格式。

步骤 1：选中 G2 单元格，单击"编辑栏"中的"fx"按钮，选择 DATE 函数。

步骤 2：在"函数参数"对话框中设置参数，如图 3-146 所示，单击"确定"按钮。

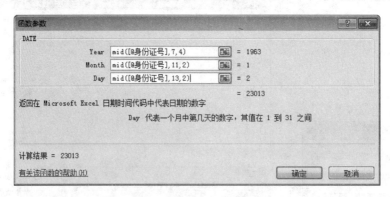

图 3-146　设置 DATE 函数参数

步骤 3：选中 G2 单元格，双击填充柄，自动填充该列数据。选中该列数据，设置单元格格式为日期，选中"年月日"格式，设置效果如图 3-147 所示。

▲	A	B	C	D	E	F	G	H	I	J
1	工号 ▼	姓名 ▼	部门 ▼	职务 ▼	身份证号 ▼	性别 ▼	出生日期 ▼	年龄 ▼	学历 ▼	入职时
2	FLY001	张三丰	管理	总经理	110108196301020119	男	1963年1月2日		博士	1981
3	FLY002	李莫愁	行政	文秘	110105198903040128	女	1989年3月4日		大专	2012
4	FLY003	马小翠	管理	研发经理	310108197712121139	男	1977年12月12日		硕士	2003
5	FLY004	马五德	研发	员工	372208197910090512	男	1979年10月9日		本科	2003
6	FLY005	马小翠	人事	员工	110101197209021144	女	1972年9月2日		本科	2001
7	FLY006	于光豪	研发	员工	110108198812120129	女	1988年12月12日		本科	2005
8	FLY007	巴天石	管理	部门经理	410205197412278211	男	1974年12月27日		硕士	2001
9	FLY008	邓百川	管理	销售经理	110102197305120123	女	1973年5月12日		硕士	2001
10	FLY009	风波恶	行政	员工	551018198607301126	女	1986年7月30日		本科	2010
11	FLY010	甘宝宝	研发	员工	372208198510070512	男	1985年10月7日		本科	2009
12	FLY011	公冶乾	研发	员工	410205197908278231	男	1979年8月27日		本科	2011

图 3-147　填充效果

3）填充"年龄"列

Excel 提供了 DAYS360 函数，按每年 360 天计算两个日期间相差的天数，然后将这个天数除以 360 得到年数，再根据要求用 ROUNDDOWN 函数进行截断取整。

步骤 1：选中 H2 单元格，单击"编辑栏"中的"fx"按钮，选择 DAYS360 函数。

步骤 2：在"函数参数"对话框中设置参数，如图 3-148 所示，单击"确定"按钮。

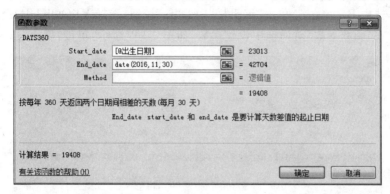

图 3-148　设置 DAY360 参数

步骤 3：在 H2 单元格中显示两个日期相差的天数。在编辑栏内继续编辑公式，修改公式为"＝ROUNDDOWN(DAYS360([@出生日期],DATE(2016,11,30))/360,0)"，按回车键或单击"编辑栏"中的"√"按钮表示确认。

步骤 4：选中 H2 单元格，双击填充柄自动填充该列数据。

4）填充"月工龄工资"列

按照规则，工龄＞＝20，月工龄工资＝工龄＊60,20＞工龄＞＝10，月工龄工资＝工龄＊40，10＞工龄＞＝1，月工龄工资＝工龄＊30，否则没有，可以使用嵌套 IF 函数完成。

步骤 1：选中 M2 单元格，输入"＝if([@工龄]＞＝20,[@工龄]＊60,if([@工龄]＞＝10,[@工龄]＊40, if([@工龄]＞＝1,[@工龄]＊30,0)))"，按回车键或单击"编辑栏"中的"√"按钮表示确认。

步骤 2：选中 M2 单元格，双击填充柄填充该列所有数据。

5）填充"基本月工资"列

步骤 1：选中 N2 单元格，输入公式"＝[@签约月工资]＋[@月工龄工资]"，按回车键或单击"编辑栏"中的"√"按钮表示确认。

步骤 2：选中 N2 单元格，双击填充柄填充该列所有数据，填充完成后工作表如图 3-149 所示。

工号	姓名	部门	职务	身份证号	出生日期	性别	年龄	学历	入职时间	工龄	签约月工资	月工龄工资	基本月工资
FLY001	张三丰	管理	总经理	110108196301020119	1963年1月2日	男	53	博士	1981年2月	34	¥ 40,000.00	¥ 2,040.00	¥ 42,040.00
FLY002	李真熬	行政	文秘	110105198903040128	1989年3月4日	女	27	大专	2012年3月	3	¥ 4,800.00	¥ 90.00	¥ 4,890.00
FLY003	马小雯	管理	研发经理	310108197712121139	1977年12月12日	男	38	硕士	2003年7月	12	¥ 12,000.00	¥ 480.00	¥ 12,480.00
FLY004	马五德	研发	员工	372208197910090512	1979年10月9日	男	37	本科	2003年7月	12	¥ 7,000.00	¥ 480.00	¥ 7,480.00
FLY005	马小察	人事	员工	110101197209021144	1972年9月2日	女	44	本科	2001年6月	14	¥ 6,200.00	¥ 560.00	¥ 6,760.00
FLY006	于光羲	研发	员工	110108198812120129	1988年12月12日	女	27	本科	2005年9月	10	¥ 5,500.00	¥ 400.00	¥ 5,900.00
FLY007	巴天石	管理	部门经理	410205197412278211	1974年12月27日	男	41	硕士	2001年7月	14	¥ 10,000.00	¥ 560.00	¥ 10,560.00
FLY008	邓百川	管理	销售经理	110102197305120123	1973年5月12日	女	43	硕士	2001年10月	13	¥ 18,000.00	¥ 520.00	¥ 18,520.00
FLY009	风波恶	行政	员工	551018198607301126	1986年7月30日	女	30	本科	2010年5月	5	¥ 6,000.00	¥ 150.00	¥ 6,150.00
FLY010	甘宝宝	研发	员工	372208198510070512	1985年10月7日	男	31	本科	2009年5月	6	¥ 6,000.00	¥ 180.00	¥ 6,180.00

图 3-149　"员工基础档案"工作表

4. 填充"年终奖金"工作表

1）填充"姓名""部门""月基本工资"

这三项数据的填充参照"员工基础档案"工作表进行相应填充，可以使用 VLOOKUP 函数完成。

步骤1：选中"年终奖金"工作表。

步骤2：选中 B4 单元格，单击"编辑栏"中的"fx"按钮，选择 VLOOKUP 函数。

步骤3：在"函数参数"对话框中设置参数，如图 3-150 所示，单击"确定"按钮。

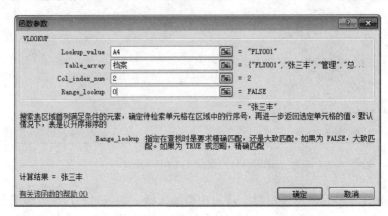

图 3-150　设置 VLOOKUP 函数参数

步骤4：选中 B4 单元格，双击填充柄填充该列所有数据。

步骤5：将 B4 单元格的内容复制到 C4、D4 单元格，并在编辑栏内分别对这两个公式进行适当修改。

步骤6：C4 单元格的公式修改为"＝VLOOKUP(A4,档案,3,0)"，D4 单元格的公式修改为"＝VLOOKUP(A4,档案,14,0)"。

步骤7：同时选中 C4、D4 单元格，双击填充柄完成这两列数据的自动填充。

2）填充"实发奖金"列

步骤1：选中 E4 单元格，输入公式"＝D4 * 12 * 15％"，按回车键或单击"编辑栏"中的"√"按钮表示确认。

步骤2：选中 E4 单元格，双击填充柄填充该列所有数据。

3）填充"月应税所得额"列

步骤1：选中 F4 单元格，输入公式"＝E4/12"，按回车键或单击"编辑栏"中的"√"按钮表示确认。

步骤2：选中 F4 单元格，双击填充柄填充该列所有数据。

4）填充"应交个税"

个税的税率根据工资的多少分不同档，所以采用 IF 函数嵌套调用完成。

步骤1：选中 G4 单元格，输入公式"＝IF(F4＜＝1500,E4 * 0.03,IF(F4＜＝4500,E4 * 0.1−105,IF(F4＜＝9000,E4 * 0.2−555,IF(F4＜＝35000,E4 * 0.25−1005,IF(F4＜＝55000,E4 * 0.3−2755,IF(F4＜＝80000,E4 * 0.35−5505,E4 * 0.45−13505)))))))"，按回车键或单击"编辑栏"中的"√"按钮表示确认。

步骤 2：选中 G4 单元格，双击填充柄填充该列所有数据。

5）填充"实发奖金"

步骤 1：选中 H4 单元格，输入公式"＝E4－G4"，按回车键或单击"编辑栏"中的"√"按钮表示确认。

步骤 2：选中 H4 单元格，双击填充柄填充该列所有数据，填充完成后，"年终奖金"工作表如图 3-151 所示。

	A	B	C	D	E	F	G	H
1				Flight公司2016年度年终奖金计算表				
2								
3	员工编号	姓名	部门	月基本工资	应发奖金	月应税所得额	应交个税	实发奖金
4	FLY001	张三丰	管理	42040	75,672.00	6,306.00	14,579.40	61,092.60
5	FLY002	李莫愁	行政	4890	8,802.00	733.50	264.06	8,537.94
6	FLY003	马小翠	管理	12480	22,464.00	1,872.00	2,141.40	20,322.60
7	FLY004	马五德	研发	7480	13,464.00	1,122.00	403.92	13,060.08
8	FLY005	马小翠	人事	6760	12,168.00	1,014.00	365.04	11,802.96
9	FLY006	于光豪	研发	5900	10,620.00	885.00	318.60	10,301.40
10	FLY007	巴天石	管理	10560	19,008.00	1,584.00	1,795.80	17,212.20
11	FLY008	邓百川	管理	18520	33,336.00	2,778.00	3,228.60	30,107.40
12	FLY009	风波恶	行政	6150	11,070.00	922.50	332.10	10,737.90
13	FLY010	甘宝宝	研发	6180	11,124.00	927.00	333.72	10,790.28
14	FLY011	公冶乾	研发	5120	9,216.00	768.00	276.48	8,939.52
15	FLY012	木婉清	销售	4560	8,208.00	684.00	246.24	7,961.76
16	FLY013	天狼子	研发	12480	22,464.00	1,872.00	2,141.40	20,322.60

图 3-151　"年终奖金"工作表

5. 填充"12 月工资表"

1）填充"应发年终奖金"列

步骤 1：选定 E4 单元格，单击"编辑栏"中的"fx"按钮，选择 VLOOKUP 函数。

步骤 2：在"函数参数"对话框中设置参数，如图 3-152 所示，单击"确定"按钮。

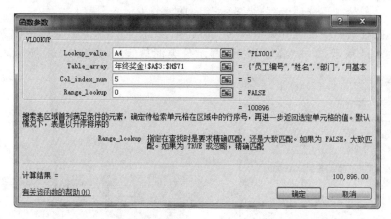

图 3-152　设置 VLOOKUP 函数参数

步骤 3：选中 E4 单元格，双击填充柄填充该列所有数据。

2）填充"奖金个税"列

步骤 1：选定 L4 单元格，单击"编辑栏"中的"fx"按钮，选择 VLOOKUP 函数。

使用 Excel 处理电子表格

步骤2：在"函数参数"对话框中设置参数，如图 3-153 所示，单击"确定"按钮。

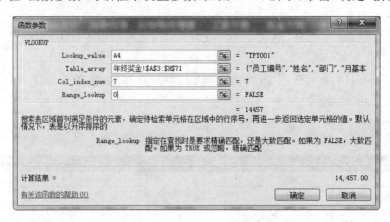

图 3-153　设置 VLOOKUP 函数参数

步骤3：选中 L4 单元格，双击填充柄填充该列所有数据。

3）填充"实发工资奖金"列

步骤1：选中 M4 单元格，输入公式"＝H4－I4－K4－L4"，按回车键或单击"编辑栏"中的"√"按钮表示确认。

步骤2：选中 M4 单元格，双击填充柄填充该列所有数据。

6. 创建"12 月各部门实发工资奖金总计表"

步骤1：在"12 月工资表"后插入新工作表，重命名工作表名为"12 月各部门实发工资奖金总计表"。

步骤2：按住 Ctrl 键选定"12 月工资表"中的"部门""实发工资奖金"列数据，复制后，在新工作表中选择"选择性粘贴"→"值"。

步骤3：将新工作表数据按"部门"列排序。

步骤4：单击"数据"选项卡"分级显示"组中的"分类汇总"按钮。

步骤5：在对话框中设置分类字段为"部门"汇总方式为"求和"，汇总字段为"实发工资奖金"，如图 3-154 所示，单击"确定"按钮，显示分类汇总信息，如图 3-155 所示。

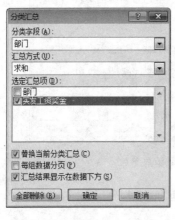

图 3-154　"分类汇总"对话框

图 3-155　分类汇总结果

7. 创建"各部门高薪人员表"

步骤 1：在"12 月工资表"后复制一个新工作表，将这个工作表重命名为"各部门高薪人员表"。

步骤 2：选中数据清单中的任一单元格，单击"数据"选项卡中"排序和筛选"组中的"筛选"按钮。

步骤 3：单击"实发工资奖金"字段旁向下的三角形，在弹出的菜单中选择"数据筛选"命令，在级联菜单中选择要筛选的条件"大于或等于"，如图 3-156 所示。

图 3-156　自动筛选菜单

步骤 4：在弹出的"自定义自动筛选方式"对话框中设置筛选条件，如图 3-157 所示，单击"确定"按钮，筛选结果如图 3-158 所示。

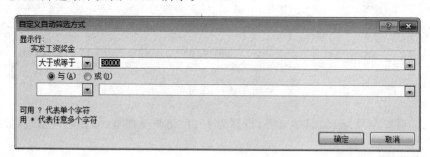

图 3-157　"自定义自动筛选方式"对话框

注意：根据筛选的条件，有些数据的筛选必须使用"高级筛选"才能完成，读者可以自行设定筛选条件进行学习。

8. 完成"工资条"工作表

这步操作中要使用到的函数有 MOD、ROW、COLUMN、INDEX 等，函数较多，又进行了多重嵌套，公式比较复杂。

图 3-158　自动筛选结果

首先将工作表中的数据分成每三行一组,第一行为空格行,第二行为标题行,第三行为数值行,所以可以使用行号除以 3 的余数,来判断是第几行。Excel 提供了 INDEX 函数可以在给定的单元格区域中返回特定行列交叉单元格的值或引用。ROW 和 COLUMN 函数分别用来取行号和列标。

步骤 1:选中 A1 单元格,输入公式"＝IF(MOD(ROW(),3)＝1,"",IF(MOD(ROW(),3)＝2,INDEX('12 月工资表'!＄A＄3:＄M＄3,1,COLUMN()),INDEX('12 月工资表'!＄A＄4:＄M＄71,ROW()/3,COLUMN()))))",按回车键或单击"编辑栏"中的"√"按钮表示确认。

步骤 2:选中 A1 单元格,按住填充柄向右自动填充到 M1 单元格,向下自动填充到 M204 单元格,填充后效果如图 3-159 所示。

图 3-159　工资条

步骤 3:设置字号为 12,居中对齐,行高为 40、自动调整列宽、添加内外框线,如图 3-160 所示。

9. 打印设置

步骤 1:选中"工资条"工作表,单击"页面布局"选项卡"页面设置"组的"纸张方向",设置为"横向"。

步骤 2:选定所有数据区域 A1:M204,单击"打印区域"按钮,将其设定为打印区域。

步骤 3:选择"文件"菜单→"打印"命令,进入打印设置,如图 3-161 所示,在最后一个"缩放"设置中选中"将所有列调整为一页",打印设置完成。

	A	B	C	D	E	F	G	H	I	J	K	L	M
1													
2	员工编号	姓名	部门	基本工资	应发年终奖金	补贴	扣除病事假	应发工资奖金合计	扣除社保	应纳税所得额	工资个税	奖金个税	实发工资奖金
3	FLY001	张三丰	管理	42040	100896	260	230	142966	460	38570	8816	19624.2	114065.8
4													
5	员工编号	姓名	部门	基本工资	应发年终奖金	补贴	扣除病事假	应发工资奖金合计	扣除社保	应纳税所得额	工资个税	奖金个税	实发工资奖金
6	FLY002	李莫愁	行政	4890	11736	260	352	16534	309	1298	38.94	352.08	15833.98

图 3-160 设置了格式的工资条

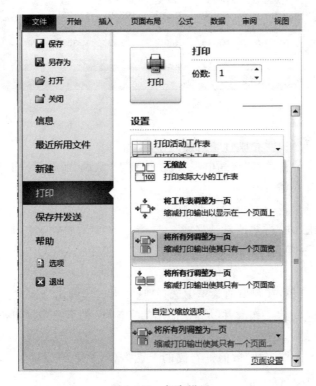

图 3-161 打印设置

实训一 Excel 的基本操作

1. 实训目的

(1) 掌握 Excel 2010 软件的基本使用。

(2) 掌握工作簿的创建和使用。

(3) 掌握工作表的基本编辑。

2. 实训内容

(1) 启动 Excel 2010 并更改工作簿的默认格式。

(2) 新建空白工作簿,并按图 3-162 格式输入数据。

使用 Excel 处理电子表格

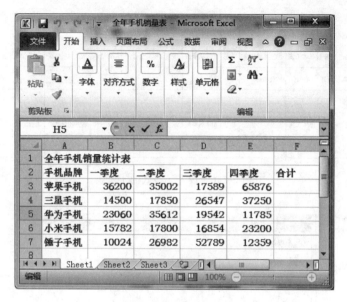

图 3-162　样表

（3）利用数据填充功能完成有序数据的输入。

（4）利用单元格的移动将"液晶电视"所在行置于"空调"所在行的下方。

（5）调整行高及列宽。

3．实训步骤

（1）启动 Excel 2010 并更改默认格式。

① 选择"开始"→"所有程序"→Microsoft Office→Microsoft Office Excel 2010 命令，启动 Excel 2010。

② 单击"文件"菜单，在弹出的菜单中选择"选项"命令，弹出"Excel 选项"对话框，在"常规"选项面板中单击"新建工作簿"区域内"使用的字体"旁的下三角按钮，在展开的下拉列表中选择"华文中宋"选项。

③ 单击"包含的工作表数"数值框右侧的上调按钮，将数值设置为 5，如图 3-163 所示，最后单击"确定"按钮。

④ 设置了新建工作簿的默认格式后，弹出 Microsoft Excel 提示框，单击"确定"按钮，如图 3-164 所示。

⑤ 将当前所打开的所有 Excel 2010 窗口关闭，然后重新启动 Excel 2010，新建一个 Excel 表格，并在单元格内输入文字，即可看到更改默认格式的效果。

（2）新建空白工作簿并输入文字。

① 在打开的 Excel 2010 工作簿中单击"文件"菜单，选择"新建"命令。在右侧的"新建"选项面板中，单击"空白工作簿"图标，再单击"创建"按钮，如图 3-165 所示，系统会自动创建新的空白工作簿。

② 在默认状态下 Excel 自动打开一个新工作簿文档，标题栏显示工作簿 1-Microsoft Excel，当前工作表是 Sheet1。

③ 选中 A1 为当前单元格，输入标题文字"全年手机销量统计表"。

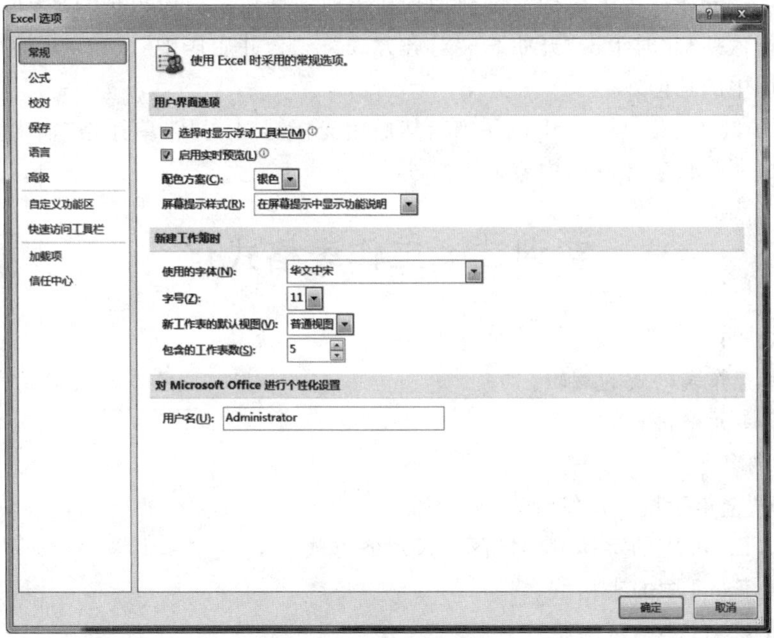

图 3-163　Excel 选项

图 3-164　Microsoft Excel 提示框

图 3-165　新建空白工作簿

项
目
三

使用 Excel 处理电子表格

④ 选中 A1 至 F1（按下鼠标左键拖动），在当前地址显示窗口出现"1R×6C"的显示，表示选中了一行六列，此时单击"开始"→"对齐方式"→"合并后居中"按钮，即可实现单元格的合并及标题居中的功能。

⑤ 单击 A2 单元格，输入"手机品牌"，然后用光标键选定 B3 单元格，输入数字，并用同样的方式完成所有数字部分的内容输入。

实训二　工作表格式化

1. 实训目的

（1）掌握工作表格式的编辑。

（2）了解单元格格式的设置。

2. 实验内容

（1）打开"全年手机销量统计表.xlsx"。

（2）设置 Excel 中的字体、字号、颜色及对齐方式。

（3）设置 Excel 中的表格线。

（4）设置 Excel 中的数字格式。

（5）在标题上方插入一行，输入创建日期，并设置日期显示格式。

（6）设置单元格背景颜色。

3. 实验步骤

（1）打开"全年手机销量统计表.xlsx"。

① 进入 Excel 2010，选择"文件"→"打开"命令，弹出如图 3-166 所示的"打开"对话框。

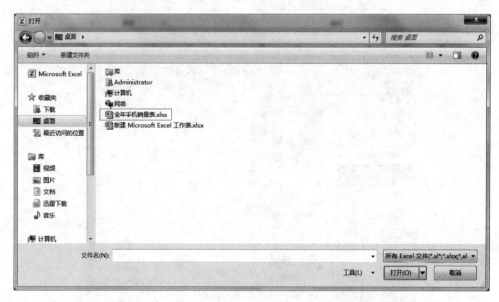

图 3-166　"打开"对话框

② 按照路径找到工作簿的保存位置，双击其图标打开该工作簿，或者单击选中图标，单击该对话框中的"打开"按钮，或双击文件名打开文件。

（2）设置字体、字号、颜色及对齐方式。

① 选中表格中的全部数据，单击鼠标右键，在弹出的快捷菜单中选择"设置单元格格式"命令，打开"设置单元格格式"对话框。

② 切换到"字体"选项卡，字体选择为"宋体"，字号为"12"，颜色为"深蓝，文字2，深色50％"，如图3-167所示。

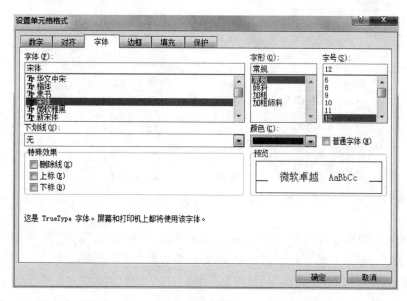

图3-167　"单元格格式"——"字体"选项卡

③ 打开"对齐"选项卡，文本对齐方式选择"居中"，如图3-168所示，单击"确定"按钮。

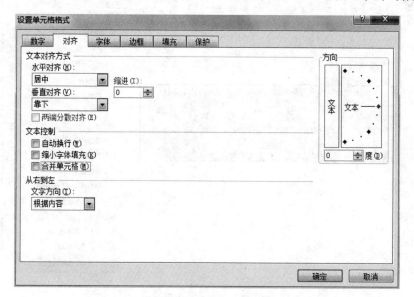

图3-168　"对齐"选项卡

④ 选中第二行，用同样的方法对第二行数据进行设置，将其颜色设置为"黑色"；字形设置为"加粗"。

项目三

使用 Excel 处理电子表格

（3）设置表格线。

① 选中 A2 单元格，并向右下方拖动鼠标，直到 F7 单元格，然后单击"开始"→"字体"组中的"边框"按钮，从弹出的下拉列表中选择"所有框线"图标，如图 3-169 所示。

图 3-169　选择"所有框线"图标

② 如做特殊边框线设置时，首先选定制表区域，切换到"开始"选项卡，单击"单元格"组中的"格式"按钮，在展开的下拉列表中单击"设定单元格格式"选项，如图 3-170 所示。或从上述步骤弹出的下拉列表中选择"其他边框"图标。

图 3-170　设置单元格格式

③ 在弹出的"设置单元格格式"对话框中，打开"边框"选项卡，选择一种线条样式后，在"预置"组合框中单击"外边框"按钮，如图 3-171 所示。

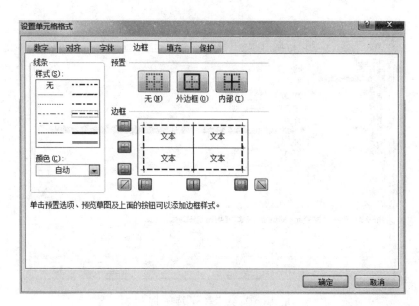

图 3-171 "边框"选项卡

④ 单击"确定"按钮,设置完边框后的工作表效果如图 3-172 所示。

	A	B	C	D	E	F	G
1	全年手机销量统计表						
2	手机品牌	一季度	二季度	三季度	四季度	合计	
3	苹果手机	36200	35002	17589	65876		
4	三星手机	14500	17850	26547	37250		
5	华为手机	23060	35612	19542	11785		
6	小米手机	15782	17800	16854	23200		
7	锤子手机	10024	26982	52789	12359		
8							

图 3-172 设置边框后工作表的效果图

(4) 设置 Excel 中的数字格式。

① 选中 B3 至 F7 单元格。

② 右击选中区域,在弹出的快捷菜单中选择"设置单元格格式"命令,打开"设置单元格格式"对话框,切换到"数字"选项卡。

③ 在"分类"列表框中选择"数值"选项;将"小数位数"设置为"0";选中"使用千位分隔符"复选框,在"负数"列表框中选择"(1,234)",如图 3-173 所示。

④ 单击"确定"按钮,应用设置后的数据效果如图 3-174 所示。

(5) 设置日期格式。

① 将鼠标指针移动到第一行左侧的标签上,当鼠标指针变为箭头时,单击该标签选中第一行中的全部数据。

② 右击选中的区域,在弹出的快捷菜单中,选择"插入"命令。

③ 在插入的空行中,选中 A1 单元格并输入"2015-5-8",单击编辑栏左侧的"输入"按钮 ,结束输入状态。

④ 选中 A1 单元格,右击选中区域,在快捷菜单中选择"设置单元格格式"命令,打开"设

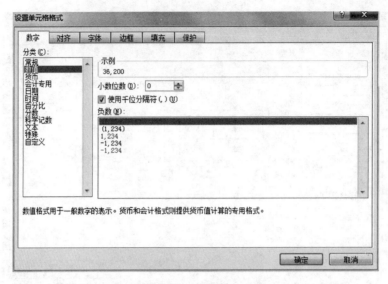

图 3-173 "数字"选项卡

全年手机销量统计表					
手机品牌	一季度	二季度	三季度	四季度	合计
苹果手机	36,200	35,002	17,589	65,876	
三星手机	14,500	17,850	26,547	37,250	
华为手机	23,060	35,612	19,542	11,785	
小米手机	15,782	17,800	16,854	23,200	
锤子手机	10,024	26,982	52,789	12,359	

图 3-174　设置数字格式后工作表效果

置单元格格式"对话框,切换到"数字"选项卡。

⑤ 在"分类"列表框中选择"日期",然后在"类型"列表框中选择"二〇〇一年三月十四日",如图 3-175 所示。

图 3-175　设置"日期"格式

⑥ 单击"确定"按钮。

⑦ 选中 A1 至 A2 单元格，单击"开始"→"对齐方式"组中的"合并后居中"按钮，将两个单元格合并为一个，应用设置后的效果如图 3-176 所示。

二〇一五年五月八日					
全年手机销量统计表					
手机品牌	一季度	二季度	三季度	四季度	合计
苹果手机	36,200	35,002	17,589	65,876	
三星手机	14,500	17,850	26,547	37,250	
华为手机	23,060	35,612	19,542	11,785	
小米手机	15,782	17,800	16,854	23,200	
锤子手机	10,024	26,982	52,789	12,359	

图 3-176　设置"日期"格式后工作表的效果图

（6）设置单元格背景颜色。

① 选中 A4 至 F8 之间的单元格，然后单击"开始"→"字体"组中的"填充颜色"按钮，在弹出的面板中选择"紫色，强调文字颜色 4，淡色 80％"。

② 用同样的方法将表格中 A3 至 F3 单元格中的背景设置为"深蓝，文字 2，淡色 80％"。

③ 如做特殊底纹设置时，右击选定底纹设置区域，在快捷菜单中选择"设置单元格格式"命令，打开"设置单元格格式"对话框，切换到"填充"选项卡，在"图案样式"下拉列表中选择"6.25％灰色"，如图 3-177 所示，单击"确定"按钮，设置背景颜色后的工作表效果如图 3-178 所示。

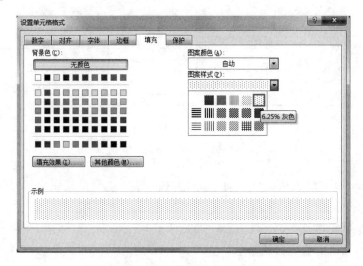

图 3-177　"图案"选项卡

二〇一五年五月八日					
全年手机销量统计表					
手机品牌	一季度	二季度	三季度	四季度	合计
苹果手机	36,200	35,002	17,589	65,876	
三星手机	14,500	17,850	26,547	37,250	
华为手机	23,060	35,612	19,542	11,785	
小米手机	15,782	17,800	16,854	23,200	
锤子手机	10,024	26,982	52,789	12,359	

图 3-178　设置背景颜色后工作表的效果图

使用 Excel 处理电子表格

实训三　函数和公式的使用

1. 实验目的

（1）掌握公式的使用方法。

（2）掌握函数的使用方法。

（3）掌握单元格引用的方法。

2. 实验内容

（1）按照样表图 3-179 输入数据，并完成相应的格式设置。

（2）计算每个学生的成绩总分。

（3）计算各科成绩平均分。

（4）在"备注"栏中注释出每位同学的通过情况：若"总分"大于 240 分，则在备注栏中填"优秀"；若总分小于 240 分但大于 220 分，则在备注栏中填"及格"，否则在备注栏中填"不及格"。

（5）将表格中所有成绩小于 60 的单元格设置为"红色"字体并"加粗"；将表格中所有成绩大于 90 的单元格设置为"绿色"字体并加粗；将表格中"总分"小于 220 的数据，设置背景颜色。

（6）将 C3 至 F6 单元格区域中的成绩大于 90 的条件格式设置删除。

学号	姓名	数学	语文	英语	总分	备注
期末成绩表						
2015001	张三	87	76	66		
2015002	李四	90	95	57		
2015003	王五	63	56	62		
2015004	赵六	62	73	84		
平均分						

图 3-179　样表

3. 实验步骤

（1）启动 Excel 并输入数据。启动 Excel 并按样表 3-179 格式完成相关数据的输入。

（2）计算总分。

① 单击 F3 单元格，输入公式"＝C3＋D3＋E3"，按 Enter 键，移至 F4 单元格。

② 在 F4 单元格中输入公式"＝SUM(C4：E4)"，按 Enter 键，移至 F5 单元格。

③ 切换到"开始"选项卡，在"编辑"组中单击"求和"按钮 Σ▾，此时 C5：F5 区域周围将出现闪烁的虚线边框，同时在单元格 F5 中显示求和公式"＝SUM(C5：E5)"。公式中的区域以黑底黄字显示，如图 3-180 所示，按 Enter 键，移至 F6 单元格。

④ 单击"编辑栏"前边的"插入公式"按钮 ƒx，屏幕显示"插入函数"对话框，如图 3-181 所示。

⑤ 在"或选择类别"下拉列表中选择"常用函数"选项，在"选择函数"列表框中选择 SUM。单击"确定"按钮，弹出"函数参数"对话框。

⑥ 在 Number1 框中输入"C6：E6"，如图 3-182 所示。

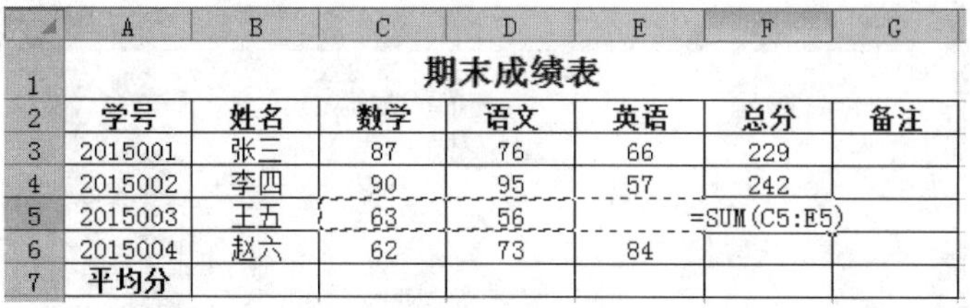

	A	B	C	D	E	F	G
1				期末成绩表			
2	学号	姓名	数学	语文	英语	总分	备注
3	2015001	张三	87	76	66	229	
4	2015002	李四	90	95	57	242	
5	2015003	王五	63	56		=SUM(C5:E5)	
6	2015004	赵六	62	73	84		
7	平均分						

图 3-180　利用公式求和示意图

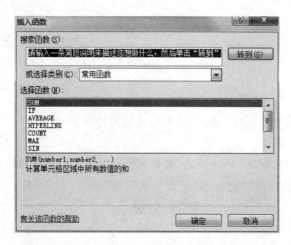

图 3-181　"插入函数"对话框

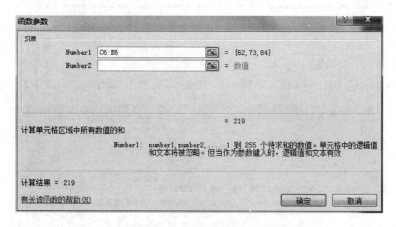

图 3-182　"函数参数"对话框

⑦ 单击"确定"按钮，返回工作表窗口。

（3）计算机平均分。

① 选中 C7 单元格，单击"插入公式"按钮 **fx**，弹出"插入函数"对话框，在"选择函数"区域中选择 AVERAGE，单击"确定"按钮后弹出"函数参数"对话框。

② 在工作表窗口中用鼠标选中 C3 到 C6 单元格，在 Number1 框中即出现"C3：C6"，如图 3-183 所示。

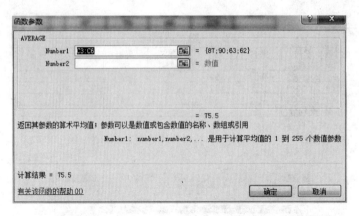

图 3-183　求平均分示意图

③ 单击"确定"按钮,返回工作表窗口。

④ 利用自动填充功能完成其余科目平均成绩的计算。

(4) IF 函数的使用。

① 选中 G3 单元格,单击"插入公式"按钮 fx ,弹出"插入函数"对话框,在"选择函数"区域中选择 IF,单击"确定"按钮后弹出"函数参数"对话框。

② 单击 Logical_test 右边的"拾取"按钮 。

③ 单击工作表窗口中的 F3 单元格,然后输入"F3≥=240",如图 3-184 所示。

图 3-184　IF 函数参数图 1

④ 单击"返回"按钮 。

⑤ 在 Value_if_true 右边的文本输入框中输入"优秀",如图 3-185 所示。

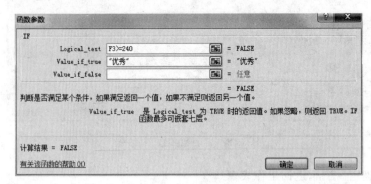

图 3-185　IF 函数参数图 2

⑥ 将光标定位到 Value_if_false 右边的输入框中,单击工作表窗口左上角的 IF 按钮 IF ,又弹出一个"函数参数"对话框。

⑦ 将光标定位到"Logical_test"右边的输入框中,单击工作表窗口中的 F3 单元格,然后输入"F3≥=220"。

⑧ 在"Value_if_true"右边的输入框中输入"及格",在"Value_if_false"右边的输入框中输入"不及格",如图3-186所示。

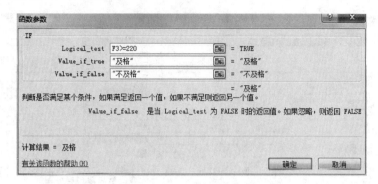

图3-186 IF函数参数图3

⑨ 单击"确定"按钮,完成其余数据操作,最终效果如图3-187所示。

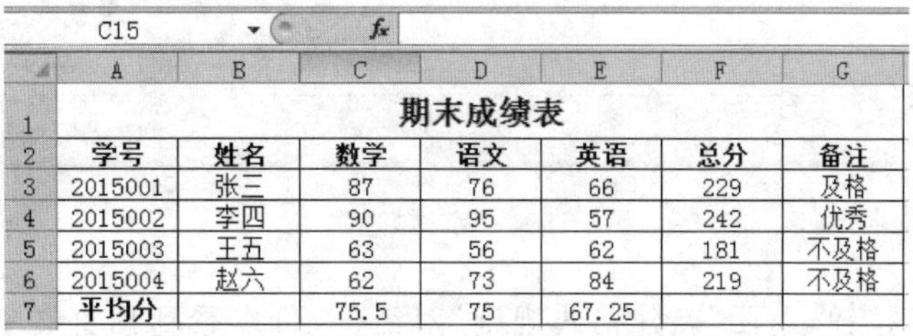

学号	姓名	数学	语文	英语	总分	备注
			期末成绩表			
2015001	张三	87	76	66	229	及格
2015002	李四	90	95	57	242	优秀
2015003	王五	63	56	62	181	不及格
2015004	赵六	62	73	84	219	不及格
平均分		75.5	75	67.25		

图3-187 使用IF函数后工作表的效果图

（5）条件格式的使用。

① 选中C3：E6单元格区域,单击功能区中的"开始"→"样式"→"条件格式"按钮,在弹出的列表中选择"新建规则"命令,弹出"新建格式规则"对话框。

② 在"选择规则类型"框中选择"只为包含以下内容的单元格设置格式"。在"编辑规则说明"中设置"单元格值小于60",如图3-188所示。

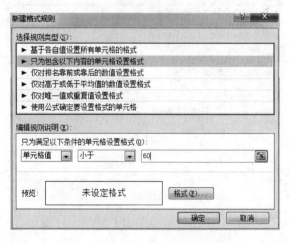

图3-188 "新建格式规则"对话框

使用 Excel 处理电子表格

③ 单击"格式"按钮,在弹出的"设置单元格格式"对话框中打开"字体"选项卡,将颜色设置为"红色",字形设置为"加粗",如图 3-189 所示。

图 3-189   "字体"选项卡

④ 单击"确定"按钮,返回"新建格式规则"对话框,可以看到预览文字效果,如图 3-190所示。

⑤ 单击"确定"按钮,退出该对话框。

⑥ 用同样的方式完成各科成绩大于 90 的格式设置,要求为"绿色"字体并加粗。

⑦ 选中 F3 至 F6 单元格,单击功能区中的"开始"→"样式"→"条件格式"按钮,在弹出的列表中选择"新建规则"命令,弹出"新建格式规则"对话框。

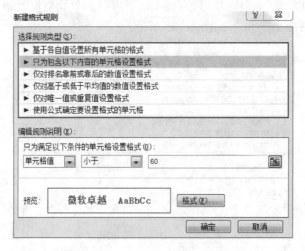

图 3-190   预览文字效果

⑧ 在"选择规则类型"框中选择"只为包含以下内容的单元格设置格式"。在"编辑规则说明"中设置"单元格值小于 220"。

⑨ 单击"格式"按钮,在弹出的"设置单元格格式"对话框中打开"填充"选项卡,将单元格底纹设置为"浅紫色",如图 3-191 所示。

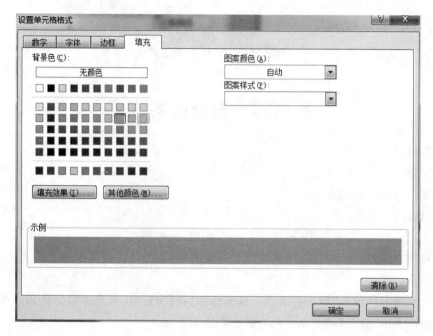

图 3-191 "填充"选项卡

⑩ 单击"确定"按钮,返回"新建格式规则"对话框,可以看到预览文字效果,如图 3-192 所示。

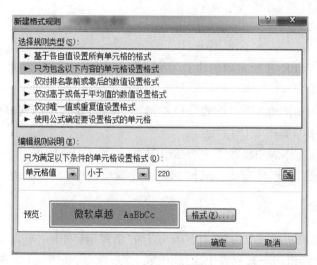

图 3-192 "新建格式规则"对话框

⑪ 单击"新建格式规则"对话框的"确定"按钮,退出该对话框,结果如图 3-193 所示。

使用 *Excel* 处理电子表格

	A	B	C	D	E	F	G
1	期末成绩表						
2	学号	姓名	数学	语文	英语	总分	备注
3	2015001	张三	87	76	66	229	及格
4	2015002	李四	90	95	57	242	优秀
5	2015003	王五	63	56	62	181	不及格
6	2015004	赵六	62	73	84	219	不及格
7	平均分		75.5	75	67.25		

图 3-193　设置"条件"和"格式"后工作表的效果

实训四　图表的制作

1. 实训目的

（1）掌握图表建立的方法。

（2）掌握图表编辑的方法。

2. 实训内容

启动 Excel 2010，打开"期末成绩表"文件，完成以下操作。

（1）对"期末成绩表"中每位同学三门科目的数据，在当前工作表中建立嵌入式柱形图图表。

（2）设置图表标题为"期末成绩表"，横坐标轴标题为姓名，纵坐标轴标题为分数。

（3）将图表中"语文"的填充色改为红色斜纹图案。

（4）为图表中"英语"的数据系列添加数据标签。

（5）更改纵坐标轴刻度设置。

（6）设置图表背景为"渐变填充"，边框样式为"圆角"，设置好后将工作表另存为"英语成绩图表"文件。

3. 实训步骤

（1）创建图表。

① 启动 Excel 2010，打开实训三中建立的"期末成绩表"文件。选择 B2：E6 区域的数据。

② 单击功能区中的"插入"→"图表"→"柱形图"按钮，在弹出的列表中选择"二维柱形图"中的"簇状柱形图"，如图 3-194 所示。

③ 此时，在当前工作表中创建了一个柱形图表，如图 3-195 所示。

④ 单击图表内空白处，然后按住鼠标左键进行拖动，将图表移动到工作表内的一个适当位置。

（2）添加标题。

① 选中图表，激活功能区中的"设计""布局"和"格式"选项卡。单击"布局"→"标签"→"图表标题"按钮，在弹出的下拉列表中选择"图表上方"命令，如图 3-196 所示。

② 在图表中的标题输入框中输入图表标题"期末成绩表"，单击图表空白区域完成输入。

③ 单击"布局"→"标签"→"坐标轴标题"按钮，在弹出的下拉列表中分别完成横坐标与纵坐标标题的设置。

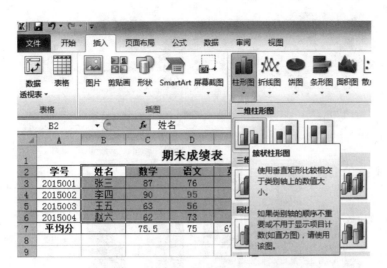

图 3-194　选择图标类型

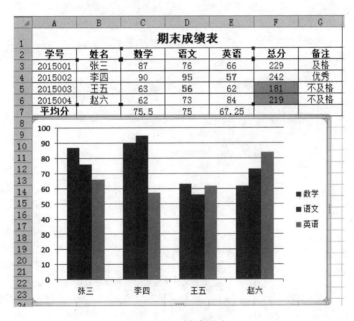

图 3-195　创建图表

④ 选中图表,然后拖动图表四周的控制点,调整图表的大小。

(3)修饰数据系列图标。

① 双击语文数据系列或将鼠标指向该系列,单击鼠标右键,在弹出的快捷菜单中选择"设置数据系列格式"命令。

② 在打开的对话框的"填充"面板中选择"图案填充"的样式,设置前景色为"红色",如图 3-197 所示。

(4)添加数据标签。

① 选中英语数据系列,单击"布局"→"标签"→"数据标签"按钮,在弹出的下拉列表中选择"数据标签外"命令,如图 3-198 所示。

使用 Excel 处理电子表格

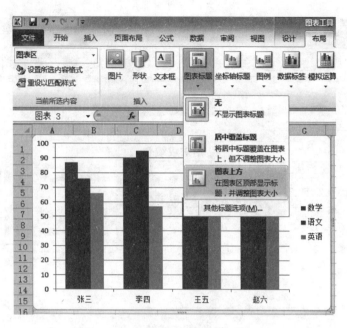

图 3-196　添加图表标题

图 3-197　"设置数据系列格式"对话框

② 图表中在数据系列上方显示数据标签。

（5）设置纵坐标轴刻度。

① 双击纵坐标轴上的刻度值，打开"设置坐标轴格式"对话框，在"坐标轴选项"区域中将"主要刻度单位"设置为"20"，如图 3-199 所示。

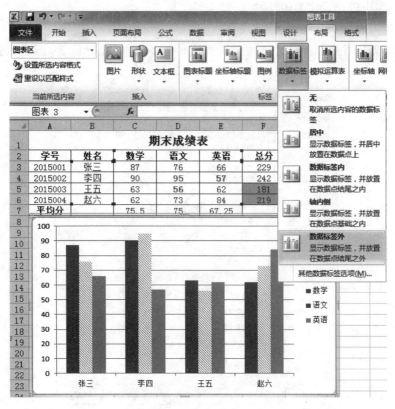

图 3-198 添加标签

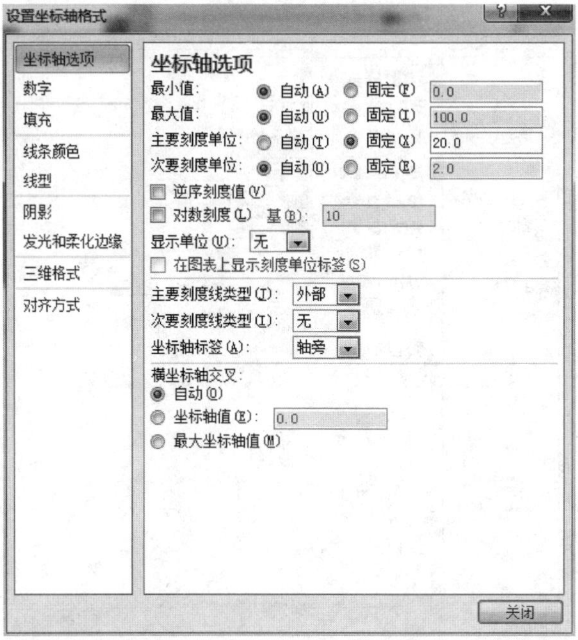

图 3-199 "设置坐标轴格式"对话框

使用 Excel 处理电子表格

② 设置完毕后,单击"关闭"按钮。

(6)设置图表背景并保存文件。

① 分别双击图例和图表空白处,在相应的对话框中进行设置,图表区的设置参考图 3-200 和图 3-201 所示。

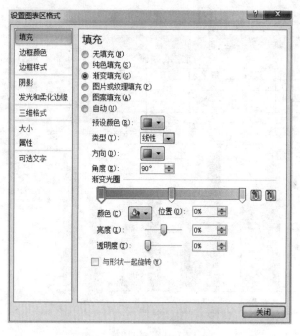

图 3-200　设置"填充"颜色

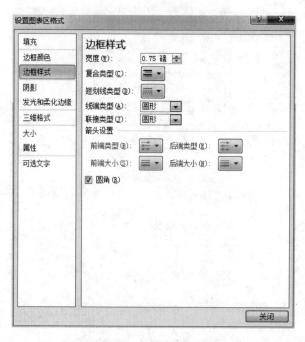

图 3-201　设置"边框样式"

② 设置完毕后,单击"关闭"按钮,效果如图 3-202 所示。

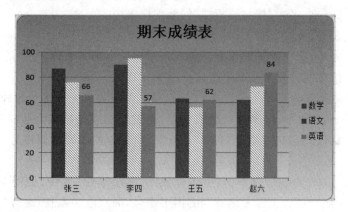

图 3-202 图表最终效果图

综 合 练 习

练习 1：

小蒋是一位中学教师,在教务处负责初一年级学生的成绩管理。由于学校地处偏远地区,缺乏必要的教学设施,只有一台配置不太高的 PC 可以使用。他在这台电脑中安装了 Microsoft Office,决定通过 Excel 来管理学生成绩,以弥补学校缺少数据库管理系统的不足。现在,第一学期期末考试刚刚结束,小蒋将初一年级三个班的成绩均录入了文件名为"学生成绩单.xlsx"的 Excel 工作簿文档中。

请根据下列要求帮助小蒋老师对该成绩单进行整理和分析：

(1) 对工作表"第一学期末成绩"中的数据列表进行格式化操作：将第一列"学号"列设为文本,将所有成绩列设为保留两位小数的数值；适当加大行高列宽,改变字体、字号,设置对齐方式,增加适当的边框和底纹以使工作表更加美观。

(2) 利用"条件格式"功能进行下列设置：将语文、数学、英语三科中不低于 110 分的成绩所在的单元格以一种颜色填充,其他四科中高于 95 分的成绩以另一种字体颜色标出,所用颜色深浅以不遮挡数据为宜。

(3) 利用 SUM 和 AVERAGE 函数计算每一个学生的总分及平均分。

(4) 学号第 3、4 位代表学生所在的班级,例如："120105"代表 12 级 1 班 5 号。请通过函数提取每个学生所在的班级并按下列对应关系填写在"班级"列中：

"学号"的 3、4 位	对应班级
01	1 班
02	2 班
03	3 班

(5) 复制工作表"第一学期期末成绩",将副本放置到原表之后；改变该副本表标签的颜色,并重新命名,新表名需包含"分类汇总"字样。

(6) 通过分类汇总功能求出每个班各科的平均成绩,并将每组结果分页显示。

（7）以分类汇总结果为基础，创建一个簇状柱形图，对每个班各科平均成绩进行比较，并将该图表放置在一个名为"柱状分析图"的新工作表中。

练习2：

小李今年毕业后，在一家计算机图书销售公司担任市场部助理，主要的工作职责是为部门经理提供销售信息的分析和汇总。

请根据销售数据报表（"Excel.xlsx"文件），按照如下要求完成统计和分析工作：

（1）请对"订单明细"工作表进行格式调整，通过套用表格格式方法将所有的销售记录调整为一致的外观格式，并将"单价"列和"小计"列所包含的单元格调整为"会计专用"（人民币）数字格式。

（2）根据图书编号，请在"订单明细"工作表的"图书名称"列中，使用 VLOOKUP 函数完成图书名称的自动填充。"图书名称"和"图书编号"的对应关系在"编号对照"工作表中。

（3）根据图书编号，请在"订单明细"工作表的"单价"列中，使用 VLOOKUP 函数完成图书单价的自动填充。"单价"和"图书编号"的对应关系在"编号对照"工作表中。

（4）在"订单明细"工作表的"小计"列中，计算每笔订单的销售额。

（5）根据"订单明细"工作表中的销售数据，统计所有订单的总销售金额，并将其填写在"统计报告"工作表的 B3 单元格中。

（6）根据"订单明细"工作表中的销售数据，统计《MS Office 高级应用》图书在 2012 年的总销售额，并将其填写在"统计报告"工作表的 B4 单元格中。

（7）根据"订单明细"工作表中的销售数据，统计隆华书店在 2011 年第 3 季度的总销售额，并将其填写在"统计报告"工作表的 B5 单元格中。

（8）根据"订单明细"工作表中的销售数据，统计隆华书店在 2011 年的每月平均销售额（保留两位小数），并将其填写在"统计报告"工作表的 B6 单元格中。

（9）保存"Excel.xlsx"文件。

练习3：

文涵是大地公司的销售部助理，负责对全公司的销售情况进行统计分析，并将结果提交给销售部经理。年底，她根据各门店提交的销售报表进行统计分析。

打开"计算机设备全年销量统计表.xlsx"，帮助文涵完成以下操作：

（1）将 Sheet1 工作表命名为"销售情况"，将 Sheet2 命名为"平均单价"。

（2）在"店铺"列左侧插入一个空列，输入列标题为"序号"，并以 001、002、003、…的方式向下填充该列到最后一个数据行。

（3）将工作表标题跨列合并后居中并适当调整其字体、加大字号，并改变字体颜色。适当加大数据表行高和列宽，设置对齐方式及销售额数据列的数值格式（保留两位小数），并为数据区域增加边框线。

（4）将工作表"平均单价"中的区域 B3:C7 定义名称为"商品均价"。运用公式计算工作表"销售情况"中 F 列的销售额，要求在公式中通过 VLOOKUP 函数自动在工作表"平均单价"中查找相关商品的单价，并在公式中引用所定义的名称"商品均价"。

（5）为工作表"销售情况"中的销售数据创建一个数据透视表，放置在一个名为"数据透视分析"的新工作表中，要求针对各类商品比较各门店每个季度的销售额。其中：商品名称为报表筛选字段，店铺为行标签，季度为列标签，并对销售额求和。最后对数据透视表进行格式设置,使其更加美观。

(6) 根据生成的数据透视表,在透视表下方创建一个簇状柱形图,图表中仅对各门店四个季度笔记本的销售额进行比较。

(7) 保存"计算机设备全年销量统计表.xlsx"文件。

练习 4:

某公司销售部门主管大华拟对本公司产品前两季度的销售情况进行统计,按下述要求帮助大华完成统计工作:

(1) 打开考生文件夹下的工作簿"Excel 素材.xlsx",将其另存为"一二季度销售统计表.xlsx",后续操作均基于此文件。

(2) 参照"产品基本信息表"所列,应用公式或函数分别在工作表"一季度销售情况表""二季度销售情况表"中,填入各型号产品对应的单价,并计算各月销售额填入 F 列中。其中单价和销售额均为数值、保留两位小数、使用千位分隔符。(注意:不得改变这两个工作表中的数据顺序。)

(3) 在"产品销售汇总表"中,分别计算各型号产品的一、二季度销量、销售额及合计数,填入相应列中。所有销售额均设为数值型、小数位数为 0,使用千位分隔符,右对齐。

(4) 在"产品销售汇总表"中,在不改变原有数据顺序的情况下,按一、二季度销售总额从高到低给出销售额排名,填入 I 列相应单元格中。将排名前 3 位和后 3 位的产品名次分别用标准红色和标准绿色标出。

(5) 为"产品销售汇总表"的数据区域 A1:I21 套用一个表格格式,包含表标题,并取消列标题行的筛选标记。

(6) 根据"产品销售汇总表"中的数据,在一个名为"透视分析"的新工作表中创建数据透视表,统计每个产品类别的一、二季度销售及总销售额,透视表自 A3 单元格开始、并按一二季度销售总额从高到低进行排序。结果文件保存为"透视表样例.png"。

(7) 将"透视分析"工作表标签颜色设为标准紫色,并移动到"产品销售汇总表"的右侧。

练习 5:

中国的人口发展形势非常严峻,为此国家统计局每 10 年进行一次全国人口普查,以掌握全国人口的增长速度及规模。按照下列要求完成对第五次、第六次人口普查数据的统计分析:

(1) 新建一个空白 Excel 文档,将工作表 Sheet1 更名为"第五次普查数据",将 Sheet2 更名为"第六次普查数据",将该文档以"全国人口普查数据分析.xlsx"为文件名进行保存。

(2) 浏览网页"第五次全国人口普查公报.htm",将其中的"2000 年第五次全国人口普查主要数据"表格导入到工作表"第五次普查数据"中;浏览网页"第六次全国人口普查公报.htm",将其中的"2010 年第六次全国人口普查主要数据"表格导入到工作表"第六次普查数据"中(要求均从 A1 单元格开始导入,不得对两个工作表中的数据进行排序)。

(3) 对两个工作表中的数据区域套用合适的表格样式,要求至少四周有边框且偶数行有底纹,并将所有人口数列的数字格式设为带千分位分隔符的整数。

(4) 将两个工作表内容合并,合并后的工作表放置在新工作表"比较数据"中(自 A1 单元格开始),且保持最左列仍为地区名称、A1 单元格中的列标题为"地区",对合并后的工作表适当地调整行高列宽、字体字号、边框底纹等,使其便于阅读。以"地区"为关键字对工作表"比较数据"进行升序排列。

(5)在合并后的工作表"比较数据"中的数据区域最右边依次增加"人口增长数"和"比重变化"两列,计算这两列的值,并设置合适的格式。其中:人口增长数=2010年人口数—2000年人口数;比重变化=2010年比重—2000年比重。

(6)打开工作簿"统计指标.xlsx",将工作表"统计数据"插入到正在编辑的文档"全国人口普查数据分析.xlsx"中工作表"比较数据"的右侧。

(7)在工作簿"全国人口普查数据分析.xlsx"的工作表"比较数据"中的相应单元格内填入统计结果。

(8)基于工作表"比较数据"创建一个数据透视表,将其单独存放在一个名为"透视分析"的工作表中。透视表中要求筛选出2010年人口数超过5000万的地区及其人口数、2010年所占比重、人口增长数,并按人口数从多到少排序。最后适当调整透视表中的数字格式。(提示:行标签为"地区",数值项依次为2010年人口数、2010年比重、人口增长数)。

练习6:

财务部助理小王需要向主管汇报2013年度公司差旅报销情况,现在请按照如下需求,在EXCEL.xlsx文档中完成工作:

(1)在"费用报销管理"工作表"日期"列的所有单元格中,标注每个报销日期属于星期几,例如日期为"2013年1月20日"的单元格应显示为"2013年1月20日星期日",日期为"2013年1月21日"的单元格应显示为"2013年1月21日星期一"。

(2)如果"日期"列中的日期为星期六或星期日,则在"是否加班"列的单元格中显示"是",否则显示"否"(必须使用公式)。

(3)使用公式统计每个活动地点所在的省份或直辖市,并将其填写在"地区"列所对应的单元格中,例如"北京市""浙江省"。

(4)依据"费用类别编号"列内容,使用VLOOKUP函数,生成"费用类别"列内容。对照关系参考"费用类别"工作表。

(5)在"差旅成本分析报告"工作表B3单元格中,统计2013年第二季度发生在北京市的差旅费用总金额。

(6)在"差旅成本分析报告"工作表B4单元格中,统计2013年员工钱顺卓报销的火车票费用总额。

(7)在"差旅成本分析报告"工作表B5单元格中,统计2013年差旅费用中,飞机票费用占所有报销费用的比例,并保留两位小数。

(8)在"差旅成本分析报告"工作表B6单元格中,统计2013年发生在周末(星期六和星期日)的通信补助总金额。

练习7:

小李是东方公司的会计,利用自己所学的办公软件进行记账管理,为节省时间,同时又确保记账的准确性,她使用Excel编制了2014年3月员工工资表"Excel.xlsx"。请你根据下列要求帮助小李对该工资表进行整理和分析(提示:本题中若出现排序问题则采用升序方式):

(1)通过合并单元格,将表名"东方公司2014年3月员工工资表"放于整个表的上端、居中,并调整字体、字号。

（2）在“序号”列中分别填入 1 到 15，将其数据格式设置为数值、保留 0 位小数、居中。

（3）将“基础工资”（含）往右各列设置为会计专用格式、保留两位小数、无货币符号。

（4）调整表格各列宽度、对齐方式，使得显示更加美观。并设置纸张大小为 A4、横向，整个工作表需调整在 1 个打印页内。

（5）参考考生文件夹下的“工资薪金所得税率.xlsx”，利用 IF 函数计算“应交个人所得税”列。（提示：应交个人所得税＝应纳税所得额＊对应税率－对应速算扣除数。）

（6）利用公式计算“实发工资”列，公式为：实发工资＝应付工资合计－扣除社保－应交个人所得税。

（7）复制工作表“2014 年 3 月”，将副本放置到原表的右侧，并命名为“分类汇总”。

（8）在“分类汇总”工作表中通过分类汇总功能求出各部门“应付工资合计”“实发工资”的和，每组数据不分页。

练习 8：

小李是北京某政法学院教务处的工作人员，法律系提交了 2012 级 4 个法律专业教学班的期末成绩单，为更好地掌握各个教学班学习的整体情况，教务处领导要求她制作成绩分析表，供学院领导掌握宏观情况。请根据考生文件夹下的“素材.xlsx”文档，帮助小李完成 2012 级法律专业学生期末成绩分析表的制作。具体要求如下：

（1）将“素材.xlsx”文档另存为“年级期末成绩分析.xlsx”，以下所有操作均基于此新保存的文档。

（2）在“2012 级法律”工作表最右侧依次插入“总分”“平均分”“年级排名”列；将工作表的第一行根据表格实际情况合并居中为一个单元格，并设置合适的字体、字号，使其成为该工作表的标题。对班级成绩区域套用带标题行的“表样式中等深浅 15”的表格格式。设置所有列的对齐方式为居中，其中排名为整数，其他成绩的数值保留 1 位小数。

（3）在“2012 级法律”工作表中，利用公式分别计算“总分”“平均分”“年级排名”列的值。对学生成绩不及格（小于 60）的单元格套用格式突出显示为“黄色（标准色）填充色红色（标准色）文本”。

（4）在“2012 级法律”工作表中，利用公式、根据学生的学号，将其班级的名称填入“班级”列，规则为：学号的第三位为专业代码、第四位代表班级序号，即 01 为“法律一班”，02 为“法律二班”，03 为“法律三班”，04 为“法律四班”。

（5）根据“2012 级法律”工作表，创建一个数据透视表，放置于表名为“班级平均分”的新工作表中，工作表标签颜色设置为红色。要求数据透视表中按照英语、体育、计算机、近代史、法制史、刑法、民法、法律英语、立法法的顺序统计各班各科成绩的平均分，其中行标签为班级。为数据透视表格内容套用带标题行的“数据透视表样式中等深浅 15”的表格格式，所有列的对齐方式设为居中，成绩的数值保留 1 位小数。

（6）在“班级平均分”工作表中，针对各课程的班级平均分创建二维的簇状柱形图，其中水平簇标签为班级，图例项为课程名称，并将图表放置在表格下方的 A10：H30 区域中。

练习 9：

销售部助理小王需要根据 2012 年和 2013 年的图书产品销售情况进行统计分析，以便制订新一年的销售计划和工作任务。现在，请你按照如下需求，在文档“EXCEL.XLSX”中完成以下工作并保存。

（1）在"销售订单"工作表的"图书编号"列中，使用 VLOOKUP 函数填充所对应"图书名称"的"图书编号"，"图书名称"和"图书编号"的对照关系请参考"图书编目表"工作表。

（2）将"销售订单"工作表的"订单编号"列按照数值升序方式排序，并将所有重复的订单编号数值标记为紫色（标准色）字体，然后将其排列在销售订单列表区域的顶端。

（3）在"2013 年图书销售分析"工作表中，统计 2013 年各类图书在每月的销售量，并将统计结果填充在所对应的单元格中。为该表添加汇总行，在汇总行单元格中分别计算每月图书的总销量。

（4）在"2013 年图书销售分析"工作表中的 N4：N11 单元格中，插入用于统计销售趋势的迷你折线图，各单元格中迷你图的数据范围为所对应图书的 1 月～12 月销售数据。并为各迷你折线图标记销量的最高点和最低点。

（5）根据"销售订单"工作表的销售列表创建数据透视表，并将创建完成的数据透视表放置在新工作表中，以 A1 单元格为数据透视表的起点位置。将工作表重命名为"2012 年书店销量"。

（6）在"2012 年书店销量"工作表的数据透视表中，设置"日期"字段为列标签，"书店名称"字段为行标签，"销量（本）"字段为求和汇总项。并在数据透视表中显示 2012 年期间各书店每季度的销量情况。

练习 10：

期末考试结束了，初三（14）班的班主任助理王老师需要对本班学生的各科考试成绩进行统计分析，并为每个学生制作一份成绩通知单下发给家长。按照下列要求完成该班的成绩统计工作并按原文件名进行保存：

（1）打开工作簿"学生成绩.xlsx"，在最左侧插入一个空白工作表，重命名为"初三学生档案"，并将该工作表标签颜色设为"紫色（标准色）"。

（2）将以制表符分隔的文本文件"学生档案.txt"自 A1 单元格开始导入到工作表"初三学生档案"中，注意不得改变原始数据的排列顺序。将第 1 列数据从左到右依次分成"学号"和"姓名"两列显示。最后创建一个名为"档案"、包含数据区域 A1：G56、包含标题的表，同时删除外部链接。

（3）在工作表"初三学生档案"中，利用公式及函数依次输入每个学生的性别"男"或"女"、出生日期"××××年××月××日"和年龄。其中：身份证号的倒数第 2 位用于判断性别，奇数为男性，偶数为女性；身份证号的第 7～14 位代表出生年月日；年龄需要按周岁计算，满 1 年才计 1 岁。最后适当调整工作表的行高和列宽、对齐方式等，以方便阅读。

（4）参考工作表"初三学生档案"，在工作表"语文"中输入与学号对应的"姓名"；按照平时、期中、期末成绩各占 30％、30％、40％的比例计算每个学生的"学期成绩"并填入相应单元格中；按成绩由高到低的顺序统计每个学生的"学期成绩"排名并按"第 n 名"的形式填入"班级名次"列中；按照下列条件填写"期末总评"：

语文、数学的学期成绩	其他科目的学期成绩	期末总评
≥102	≥90	优秀
≥84	≥75	良好
≥72	≥60	及格
<72	<60	不合格

（5）将工作表"语文"的格式全部应用到其他科目工作表中，包括行高（各行行高均为22默认单位）和列宽（各列列宽均为14默认单位）。并按上述（4）中的要求依次输入或统计其他科目的"姓名""学期成绩""班级名次"和"期末总评"。

（6）分别将各科的"学期成绩"引入到工作表"期末总成绩"的相应列中，在工作表"期末总成绩"中依次引入姓名、计算各科的平均分、每个学生的总分，并按成绩由高到低的顺序统计每个学生的总分排名、并以1、2、3、…的形式标识名次，最后将所有成绩的数字格式设为数值、保留两位小数。

（7）在工作表"期末总成绩"中分别用红色（标准色）和加粗格式标出各科第一名成绩。同时将前10名的总分成绩用浅蓝色填充。

（8）调整工作表"期末总成绩"的页面布局以便打印：纸张方向为横向，缩减打印输出使得所有列只占一个页面宽（但不得缩小列宽），水平居中打印在纸上。

练习11：

为让利消费者，提供更优惠的服务，某大型收费停车场规划调整收费标准，拟从原来"不足15分钟按15分钟收费"调整为"不足15分钟部分不收费"的收费政策。市场部抽取了5月26日至6月1日的停车收费记录进行数据分析，以期掌握该项政策调整后营业额的变化情况。请根据考生文件夹下"素材.xlsx"中的各种表格，帮助市场分析员小罗完成此项工作。具体要求如下：

（1）将"素材.xlsx"文件另存为"停车场收费政策调整情况分析.xlsx"，所有的操作基于此新保存好的文件。

（2）在"停车收费记录"表中，涉及金额的单元格格式均设置为保留两位的数值类型。依据"收费标准"表，利用公式将收费标准对应的金额填入"停车收费记录"表中的"收费标准"列；利用出场日期、时间与进场日期、时间的关系，计算"停放时间"列，单元格格式为时间类型的"××时××分"。

（3）依据停放时间和收费标准，计算当前收费金额并填入"收费金额"列；计算拟采用的收费政策的预计收费金额并填入"拟收费金额"列；计算拟调整后的收费与当前收费之间的差值并填入"差值"列。

（4）将"停车收费记录"表中的内容套用表格格式"表样式中等深浅12"，并添加汇总行，最后三列"收费金额""拟收费金额"和"差值"汇总值均为求和。

（5）在"收费金额"列中，将单次停车收费达到100元的单元格突出显示为黄底红字的货币类型。

（6）新建名为"数据透视分析"的表，在该表中创建3个数据透视表，起始位置分别为A3、A11、A19单元格。第一个透视表的行标签为"车型"，列标签为"进场日期"，求和项为"收费金额"，可以提供当前的每天收费情况；第二个透视表的行标签为"车型"，列标签为"进场日期"，求和项为"拟收费金额"，可以提供调整收费政策后的每天收费情况；第三个透视表行标签为"车型"，列标签为"进场日期"，求和项为"差值"，可以提供收费政策调整后每天的收费变化情况。

练习12：

销售部助理小王需要针对2012年和2013年的公司产品销售情况进行统计分析，以便制订新的销售计划和工作任务。现在，请按照如下需求完成工作：

（1）打开"Excel_素材.xlsx"文件，将其另存为 Excel.xlsx，之后所有的操作均在 Excel.xlsx 文件中进行。

（2）在"订单明细"工作表中，删除订单编号重复的记录（保留第一次出现的那条记录），但须保持原订单明细的记录顺序。

（3）在"订单明细"工作表的"单价"列中，利用 VLOOKUP 公式计算并填写相对应图书的单价金额。图书名称与图书单价的对应关系可参考工作表"图书定价"。

（4）如果每订单的图书销量超过 40 本（含 40 本），则按照图书单价的 9.3 折进行销售；否则按照图书单价的原价进行销售。按照此规则，计算并填写"订单明细"工作表中每笔订单的"销售额小计"，保留两位小数。要求该工作表中的金额以显示精度参与后续的统计计算。

（5）根据"订单明细"工作表的"发货地址"列信息，并参考"城市对照"工作表中省市与销售区域的对应关系，计算并填写"订单明细"工作表中每笔订单的"所属区域"。

（6）根据"订单明细"工作表中的销售记录，分别创建名为"北区""南区""西区"和"东区"的工作表，这 4 个工作表中分别统计本销售区域各类图书的累计销售金额，统计格式请参考"Excel_素材.xlsx"文件中的"统计样例"工作表。将这 4 个工作表中的金额设置为带千分位的、保留两位小数的数值格式。

（7）在"统计报告"工作表中，分别根据"统计项目"列的描述，计算并填写所对应的"统计数据"单元格中的信息。

练习 13：

李东阳是某家家用电器企业的战略规划人员，正在参与制订本年度的生产与营销计划。为此，他需要对上一年度不同产品的销售情况进行汇总和分析，从中提炼出有价值的信息。根据下列要求，帮助李东阳运用已有的原始数据完成上述分析工作。

（1）在考生文件夹下，将文档"Excel 素材.xlsx"另存为 Excel.xlsx（.xlsx 为扩展名），之后所有的操作均基于此文档，否则不得分。

（2）在工作表 Sheet1 中，从 B3 单元格开始，导入"数据源.txt"中的数据，并将工作表名称修改为"销售记录"。

（3）在"销售记录"工作表的 A3 单元格中输入文字"序号"，从 A4 单元格开始，每笔销售记录插入"001、002、003、…"格式的序号；将 B 列（日期）中数据的数字格式修改为只包含月和日的格式（3/14）；在 E3 和 F3 单元格中，分别输入文字"价格"和"金额"；对标题行区域 A3:F3 应用单元格的上框线和下框线，对数据区域的最后一行 A891:F891 应用单元格的下框线；其他单元格无边框线；不显示工作表的网格线。

（4）在"销售记录"工作表的 A1 单元格输入文字"2012 年销售数据"，并使其显示在 A1:F1 单元格区域的正中间（注意：不要合并上述单元格区域）；将"标题"单元格样式的字体修改为"微软雅黑"，并应用于 A1 单元格中的文字内容；隐藏第 2 行。

（5）在"销售记录"工作表的 E4:E891 中，应用函数输入 C 列（类型）所对应的产品价格，价格信息可以在"价格表"工作表中进行查询；然后将填入的产品价格设为货币格式，并保留零位小数。

（6）在"销售记录"工作表的 F4:F891 中，计算每笔订单记录的金额，并应用货币格式，保留零位小数，计算规则为：金额＝价格＊数量＊（1－折扣百分比），折扣百分比由订单中的订货数量和产品类型决定,可以在"折扣表"工作表中进行查询,例如某个订单中产品 A 的订货量为 1510,则折扣百分比为 2%(提示:为便于计算,可对"折扣表"工作表中表格的结构进行调整)。

(7) 将"销售记录"工作表的单元格区域 A3:F891 中所有记录居中对齐,并将发生在周六或周日的销售记录的单元格的填充颜色设为黄色。

(8) 在名为"销售量汇总"的新工作表中自 A3 单元格开始创建数据透视表,按照月份和季度对"销售记录"工作表中的三种产品的销量数量进行汇总;在数据透视表右侧创建数据透视图,图表类型为"带数据标记的折线图",并为"产品 B"系列添加线性趋势线,显示"公式"和"R2 值"(数据透视表和数据透视图的样式可参考考生文件夹中的"数据透视表和数据透视图.png"示例文件);将"销售量汇总"工作表移动到"销售记录"工作表的右侧。

(9) 在"销售量汇总"工作表右侧创建一个新的工作表,名称为"大额订单";在这个工作表中使用高级筛选功能,筛选出"销售记录"工作表中产品 A 数量在 1550 以上的记录、产品 B 数量在 1900 以上以及产品 C 数量在 1500 以上的记录(请将条件区域放置在第 1~4 行,筛选结果放置在从 A6 单元格开始的区域)。

习 题

(1) 在 Excel 工作表中存放了第一中学和第二中学所有班级总计 300 个学生的考试成绩,A 列到 D 列分别对应"学校""班级""学号""成绩",利用公式计算第一中学 3 班的平均分,最优的操作方法是( )。

A) =SUMIFS(D2:D301,A2:A301,"第一中学",B2:B301,"3 班")/COUNTIFS(A2:A301,"第一中学",B2:B301,"3 班")

B) =SUMIFS(D2:D301,B2:B301,"3 班")/COUNTIFS(B2:B301,"3 班")

C) =AVERAGEIFS(D2:D301,A2:A301,"第一中学",B2:B301,"3 班")

D) =AVERAGEIF(D2:D301,A2:A301,"第一中学",B2:B301,"3 班")

(2) Excel 工作表 D 列保存了 18 位身份证号码信息,为了保护个人隐私,需将身份证信息的第 9~12 位用"*"表示,以 D2 单元格为例,最优的操作方法是( )。

A) =MID(D2,1,8)+"****"+MID(D2,13,6)

B) =CONCATENATE(MID(D2,1,8),"****",MID(D2,13,6))

C) =REPLACE(D2,9,4,"****")

D) =MID(D2,9,4,"****")

(3) 小金从网站上查到了最近一次全国人口普查的数据表格,他准备将这份表格中的数据引用到 Excel 中以便进一步分析,最优的操作方法是( )。

A) 对照网页上的表格,直接将数据输入到 Excel 工作表中

B) 通过复制、粘贴功能,将网页上的表格复制到 Excel 工作表中

C) 通过 Excel 中的"自网站获取外部数据"功能,直接将网页上的表格导入到 Excel 工作表中

D) 先将包含表格的网页保存为.htm 或.mht 格式文件,然后在 Excel 中直接打开该文件

(4) 小胡利用 Excel 对销售人员的销售额进行统计,销售工作表中已包含每位销售人员对应的产品销量,且产品销售单价为 308 元,计算每位销售人员销售额的最优操作方法是( )。

  A) 直接通过公式"＝销量×308"计算销售额

  B) 将单价 308 定义名称为"单价",然后在计算销售额的公式中引用该名称

  C) 将单价 308 输入到某个单元格中,然后在计算销售额的公式中绝对引用该单元格

  D) 将单价 308 输入到某个单元格中,然后在计算销售额的公式中相对引用该单元格

(5) 在 Excel 某列单元格中,快速填充 2011—2013 年每月最后一天日期的最优操作方法是( )。

  A) 在第一个单元格中输入"2011-1-31",然后使用 EOMONTH 函数填充其余 35 个单元格

  B) 在第一个单元格中输入"2011-1-31",拖动填充柄,然后使用智能标记自动填充其余 35 个单元格

  C) 在第一个单元格中输入"2011-1-31",然后使用格式刷直接填充其余 35 个单元格

  D) 在第一个单元格中输入"2011-1-31",然后执行"开始"选项卡中的"填充"命令

(6) 如果 Excel 单元格值大于 0,则在本单元格中显示"已完成";单元格值小于 0,则在本单元格中显示"还未开始";单元格值等于 0,则在本单元格中显示"正在进行中",最优的操作方法是( )。

  A) 使用 IF 函数

  B) 通过自定义单元格格式,设置数据的显示方式

  C) 使用条件格式命令

  D) 使用自定义函数

(7) 小刘用 Excel 2010 制作了一份员工档案表,但经理的计算机中只安装了 Office 2003,能让经理正常打开员工档案表的最优操作方法是( )。

  A) 将文档另存为 Excel97-2003 文档格式

  B) 将文档另存为 PDF 格式

  C) 建议经理安装 Office 2010

  D) 小刘自行安装 Office 2003,并重新制作一份员工档案表

(8) 在 Excel 工作表中,编码与分类信息以"编码|分类"的格式显示在了一个数据列内,若将编码与分类分为两列显示,最优的操作方法是( )。

  A) 重新在两列中分别输入编码列和分类列,将原来的编码与分类列删除

  B) 将编码与分类列在相邻位置复制一列,将一列中的编码删除,另一列中的分类删除

  C) 使用文本函数将编码与分类信息分开

  D) 在编码与分类列右侧插入一个空列,然后利用 Excel 的分列功能将其分开

(9) 以下错误的 Excel 公式形式是( )。

A) =SUM(B3:E3)＊＄F＄3   B) =SUM(B3:3E)＊F3

C) =SUM(B3:＄E3)＊F3   D) =SUM(B3:E3)＊F＄3

(10) 以下对 Excel 高级筛选功能,说法正确的是( )。

    A) 高级筛选通常需要在工作表中设置条件区域

    B) 利用"数据"选项卡中的"排序和筛选"组内的"筛选"命令可进行高级筛选

    C) 高级筛选之前必须对数据进行排序

    D) 高级筛选就是自定义筛选

(11) 初二年级各班的成绩单分别保存在独立的 Excel 工作簿文件中,李老师需要将这些成绩单合并到一个工作簿文件中进行管理,最优的操作方法是( )。

    A) 将各班成绩单中的数据分别通过复制、粘贴的命令整合到一个工作簿中

    B) 通过移动或复制工作表功能,将各班成绩单整合到一个工作簿中

    C) 打开一个班的成绩单,将其他班级的数据录入到同一个工作簿的不同工作表中

    D) 通过插入对象功能,将各班成绩单整合到一个工作簿中

(12) 某公司需要在 Excel 中统计各类商品的全年销量冠军,最优的操作方法是( )。

    A) 在销量表中直接找到每类商品的销量冠军,并用特殊的颜色标记

    B) 分别对每类商品的销量进行排序,将销量冠军用特殊的颜色标记

    C) 通过自动筛选功能,分别找出每类商品的销量冠军,并用特殊的颜色标记

    D) 通过设置条件格式,分别标出每类商品的销量冠军

(13) 在 Excel 中,要显示公式与单元格之间的关系,可通过以下( )实现。

    A) "公式"选项卡的"函数库"组中的有关功能

    B) "公式"选项卡的"公式审核"组中的有关功能

    C) "审阅"选项卡的"校对"组中的有关功能

    D) "审阅"选项卡的"更改"组中的有关功能

(14) 在 Excel 中,设定与使用"主题"的功能是指( )。

    A) 标题   B) 一段标题文字

    C) 一个表格   D) 一组格式集合

(15) 在 Excel 成绩单工作表中包含了 20 个同学成绩,C 列为成绩值,第一行为标题行,在不改变行列顺序的情况下,在 D 列统计成绩排名,最优的操作方法是( )。

    A) 在 D2 单元格中输入"=RANK(C2,＄C2:＄C21)",然后向下拖动该单元格的填充柄到 D21 单元格

    B) 在 D2 单元格中输入"=RANK(C2,C＄2:C＄21)",然后向下拖动该单元格的填充柄到 D21 单元格

    C) 在 D2 单元格中输入"=RANK(C2,＄C2:＄C21)",然后双击该单元格的填充柄

    D) 在 D2 单元格中输入"=RANK(C2,C＄2:C＄21)",然后双击该单元格的填充柄

(16) 在 Excel 工作表 A1 单元格里存放了 18 位二代身份证号码,其中第 7～10 位表示出生年份。在 A2 单元格中利用公式计算该人的年龄,最优的操作方法是( )。

  A) =YEAR(TODAY())−MID(A1,6,8)

  B) =YEAR(TODAY())−MID(A1,6,4)

  C) =YEAR(TODAY())−MID(A1,7,8)

  D) =YEAR(TODAY())−MID(A1,7,4)

(17) 在 Excel 工作表多个不相邻的单元格中输入相同的数据,最优的操作方法是( )。

  A) 在其中一个位置输入数据,然后逐次将其复制到其他单元格

  B) 在输入区域最左上方的单元格中输入数据,双击填充柄,将其填充到其他单元格

  C) 在其中一个位置输入数据,将其复制后,利用 Ctrl 键选择其他全部输入区域,再粘贴内容

  D) 同时选中所有不相邻单元格,在活动单元格中输入数据,然后按 Ctrl＋Enter 键

(18) Excel 工作表 B 列保存了 11 位手机号码信息,为了保护个人隐私,需将手机号码的后 4 位均用"＊"表示,以 B2 单元格为例,最优的操作方法是( )。

  A) =REPLACE(B2,7,4,"＊＊＊＊") B) =REPLACE(B2,8,4,"＊＊＊＊")

  C) =MID(B2,7,4,"＊＊＊＊") D) =MID(B2,8,4,"＊＊＊＊")

(19) 小李在 Excel 中整理职工档案,希望"性别"一列只能从"男""女"两个值中进行选择,否则系统提示错误信息,最优的操作方法是( )。

  A) 通过 If 函数进行判断,控制"性别"列的输入内容

  B) 请同事帮忙进行检查,错误内容用红色标记

  C) 设置条件格式,标记不符合要求的数据

  D) 设置数据有效性,控制"性别"列的输入内容

(20) 小谢在 Excel 工作表中计算每个员工的工作年限,每满一年计一年工作年限,最优的操作方法是( )。

  A) 根据员工的入职时间计算工作年限,然后手动录入到工作表中

  B) 直接用当前日期减去入职日期,然后除以 365,并向下取整

  C) 使用 TODAY 函数返回值减去入职日期,然后除以 365,并向下取整

  D) 使用 YEAR 函数和 TODAY 函数获取当前年份,然后减去入职年份

(21) 在 Excel 工作表单元格中输入公式时,F＄2 的单元格引用方式称为( )。

  A) 交叉地址引用   B) 混合地址引用

  C) 相对地址引用   D) 绝对地址引用

(22) 在同一个 Excel 工作簿中,如需区分不同工作表的单元格,则要在引用地址前面增加( )。

  A) 单元格地址   B) 公式

  C) 工作表名称   D) 工作簿名称

(23) 在 Excel 中,如需对 A1 单元格数值的小数部分进行四舍五入运算,最优的操作方法是( )。

  A) =INT(A1)   B) =INT(A1＋0.5)

  C) =ROUND(A1,0)   D) =ROUNDUP(A1,0)

（24）Excel 工作表 D 列保存了 18 位身份证号码信息，为了保护个人隐私，需将身份证信息的第 3、4 位和第 9、10 位用"＊"表示，以 D2 单元格为例，最优的操作方法是（　　）。

    A) ＝REPLACE(D2,9,2,"＊＊")＋REPLACE(D2,3,2,"＊＊")

    B) ＝REPLACE(D2,3,2,"＊＊",9,2,"＊＊")

    C) ＝REPLACE(REPLACE(D2,9,2,"＊＊"),3,2,"＊＊")

    D) ＝MID(D2,3,2,"＊＊",9,2,"＊＊")

（25）将 Excel 工作表 A1 单元格中的公式 SUM(B$2:C$4)复制到 B18 单元格后，原公式将变为（　　）。

    A) SUM(C$19:D$19)　　　　　　　B) SUM(C$2:D$4)

    C) SUM(B$19:C$19)　　　　　　　D) SUM(B$2:C$4)

（26）不可以在 Excel 工作表中插入的迷你图类型是（　　）。

    A) 迷你折线图　　　　　　　　　　B) 迷你柱形图

    C) 迷你散点图　　　　　　　　　　D) 迷你盈亏图

（27）小明希望在 Excel 的每个工作簿中输入数据时，字体、字号总能自动设为 Calibri、9 磅，最优的操作方法是（　　）。

    A) 先输入数据，然后选中这些数据并设置其字体、字号

    B) 先选中整个工作表，设置字体、字号后再输入数据

    C) 先选中整个工作表并设置字体、字号，之后将其保存为模板，再依据该模板创建新工作簿并输入数据

    D) 通过后台视图的常规选项，设置新建工作簿时默认的字体、字号，然后再新建工作簿并输入数据

（28）小李正在 Excel 中编辑一个包含上千人的工资表，他希望在编辑过程中总能看到表明每列数据性质的标题行，最优的操作方法是（　　）。

    A) 通过 Excel 的拆分窗口功能，使得上方窗口显示标题行，同时在下方窗口中编辑内容

    B) 通过 Excel 的冻结窗格功能将标题行固定

    C) 通过 Excel 的新建窗口功能，创建一个新窗口，并将两个窗口水平并排显示，其中上方窗口显示标题行

    D) 通过 Excel 的打印标题功能设置标题行重复出现

（29）老王正在 Excel 中计算员工本年度的年终奖金，他希望与存放在不同工作簿中的前三年奖金发放情况进行比较，最优的操作方法是（　　）。

    A) 分别打开前三年的奖金工作簿，将它们复制到同一个工作表中进行比较

    B) 通过全部重排功能，将 4 个工作簿平铺在屏幕上进行比较

    C) 通过并排查看功能，分别将今年与前三年的数据两两进行比较

    D) 打开前三年的奖金工作簿，需要比较时在每个工作簿窗口之间进行切换查看

（30）钱经理正在审阅借助 Excel 统计的产品销售情况，他希望能够同时查看这个千行千列的超大工作表的不同部分，最优的操作方法是（　　）。

    A) 将该工作簿另存几个副本，然后打开并重排这几个工作簿以分别查看不同的部分

B) 在工作表合适的位置冻结拆分窗格,然后分别查看不同的部分

C) 在工作表合适的位置拆分窗口,然后分别查看不同的部分

D) 在工作表中新建几个窗口,重排窗口后在每个窗口中查看不同的部分

(31) 小王要将一份通过 Excel 整理的调查问卷统计结果送交经理审阅,这份调查表包含统计结果和中间数据两个工作表。他希望经理无法看到其存放中间数据的工作表,最优的操作方法是( )。

A) 将存放中间数据的工作表删除

B) 将存放中间数据的工作表移动到其他工作簿保存

C) 将存放中间数据的工作表隐藏,然后设置保护工作表隐藏

D) 将存放中间数据的工作表隐藏,然后设置保护工作簿结构

(32) 小韩在 Excel 中制作了一份通讯录,并为工作表数据区域设置了合适的边框和底纹,她希望工作表中默认的灰色网格线不再显示,最快捷的操作方法是( )。

A) 在"页面设置"对话框中设置不显示网格线

B) 在"页面布局"选项卡上的"工作表选项"组中设置不显示网格线

C) 在后台视图的高级选项下,设置工作表不显示网格线

D) 在后台视图的高级选项下,设置工作表网格线为白色

(33) 在 Excel 工作表中输入了大量数据后,若要在该工作表中选择一个连续且较大范围的特定数据区域,最快捷的方法是( )。

A) 选中该数据区域的某一个单元格,然后按 Ctrl+A 组合键

B) 单击该数据区域的第一个单元格,按住 Shift 键不放再单击该区域的最后一个单元格

C) 单击该数据区域的第一个单元格,按 Ctrl+Shift+End 组合键

D) 用鼠标直接在数据区域中拖动完成选择

(34) 小陈在 Excel 中对产品销售情况进行分析,他需要选择不连续的数据区域作为创建分析图表的数据源,最优的操作方法是( )。

A) 直接拖动鼠标选择相关的数据区域

B) 按住 Ctrl 键不放,拖动鼠标依次选择相关的数据区域

C) 按住 Shift 键不放,拖动鼠标依次选择相关的数据区域

D) 在名称框中分别输入单元格区域地址,中间用西文半角逗号分隔

(35) 赵老师在 Excel 中为 400 位学生每人制作了一个成绩条,每个成绩条之间由一个空行分隔。他希望同时选中所有成绩条及分隔空行,最快捷的操作方法是( )。

A) 直接在成绩条区域中拖动鼠标进行选择

B) 单击成绩条区域的某一个单元格,然后按 Ctrl+A 组合键两次

C) 单击成绩条区域的第一个单元格,然后按 Ctrl+Shift+End 组合键

D) 单击成绩条区域的第一个单元格,按住 Shift 键不放再单击该区域的最后一个单元格

(36) 小曾希望对 Excel 工作表的 D、E、F 三列设置相同的格式,同时选中这三列的最快

捷操作方法是( )。

    A) 用鼠标直接在 D、E、F 三列的列标上拖动完成选择

    B) 在名称框中输入地址"D:F",按回车键完成选择

    C) 在名称框中输入地址"D,E,F",按回车键完成选择

    D) 按住 Ctrl 键不放,依次单击 D、E、F 三列的列标

项目四 利用 PowerPoint 高效创建演示文稿

毕业答辩时,小张展示论文的 PowerPoint 幻灯片,主题鲜明、图文并茂,被老师称赞有加,最后还被评为了优秀毕业生,参加工作后,在各种会议上,又常用 PowerPoint 制作幻灯片汇报工作,生动活泼,美观漂亮,深得老板青睐。一份得体、漂亮的幻灯片不但吸引观众,更能展示自己的风貌,体现个人的价值。

PowerPoint(也称为 PPT)是微软公司 Office 套装软件中的又一重要组成部分,专用于制作各种多媒体幻灯片。幻灯片可用计算机屏幕或投影仪播放,或者在网络会议或互联网上展示。在现今社会,PowerPoint 实际已成为一种业界标准,在各种演讲、报告、会议、产品展示、教学课件乃至个人家庭相册等诸多专业、非专业领域都能见到它的身影。

任务一 PowerPoint 幻灯片的创建与编辑

 预备知识

1. 认识 PowerPoint 和演示文稿

1) 演示文稿与幻灯片

PowerPoint 的文档文件称为演示文稿。一个演示文稿对应一个文件名后缀(即扩展名)为 pptx 的文件,它由多张幻灯片组成;而每张幻灯片中又可以包含文字、图形、声音、动画、影片等。演示文稿与幻灯片的关系就像一本书和书中的每一页之间的关系。

2) 认识 PowerPoint

PowerPoint 的启动和退出方法与 Word、Excel 软件是类似的,其使用界面也与 Word、Excel 有许多相似之处。在启动 PowerPoint 后,可见软件界面如图 4-1 所示。

3) PowerPoint 的视图方式

PowerPoint 提供了 4 种视图方式:普通视图、幻灯片浏览视图、阅读视图和备注页视图,如表 4-1 所示。在"视图"选项卡"演示文稿视图"工具组中可单击相应按钮切换视图,也可在状态栏上单击相应视图按钮切换(状态栏不提供"备注页视图"的切换)。

要放映幻灯片,可单击状态栏视图按钮中的 ▬ 按钮,幻灯片将全屏放映,并播放所有设置好的动画效果。

我们还要善于利用状态栏最右侧的缩放工具随时缩放幻灯片。例如,当要处理和编辑幻灯片中的细节时,应放大显示;当细节处理完成后,要整体观察整张幻灯片的效果时,又要缩小显示。还可以单击缩放工具最右侧的 ▦ 按钮,PowerPoint 将自动调整显示缩放比例,使幻灯片缩放为适应窗口大小的、能够显示整张幻灯片的最适合的大小。

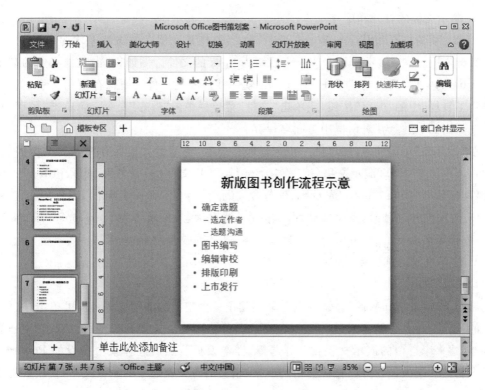

图 4-1　PowerPoint 2010 的操作界面

表 4-1　视图与功能作用

视　　图	功　能　作　用
普通视图	默认的视图方式,是主要的编辑视图。在普通视图的左窗格中,又分为"幻灯片"标签页和"大纲"标签页:前者左窗格将以缩略图显示所有幻灯片,便于整体把握幻灯片,也可利用缩略图添加、复制、删除幻灯片或者调整幻灯片的先后顺序;后者"大纲"标签页的左窗格显示演示文稿文字内容的整体架构,便于直接输入分级的文字内容
幻灯片浏览视图	同时显示多张幻灯片,并在幻灯片下方显示编号。便于查看演示文稿中所有幻灯片的全貌,但无法编辑个别幻灯片的内容。适于添加、复制、删除幻灯片,调整幻灯片的顺序,设置幻灯片放映时的切换效果等
阅读视图	将整张幻灯片显示为窗口大小,适用于希望查看幻灯片放映效果、预览幻灯片动画,又不希望全屏放映时的场合。且 PowerPoint 在窗口下方还会提供一个浏览工具。如果要对幻灯片进行修改,应再切换到其他视图才能修改;可以随时按 Esc 键退出该视图
备注页视图	备注是为幻灯片添加的各种注释信息,它们不在放映时展示,但会随幻灯片一起保存。在普通视图下,窗口下方仅有很窄的备注窗格可查看或编辑大量备注信息:在视图上方显示幻灯片缩略图,下方编辑备注。但在该视图下,无法编辑幻灯片中的内容,只能为幻灯片编辑备注信息

利用 PowerPoint 高效创建演示文稿

4）演示文稿的打开和保存

演示文稿的打开和保存与 Word、Excel 文档的打开和保存的方法基本是一致的，只是文件类型不同：一个演示文稿对应一个后缀为 pptx 的文件。例如，双击文件夹中的某个后缀为 pptx 的文件，可自动启动 PowerPoint 软件并打开此文件。要保存演示文稿，单击"快速访问工具栏"中的"保存"按钮，或单击"文件"菜单栏中的"保存"命令；而单击"另存为"命令可在弹出的"另存为"对话框中另起名保存。

在"另存为"对话框中，还可进一步选择保存类型，将演示文稿保存为其他类型的文件：如 PowerPoint97-2003 演示文稿（扩展名为 ppt）、PDF 文件（扩展名为 pdf）、PowerPoint 模板文件（扩展名为 potx、potm 或 pot）、仅包含大纲文本可由 Word 打开的 RTF 文件（扩展名为 rtf）、放映文件（打开后直接放映而不是进入编辑状态，扩展名为 ppsx、ppsm 或 pps）、图片文件（扩展名为 gif、jpg、bmp、wmf 等）、视频文件（扩展名为 wmv 等）。

2. 演示文稿的创建和编辑

1）创建演示文稿

启动 PowerPoint 软件后，系统就自动创建了一个空白的演示文稿；也可单击"文件"菜单中的"新建"命令来创建演示文稿。单击"新建"命令后，在右侧窗口中可以双击"空白演示文稿"创建一个空白的演示文稿；也可选择"样本模板"，然后选择某个预设的 PowerPoint 模板来创建。模板包含可以直接套用的框架、精美的背景及通用的示范文本，使用模板创建演示文稿，只要在其中填写内容就可以制作出专业水准的演示文稿了。

2）插入幻灯片

演示文稿由一张张幻灯片组成，可以增加或删除其中包含的幻灯片。如果新建了空白的演示文稿，新建后其中只会有一张幻灯片，可根据需要插入新的幻灯片。

在"开始"选项卡"幻灯片"工具组中单击"新建幻灯片"按钮的向下箭头，从下拉列表中选择一种要新建的幻灯片的版式，即可新建一张该版式的幻灯片，如图 4-2 所示。

在"普通视图"的左侧"幻灯片缩放略图"窗格中，单击幻灯片之间的空白区域，将出现一条较长的、横向闪烁的插入点。先将插入点定位到某个位置，再执行新建幻灯片的操作，则将在该位置处插入幻灯片。如果先选定一张幻灯片，然后再新建幻灯片，则是在选定的幻灯片之前或之后插入新幻灯片。

插入幻灯片的其他方法：在左侧窗格切换到"幻灯片缩略图"，选择某张幻灯片后，按 Enter 键或 Ctrl＋M 键，可在当前幻灯片的下方添加一张新的默认版式的幻灯片。在窗格中从右击弹出的快捷菜单中选择"新建幻灯片"命令，可新建一张空白幻灯片。若从快捷菜单中选择"复制幻灯片"命令，可复制出一张新幻灯片，再对新幻灯片进行修改就可以了。

3）使用大纲视图调整幻灯片内容

每张幻灯片一般都具有一个标题，标题下的内容往往还要分级。例如，如图 4-1 所示幻灯片的"新版图书创作流程示意"为幻灯片标题；而幻灯片上的"确定选题""图书编写""编辑审校""排版印刷""上市发行"均为一级内容；"选定作者"和"选题沟通"为二级内容，它们都是"确立选题"这一标题之下的二级内容。

可利用大纲视图快速建立演示文稿中的所有幻灯片并输入幻灯片中的分级内容，这比

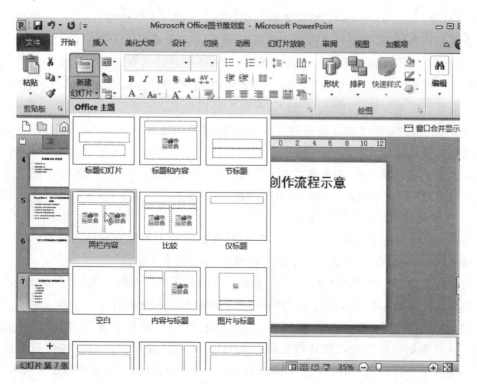

图 4-2　新建幻灯片

在普通视图右侧编辑区的幻灯片上录入内容要方便快捷很多,如图 4-3 所示。在大纲视图中具体操作方法如下。

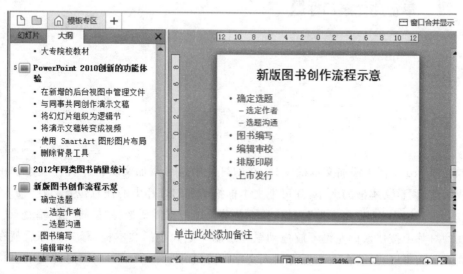

图 4-3　幻灯片大纲视图

　　将普通视图左侧窗格切换到大纲视图,然后在每张幻灯片的图标旁边(例如 1▣)输入幻灯片标题;在图标下方输入幻灯片中的各级内容。在大纲视图中输入某个级别的内容后,按 Enter 键可新建一段同一级别的内容。例如,在输入完一个幻灯片的标题后按 Enter

键，又可新建一个幻灯片标题；所带来的效果就是又新建了一张幻灯片。

要调整内容级别，可在每个段落中按 Tab 键将该段落提高一个级别，按 Shift＋Tab 键将该段落降低一个级别。除通过键盘调整级别外，还可将插入点定位到某个段落中，在"开始"选项卡"段落"工具组中单击"降低列表级别"按钮 ≇ 或"提高列表等级"按钮 ≇ ，也可以调整级别。大家知道，在输入一张幻灯片的标题后按 Enter 键可新建幻灯片，此时如果再按下 Tab 键，则会将新建的段落内容提高一级别，带来的效果是不会新建幻灯片，而是为上一张幻灯片输入幻灯片内部的一级内容。

在大纲视图中输入时，若希望为同一标题中的文本换行，而不产生该级别的一个新段落，不应直接按 Enter 键而应该按 Shift＋Enter 组合键。

4）用普通视图编辑幻灯片内容

与在 Word 文档中可以直接输入内容不同，在幻灯片上不能直接输入内容。要在幻灯片上输入内容，一般有两种方式：①使用占位符；②使用文本框。

占位符是幻灯片中某些内容的容器，常被线框框起来并含有提示文字"单击此处添加标题""单击此处添加文本"等，如图 4-4 所示。可按照提示单击它然后在其中输入内容或插入图片、影片、声音等，一般在占位符中 PowerPoint 已预先设置好了文字、段落或对象等的格式。当使用幻灯片版式或设计模板时，PowerPoint 在幻灯片中常提供占位符。拖动占位符四周的 8 个控制点，可改变占位符的大小；拖动占位符的边框，可调整占位符的位置。单击占位符的边框选中占位符，按下 Del 和 BackSpace 键可将占位符连同其中的内容删除。

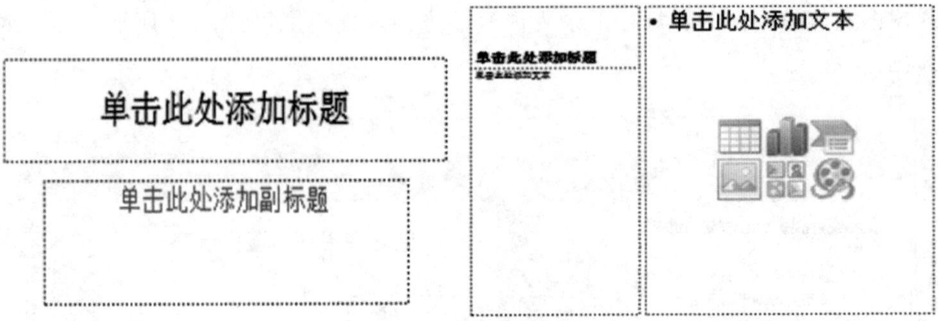

图 4-4　幻灯片中的占位符

像在 Word 文档中添加文本框一样，在幻灯片中也可添加文本框。可在文本框中输入文字或段落、调整文本框的大小，并可把文本框拖动到幻灯片中的任意位置。在"插入"选项卡"文本"工具组中单击"文本框"按钮，从下拉菜单中根据需要选择"横排"或"垂直"文本框。然后在幻灯片上按住鼠标左键不放拖动鼠标绘制一定大小的文本框，释放鼠标后就在幻灯片中插入了文本框，最后在文本框内输入文字即可，如图 4-5 所示。当幻灯片上的占位符不符合人们实际需求时，可随时、随地通过插入文本框的方式来随心所欲地在幻灯片上输入所需要的内容。

当选中文本框后，功能区会出现"绘图工具-格式"选项卡，如图 4-6 所示。可利用其中的工具按钮对文本框进行颜色填充、边框效果等的设置。

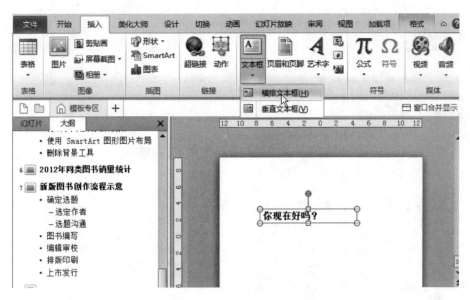

图 4-5　在幻灯片中使用文本

图 4-6　"绘图工具-格式"选项卡

实际上，占位符也是一种文本框，只是被预先设定了格式、大小和位置。

可以设置占位符或文本框中文本的格式。选中其中的部分或全部文本后，在"开始"选项卡"字体"工具组中可设置字体、字号、字形、颜色等字体格式。在"开始"选项卡"段落"工具组中可设置对齐方式、段落行距和段落间距的段落格式。也可单击两个工具组右下角的对话框开启按钮 🔲，分别弹出"字体"和"段落"对话框，利用对话框做更详细的设置。

占位符或文本框中的文本还可以使用项目符号或编号。选中占位符或文本框中的文本，在"开始"选项卡"段落"工具组中单击"项目符号"按钮或"项目编号"按钮的向下箭头，从下拉列表中选择所需要样式的项目符号或编号即可，也可以单击下拉列表中的"项目符号和编号"命令，在弹出的对话框中自定义项目符号或编号。

要输入特殊符号。可在"插入"选项卡"符号"工具组中单击"特殊符号"按钮，然后在弹出的"符号"对话框中选择需要插入的符号。

5）以大纲文本创建幻灯片

我们知道，演示文稿中的内容是分级的：每张幻灯片标题为最高级，幻灯片中的内容再分为一级文本、二级文本、……。可在 Word 中按照不同的标题样式编辑好这些分级内容，然后将它们导入 PowerPoint 则可一次性地创建所有的幻灯片。在 Word 中将要作为幻灯片标题的文本设为"标题 1"样式、将每张幻灯片的一级内容设为"标题 2"样式、二级内容设为"标题 3"样式……如图 4-7 所示是用 Word 创建好的幻灯片大纲分级标题（图示为 Word 的大纲视图）。

利用 PowerPoint 高效创建演示文稿

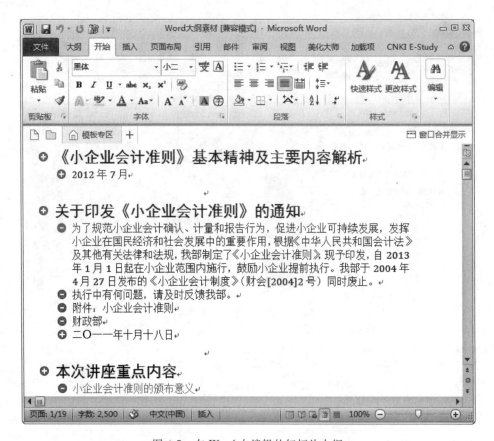

图 4-7　在 Word 中编辑的幻灯片大纲

　　然后用 PowerPoint 的导入大纲功能快速创建幻灯片。在 PowerPoint 中，在"开始"选项卡"幻灯片"工具组中单击"新建幻灯片"按钮的向下箭头，单击下拉列表最下方的"幻灯片（从大纲）"命令。在弹出的对话框中选择打开的、编辑好各大纲层次段落的 Word 文档（该 Word 文档如事先已在 Word 中打开，必须先将它关闭），单击"插入"按钮即可。再根据需要，删除新建演示文稿时 PowerPoint 自动创建的第一张空白幻灯片。创建好的效果如图 4-8 所示（图示为幻灯片浏览视图）。

　　6）移动、复制和删除幻灯片

　　要移动、复制和删除幻灯片，首先需要选择幻灯片。选择幻灯片通常是在"普通视图"的左侧"幻灯片缩略图"窗格或"幻灯片浏览视图"下进行的。单击一张幻灯片，即可选中它。单击一张幻灯片，按住 Shift 键的同时，再单击另一张幻灯片，可选择连续的多张幻灯片；如果按住 Ctrl 键的同时，依次单击每张幻灯片则可以选择不连续的多张幻灯片。如果要选择全部幻灯片，还可按下键盘的 Ctrl＋A 组合键；或在"开始"选项卡"编辑"工具组中单击"选择"按钮，从下拉菜单中选择"全选"命令。

　　若要移动幻灯片彼此的先后位置，在"普通视图"左侧"幻灯片缩略图"窗格或"幻灯片浏览视图"中，按住鼠标左键拖动幻灯片缩略图，将虚线拖放到合适位置后释放鼠标，即可将幻灯片移动到虚线处的位置。如果按住 Ctrl 键的同时拖动，则可复制幻灯片。

　　复制幻灯片也可通过"复制＋粘贴"完成：选中一张或多张幻灯片，单击"开始"选项卡

图 4-8　根据 Word 中的大纲所创建的演示文稿

"剪贴板"工具组中的"复制"按钮或按 Ctrl＋C 键；再在"普通视图"的左侧"幻灯片缩略图"窗格中将插入点定位到要粘贴到的位置，单击"粘贴"按钮或按 Ctrl＋V 组合键。

　　如果以前已经做过相同或者类似的幻灯片，在新的演示文稿中完全可以利用以前的成果，把以前的幻灯片复制、粘贴到现在的演示文稿中。例如。如图 4-9 所示分别为一个物理课件第一章前两节和后三节的内容，它们分属两个演示文稿。

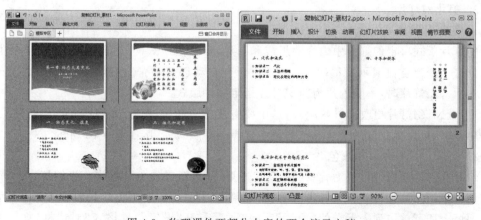

图 4-9　物理课件两部分内容的两个演示文稿

利用 PowerPoint 高效创建演示文稿

现需把这两个演示文稿合并到一个新的演示文稿"物理课件.pptx"中,并使所有幻灯片保留原来的格式。操作方法是:新建一个演示文稿,删除系统自动创建的第一张空白幻灯片。同时再打开以前的一个演示文稿,选中以前演示文稿中的所有幻灯片,按 Ctrl+C 组合键或单击"复制"按钮,再在新的演示文稿中按 Ctrl+V 组合键或单击"粘贴"按钮。为保留原来的格式,还需要在粘贴后单击自动出现的"粘贴选项"按钮  ,从下拉列表中单击"保留原格式"图标,如图 4-10 所示。再打开以前的另一个演示文稿,按同样的方法操作,粘贴后三节的幻灯片,保存新演示文稿。

图 4-10　粘贴选项

PowerPoint 还提供了"重用幻灯片"的功能。在"开始"选项卡"幻灯片"工具组中单击"新建幻灯片"按钮的向下箭头,单击下拉列表下方的"重用幻灯片"命令。出现"重用幻灯片"任务窗格,单击任务窗格的"浏览"按钮,从下拉菜单中选择"浏览",在对话框中选择一个演示文稿文件,单击"打开"按钮,则在任务窗格中打开了演示文稿。勾选任务窗格中的"保留源格式",然后依次单击任务窗格中所打开的各张幻灯片,就可以将它们依次插入到现在的演示文稿中了。要重用其他演示文稿的幻灯片,再次单击"浏览"按钮,按照同样的方法操作即可。

要删除幻灯片,选中幻灯片,按下键盘上的 Del 键;或者右击,从快捷菜单中选择"删除幻灯片"命令。

7) 批量删除幻灯片备注

备注是为幻灯片添加的注释信息。如果要批量删除一个演示文稿中所有幻灯片的备注,除可在每张幻灯片的备注窗格中分别删除备注文字外,还有一种更快捷的方法。

单击"文件"菜单中的"信息"命令,在右侧窗口中单击"检查问题"按钮,从下拉菜单中选择"检查文档"命令,如图 4-11 所示。弹出"文档检查器"对话框,如图 4-12 所示。在对话框中勾选"演示文稿备注"复选框,单击"演示文稿备注"中的"全部删除"按钮即可删除所有幻灯片的备注。单击"关闭"按钮,关闭对话框。

3. 美化幻灯片

1) 幻灯片的版式

幻灯片版式决定幻灯片中内容的组成和布局,在特定版式的幻灯片中往往还会提供一些占位符。新建空白演示文稿时,PowerPoint 会自动创建一张"标题幻灯片"版式的幻灯片。在插入幻灯片时,一般也要为新幻灯片指定一种版式。

要对已有幻灯片更改幻灯片版式,选中要更改的幻灯片,在"开始"选项卡"幻灯片"工具组中单击"幻灯片版式"按钮,从下拉列表中选择一种版式即可,如图 4-13 所示。

2) 幻灯片背景和填充颜色

幻灯片默认是以纯白色为背景的;新建幻灯片时,新背景会沿用前一张幻灯片的背景。要改变背景,在"设计"选项卡"背景"工具组中单击"背景样式"按钮,从列表中选择一种背景样式即可。还可单击列表下方的"设置背景格式",打开"设置背景格式"对话框,如图 4-14

图 4-11 检查文档

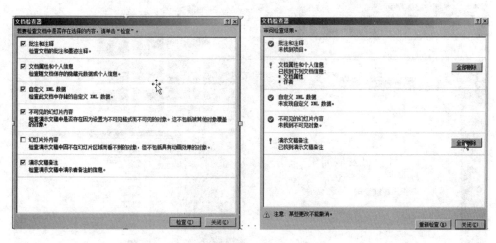

图 4-12 用"文档检测器"对话框批量删除演示文稿中的备注

所示。右击幻灯片,选择"设置背景格式"也可打开该对话框。

在对话框左侧选择"填充"项,再在右侧设置填充。"纯色填充"是用单一颜色填充背景,"渐变填充"是用两种或者多种颜色以渐变方式混合填充。选择"渐变填充",然后单击"预设颜色"按钮,选择一种预设的渐变效果,例如"雨后初晴",如图 4-14 所示。单击"关闭"按钮,将该种背景应用于当前选定的幻灯片;单击"全部应用"按钮,将背景应用于所有幻灯片,再

329

利用 *PowerPoint* 高效创建演示文稿

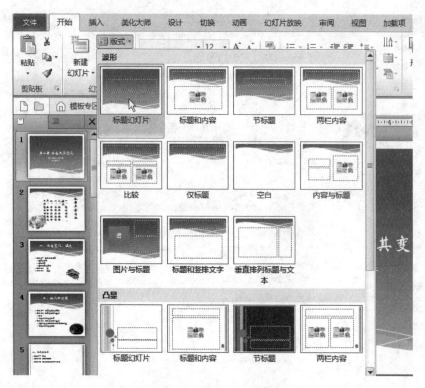

图 4-13　更改幻灯片版式

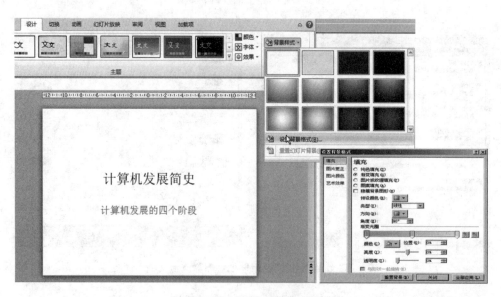

图 4-14　设置幻灯片背景

单击"关闭"按钮,关闭对话框。单击"背景重置"按钮,则撤销本次设置,恢复之前的背景。

除了使用"预设颜色"按钮选择预设的渐变效果外,还可以自定义渐变效果,方法是:在"类型"列表中选择渐变类型,如"矩形",在"方向"列表中选择渐变方向,如"从左下角"。在"渐变光圈"下,将出现与所需颜色个数相等的渐变的光圈(一个渐变光圈显示为一个滑动杆图案）；可单击"添加渐变光圈"按钮或"删除渐变光圈"按钮增删光圈，在滑动条的空白处单击也可增加光圈。单击某一个光圈，再单击"颜色"按钮，为各光圈分别选择颜色；还可拖动"亮度"和"透明度"滑块，设置颜色亮度和透明度。再拖动光圈位置调节渐变效果中该种颜色的过渡位置。

　　在"填充"项的右侧选择"图片或纹理填充"单选按钮，如图 4-15 所示，再单击"纹理"按钮，从下拉列表中选择一种纹理，如"鱼类化石"。如果要以一张图片文件填充，单击"插入自"菜单中的"文件"按钮，在弹出的对话框中选择图片文件。还可单击"剪贴画"按钮用剪贴画图片填充，或单击"剪贴板"按钮，用预先复制到剪贴板中的一张图片填充。设置图片为幻灯片背景后，在幻灯片上右击，从弹出的快捷菜单中选择"保存背景"，又可把幻灯片背景单独提出另存为图片文件。

图 4-15　幻灯片背景的图片或纹理填充

　　当选择"图案填充"单选按钮时，对话框如图 4-16 所示，在图案列表中选择一种图案，如"实心菱形"，通过"前景"和"背景"栏可自定义图案的前景色和背景色。

　　如幻灯片已被设置主题，则所填充的背景可能被主题背景所覆盖；此时可在"设置背景格式"对话框中勾选对话框上半部分的"隐藏背景图形"复选框。

　　3）应用主题

　　主题是美化演示文稿的一种简便方法，它取代了早期 PowerPoint 版本中的设计模板。主题包含一组已经设置好的幻灯片字体、颜色、背景、对象效果等，将主题应用于幻灯片后，主题中包含的预设格式都将应用到演示文稿的所有幻灯片，并使演示文稿具有统一的风格。

　　要应用主题，在"设计"选项卡"主题"工具组中单击选择一种主题即可。例如，选择"暗香扑面"，则该种主题将被应用到所有幻灯片，如图 4-17 所示。注意：PowerPoint 提供的所有主题并未在"主题"工具组的一屏视野内显示完全，可单击右侧的按钮滚动翻页，或单击按钮用下拉列表的方式列出所有主题，然后再从中选择一种主题。

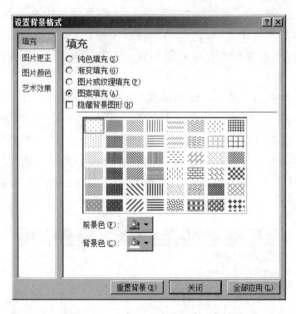

图 4-16　幻灯片背景的图案填充

图 4-17　应用主题"暗香扑面"

　　若只希望将部分幻灯片应用主题,其他幻灯片不变,可先选择欲设置主题的一张或多张幻灯片,然后右击"主题"工具组中的某个主题图标,从快捷菜单中选择"应用于选定幻灯片"命令,如图 4-18 所示。

图 4-18　右击功能区的主题图标

4）页眉和页脚

在幻灯片的页眉和页脚中，也可以插入幻灯片编号（幻灯片页码）、日期时间或任意输入的其他内容。在"插入"选项卡"文本"工具组中单击"幻灯片编号"按钮（或"页眉和页脚"按钮、"日期和时间"按钮），如图 4-19 所示。弹出"页眉和页脚"对话框，如图 4-20 所示。在对话框中勾选"幻灯片编号"复选框，则可为幻灯片添加编号（幻灯片页码）；勾选"页脚"复选框，再在下面的文本框中输入内容，可添加页脚，例如，输入"第一章　物态及其变化"。还可选中"日期和时间"复选框，以在幻灯片中添加日期和时间。如果选中"标题幻灯片中不显示"复选框，则不在标题幻灯片中设置这些内容，单击"应用"按钮，则为选定的幻灯片设置效果；单击"全部应用"按钮，则为演示文稿中的所有幻灯片设置效果。

图 4-19　插入幻灯片编号

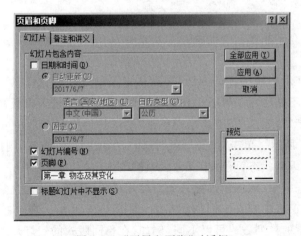

图 4-20　"页眉和页脚"对话框

依据主题的不同，幻灯片编号和页脚等内容可能会位于幻灯片的不同位置，而并不像Word 那样一定位于幻灯片顶部或者底部，如图 4-21 所示。要改变幻灯片编号和页脚的位置，可在母版中移动"数字区"或页脚的占位符；要改变编号的字体、字号、颜色等也应在母版中修改对应占位符的格式。

图 4-21　不同主题的幻灯片页脚和幻灯片编号

5）使用母版

（1）认识幻灯片母版

借助 PowerPoint 幻灯片母版可以很方便地统一演示文稿中多张幻灯片的风格。母版中规定了多张幻灯片中都要共同出现的内容和版式，如背景、颜色、字体、效果、占位符大小和位置等。对母版的任何更改，如在母版中更改字体、版式、背景等，都将使基于这一母版的所有幻灯片发生自动相应的改变，这免去了人们逐一手动去设置每张幻灯片的麻烦。

在 PowerPoint 中有 3 种母版类型：幻灯片母版、讲义母版和备注母版。

① 幻灯片母版规定所有幻灯片的风格，其中所包含的设置将应用于幻灯片上。

② 讲义母版仅用于讲义打印，规定讲义打印时的样式。

③ 备注母版规定以备注视图显示幻灯片或打印备注页时的样式。

一个演示文稿中可以包含多个幻灯片母版，每个母版下又可包含多个幻灯片版式。

值得注意的是，幻灯片母版并不是模板，它仅是一组设置。母版既可以保存于幻灯片模板文件中，又可以保存于非模板文件中。

（2）母版视图

当新建或打开演示文稿后，PowerPoint 默认进入幻灯片编辑状态；此时所有设置都是作用于幻灯片的，而不是作用于母版。要更改母版，需要首先进入母版视图。

在"视图"选项卡"母版视图"工具组中单击"幻灯片母版"按钮，即可进入"幻灯片母版"编辑状态，如图 4-22 所示。单击"讲义母版"按钮或"备注母版"按钮，则可分别进入"讲义母版"或"备注母版"的编辑状态，可对相应母版做修改。

在幻灯片母版视图中，默认包含有一个幻灯片母版，母版下又包含多种与它关联的幻灯片版式，可在左侧窗格中查看它们的缩略图，如图 4-22 所示。在这些与母版相关联的多个不同版式中各元素的排列方式可以不同，例如，在不同版式的幻灯片中不同位置具有不同个占位符，占位符中还可以使用不同的字号；但是所有版式均包含相同的主题（配色方案、字体、效果），各个版式只是展现同一主题的不同方式。

可以添加新的版式或删除不使用的版式。要插入母版版式，选择要插入的位置，在"幻灯片母版"选项卡"编辑母版"工具组中单击"插入版式"按钮。要删除母版版式，选中要删除

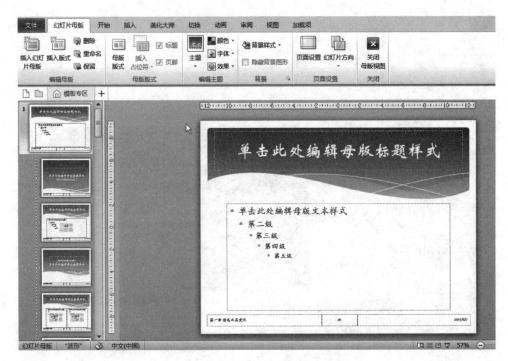

图 4-22　幻灯片母版视图

的版式,右击,从快捷菜单中选择"删除版式"命令。

（3）修改母版

修改幻灯片母版的目的是对幻灯片进行全局更改,使更改应用到演示文稿中的所有幻灯片或多张幻灯片。这样,既能统一演示文稿的外观,又能大大提高工作效率。可以像修改任何一张幻灯片一样更改幻灯片母版,但要记住母版上的文本只用于样式,相当于制作好了的框架,而实际的内容应该在普通视图的幻灯片上进行编辑。

在左侧窗格选择一种版式,如"标题和内容"版式,则可在右侧编辑区中对这一母版版式进行编辑,如图 4-22 所示。母版中一般都包含若干占位符区域,如标题区、副标题区、对象区、日期区、页脚区、数字区等。这些占位符的位置、大小及格式属性,将决定应用该母版的幻灯片中对应元素的位置、大小和格式属性;当改变了这些占位符的位置大小和格式属性,例如,改变了其中文字的字体、字号、颜色等,则应用了该母版中的该版式的所有幻灯片都将随之改变。

还可以在母版上自行添加占位符,在"幻灯片母版"选项卡"母版版式"工具组中单击"插入占位符"命令,再从下拉菜单中选择一种占位符,如"图片",当鼠标指针变为十字架时,拖动绘制相应大小的占位符。之后可调整占位符在母版上的位置、大小,如图 4-23 所示。

如果希望演示文稿中每张幻灯片的固定位置都有一张图片,例如希望每张幻灯片左上角都有一个公司的徽标,则应将公司徽标图片插入到母版中,并调整图片在母版中的大小和位置(位于左上角)就可以了。

如果希望演示文稿中的每张幻灯片都应用同一种主题效果,就应该设置幻灯片母版的主题效果;如果希望演示文稿中的每张幻灯片都应用相同的背景,就应设置幻灯片母版的

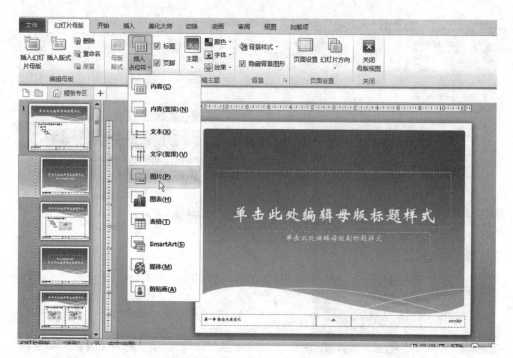

图 4-23　在母版中插入占位符

背景。设置母版的主题和背景与设置普通幻灯片的主题和背景方法是类似的。用"幻灯片母版"选项卡"页面设置"工具组中的"幻灯片方向"按钮,还可设置演示文稿中所有幻灯片的页面方向。

当母版编辑完毕,在"幻灯片母版"选项卡"关闭"工具组中单击"关闭母版视图"按钮 ,或直接单击状态栏的"普通视图"按钮 ,即可切换到普通视图,在母版上所做的更改将自动被套用到对应的所有幻灯片上。

4. 幻灯片分节

如果有一个包含很多幻灯片的演示文稿,浏览幻灯片时是否由于无法确定幻灯片在整体内容中的位置而感到束手无策呢? 在 PowerPoint 2010 中,可以使用"节"的功能组织幻灯片,并可为节命名;就像用文件夹组织文件一样。

在"普通"视图或"幻灯片浏览"视图中,在要新增节的两个幻灯片之间右击,从弹出的快捷菜单中选择"新增节"命令,如图 4-24 所示。则在此位置划分新节,上一节名称为"默认节",下一节名称为"无标题节"。要修改节名称,右击节标题,从弹出的快捷菜单中选择"重命名节",如图 4-25 所示,在弹出的对话框中输入新名称,如"内容"。用同样方法可再将第一节"默认节"重命名为"议程"。

分节操作也可通过功能区的按钮进行。如将最后一张幻灯片单独分为一节。选中最后一张幻灯片,在功能区中切换到"开始"选项卡,在"幻灯片"工具组中单击"节"按钮,从下拉菜单中选择"新增节"命令,将最后一张幻灯片新增为一节。然后再次单击"节"按钮,从下拉菜单中选择"重命名节",为这一节命名为"结束"。

分节后,单击节名称的标签,可同时选中本节内的所有幻灯片。

图 4-24　新增节

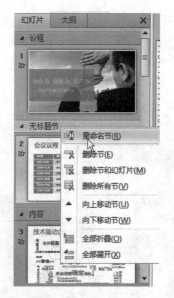

图 4-25　重命名节

 任务描述

设计一个以节日（任意选择一个节日）为主题的演示文稿。要求如下：

（1）演示文稿不能少于 6 张。

（2）第一张演示文稿必须是"标题幻灯片"，其中副标题的内容必须是本人信息，包括
"姓名""系别""班级""学号"等。

（3）其他演示文稿中要包含与题目要求相关的文字、图片或艺术字。

（4）除"标题幻灯片"外，其他幻灯片上都要显示页码。

（5）要选择一种"应用设计模板"或背景对演示文稿进行设置。

 任务实施

1．创建演示文稿

启动 PowerPoint 2010 后，系统会自动创建一个空白演示文稿，用户可以直接利用此演
示文稿工作。也可以选择"文件"→"新建"命令，在弹出的"新建对话框"中选择"可用的模板
和主题"中提供的模板来创建演示文稿，或选择"Office.com"下载演示文稿模板或者网上下
载合适的模板，如图 4-26 就是下载的"春节"的模板。

2．保存演示文稿

在制作演示文稿的过程中，可以过一段时间保存一下演示文稿。在第一次保存的时候，
会弹出"另存为"对话框，注意选择保存文件的位置、文件名和文件类型。PowerPoint 2010
生成的文件默认的扩展名为".pptx"。如果我们做的这个演示文稿要在 2010 之前的版本上
运行，应在"保存类型"中选择"PowerPoint97-2003 演示文稿"，这时文件的扩展名就是
".ppt"。

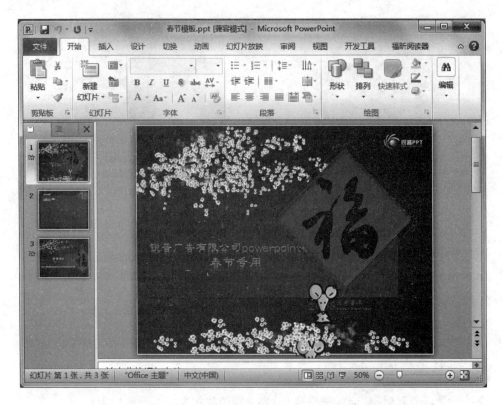

图 4-26　中秋节贺卡

3. 编辑演示文稿

1）添加新幻灯片

单击"开始"→"新建幻灯片"按钮，在出现的幻灯片中单击一个合适的幻灯片版式，如"标题和内容"版式，即可完成添加。

2）删除幻灯片

在幻灯片浏览视图或在普通视图中的大纲窗格中选择要删除的幻灯片按 Del 键。或要删除多张幻灯片，则切换到演示文稿浏览视图，按住 Ctrl 键，并单击要删除的各幻灯片，按 Del 键，如图 4-27 所示，即在幻灯片浏览视图中同时选择了幻灯片 1 和幻灯片 3。

3）移动幻灯片

在幻灯片浏览视图或在普通视图中的大纲窗格中，用鼠标选中要移动的幻灯片，按住左键不松手，在拖动的过程中，可以看到有一条横线或竖线提示幻灯片的目标位置，到目标位置后就松手。如果在拖动鼠标的同时，按住 Ctrl 键，则完成的是复制幻灯片的操作。

此外还可以用"剪切"和"粘贴"命令来移动幻灯片，用"复制"和"粘贴"命令来复制幻灯片。

4）为幻灯片编号

整个演示文稿创建完成以后，可以为全部演示文稿编号，单击"插入"→"插入幻灯片编号"按钮，弹出"页眉和页脚"对话框，如图 4-28 所示，选定"幻灯片编号"和"标题幻灯片中不显示"选项，单击"全部应用"按钮。

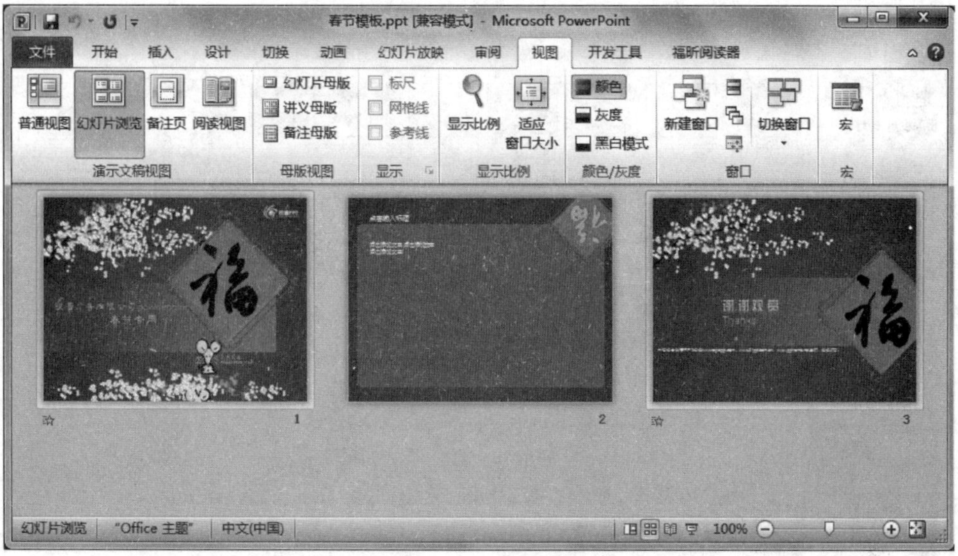

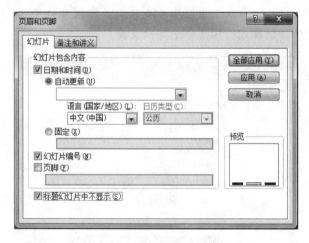

图 4-27　幻灯片浏览视图

图 4-28　插入幻灯片编号

5）在幻灯片中插入各种对象

可以选择不同版式的幻灯片添加各种对象，也可以利用"插入"菜单中的选项插入"图片""艺术字""自选图形""表格""图表"和 SmartArt 层次结构图等。

如果对已添加的对象不满意，可以选中它进行编辑，也可以按 Del 键进行删除。

6）设置"应用设计模板"和背景

通常在演示文稿内容添加完成后，可以使用"应用设计模板"对整个演示文稿做统一的设置。单击"设计"，在"主题"中单击一种主题，比如"新闻纸"，则这种主题应用于本演示文稿所有幻灯片，如图 4-29 所示。

如果想修改其中某一张或几张幻灯片的背景，就需要单击"背景样式"→"设置背景格式"，弹出对话框如图 4-30 所示，有 4 种填充方式供选择：纯色填充、渐变填充、图片或纹理

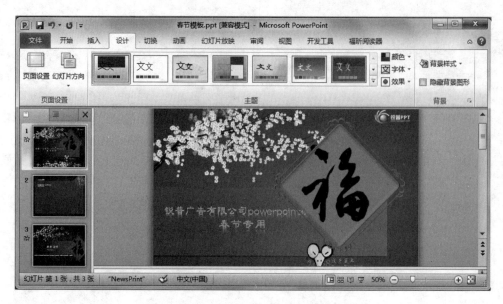

图 4-29　应用了"跋涉"主题的演示文稿

填充和图案填充,如果只是将背景设置应用于当前幻灯片就直接单击"关闭"按钮,单击"全部应用"按钮是将这种背景样式应用于整个演示文稿。

图 4-30　"设置背景格式"对话框

7) 放映演示文稿

演示文稿设计完成以后,选择"幻灯片放映"→"从头开始"或按键盘上的 F5 键,开始幻灯片放映,单击鼠标左键切换到下一张,单击 Esc 键可以中途退出放映,根据放映效果调整幻灯片的内容和设置。

任务二　在 PowerPoint 幻灯片中使用对象

 预备知识

在 PowerPoint 幻灯片中不仅可以包含文本，图片、形状、艺术字、SmartArt 图形、表格、图表等都可以出现在幻灯片中，甚至还可以为演示文稿提供伴奏配音、表现视频等，这些都将使演示文稿更加生动活泼、有声有色。

1. 使用图片

1）插入剪贴画

剪贴画是 Office 中自带的图片，在"插入"选项卡"图像"工具组中单击"剪贴画"按钮，出现"剪贴画"任务窗格，如图 4-31 所示。在"搜索文字"文本框中输入要搜索的关键字，如"房屋"，单击"搜索"按钮（如果不输入任何内容，直接单击"搜索"按钮则可搜索出所有剪贴画）。然后在下方搜索出的剪贴画中单击所需要的剪贴画，即可将剪贴画图片插入到幻灯片中。然后在幻灯片中适当调整图片的大小、位置即可。

改变图片大小和位置的方法是：选中图片后，拖动图片四周的控制点可调整图片大小；拖动图片可调整图片位置；拖动图片上方绿色圆形控点可旋转图片。或者单击"图片工具-格式"选项卡"大小"工具组右下角的对话框开启按钮 ，打开"设置图片格式"对话框做精确设置。如图 4-32 所示，在对话框的"大小"标签页中，如"锁定纵横比"，则更改"高度"的同时"宽度"值会自动变化以适应纵横比，更改"宽度"值的同时"高度"值也会自动变化以适应纵横比。若要分别设置"高度"和"宽度"值为固定大小，应先取消选中"锁定纵横比"，然后再分别设置"高度"和"宽度"值。

图 4-31　插入剪贴画

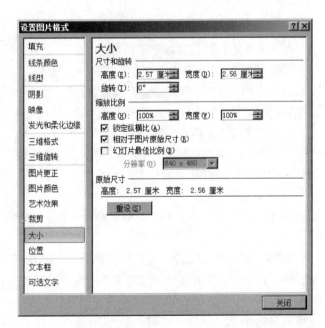

图 4-32　"设置图片格式"对话框

利用 PowerPoint 高效创建演示文稿

右击图片，从快捷菜单中选择"置于顶层""置于底层"中的命令，可调整图片彼此覆盖的顺序。

2）插入图片

在幻灯片中插入图片，有多种方法：既可单击幻灯片中相应的占位符插入图片，也可通过功能区的命令按钮插入图片。还可以通过"复制＋粘贴"的方法将位于其他文档如 Word 文档中的图片直接粘贴到幻灯片中。

（1）用占位符插入图片

很多版式的幻灯片提供了插入图片的占位符，例如，图 4-33 为一张"标题和内容"版式的幻灯片，在"单击此处添加文本"的占位符中，除可输入文本外，还可单击一些图标。单击这些图标可分别插入表格、图表、SmartArt 图形、图片、剪贴画、视频等。现在单击其中"插入来自文件的图片"图标，如图 4-33 所示，弹出"插入图片"对话框，在对话框中找到并选择需要的图片，单击"插入"按钮，即可将之插入到幻灯片中。根据需要可适当调整图片的大小和位置，其调整方法与剪贴画的调整方法是相同的。

图 4-33　用占位符插入图片

（2）用功能区按钮直接插入图片

要插入图片，还可以单击"插入"选项卡"图像"工具组中的"图片"按钮，在弹出的对话框中选择一个图片文件，单击"插入"按钮，将图片插入到幻灯片中。对于没有相应占位符的幻灯片，可使用这种方法插入文件中的图片。

（3）从 Word 文档中复制、粘贴图片

选中 Word 文档中的图片，单击"复制"按钮或按下 Ctrl＋C 组合键；再在 PowerPoint 幻灯片中单击"粘贴"按钮或按 Ctrl＋V 组合键，将图片粘贴到幻灯片中。

3）插入相册

如需插入大量图片，可使用相册功能：PowerPoint 会自动将图片分配到每一张幻灯片中。

在"插入"选项卡"图像"工具组中单击"相册"按钮，从下拉菜单中选择"新建相册"，弹出"相册"对话框，如图 4-34 所示。单击"文件/磁盘"按钮，弹出"插入新图片"对话框。在对话框中选择图片（可按住 Shift 键选择多张图片或按住 Ctrl 键选择不连续的多张图片），例如，这里同时选中 12 张图片，如图 4-34 所示。

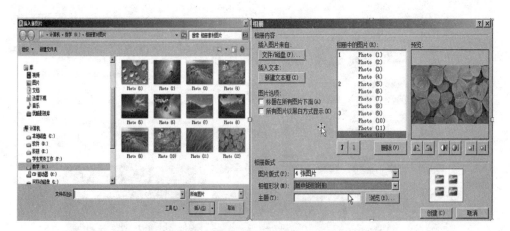

图 4-34　新建相册

单击"插入"按钮,返回到"相册"对话框。PowerPoint 可以为每张图片单独创建一张幻灯片,使每张幻灯片包含一张图片;也可以在每张幻灯片中包含多张图片。这里我们希望每张幻灯片包含 4 张图片,在对话框的"图片版式"下拉框中选择"4 张图片";在"相框形状"中选择一种图片效果,如"居中矩形阴影"。单击"创建"按钮,PowerPoint 会自动创建一个新的演示文稿,包含这些图片,并自动添加了标题幻灯片,创建后的效果如图 4-35 所示。

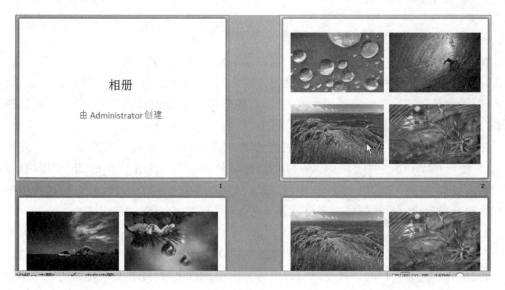

图 4-35　创建相册后的效果

4) 设置图片效果

对演示文稿中的图片还可以进行加工处理,为图片增加专业效果。PowerPoint 提供了很多预置的图片效果,这使很多需要专业图像软件才能制作出的效果,现在在 PowerPoint 中就能轻松实现了。选中幻灯片中的一张或多张图片,在"图片工具-格式"选项卡"图片样式"工具组中选择一种预设样式即可。如图 4-36 所示,将幻灯片中的 3 张图片设置为了"剪裁对角线,白色"的样式。

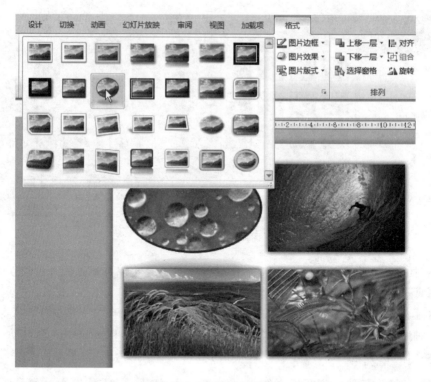

图 4-36　设置图片样式

在"调整"工具组中单击"艺术效果"按钮,还可把图片改为铅笔素描、玻璃、影印等效果;单击"颜色"按钮,从下拉菜单中选择"设置透明色";可设置图片中的某种颜色为透明色;单击"删除背景"按钮,然后拖动图片上的线条,使之包含希望保留的图片部分,可删除图片背景,这样将图片中杂乱的细节删除,可使图片的内容主题更突出。

在 PowerPoint 中也可以使用自选图形形状,在幻灯片中绘制一些简单的图形或线条等,其方法与在 Word 中是类似的。在"插入"选项卡"插图"工具组中单击"形状"按钮(或在"开始"选项卡"绘图"工具组中单击"形状"按钮),从列表选择某个形状,再在幻灯片中拖动鼠标绘制这种形状。形状的修改和格式设置等与 Word 中的操作也是相同的。

2. 使用艺术字

艺术字是进行艺术化处理后、具有特殊效果的文字。例如,文字可被拉伸、变形、适应预设形状、渐变填充等。在幻灯片中既可以创建艺术字,也可以将现有文字转换为艺术字。

例如,要在图 4-37 所示的最后一张幻灯片中插入艺术字,内容为"谢谢!"操作方法是:在"插入"选项卡"文本"工具组中单击"艺术字"按钮,从下拉列表中选择一种样式,即可在幻灯片中创建这种效果的艺术字。但内容为示例文字,如图 4-37 所示。再删除艺术字中的示例文字"请在此放置您的文字",输入我们的内容即可,例如输入"谢谢!"。

艺术字和普通文本一样,也可以被改变字体、字号等。在"开始"选项卡"字体"工具组中可设置艺术字的字体、字号。在"绘图工具-格式"选项卡"艺术字样式"工具组中可设置艺术字的样式、填充、边框和各种美化效果等。拖动艺术字的边框可改变艺术字的位置。

如果要将幻灯片中已有的文本转换为艺术字,选中文本后,仍单击"插入"选项卡"文本"

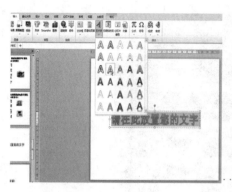
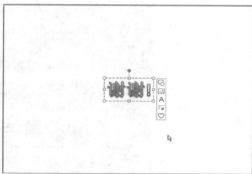

图 4-37 插入艺术字

工具组中的"艺术字"按钮，从下拉列表中选择一种样式即可。

3. 使用 SmartArt 图形

SmartArt 图形是预先组合并设置好样式的一组文本框、形状、线条等，在幻灯片中使用 SmartArt 图形可以快速创建专业的图示，通过图示表达内容。

1）插入 SmartArt 图形

在"插入"选项卡"插图"工具组中单击 SmartArt 按钮，弹出"选择 SmartArt 图形"对话框，如图 4-38 所示。在对话框中选择一种 SmartArt 图形，例如在左侧选择"列表"大类型，再在中部选择这种大类型中的某一小类型如"垂直框列表"，单击"确定"按钮。则在幻灯片中插入了这种类型的 SmartArt 图形。图形中含有 3 个文本框，如果文本框不够，可再单击"SmartArt 工具-设计"选项卡"创建图形"工具组中的"添加形状"按钮，从下拉菜单中选择"在后面添加形状"。这里添加一个形状，然后在 4 个文本框中依次输入"第一代计算机""第二代计算机""第三代计算机""第四代计算机"，效果如图 4-39 所示。

在某些具有占位符的幻灯片版式中，也可通过单击占位符中的"插入 SmartArt 图形"的图标 来插入 SmartArt 图形。

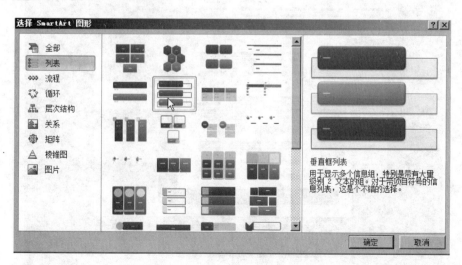

图 4-38 "选择 SmartArt 图形"对话框

利用 PowerPoint 高效创建演示文稿

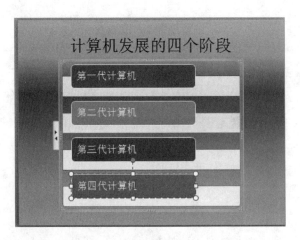

图 4-39　插入选择的 SmartArt 图形

2）设置 SmartArt 图形格式

Smart 文本框图形中文字的字体、字号、颜色等也可由"开始"选项卡"字体"工具组中相应按钮进行设置。要更改图形颜色，在"SmartArt 工具-设计"选项卡"SmartArt 样式"工具组中单击"更改颜色"按钮，从下拉列表中选择一种颜色样式，如"彩色，强调文字颜色"，如图 4-40 所示。

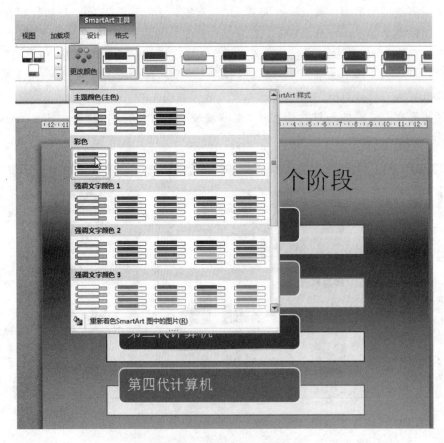

图 4-40　设置 SmartArt 图形颜色

3）将文本转换为 SmartArt 图形

还可以将文本转换为 SmartArt 图形。如图 4-41 所示，已在文本框中输入了若干分级文本。选中这些文本，单击"开始"选项卡"段落"工具组中的"转换为 SmartArt"按钮。从下拉列表中选择一种 SmartArt 图形类型；或单击"其他 SmartArt 图形"命令，弹出"选择SmartArt 图形"对话框。从对话框中选择一种图形类型，例如"列表"中的"水平项目符号列表"，单击"确定"按钮。再为转换后的 SmartArt 图形设置一种样式，在"SmartArt 工具-设计"选项卡"SmartArt 样式"工具组中单击"中等效果"，最终效果如图 4-42 所示。

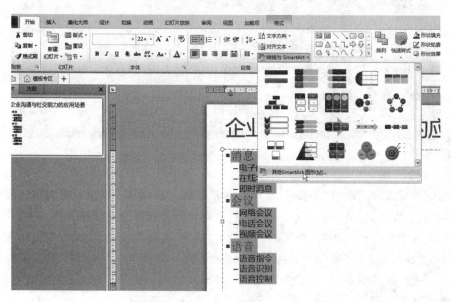

图 4-41　文本转换为 SmartArt

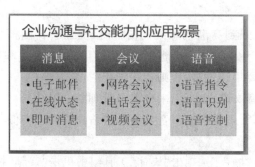

图 4-42　转换后的 SmartArt 图形

4. 使用表格和图表

在幻灯片中插入表格的方法与在 Word 中是类似的。如图 4-43 所示，单击"插入"选项卡"表格"工具组中的"表格"按钮，在下拉列表的预设方格内，单击所需的行列数的对应方格；或者单击"插入表格"命令，在弹出的"插入表格"对话框中输入行数和列数。例如，图 4-43 在幻灯片中插入了一个 6 行、5 列的表格。然后可以在表格中输入文本，例如依次输入各列标题为"图书名称""出版社""作者""定价""销量"。

在幻灯片中也可通过单击占位符的"插入表格"图标 来插入表格。

图 4-43 插入表格

表格的编辑修改可通过"表格工具-设计"和"表格工具-布局"选项卡中的相应按钮来实现，如调整表格大小、行高、列宽、插入和删除行（列）、合并与拆分单元格等。

在幻灯片中也可插入图表，在"插入"选项卡"插图"工具组中单击"图表"按钮，或者单击占位符中的"插入图表"图标，弹出"插入图表"对话框。按照与在 Word 中插入图表相同的方法插入图表。插入图表时，系统会自动启动 Excel 软件，用户在 Excel 中编辑表格数据，相应图表即被插入到幻灯片中。

5. 使用声音和媒体视频

1）插入声音

在电影或电视剧中，遇到高潮或感人的情节时，往往会伴随播放一些背景音乐烘托气氛。同样的道理，在幻灯片中添加声音也能起到吸引观众注意力和增加新鲜感的目的。然而在幻灯片中的声音不要用得过多，否则会喧宾夺主，成为噪音。

声音既可以来自声音文件，也可以来自剪辑管理器。其中插入文件中的声音与插入图片的方法类似，插入剪辑管理器中的声音与插入剪贴画的方法类似。

（1）插入文件中的声音

选中一张幻灯片，在"插入"选项卡"媒体"工具组中单击"音频"按钮的向下箭头，从下拉菜单中选择"文件中的音频"，如图 4-44 所示。弹出"插入音频"对话框，从中找到并选择声音文件，单击"插入"按钮。

图 4-44 插入音频

插入声音后,在幻灯片中就出现了一个音频图标 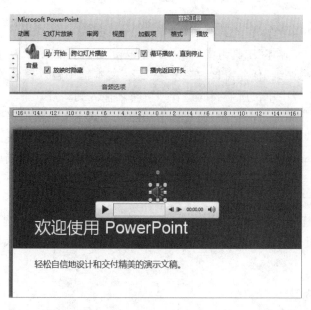,可拖动此图标移动它在幻灯片中的位置或拖动它周围的控制点改变其大小。当选中音频图标时,在幻灯片中将出现用于预览声音效果的播放控制条,如图 4-45 所示。单击该播放条中的播放按钮,就可以播放声音从而预览声音效果。

图 4-45　插入音频后的图标和"音频工具-播放"选项卡

要在幻灯片放映时播放声音,还要进行一些设置。播放声音实际是作为幻灯片中的一个动画来对待的,它与幻灯片中的其他动画将在一起按顺序执行,只不过轮到它时是"放音"而不是"做动作"。单击音频图标 ,功能区将出现"音频工具-格式"和"音频工具-播放"选项卡。在后者选项卡的"音频选项"工具组中的"开始"列表中,可设置此音频开始播放的方式,其中包含的 3 个选项及含义如表 4-2 所示。

表 4-2　"音频选项"工具组"开始"列表中各选项的含义

选　项	含　义
自动	时间线上的上一动画结束后(如没有上一动画则是本张幻灯片开始放映后),自动开始播放声音,但切换到下一张幻灯片播放即停止
单击时	时间线上的上一动画结束后(如没有上一动画则是本张幻灯片开始放映后),并不自动开始播放声音,还需再单击鼠标才开始播放声音
跨幻灯片播放	时间线上的上一动画结束后(如没有上一动画则是本张幻灯片开始放映后),自动开始播放声音,切换到下一张幻灯片声音也不停止,一直会播放到演示文稿的所有幻灯片放映结束或整个声音文件播放完毕

在幻灯片放映后,如果音频已经播放完,而此时幻灯片还没有放映结束,则播放还是要停止的。如果希望在声音播放完后再从头开始播放,循环播放一直到演示文稿的所有幻灯片都放映结束,则需勾选该工具组中的"循环播放,直到停止"复选框。

音频图标如果没有被放到幻灯片之外,是会一直显示的。如果在放映时自动播放音频,

利用 PowerPoint 高效创建演示文稿

则往往不希望再显示图标。此时可勾选该工具组中的"放映时隐藏"。

综上所述,如果希望在幻灯片开始放映时就播放声音,切换到下一张幻灯片时播放也不停止,在播放全程都有持续的背景声音,一般应在"开始"列表中选择"跨幻灯片播放"并勾选"放映时隐藏"复选框。如果音频时长较短,为使全程都有声音还需勾选"循环播放,直到停止"复选框。

(2)插入剪贴画中的声音

在"插入"选项卡"媒体"工具组中单击"音频"按钮的向下箭头后,从下拉菜单中选择"剪贴画音频"。弹出"剪贴画"任务窗口,在"搜索文字"文本框中输入搜索关键字,单击"搜索"按钮,从搜索到的声音中单击所需要的声音即可将之插入到幻灯片中。

还可以为幻灯片添加录制音频,使用这个功能可为演示文稿添加解说词,在放映时播放解说录音,在"插入"选项卡"媒体"工具组中单击"音频"按钮的向下箭头,从下拉菜单中选择"录制音频",弹出"录音"对话框,单击"录音"按钮开始录音,录制完成后单击"确定"按钮即可。

2)插入媒体视频

在"插入"选项卡"媒体"工具组中单击"视频"按钮,从下拉菜单中选择"文件中的视频"或"剪贴画视频",可分别插入视频文件或剪贴画视频,使用方法与插入图片和声音都是类似的。

 任务描述

《红楼梦》是中国小说史上不可超越的顶峰,几千年中国文学史,假如我们只有一部《红楼梦》,它的光辉也足以照亮古今中外,可见红楼梦在文学史上的影响力。随着计算机辅助教学的普及,《红楼梦》的计算机教学已必不可少。我们一起来学习使用 PowerPoint 2010 制作《红楼梦》鉴赏的幻灯片。

 任务实施

1. 创建新演示文稿

双击桌面快捷方式 PowerPoint 2010 或单击"开始"→"所有程序"→Microsoft Office→Microsoft PowerPoint 2010,启动 PowerPoint 2010,并已自动创建一个新演示文稿,出现一张"标题"版式的幻灯片。

2. 制作标题幻灯片

(1)单击"单击此处添加标题"占位符,输入"红楼梦"。

(2)单击"单击此处添加副标题"占位符,输入作者姓名,如"曹雪芹",如图 4-46 所示。

3. 制作内容幻灯片

(1)单击"开始"→"幻灯片"→"新建幻灯片",插入一张"标题和内容"版式幻灯片。

(2)单击"单击此处添加标题",输入"作者简介"。

① 单击"单击此处添加文本",将"文字素材"中的作者简介文字复制粘贴到此处。

② 重复上述步骤,再插入一张幻灯片,并在相应的位置复制粘贴四大家族介绍的文字内容。

③ 插入两张幻灯片,并在"单击此处添加标题"位置分别输入"人物介绍"和"金陵十二

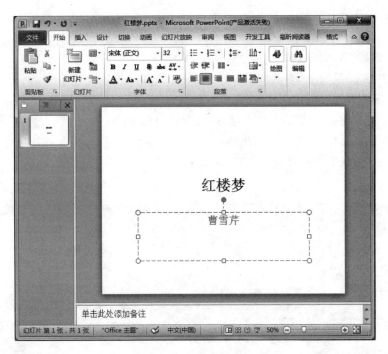

图 4-46　标题幻灯片

钗"文字内容。

　　④ 插入一张幻灯片,在"单击此处添加文本"位置首先将项目符号删除,然后添加"开谈不说《红楼梦》,虽读诗书也枉然"文字内容,如图 4-47 所示。

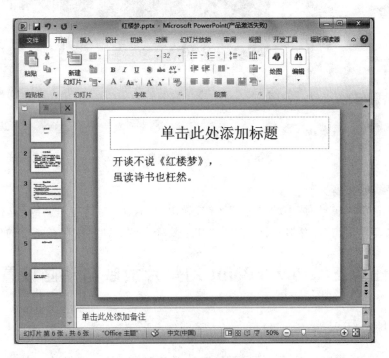

图 4-47　内容幻灯片

利用 PowerPoint 高效创建演示文稿

4. 添加"葬花吟"视频

（1）单击"开始"→"幻灯片"→"新建幻灯片"，插入一张"标题和内容"版式幻灯片。

（2）在内容占位符中单击"插入媒体剪辑"，如图 4-48 所示，弹出"插入视频文件"对话框。

（3）选择相应的文件位置和类型，找到已准备好的视频素材"葬花吟.avi"，单击"插入"按钮。

（4）单击此视频下方的播放按钮可以观看视频，如图 4-49 所示。

图 4-48　内容占位符

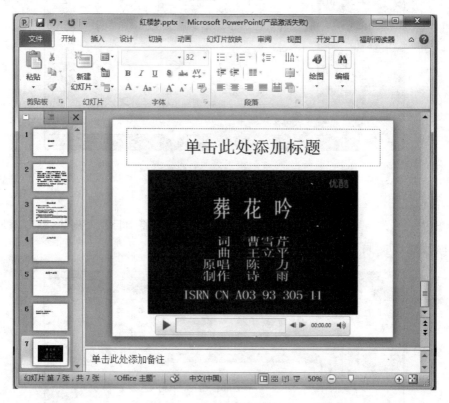

图 4-49　插入视频文件

5. 保存演示文稿

单击"快速访问工具栏"中的"保存"按钮，弹出"另存为"对话框，选择保存位置，输入文件名称"红楼梦"，单击"保存"后，该文件以"红楼梦.pptx"文件名保存在指定的位置。

任务三　PowerPoint 幻灯片放映与动画设置

 预备知识

PowerPoint 还可以让幻灯片和幻灯片中的对象"动起来"，幻灯片中的文本、表格、图片等都可以被添加动画,幻灯片的切换也可以有不同的动画切换效果,在放映时还能实现传统胶片幻灯片无法实现的交互展示。本任务就来学习这些动感元素,让演示文稿动感十足!

1. 对象动画

为幻灯片中的文本、形状、表格、图像等对象添加动画,可使幻灯片中的这些对象在放映时按一定顺序和规则运动起来,使幻灯片放映更加生动形象、富于感染力。幻灯片中的对象可被设置四类动画,如表 4-3 所示。

表 4-3　可为幻灯片中的对象设置的四类动画

动画类型	功能作用
进入	对象如何出现在幻灯片中的动画方式,有飞入、旋转、淡入等。例如,若为某个文本框对象应用了"飞入"的进入动画效果,那么在幻灯片放映时,文本框中的文本将从幻灯片外逐渐滑入进入幻灯片而显示在幻灯片上
强调	对象突出显示、引起观众注意的动画方式,有放大/缩小、更改颜色、闪烁等。在动画播放结束后,对象恢复原状。例如某个文本框应用了"波浪形"的强调动画效果,在动画播放时,文字会像波浪一样扭动,然后恢复原状
退出	对象如何从幻灯片中消失的动画方式,有飞出、消失、淡出等。例如,若为某个图片设置了"飞出"的退出效果,在动画播放时,它将滑出幻灯片而消失不见
动作路径	让对象在幻灯片中按一定路径进行移动,路径可以是直线弧形、循环等。例如,若为某个图片设置了"直线"的动作路径动画效果后,它将在幻灯片上沿该直线由一个位置移动到另一个位置

1) 为对象添加动画效果

在幻灯片中选择要设置的动画对象(如占位符、文本框、图片等),在"动画"选项卡"动画"工具组的动画样式中,单击某个动画样式的图标就可以了。单击样式列表的 ⬚ 按钮,可展开列表,选择更多的动画样式,如图 4-50 所示。例如,可以为幻灯片上的图片设置进入动画效果为"浮入"。这样在幻灯片放映时,该图片将以"浮入"的动态效果出现,即逐渐浮动进入幻灯片内,而不是直接就显示在幻灯片上。

使用同样的方法,还可为幻灯片上的文本框设置"飞入"的进入动画效果,这样在幻灯片放映时,这些文本内容也将从幻灯片外逐渐飞进幻灯片内,而不是直接出现。

通过在"动画"工具组中选择动画样式,只能为幻灯片中的一个元素应用一个动画。若要对同一元素应用多个动画效果,选中该元素后,应单击"高级动画"工具组中的"添加动画"按钮,该按钮的下拉列表与单击样式列表的按钮 ⬚ 的下拉列表是相同的,然而只有从"添加动画"按钮的下拉列表中选择动画,才能为同一元素添加多个动画。

如果在列表中都没有找到满意的动画,还可以单击列表下方"更多进入效果""更多强调效果"等命令,打开对话框做更多选择。例如,单击"更多进入效果""打开更改进入效果"对话框,如图 4-50 右侧所示。

如果设置"动作路径"动画,可在幻灯片放映时,让对象按照指定的路径在幻灯片中移动,路径可以是直线、曲线、任意多边形、自由曲线等。

对"动作路径"动画还可选择"自定义路径",这时可在幻灯片中的适当位置依次单击,绘制出一个路径形状(单击处为路径拐点),绘制好后双击确定,选中已添加路径动画的路径,

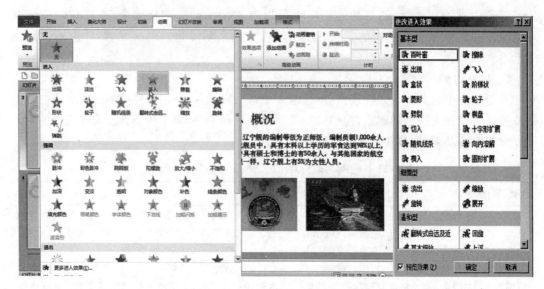

图 4-50　为幻灯片中的对象设置动画

右击,从快捷菜单中选择"编辑顶点"命令,还可进一步调整路径顶点改变路径形状;在顶点上右击,可选择多种顶点类型,如选择"平滑顶点"将使路径曲线平滑。

2) 设置动画的序列方式

当为包含多段文本的一个文本框设置了动画效果后,可设置其中各段文本是将作为一个整体进行动画播放,还是每段文本要分别进行动画播放,主要有 3 种设置,如表 4-4所示。

表 4-4　包含多段文字文本框动画的序列方式

序 列 方 式	功 能 作 用
作为一个对象	整个文本框的文本将作为一个整体被创建一个动画
整批发送	文本框的每个段落将作为一个动画单位,每个段落被分别创建一个动画,但这些动画将被同时播放
按段落	文本框的每个段落将作为一个动画单位,每个段落被分别创建一个动画,这些动画在幻灯片放映时将按照段落顺序依次先后播放

如图 4-51 所示,幻灯片的内容占位符被设置了"飞入"的动画效果,且被 PowerPoint 默认设置为"按段落"的序列方式。由于该占位符中有两段文字,这两段文字分别被创建了一个动画。当放映这张幻灯片时,每单击一次执行 1 个动画"飞入"一段,要单击两次,才能将这两段全部显示出来。

要更改动画的序列方式,选中已被设置了动画的对象(如该占位符),然后在"动画"选项卡"动画"工具组中单击"效果选项"按钮,从下拉菜单中的"序列"组中选择其他方式即可,如图 4-51 所示。例如,选择"作为一个对象",则文本框或占位符中的所有段落作为一个整体被创建一个动画,播放时两段内容整体执行一个动画,同时出现。如果选择"整批发送",则两段文字也被分别创建为两个动画,但单击 1 次时这两个动画会同时播放,两段文字分别执行各自的动画同时出现。

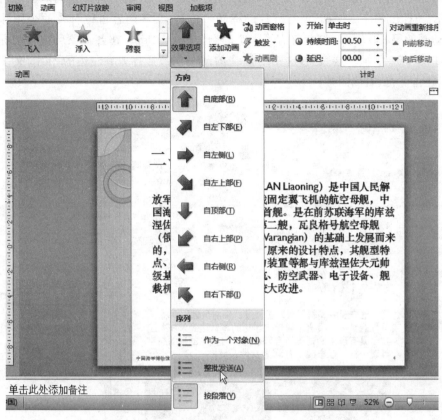

图 4-51　设置包含多段文字文本框动画的序列效果

对 SmartArt 图形,也有类似的设置,SmartArt 图形除可被作为一个对象"整批发送"外,不同的 SmartArt 图形,还有不同的更多序列效果。例如,某些 SmartArt 图形还有"逐个""一次级别"等效果;"逐个"动画是图形中的元素逐项一个一个地以动画形式出现;"一次级别"是 SmartArt 图形中的同一级别的内容同时出现,不同级别的内容先后出现。

3) 设置动画的运动方式

前面为内容占位符设置的"飞入"进入动画效果,是从底部向上飞入进入幻灯片的。同样在"动画"选项卡中"动画"工具组中单击"效果选项"按钮,从下拉菜单中可对飞入方向进行设置;如设置为自右侧、自右下部等。

注意:并不是对所有动画都有"运动方向"的设置;例如对"翻转式由远及近"动画就没有"运动方向"的设置;对"随机线条"动画在"效果选项"中也不是设置"运动方向",取而代之的是设置随机线条是"水平"的还是"垂直"的线条,因此"效果选项"按钮中的选项是设置动画运动方式的,对不同类型的动画选项也不同。

4) 设置多个动画的播放顺序

在为幻灯片中的一个对象添加了动画效果后,还可为同一幻灯片中的另一个对象添加动画效果;或者为同一对象再次添加第二个动画效果。当同一幻灯片中有多个动画时,动画之间就有谁先播放、谁后播放的播放顺序问题。

默认的动画播放顺序就是添加动画的顺序，PowerPoint 在幻灯片中的对象旁边会以数字1、2、3、…标出顺序。例如，为幻灯片的标题占位符、文字内容占位符及两个图片分别设置一种动画效果，则这张幻灯片就有了 4 个动画。PowerPoint 在各对象旁边自动标记的数字编号如图 4-52 所示。这表明，这张幻灯片的动画播放顺序是：左边的图片、文字内容占位符、标题占位符、右侧图片。

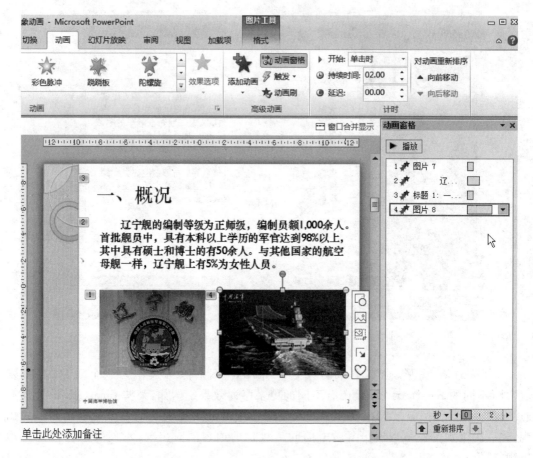

图 4-52 动画播放顺序数字编号和动画窗格

单击"动画"选项卡"高级动画"工具组中的"动画窗格"按钮，打开"动画窗格"的任务窗格。在窗格中以动画要被播放的先后顺序也列出了本张幻灯片中的所有动画，如图 4-52 右侧所示。在"动画窗格"中，向上或向下直接拖动列表中的动画条目，即可调整动画之间的先后播放顺序。例如，在列表中将"3.标题 1……"条目拖动到"1.图片 7"之前，则幻灯片将先播放标题的动画，然后依次播放左侧图片、文字内容占位符、右侧图片的动画。

要调整动画顺序，也可单击窗格底部的 ⬆ 或 ⬇ 按钮；或在幻灯片中选择已被设计过动画的对象，在"动画"选项卡"计时"工具组中单击 ▲ **向前移动** 或 ▼ **向后移动** 按钮。

5）设置动画的开始方式

默认情况下，在放映幻灯片时，幻灯片中的动画是需要单击才能播放的；单击一次播放一个动画。动画实际上也可以自动播放。对象动画的开始方式如表 4-5 所示。

表 4-5　幻灯片中对象动画的开始方式

开 始 方 式	功 能 作 用
单击时	默认方式。在放映幻灯片时,单击才能播放动画,单击一次播放一个动画。设置为这种方式的动画序号比上一个动画序号"+1"
与上一动画同时	在上一动画播放的同时就自动播放这一动画;如果动画是本幻灯片的第一个动画,则在幻灯片被切换后自动播放。设置为这种方式的动画序号与上一个动画的序号相同
上一动画之后	待上一动画播放完成之后就自动播放这一动画;如果动画是本幻灯片的第一个动画,则在幻灯片被切换后自动播放。设置为这种方式的动画序号与上一个动画的序号相同

要改变开始方式,在幻灯片中单击选中已被设置了动画的对象(如文本框),然后在"动画"选项卡"计时"工具组中,在"开始"右侧的下拉列表中选择一种开始方式即可。

6) 设置动画播放的持续时间

在"动画"选项卡"计时"工具组中的"持续时间"框中可设置动画播放的持续时间:持续时间越长,动画播放得越慢。

还可以在幻灯片中选中已设置了动画的对象,单击"动画"工具组右下角的对话框开启按钮 ▣ ,在弹出的对话框中切换到"计时"选项卡,在"期间"下拉列表中选择一种运行速度,如图 4-53 所示,在"动画窗格"中,单击动画列表的某个动画条目右侧的下三角按钮,从下拉菜单中选择"效果选项"命令也可打开该对话框。

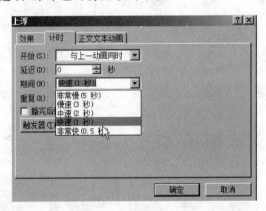

图 4-53　设置动画播放时长

在该对话框的"延迟"框中,可设置本动画与上一动画播放间隔的延迟时间,在"重复"框中可设置动画播放的重复次数(默认一次)。

动画在播放时还可以具有一些声音效果,在该对话框中切换到"效果"选项卡,在"声音"下拉列表中选择声音即可,如爆炸、风铃、鼓掌等声音。

7) 复制动画设置

如果已为某对象设置好了动画效果,可以使用"动画"选项卡"高级动画"工具组中的"动画刷"按钮复制动画设置,选定设置好的动画对象,单击该按钮,再单击其他对象,就将同样的动画设置复制到了其他对象上,如果双击"动画刷"按钮,可连续地将动画设置复制给多个对象;直到再次单击该按钮或按 Esc 键取消动画刷复制状态。

8）删除动画效果

要删除动画效果，在幻灯片中选中要删除动画的对象，在"动画"选项卡"动画"工具组中选择"无"的动画样式即可。还可在"动画"选项卡"高级动画"工具组中单击"动画窗格"按钮，打开动画窗格，在动画窗格的列表中选择某个动画条目，按 Del 键；或在列表中右击某个动画条目，从快捷菜单中选择"删除"命令。

2. 幻灯片切换效果

在幻灯片放映时，默认情况下，幻灯片切换是上一张幻灯片直接消失，下一张幻灯片马上显示出来，如果要使放映的幻灯片之间的过渡充满动感，可为幻灯片设置切换效果。

选择要设置切换效果的幻灯片，在"切换"选项卡"切换到此幻灯片"工具组中选择一种切换方式，单击列表的 ⊡ 按钮，可展开列表，选择更多的切换方式。例如，选择"擦除"，如图 4-54 所示，这样选择的切换方式是只应用于当前选定的幻灯片。如希望将切换方式应用于演示文稿的所有幻灯片，再单击"计时"工具组中的"全部应用"按钮（单击"全部应用"按钮，也会同时将所有幻灯片统一换片方式、自动换片时间等选项，使用时要注意）。

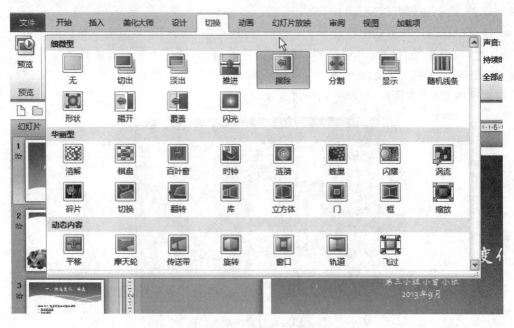

图 4-54　设置幻灯片切换效果

在"切换"选项卡"切换到此幻灯片"工具组中单击"效果选项"按钮，从下拉菜单中选择切换效果，对不同的切换方式该菜单中列出的效果也不同。对"擦除"有"自右侧""自顶部""从右下部"等多种擦除方向的选择，例如选择"从右下部"，如图 4-55 所示。

还可为幻灯片切换配上声音。在"切换"选项卡"计时"工具组中，在"声音"下拉列表中选择一种声音即可。

放映幻灯片时除可手动切换幻灯片外，也可自动切换幻灯片，要自动切换，在"切换"选项卡"计时"工具组中勾选"设置自动换片时间"复选框，再在右侧设置换片时间，则为当前选定的幻灯片设置自动切换时间。放映这张幻灯片时，经过指定的时间将自动切换到下一张放映。

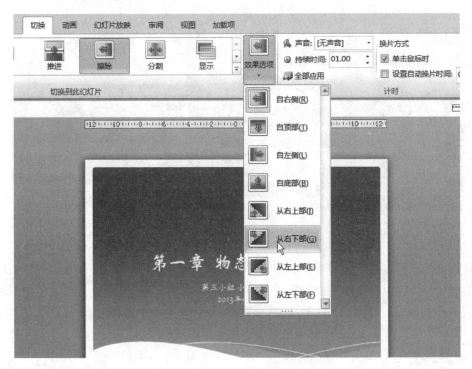

图 4-55　设置擦除切换的效果选项

要取消幻灯片的切换效果,选择幻灯片,在"切换"选项卡"切换到此幻灯片"工具组中选择"无"选项。

3. 超链接和动作

PowerPoint 还允许为幻灯片中的文本、图形或图片等对象添加超链接或者动作。在幻灯片放映过程中,通过超链接或者动作可以直接跳转到其他幻灯片,或者打开某个文件、运行某个外部程序或跳转到某个网页上等,这起到放映中的导航作用并赋予幻灯片与用户的互动功能。

1) 插入超链接

(1) 链接到文档中的幻灯片

在幻灯片中选择要添加超链接的对象(可以是一个文本框或一个图片,也可以是文本框中的一部分文字)。如图 4-56 所示,选定幻灯片中一个 SmartArt 图形中的文本框"第一代计算机"(注意要单击文本框的边框来选中它,而不是单击内容文字),然后在"插入"选项卡"链接"工具组中单击"超链接"按钮,弹出超链接对话框,如图 4-56 所示,或者在文本边框上右击,从快捷菜单中选择"超链接"命令,也可打开该对话框。

在对话框左侧选择"本文档中的位置",然后在右侧列表中选择一张幻灯片,也可选择"第一张幻灯片""最后一张幻灯片""下一张幻灯片"等选项。这里选择介绍"第一代计算机"的幻灯片,单击"确定"按钮,即为该文本框添加了超链接。在放映幻灯片时,单击该文本框就可以直接将放映跳转到"第一代计算机"这张幻灯片了。注意超链接只能在幻灯片放映时才能使用。

用同样的方法,可为第 2 张幻灯片中的其他 3 个文本框也添加超链接,分别链接到对应

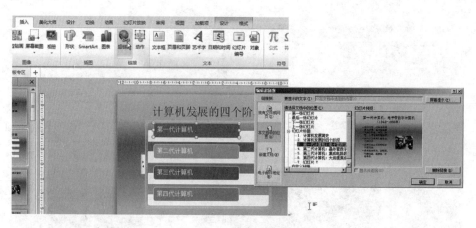

图 4-56　插入超链接

的计算机介绍的幻灯片。这样第 2 张幻灯片就起到了一个"导航"的作用,在幻灯片放映时,单击第 2 张幻灯片上的文本框,就可直接跳转到相应的幻灯片并从那张幻灯片继续放映。

右击被添加了超链接的文本框、图片等对象,从快捷菜单中选择"编辑超链接"可修改超链接;如果从快捷菜单中选择"取消超链接",则可删除超链接。

(2) 链接到网页、电子邮件或文件

在"插入超链接"对话框中,除可设置为链接到演示文稿中的幻灯片外,还可以设置为链接到网页、电子邮件、文件等,其操作方法与在 Word、Excel 中插入超链接是类似的。如图 4-57 所示,要为幻灯片中的文字"员工守则"创建超链接,使在幻灯片放映时,单击此文字就能打开 Word 文件。操作方法是:在幻灯片中选中员工守则文字,在"插入"选项卡"链接"工具组单击"超链接"按钮,弹出超链接对话框,如图 4-57 所示。

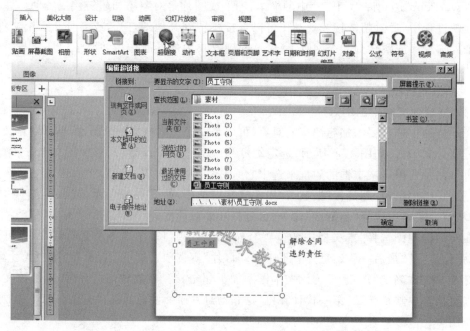

图 4-57　插入超链接并链接文件

在对话框左侧选择"现有文件或网页",然后在右侧找到并选择要链接到的文件,单击"确定"按钮,即可为该文本框添加超链接。在放映幻灯片时,单击"员工守则"文字就可直接打开相应的 Word 文档。注意超链接,只有幻灯片放映时才能使用。

2)插入动作按钮

动作按钮是带有特定功能效果的图形按钮,例如,在幻灯片放映时单击它们可实现"向前一张""向后一张""第一张""最后一张"等跳转幻灯片的功能,或者是播放声音或打开文件的功能等。可以在幻灯片中插入动作按钮,以在幻灯片放映时实现相应功能。

要在幻灯片中使用动作按钮,首先要在幻灯片中添加按钮图形。单击"插入"选项卡"插图"工具组中的"形状"按钮,从下拉列表中选择"动作按钮"组中的某个按钮形状,如图 4-58 所示。然后在幻灯片中按住鼠标左键不放拖动鼠标绘制一个动作按钮。

图 4-58　绘制动作按钮

释放鼠标左键时,将弹出"动作设置"对话框。对话框包含"单击鼠标"选项卡和"鼠标移过"选项卡。在 PowerPoint 幻灯片放映过程中,通过动作按钮激活一个交互功能有两种方式:一种是单击动作按钮;另一种是将鼠标指针移动到动作按钮上面。在对话框的这两个选项卡中可分别指定两个鼠标方式的功能效果。例如,如果希望单击按钮时产生某个功能效果,就在"单击鼠标"选项卡中设置效果;如果希望鼠标移动到按钮上时不产生任何功能效果,就在鼠标经过选项卡中选择"无"选项。

例如，在"单击鼠标"选项卡中设置单击按钮时的功能效果：在"超链接到"下拉列表中选择"上一张幻灯片"，单击"确定"按钮。则在幻灯片放映过程中，如果单击了该动作按钮，则将返回上一张幻灯片并从上一张幻灯片继续放映。

在"超链接到"下拉列表中，除了可以选择"上一张幻灯片"的功能效果外，还可选择"下一张幻灯片""第一张幻灯片""最后一张幻灯片"等功能效果，如图 4-59 所示。或者单击下拉列表中的选项，弹出"超链接到幻灯片"对话框，如图 4-60 所示。在对话框中可选择固定的一张幻灯片，使单击动作按钮后将跳转到这张幻灯片。例如，在图 4-60 对话框中选择"2.北京主要景点"，则在幻灯片放映时，单击动作按钮将跳转到"2.北京主要景点"这张幻灯片继续放映。

图 4-59　"动作设置"对话框

图 4-60　为动作按钮选择跳转到的幻灯片

注意动作按钮的功能效果必须在"动作设置"对话框中设置，而不能仅在幻灯片上绘制出按钮图形，而不在对话框中设置；否则按钮是无效的。因此动作按钮上的箭头形状也并不代表它就具有了那个功能。例如，完全可以在幻灯片上绘制一个左向箭头的动作按钮图形◀，但却在"动作设置"对话框中将它的功能设置为"下一张幻灯片"。这种做法是可以的，但尽量不要这样做，否则在幻灯片放映时单击◀不退反进，用户会感觉有些莫名其妙。

除了在"形状"按钮的下拉列表中绘制动作按钮外，也可以让任意文字、图片、图形等对象具有动作按钮的功能。选中文字或图形等对象，在"插入"选项卡"链接"工具组中单击"动作"按钮，也可打开"动作设置"对话框，为它设置"单击鼠标"或"鼠标移过"的效果就可以了。

4. 幻灯片的放映

1）启动幻灯片放映

演示文稿制作好后，该是让它向观众展示的时候了，放映幻灯片有许多方法。

（1）单击"幻灯片放映"的选项卡"开始放映幻灯片"工具组中的"从头开始"按钮，或按下 F5 键，将从第 1 张幻灯片开始按顺序放映。

（2）单击以上工具组中的"从当前幻灯片开始"按钮，或单击状态栏的视图按钮，从当前选中的幻灯片开始按顺序放映。

2）幻灯片放映中的操作

在幻灯片放映过程中，一般需要人工控制，要翻到下一张幻灯片应当单击、按PageDown键、Enter键或空格键、向右方向键、向下方向键，要返回上一张可按PageUp、向上方向键、向左方向键。要返回上一张或更多地控制放映，可在放映时右击，从快捷菜单中选择相应命令，如上一张、下一张、定位至幻灯片（即直接跳转到指定的幻灯片进行放映）等，如图4-61所示。

在放映过程中，还可以把放映屏幕当作黑板，把鼠标当作笔，在黑板上边讲边画。笔又分为"笔"和"荧光笔"两种，也可被设置不同的墨迹颜色。在鼠标右键菜单中选择"指针选项"，从下级菜单中选择相应命令即可。如果选择"笔"或"荧光笔"，则鼠标就变成了

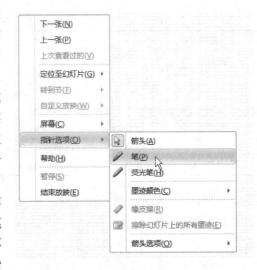

图4-61　放映时的鼠标右键菜单

小圆点的形状，在放映时的屏幕上拖动鼠标就能画出笔迹。还可以在级联菜单中选择"橡皮擦"擦除已画出的笔迹。在鼠标右键菜单"指针选项"级联菜单中选择"箭头"可恢复鼠标为箭头形状。

退出放映时，系统将询问是否保留笔所绘制的痕迹，单击"保留"按钮，绘制痕迹将被保留在幻灯片中，单击"放弃"按钮将不保留。

在放映过程中，可随时按Esc键或在鼠标右键菜单中选择"结束放映"命令来结束放映。

3）设置放映

除以上常规放映方式外，为适应不同场合，在PowerPoint中还可以设置不同的放映方式。

在"幻灯片放映"选项卡"设置"工具组中单击"设置幻灯片放映"按钮，弹出"设置放映方式"对话框，如图4-62所示。

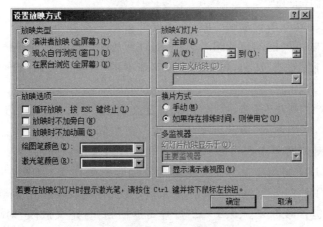

图4-62　"设置放映方式"对话框

利用PowerPoint高效创建演示文稿

在这里可以设置放映类型,有 3 种放映类型,如表 4-6 所示。

表 4-6　演示文稿的放映类型

放 映 类 型	功 能 说 明
演讲者放映(全屏幕)	最常用也是默认的方式。全屏幕放映,演讲者具有完全的控制权,可采用人工或自动方式放映,也可暂停放映,添加更多的临场反应。适用于会议、教学等场合
观众自行浏览(窗口)	在标准窗口中放映,允许观众交互式控制播放过程。观众可利用窗口右下角的左、右箭头按钮或按 PageUp、PageDown 键翻页,或者利用左、右箭头按钮之间的菜单键弹出控制菜单做更多控制。适用于展览会等场合
在展台浏览(全屏幕)	全屏幕放映,自动放映幻灯片,适用于无人管理放映情况,如在会议进行时或展览会上在展示产品的橱窗中放映

在对话框的"放映选项"中,可以设置"循环放映,按 Esc 键终止"等放映选项。在"设置幻灯片放映"对话框的"放映幻灯片"中还可以指定幻灯片的放映范围,使仅放映指定的幻灯片。

在对话框的"换片方式"中可指定如何从一张幻灯片切换到另一张幻灯片。可以手动换片,也可用"排练计时"或自行设定的切换时间来自动换片。

4) 排练计时

"排练计时"是让演讲者实际演练一次整个放映过程(演练时要演讲者手动换页),PowerPoint 会记录演讲者在排练中的换页时间和各张幻灯片的放映时间;然后在正式放映时,PowerPoint 可根据这个时间自动放映和换页。要进行"排练计时",在"幻灯片放映"选项卡"设置"工具组中单击"排练计时"按钮 ,幻灯片自动进入放映状态。屏幕左上角显示"录制"窗口,如图 4-63 所示。系统将记录下每张幻灯片的放映时间和总放映时间。每翻页到下一张幻灯片,每张幻灯片的放映时间重新计时;但总放映时间累加计时。整个演示文稿放映结束后,将提示放映总时间,同时询问是否保留排练时间,单击"是"按钮,PowerPoint 就把这些时间记录下来。

图 4-63　录制窗口

切换到幻灯片浏览视图,在每张幻灯片下方将显示出排练计时中该张幻灯片的放映时间。还可在"切换"选项卡"计时"工具组中的"持续时间"编辑框中修改每张幻灯片的放映时间。

5) 自定义幻灯片放映

可以为演示文稿建立多种放映方案,在不同的方案中选择不同的幻灯片。这样就可以针对不同的观众放映不同的幻灯片组合。在"幻灯片放映"选项卡"开始放映幻灯片"工具组中单击"自定义幻灯片放映"按钮,再单击下拉菜单中的"自定义放映"命令,弹出"自定义放映"对话框,如图 4-64 所示。

在对话框中单击"新建"按钮,弹出"定义自定义放映"对话框。在"幻灯片放映名称"中为新放映方案命名,例如输入"放映方案 1"。然后在左侧列表中选定该方案中要放映的幻灯片(可按住 Ctrl 键同时单击选定多张幻灯片的条目),单击中间的"添加"按钮,将幻灯片添加到右侧列表。这里将第 1、2、4、7 页幻灯片添加到右侧列表,如图 4-64 所示。单击"确定"按钮,返回到"自定义放映"对话框。再定义一个放映方案,再单击"新建"按钮,将方案命名为"放映方案 2"包含第 1、2、3、5、6 页幻灯片。返回到"自定义放映"对话框,可见对话框列出"放映方案 1"和"放映方案 2"两个放映方案。单击"关闭"按钮关闭对话框。

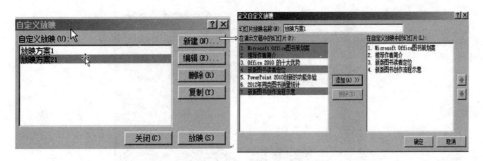

图 4-64　自定义放映

这时，在"幻灯片放映"选项卡"开始放映幻灯片"工具组中单击"自定义幻灯片放映"按钮，则下拉菜单中就出现了刚才设置好的放映方案名"放映方案 1"和"放映方案 2"，如图 4-65 所示，单击某个放映方案就可以按对应方案放映了。例如，单击"放映方案 1"则放映第 1、2、4、7 页幻灯片，而不放映其他幻灯片。

图 4-65　自定义幻灯片放映的放映方案

5. 演示文稿的输出和打印

1）打包演示文稿

通过打包演示文稿，PowerPoint 会创建一个文件夹，其中包含演示文稿文档和一些必要的数据文件。这使演示文稿在没有安装 PowerPoint 的计算机中也可以正常播放。打包的方法是：单击"文件"菜单中的"保存并发送"命令，在右侧的"文件类型"组中单击"将演示文稿打包成 CD"命令，单击右侧的"打包成 CD"按钮。弹出"打包成 CD"对话框，如图 4-66 所示。在对话框中，输入 CD 名称，单击"复制到文件夹"按钮。再选择保存位置的一个文件夹，单击"确定"按钮。系统将弹出一个对话框提示打包演示文稿中的所有链接文件，单击"是"按钮。显示复制进度，完成后，演示文稿将打包到指定的文件夹处。

有时需要制作内容相近的不同幻灯片，某些幻灯片可能会在不同的演示文稿中多次反复出现。这时可将这些常用的幻灯片发布到幻灯片库中，需要时直接调用就可以了。单击"文件"菜单中的"保存并发送"命令，在右侧单击"发布幻灯片"按钮，打开"发布幻灯片"对话框，单击"全选"按钮。单击"浏览"按钮，选择幻灯片保存位置。单击"发布"按钮，将所选幻灯片发布到幻灯片库中。

2）页面设置和打印演示文稿

在"设计"选项卡"页面设置"工具组中单击"页面设置"按钮，弹出"页面设置"对话框，如图 4-67 所示，在对话框中可选择纸张大小、幻灯片方向等。单击"文件"菜单中的"打印"命令，在窗口右侧可预览打印效果。单击"打印"按钮就可以打印了。

365

项目四

利用 *PowerPoint* 高效创建演示文稿

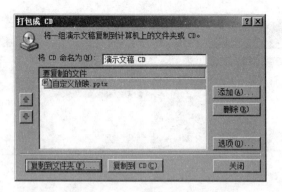

图 4-66 "打包成 CD"对话框

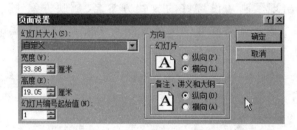

图 4-67 "页面设置"对话框

3）创建和打印讲义

还可以采用讲义的形式打印演示文稿,使每页纸上可打印一张、两张、三张、四张到多张幻灯片。选择"文件"菜单中的"打印"命令,然后在右侧单击"整页幻灯片"右侧的下三角按钮,从下拉列表中选择"讲义"中的一种版式,例如"6 张水平放置的幻灯片",如图 4-68 所示。在右侧可以预览打印效果,每页纸上将有 6 张幻灯片,单击"打印"按钮即可。

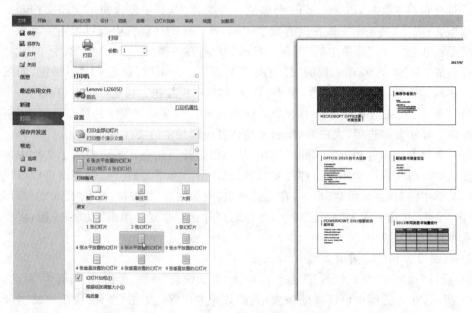

图 4-68 打印讲义

对讲义的布局排版可以通过讲义母版修改,方法是在"视图"选项卡"母版视图"工具组中单击"讲义母版",进入讲义母版的编辑状态。然后通过"讲义母版"选项卡中的功能对讲义进行设置,如讲义方向、幻灯片方向、每页幻灯片数量等。

 任务描述

制作一个演示文稿,介绍一位诗人和他的几首诗。要求如下:

(1) 演示文稿不能少于 6 张。

(2) 第一张演示文稿必须是"标题幻灯片",其中副标题的内容必须是本人信息,包括"姓名""系别""班级""学号"等。

(3) 第二张幻灯片介绍诗人的生平。

(4) 第三张幻灯片给出要介绍几首诗的目录,它们应该通过超链接链接到相应的幻灯片上。

(5) 在每首诗的介绍中应该有不少于 1 张的相关图片。

(6) 选择一种合适的主题。

(7) 幻灯片中的部分对象应用两种以上的动画设置。

(8) 幻灯片之间应用两种以上的切换设置。

(9) 幻灯片整体布局合理、美观大方。

 任务实施

1. 准备素材

先在网上搜索相关内容,准备好文字(.txt)、图片(.jpg)、音乐(.mp3)、视频等素材,保存在本地计算机上。

2. 创建演示文稿

(1) 新建空白演示文稿。

(2) 按幻灯片内容选择适当的幻灯片版式。

(3) 添加相应的文本和图片。

(4) 设置统一的主题。

3. 设置动画效果

在 PowerPoint 中,既可以使用"动画样式"快速设置预设动画效果,也可以使用"添加动画"添加自定义动画效果。选定相应的对象,为对象有选择性地添加"进入""强调""退出""路径动画"。并还可以对刚刚设置好的动画进行修改,修改触发方式、持续时间等,如图 4-69 所示。

图 4-69　自定义动画设置

4. 设置切换效果

单击"切换"菜单,显示幻灯片切换设置按钮,如图 4-70 所示,可以利用切换方案选择切换动画,单击"效果选项"设置动画效果,单击换片方式设置切换幻灯片的触发方式和换片时间,单击"全部应用"按钮就将这些切换效果应用到整个演示文稿。

利用 *PowerPoint* 高效创建演示文稿

图 4-70　幻灯片切换设置

5. 插入一段贯穿整个演示文稿的音乐

（1）选择第一张幻灯片，单击"插入"→"媒体"→"音频"→"文件中的声音"命令，选择准备好的 MP3 文件。

（2）选中此声音图标，单击"播放"菜单，设置开始方式为"跨幻灯片播放"，选中"放映时隐藏"，选定"循环播放，直到停止"，如图 4-71 所示。

图 4-71　播放设置

6. 设置超链接

（1）选择第三张目录幻灯片，选定一首诗的标题，单击"插入"→"超链接"，弹出"插入超链接"对话框，如图 4-72 所示，单击"本文档中的位置"选项，选择要链接到的幻灯片。

图 4-72　"插入超链接"对话框

（2）在每个诗句幻灯片中添加一个对象，为其设置超链接，返回目录页。

实训一　美化演示文稿

美化"红楼梦"鉴赏演示文稿。

操作步骤：

1. 打开演示文稿

启动好 PowerPoint 2010 后，选择"文件"→"打开"命令，在"打开"对话框中找到目标文件"红楼梦.pptx"所在文件夹,打开"红楼梦.pptx"文件。

2. 应用主题样式

用空演示文稿创建的幻灯片是白底黑字,难免单调,可以应用主题样式使幻灯片色彩更鲜艳,画面更丰富,操作步骤如下:

(1) 打开"设计"选项卡,"主题"组中显示各个项目,如图 4-73 所示。

图 4-73　主题选项

(2) 将鼠标指向某种主题后,会将该主题的预览效果显示出来,挑选出满意的效果后单击该主题应用于演示文稿,本例中单击第 14 个主题"华丽",应用后效果如图 4-74 所示。

注意:主题的排列顺序是按名称的首字母排列的。

图 4-74　应用"华丽"主题

（3）单击"主题"旁边的"颜色"按钮，选择"基本"配色方案，如图 4-75 所示，将颜色设置为红色系列。

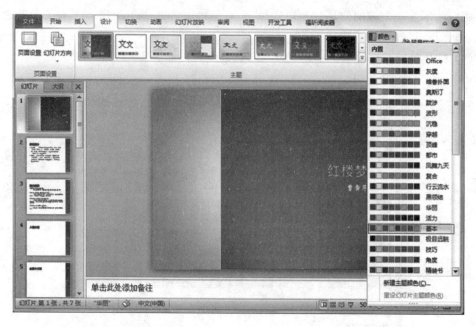

图 4-75　应用"基本"配色方案

3. 创建幻灯片母版

（1）单击"视图"→"母版视图"→"幻灯片母版"按钮，切换到幻灯片母版编辑状态，如图 4-76 所示。

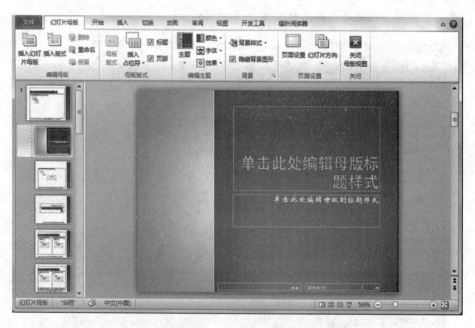

图 4-76　幻灯片母版编辑

（2）单击左侧窗格中第二张幻灯片即"标题幻灯片 版式：由幻灯片1使用"。

（3）单击"插入"→"图像"→"图片"命令，在弹出的对话框中找到教材素材中的图片素材所在位置，选择"林黛玉葬花.jpg"文件，适当调整此图片的大小、位置，将其置于幻灯片左侧，如图4-77所示。

图 4-77　标题幻灯片母版

（4）单击左侧窗格中第三张幻灯片即"标题和内容版式：由幻灯片4-77使用"，选中占位符"单击此处编辑母版标题样式"，设置字体为"黑体、50、加粗"，选择"绘图工具"→"格式"→"艺术字样式"→"文本填充"，选择填充色为"橙色"，如图4-78所示。

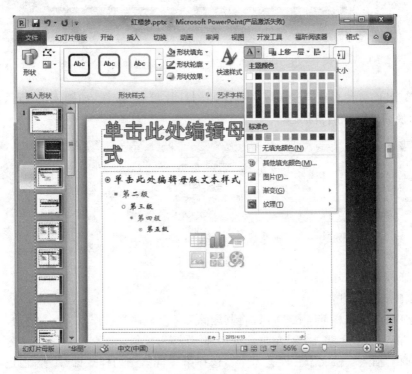

图 4-78　标题和内容幻灯片母版

利用 PowerPoint 高效创建演示文稿

（5）将占位符"单击此处编辑母版标题样式"移至右侧红色区域，调整宽度并放在合适的位置，如图 4-79 所示。

注意：位置的调整效果可以切换到普通视图中查看。

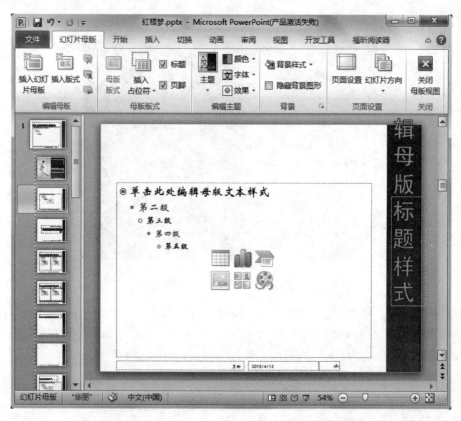

图 4-79　单击此处编辑母版标题样式

（6）单击"幻灯片母版"→"关闭"→"关闭幻灯片母版"按钮，如图 4-80 所示，完成母版的创建，切换回幻灯片编辑状态。

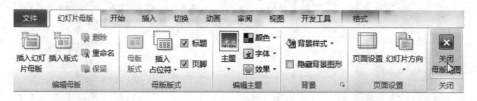

图 4-80　"幻灯片母版"选项卡

4. 修饰标题幻灯片

（1）选中标题幻灯片。

（2）选中标题"红楼梦"，按 Del 键将其删除。

（3）再按一次 Del 键，删除"单击此处添加标题"占位符。

（4）选择"插入"→"文本"→"艺术字"，选择第一行第三列样式即"填充-白色，投影"，标题幻灯片中出现"请在此处放置文字"，输入"红楼梦"。

（5）单击"绘图工具"→"艺术字样式"→"文本填充"，选择标准红色，单击"绘图工具"→"艺术字样式"→"文本轮廓"，选择标准黄色，单击"绘图工具"→"艺术字样式"→"文本效果"，选择一种发光变体，如第4行第5列即"橙色，18pt发光，强调文字颜色5"样式。

（6）字体设置为"华文新魏，70，加粗"。

（7）将文字"红楼梦"竖形排列，并调整到合适位置。

（8）选中副标题占位符，字体设置为"华文新魏，40，红色，文字2，深色50％"。将文字"曹雪芹"竖形排列，并调整到合适位置，完成后效果如图4-81所示。

图4-81　设置标题幻灯片

5. 修饰内容幻灯片

（1）第二张幻灯片的设置步骤如下：

① 选中第二张幻灯片。

② 单击"插入"→"图像"→"图片"，选择准备好的"曹雪芹.jpg"和"高鹗.jpg"文件插入，调整图片和占位符的大小和位置。

③ 将两位作者的描述文字字体设置为"楷体，20"，效果如图4-82所示。

（2）第三张幻灯片的设置步骤如下：

① 选中第三张幻灯片。

② 按住Ctrl键选择文字"贾不假，白玉为堂金作马，阿房宫，三百里，住不下金陵一个史。东海缺少白玉床，龙王请来金陵王，丰年好大雪，珍珠如土金如铁。"字体设置为"华文新魏，24，深红"。

⊙ 曹雪芹　中国清代伟大的文学家、诗人，名沾（读作"zhān"），字梦阮，号雪芹，又号芹圃、芹溪。先世原是汉人，后为满洲正白旗"包衣"人，是为旗人。

⊙ 高鹗　清代文学家。一字云士。因酷爱小说《红楼梦》，别号"红楼外史"。汉军镶黄旗内务府人。祖籍铁岭（今属辽宁），先世清初即寓居北京。

作者简介

图 4-82　设置第二张幻灯片

③ 用上述方法选择其余文字，字体设置为"楷体，20，加粗"。并调整文本框到合适位置，如图 4-83 所示。

贾不假，白玉为堂金作马，
　　贾府金玉满堂，都能用白玉建起厅堂以金打造马匹了

阿房宫，三百里，住不下金陵一个史。
　　阿房宫作为秦时王宫，延绵三百余里，却依然住不下史家众人，也说明了家族庞大，财力鼎盛

东海缺少白玉床，龙王请来金陵王，
　　东海龙宫里珍宝何其之多，却依然还要向金陵的王家借白玉床来，也表示王家的珍宝已经躲过东海龙宫所藏，这是何等的富裕

丰年好大雪，珍珠如土金如铁。
　　雪即薛，薛家的珍珠已经多到像土一样，金子多到像铁一样了

四大家族

图 4-83　设置第三张幻灯片

（3）第四张幻灯片的设置步骤如下：

① 选中第四张幻灯片。

② 单击"插入"→"图像"→"图片"，选择准备好的"贾府人物关系表.jpg"文件插入。

③ 为了更加美观，需要将图片的大小调整，如图 4-84 所示。

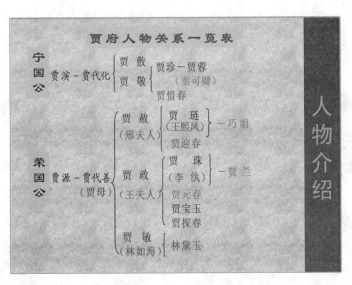

图 4-84　第四张幻灯片

（4）第五张幻灯片的设置步骤如下：

① 选中第五张幻灯片。

② 单击"插入"→"图像"→"图片"，依次选择准备好的"林黛玉、薛宝钗、贾元春、贾探春、史湘云、妙玉、贾迎春、贾惜春、王熙凤、贾巧姐、李纨、秦可卿"jpg 文件插入，并按顺序从左到右放在合适的位置且调整大小，如图 4-85 所示。

图 4-85　第五张幻灯片

利用 PowerPoint 高效创建演示文稿

③ 由于图片上文字太小,为了更加方便地辨认,在每张图片的右上角加上姓名文本框,单击"插入"→"文本"→"文本框",选择"横排文本框",字体设置为"华文新魏,18,红色",调整到合适位置,如图 4-86 所示。

图 4-86　插入姓名文本框

(5)第六张幻灯片的设置步骤如下:

① 选中第六张幻灯片。

② 选择"单击此处添加标题"占位符,按 Del 键。

③ 单击"插入"→"图像"→"图片",选择准备好的"醉迷红楼.jpg"文件插入,并将它调整为幻灯片大小。

④ 为了将文字呈现出来,单击"图片工具"→"排列"→"下移一层"旁边的向下箭头,如图 4-87 所示,单击"置于底层"。

调整内容占位符位置和大小,字体设置为"隶属,36,加粗,深红",效果如图 4-88 所示。

设置背景图片还有另外一种方法:

图 4-87　排列选项

① 用图片做背景还有另外一种方法,选中第六张幻灯片。

② 单击"设计"→"背景"右下方的"设置背景格式"按钮,弹出"设置背景格式"对话框。

③ 选择"图片或纹理填充",并选中"隐藏背景图形",单击"插入自"的"文件"按钮,选择"醉迷红楼.jpg",如图 4-89 所示。

④ 单击"关闭"按钮,效果如图 4-88 所示。

注意:如果单击"全部应用"按钮,则此图片将作为这个演示文稿中所有幻灯片的背景。

图 4-88 第六张幻灯片

图 4-89 "设置背景格式"对话框

6. 给演示文稿加入背景音乐

(1) 选择第一张幻灯片,选择"插入"→"媒体"→"音频"命令。

(2) 选择音视频素材中的"枉凝眉.mp3",单击"插入"按钮。

(3) 选择"音频工具"→"播放"→"音频选项",设置"开始"方式为"跨幻灯片播放",选中"放映时隐藏"选项使喇叭图标在幻灯片放映时不可见;选中"循环播放,直至停止"选项和

"播完返回开头"选项，如图 4-90 所示。

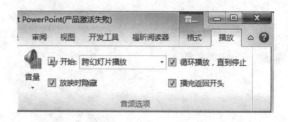

图 4-90　"音频选项"选项卡

（4）由于最后一张幻灯片有视频，为了不影响视频的声音效果，浏览到第六张幻灯片时该音频要停止播放。设置方法如下：

① 选中插入的音频喇叭。

② 选择"动画"→"高级动画"→"动画窗格"，在窗口的右侧会出现动画窗格，如图 4-91 所示。

图 4-91　动画窗格

③ 单击动画窗格中"枉凝眉.mp3"的下拉菜单，选择"效果选项"，在弹出的"播放音频"对话框中设置停止播放为"在 7 张幻灯片后"，如图 4-92 所示。

注意：由于后续要添加目录页，所以音乐停止播放设置为"在 7 张幻灯片后"。

图 4-92　"播放音频"对话框

实训二　让演示文稿动起来

让"红楼梦"演示文稿动起来。

操作步骤：

1. 让幻灯片中的对象动起来

1）为标题幻灯片中的对象添加动画效果

（1）选定幻灯片1中的标题占位符。

（2）单击"动画"的"动画"右边的动画库快翻按钮，弹出如图4-93所示的列表，在"进入"动画中选择"翻转由远及近"动画效果。

图 4-93　动画列表

（3）选定幻灯片1中的副标题占位符。

（4）在动画库中选择"浮入"动画，"效果选项"方向为"下浮"。

（5）设置两个动画的自动播放：

① 选定标题占位符，单击"动画"→"计时"，设置"开始"为"上一动画之后"。

② 设置"持续时间"为"02.50"。

③ 选定副标题占位符，单击"动画"→"计时"，也设置"开始"为"上一动画之后"。

④ 设置"持续时间"为"02.00"。

（6）单击"幻灯片放映"按钮 ⬚ 或单击"动画"的"预览"分组的"预览"按钮，观看幻灯片动画效果。

2）为幻灯片 2 添加动画效果

（1）选定幻灯片 2 中的曹雪芹照片。

（2）单击"动画"的"动画"右边的动画库快翻按钮，在弹出的列表中单击"更多进入效果"，如图 4-94 所示。在弹出的"更多进入效果"对话框中选择"基本缩放"效果，如图 4-95 所示。"持续时间"设置为 01.50。

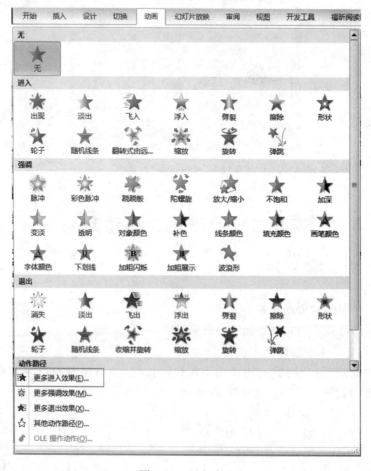

图 4-94　更多动画

（3）选择曹雪芹介绍的文字矩形框。

（4）在动画库中选择"擦除"动画，"效果选项"方向为"自顶部"，"持续时间"为 03.50。

（5）设定矩形框的触发方式，选定曹雪芹介绍矩形框，单击"动画"→"高级动画"→"触发"，单击下拉菜单中的"单击"，选择"picture 4"，如图 4-96 所示。

注意：触发是指选中对象的动画效果的开启方式。

（6）同步骤（1）～（6）的方法设置高鹗图片和文字介绍的动画效果。

3）为幻灯片 3 添加动画效果

（1）选定幻灯片 3 中的文字矩形框。

（2）在动画库中选择"擦除"动画，"效果选项"方向为"自左侧"，序列为"按段落"。

（3）黑色字体的文字动画"开始"分别设置为"与上一动画同时"。

图 4-95 "更改进入效果"对话框

图 4-96 触发设置

4）为幻灯片 4 添加动画效果

选定图片，在动画库中选择"轮子"动画，"效果选项"为"四轮幅图案"。

5）为幻灯片 5 添加动画效果

以林黛玉和宝钗图片为例设置动画效果，步骤如下：

（1）选定林黛玉图片，在动画库中选择"缩放"动画。

（2）选定姓名文本框，在动画库中选择"缩放"动画，"开始"设置为"与上一动画同时"。

（3）为了不影响整体的美观，为姓名文本框设置退出效果。选定姓名文本框，选择"动画"→"高级动画"→"添加动画"，添加退出动画"消失"，如图 4-97 所示。

图 4-97 退出效果

利用 PowerPoint 高效创建演示文稿

（4）选定宝钗图片，在动画库中选择"缩放"动画，"开始"设置为"与上一动画同时"。

（5）剩余对象的动画设置方法同步骤（2）～（4）。

注意：动画是非常有趣的，但过多的动画反而会造成适得其反的效果，建议谨慎使用动画和声音效果，因为过多的动画会分散注意力。

2．让幻灯片动起来

单击"切换"的"切换到此幻灯片"右边的快翻按钮，选择一种切换方式，例如"时钟"，可以为每张幻灯片设置切换方式，如果单击"全部应用"，则将这种幻灯片切换方式应用于本演示文稿的所有幻灯片。

3．加入目录页，设置超链接

为了预先给观众提供整个演示文稿的内容，可以添加目录页。同时 PowerPoint 的演示文稿的放映顺序是从前向后播放的，如果我们要控制幻灯片的播放顺序可以进行动作设置。

1）制作一张目录幻灯片

（1）选定第一张幻灯片，单击"开始"→"幻灯片"→"新建幻灯片"中的"仅标题"幻灯片，在标题占位符中输入"目录"，设置字体和调整位置。

（2）单击"插入"→"插图"→"形状"，插入一个"矩形"，单击"绘图工具"→"格式"→"形状样式"分别设置"形状填充"为"无填充颜色"，"形状轮廓"为"无轮廓"。

（3）右击此图形，选择"编辑文字"，在图形中输入文字"作者简介"，字体设置为"华文新魏，26"。

（4）按住 Ctrl 键，拖动此形状，进行复制，复制出三个相同的矩形，并编辑文字。

（5）按住 Shift 键，同时选中 4 个矩形，单击"绘图工具"→"绘图"→"排列"，在"对齐"菜单中分别选择"左对齐"，如图 4-98 所示。

（6）单击"插入"→"图像"→"图片"，在图片素材中选择"目录图片.png"。

（7）使用前面所述设置背景图片的方法将"目录图片"设置为背景，效果如图 4-99 所示。

2）设置动画效果

选中作者简介文本框，在动画库中选择"劈裂"动画；依次设置其他文本框动画效果为"劈裂"。

3）设置超链接

（1）选定第一矩形，单击"插入"→"链接"→"超链接"，弹出"插入超链接"对话框，设置如图 4-100 所示，单击"确定"按钮。

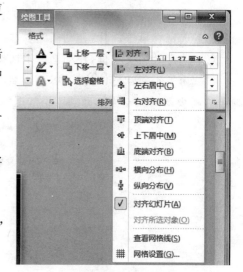

图 4-98　对齐设置

（2）分别选定其他矩形，按上述操作，链接到相应的幻灯片，设置完超链接后，在幻灯片放映视图中，将鼠标指向这些矩形时，会显示为链接形鼠标形状，单击这些矩形，会跳转到相应的幻灯片。

图 4-99　目录页

图 4-100　"编辑超链接"对话框

4）为内容幻灯片添加"返回"按钮

（1）选定"作者简介"幻灯片。

（2）选择"插入"→"插图"→"形状"，在最下面的"动作按钮"中单击"动作按钮：第一张"动作按钮，添加在右下角，弹出"动作设置"对话框如图 4-101 所示，选择"超链接到"→"幻灯片"，弹出"超链接到幻灯片"对话框，如图 4-102 所示，选择"目录"幻灯片，单击"确定"按钮。

（3）选定此按钮，分别复制到后面的三张幻灯片的右下角位置，如图 4-103 所示。

到此，"红楼梦.pptx"演示文稿全部制作完成。

利用 PowerPoint 高效创建演示文稿

图 4-101　"动作设置"对话框

图 4-102　"超链接到幻灯片"对话框

图 4-103　添加了"返回"按钮的幻灯片

综 合 练 习

练习 1：

　　文慧是新东方学校的人力资源培训讲师，负责对新入职的教师进行入职培训，其 PowerPoint 演示文稿的制作水平广受好评。最近，她应北京节水展馆的邀请，为展馆制作一份宣传水知识及节水工作重要性的演示文稿。节水展馆提供的文字资料及素材参见"水资源利用与节水（素材）. docx"，制作要求如下：

（1）标题页包含演示主题、制作单位（北京节水展馆）和日期（××××年×月×日）。

（2）演示文稿须指定一个主题，幻灯片不少于 5 页，且版式不少于 3 种。

（3）演示文稿中除文字外要有两张以上的图片，并有两个以上的超链接进行幻灯片之间的跳转。

（4）动画效果要丰富，幻灯片切换效果要多样。

（5）演示文稿播放的全程需要有背景音乐。

（6）将制作完成的演示文稿以"水资源利用与节水.pptx"为文件名进行保存。

练习 2：

为了更好地控制教材编写的内容、质量和流程，小李负责起草了图书策划方案（请参考"图书策划方案.docx"文件）。他需要将图书策划方案 Word 文档中的内容制作为可以向教材编委会进行展示的 PowerPoint 演示文稿。

现在，请根据图书策划方案（请参考"图书策划方案.docx"文件）中的内容，按照如下要求完成演示文稿的制作：

（1）创建一个新演示文稿，内容需要包含"图书策划方案.docx"文件中所有讲解的要点，包括：

① 演示文稿中的内容编排，需要严格遵循 Word 文档中的内容顺序，并仅需要包含 Word 文档中应用了"标题 1""标题 2""标题 3"样式的文字内容。

② Word 文档中应用了"标题 1"样式的文字，需要成为演示文稿中每页幻灯片的标题文字。

③ Word 文档中应用了"标题 2"样式的文字，需要成为演示文稿中每页幻灯片的第一级文本内容。

④ Word 文档中应用了"标题 3"样式的文字，需要成为演示文稿中每页幻灯片的第二级文本内容。

（2）将演示文稿中的第一页幻灯片调整为"标题幻灯片"版式。

（3）为演示文稿应用一个美观的主题样式。

（4）在标题为"2012 年同类图书销量统计"的幻灯片页中，插入一个 6 行、5 列的表格，列标题分别为"图书名称""出版社""作者""定价""销量"。

（5）在标题为"新版图书创作流程示意"的幻灯片页中，将文本框中包含的流程文字利用 SmartArt 图形展现。

（6）在该演示文稿中创建一个演示方案，该演示方案包含第 1、2、4、7 页幻灯片，并将该演示方案命名为"放映方案 1"。

（7）在该演示文稿中创建一个演示方案，该演示方案包含第 1、2、3、5、6 页幻灯片，并将该演示方案命名为"放映方案 2"。

练习 3：

文君是新世界数码技术有限公司的人事专员，"十一"过后，公司招聘了一批新员工，需要对他们进行入职培训。人事助理已经制作了一份演示文稿的素材"新员工入职培训.pptx"，请打开该文档进行美化，要求如下：

（1）将第二张幻灯片版式设为"标题和竖排文字"，将第四张幻灯片的版式设为"比较"；为整个演示文稿指定一个恰当的设计主题。

（2）通过幻灯片母版为每张幻灯片增加利用艺术字制作的水印效果，水印文字中应包含"新世界数码"字样，并旋转一定的角度。

（3）根据第五张幻灯片右侧的文字内容创建一个组织结构图，其中总经理助理为助理级别，结果应类似 Word 样例文件"组织结构图样例.docx"中所示，并为该组织结构图添加任一动画效果。

（4）为第六张幻灯片左侧的文字"员工守则"加入超链接，链接到 Word 素材文件"员工守则.docx"，并为该张幻灯片添加适当的动画效果。

（5）为演示文稿设置不少于 3 种的幻灯片切换方式。

练习 4：

打开考生文件夹下的演示文稿 yswg.pptx，根据考生文件夹下的文件"PPT-素材.docx"，按照下列要求完善此文稿并保存。

（1）使文稿包含 7 张幻灯片，设计第 1 张为"标题幻灯片"版式，第 2 张为"仅标题"版式，第 3～6 张为"两栏内容"版式，第 7 张为"空白"版式；所有幻灯片统一设置背景样式，要求有预设颜色。

（2）第 1 张幻灯片标题为"计算机发展简史"，副标题为"计算机发展的 4 个阶段"；第 2 张幻灯片标题为"计算机发展的 4 个阶段"；在标题下面空白处插入 SmartArt 图形，要求含有 4 个文本框，在每个文本框中依次输入"第一代计算机"，…，"第四代计算机"，更改图形颜色，适当调整字体字号。

（3）第 3～6 张幻灯片，标题内容分别为素材中各段的标题；左侧内容为各段的文字介绍，加项目符号，右侧为考生文件夹下存放相对应的图片，第 6 张幻灯片需插入两张图片（"第四代计算机-1.JPG"在上，"第四代计算机-2.JPG"在下）；在第 7 张幻灯片中插入艺术字，内容为"谢谢！"。

（4）为第 1 张幻灯片的副标题、第 3～6 张幻灯片的图片设置动画效果，第 2 张幻灯片的 4 个文本框超链接到相应内容幻灯片；为所有幻灯片设置切换效果。

练习 5：

小曾与小张自愿组合，他们制作完成的第一章后三节内容见文档"第 3-5 节.pptx"，前两节内容存放在文本文件"第 1-2 节.pptx"中。小张需要按下列要求完成课件的整合制作：

（1）为演示文稿"第 1-2 节.pptx"指定一个合适的设计主题；为演示文稿"第 3-5 节.pptx"指定另一个设计主题，两个主题应不同。

（2）将演示文稿"第 3-5 节.pptx"和"第 1-2 节.pptx"中的所有幻灯片合并到"物理课件.pptx"中，要求所有幻灯片保留原来的格式。以后的操作均在文档"物理课件.pptx"中进行。

（3）在"物理课件.pptx"的第 3 张幻灯片之后插入一张版式为"仅标题"的幻灯片，输入标题文字"物质的状态"，在标题下方制作一张射线列表式关系图，样例参考"关系图素材及样例.docx"，所需图片在考生文件夹中。为该关系图添加适当的动画效果，要求同一级别的内容同时出现、不同级别的内容先后出现。

（4）在第 6 张幻灯片后插入一张版式为"标题和内容"的幻灯片，在该张幻灯片中插入与素材"蒸发和沸腾的异同点.docx"文档中所示相同的表格，并为该表格添加适当的动画效果。

（5）将第 4 张、第 7 张幻灯片分别链接到第 3 张、第 6 张幻灯片的相关文字上。

（6）除标题页外，为幻灯片添加编号及页脚，页脚内容为"第一章　物态及其变化"。

（7）为幻灯片设置适当的切换方式，以丰富放映效果。

练习 6：

校摄影社团在今年的摄影比赛结束后，希望可以借助 PowerPoint 将优秀作品在社团活动中进行展示。这些优秀的摄影作品保存在 Photo(1).jpg~Photo(12).jpg 中。

现在，请按照如下需求，在 PowerPoint 中完成制作工作：

（1）利用 PowerPoint 应用程序创建一个相册，并包含 Photo (1).jpg~Photo (12).jpg 共 12 幅摄影作品。在每张幻灯片中包含 4 张图片，并将每幅图片设置为"居中矩形阴影"相框形状。

（2）设置相册主题为考试文件夹中的"相册主题.pptx"样式。

（3）为相册中每张幻灯片设置不同的切换效果。

（4）在标题幻灯片后插入一张新的幻灯片，将该幻灯片设置为"标题和内容"版式。在该幻灯片的标题位置输入"摄影社团优秀作品赏析"；并在该幻灯片的内容文本框中输入 3 行文字，分别为"湖光春色""冰消雪融"和"田园风光"。

（5）将"湖光春色""冰消雪融"和"田园风光"3 行文字转换为样式为"蛇形图片题注列表"的 SmartArt 对象，并将 Photo (1).jpg、Photo (6).jpg 和 Photo (9).jpg 定义为该 SmartArt 对象的显示图片。

（6）为 SmartArt 对象添加自左至右的"擦除"进入动画效果，并要求在幻灯片放映时该 SmartArt 对象元素可以逐个显示。

（7）在 SmartArt 对象元素中添加幻灯片跳转链接，使得单击"湖光春色"标注形状可跳转至第 3 张幻灯片，单击"冰消雪融"标注形状可跳转至第 4 张幻灯片，单击"田园风光"标注形状可跳转至第 5 张幻灯片。

（8）将考试文件夹中的"ELPHRG01.wav"声音文件作为该相册的背景音乐，并在幻灯片放映时即开始播放。

（9）将该相册保存为"PowerPoint.pptx"文件。

练习 7：

请根据提供的素材文件"ppt 素材.docx"中的文字、图片设计制作演示文稿，并以文件名"ppt.pptx"存盘，具体要求如下：

（1）将素材文件中每个矩形框中的文字及图片设计为 1 张幻灯片，为演示文稿插入幻灯片编号，与矩形框前的序号一一对应。

（2）第 1 张幻灯片作为标题页，标题为"云计算简介"，并将其设为艺术字，有制作日期（格式：××××年××月××日），并指明制作者为"考生×××"。第 9 张幻灯片中的"敬请批评指正！"采用艺术字。

（3）幻灯片版式至少有 3 种，并为演示文稿选择一个合适的主题。

（4）为第 2 张幻灯片中的每项内容插入超级链接，单击时转到相应幻灯片。

（5）第 5 张幻灯片采用 SmartArt 图形中的组织结构图来表示，最上级内容为"云计算的5个主要特征",其下级依次为具体的5个特征。

(6)为每张幻灯片中的对象添加动画效果,并设置3种以上幻灯片切换效果。

(7)增大第6、7、8页中图片显示比例,达到较好的效果。

练习8:

为进一步提升北京旅游行业整体队伍素质,打造高水平、懂业务的旅游景区建设与管理队伍,北京旅游局将为工作人员进行一次业务培训,主要围绕"北京主要景点"进行介绍,包括文字、图片、音频等内容。请根据考生文件夹下的素材文档"北京主要景点介绍—文字.docx",帮助主管人员完成制作任务,具体要求如下:

(1)新建一份演示文稿,并以"北京主要旅游景点介绍.pptx"为文件名保存到考生文件夹下。

(2)第一张标题幻灯片中的标题设置为"北京主要旅游景点介绍",副标题为"历史与现代的完美融合"。

(3)在第一张幻灯片中插入歌曲"北京欢迎你.mp3",设置为自动播放,并设置声音图标在放映时隐藏。

(4)第二张幻灯片的版式为"标题和内容",标题为"北京主要景点",在文本区域中以项目符号列表方式依次添加下列内容:天安门、故宫博物院、八达岭长城、颐和园、鸟巢。

(5)自第三张幻灯片开始按照天安门、故宫博物院、八达岭长城、颐和园、鸟巢的顺序依次介绍北京各主要景点,相应的文字素材"北京主要景点介绍—文字.docx"以及图片文件均存放于考生文件夹下,要求每个景点介绍占用一张幻灯片。

(6)最后一张幻灯片的版式设置为"空白",并插入艺术字"谢谢"。

(7)将第二张幻灯片列表中的内容分别超链接到后面对应的幻灯片,并添加返回到第二张幻灯片的动作按钮。

(8)为演示文稿选择一种设计主题,要求字体和整体布局合理、色调统一,为每张幻灯片设置不同的幻灯片切换效果以及文字和图片的动画效果。

(9)除标题幻灯片外,其他幻灯片的页脚均包含幻灯片编号、日期和时间。

(10)设置演示文稿放映方式为"循环放映,按Esc键终止",换片方式为"手动"。

练习9:

公司计划在"创新产品展示及说明会"会议茶歇期间,在大屏幕投影上向来宾自动播放会议的日程和主题,因此需要市场部助理小王完善PowerPoint.pptx文件中的演示内容。

现在,请你按照如下需求,在PowerPoint中完成制作工作并保存。

(1)由于文字内容较多,将第7张幻灯片中的内容区域文字自动拆分为两张幻灯片进行展示。

(2)为了布局美观,将第6张幻灯片中的内容区域文字转换为"水平项目符号列表"SmartArt布局,并设置该SmartArt样式为"中等效果"。

(3)在第5张幻灯片中插入一个标准折线图,并按照如下数据信息调整PowerPoint中的图表内容。

	笔记本电脑	平板电脑	智能手机
2010年	7.6	1.4	1.0
2011年	6.1	1.7	2.2
2012年	5.3	2.1	2.6
2013年	4.5	2.5	3
2014年	2.9	3.2	3.9

（4）为该折线图设置"擦除"进入动画效果,效果选项为"自左侧",按照"系列"逐次单击显示"笔记本电脑""平板电脑"和"智能手机"的使用趋势。最终,仅在该幻灯片中保留这3个系列的动画效果。

（5）为演示文档中的所有幻灯片设置不同的切换效果。

（6）为演示文档创建3个节,其中"议程"节中包含第1张和第2张幻灯片,"结束"节中包含最后1张幻灯片,其余幻灯片包含在"内容"节中。

（7）为了实现幻灯片可以自动放映,设置每张幻灯片的自动放映时间不少于2秒钟。

（8）删除演示文档中每张幻灯片的备注文字信息。

练习10:

某会计网校的刘老师正在准备有关《小企业会计准则》的培训课件,她的助手已搜集并整理了一份该准则的相关资料存放在Word文档"《小企业会计准则》培训素材.docx"中。按下列要求帮助刘老师完成PPT课件的整合制作:

（1）在PowerPoint中创建一个名为"小企业会计准则培训.pptx"的新演示文稿,该演示文稿需要包含Word文档《小企业会计准则》培训素材.docx"中的所有内容,每一张幻灯片对应Word文档中的1页,其中Word文档中应用了"标题1""标题2""标题3"样式的文本内容分别对应演示文稿中的每页幻灯片的标题文字、第一级文本内容、第二级文本内容。

（2）将第1张幻灯片的版式设为"标题幻灯片",在该幻灯片的右下角插入任意一幅剪贴画,依次为标题、副标题和新插入的图片设置不同的动画效果,并且指定动画出现顺序为图片、标题、副标题。

（3）取消第2张幻灯片中文本内容前的项目符号,并将最后两行落款和日期右对齐。将第3张幻灯片中用绿色标出的文本内容转换为"垂直框列表"类的SmartArt图形,并分别将每个列表框链接到对应的幻灯片。将第9张幻灯片的版式设为"两栏内容",并在右侧的内容框中插入对应素材文档第9页中的图形。将第14张幻灯片最后一段文字向右缩进两个级别,并链接到文件"小企业准则适用行业范围.docx"。

（4）将第15张幻灯片自"(二)定性标准"开始拆分为标题同为"二、统一中小企业划分范畴"的两张幻灯片,并参考原素材文档中的第15页内容将前1张幻灯片中的红色文字转换为一个表格。

（5）将素材文档第16页中的图片插入到对应幻灯片中,并适当调整图片大小。将最后一张幻灯片的版式设为"标题和内容",将图片pic1.gif插入内容框中并适当调整其大小。将倒数第二张幻灯片的版式设为"内容与标题",参考素材文档第18页中的样例,在幻灯片右侧的内容框中插入SmartArt不定向循环图,并为其设置一个逐项出现的动画效果。

（6）将演示文稿按表4-7所示要求分为5节,并为每节应用不同的设计主题和幻灯片切换方式。

表 4-7　演示文稿对应的 5 节

节　　名	包含的幻灯片
小企业准则简介	1～3
准则的颁布意义	4～8
准则的制定过程	9
准则的主要内容	10～18
准则的贯彻实施	19～20

练习 11：

"天河二号超级计算机"是我国独立自主研制的超级计算机系统，2014 年 6 月再登"全球超算 500 强"榜首，为祖国再次争得荣誉。作为北京市第××中学初二年级物理老师，李晓玲老师决定制作一个关于"天河二号"的演示幻灯片，用于学生课堂知识拓展。请你根据考生文件夹下的素材"天河二号素材.docx"及相关图片文件，帮助李老师完成制作任务，具体要求如下：

（1）演示文稿共包含 10 张幻灯片，标题幻灯片 1 张，概况 2 张，特点、技术参数、自主创新和应用领域各 1 张，图片欣赏 3 张（其中一张为图片欣赏标题页）。幻灯片必须选择一种设计主题，要求字体和色彩合理、美观大方。所有幻灯片中除了标题和副标题，其他文字的字体均设置为"微软雅黑"。演示文稿保存为"天河二号超级计算机.pptx"。

（2）第 1 张幻灯片为标题幻灯片，标题为"天河二号超级计算机"，副标题为"——2014 年再登世界超算榜首"。

（3）第 2 张幻灯片采用"两栏内容"的版式，左边一栏为文字，右边一栏为图片，图片为考生文件夹下的"Image1.jpg"。

（4）以下的第 3～7 张幻灯片的版式均为"标题和内容"。素材中的黄底文字即为相应页幻灯片的标题文字。

（5）第 4 张幻灯片标题为"二、特点"，将其中的内容设为"垂直块列表"SmartArt 对象，素材中红色文字为一级内容，蓝色文字为二级内容。并为该 SmartArt 图形设置动画，要求组合图形"逐个"播放，并将动画的开始设置为"上一动画之后"。

（6）利用相册功能为考生文件夹下的"Image2.jpg"～"Image9.jpg"8 张图片"新建相册"，要求每页幻灯片 4 张图片，相框的形状为"居中矩形阴影"；将标题"相册"更改为"六、图片欣赏"。将相册中的所有幻灯片复制到"天河二号超级计算机.pptx"中。

（7）将该演示文稿分为 4 节，第一节节名为"标题"，包含 1 张标题幻灯片；第二节节名为"概况"，包含 2 张幻灯片；第三节节名为"特点、参数等"，包含 4 张幻灯片；第四节节名为"图片欣赏"，包含 3 张幻灯片。每一节的幻灯片均为同一种切换方式，节与节的幻灯片切换方式不同。

（8）除标题幻灯片外，其他幻灯片的页脚显示幻灯片编号。

（9）设置幻灯片为循环放映方式，如果不单击鼠标，幻灯片 10 秒钟后自动切换至下一张。

练习 12：

第十二届全国人民代表大会第三次会议政府工作报告中看点众多，精彩纷呈。为了更好地宣传大会精神,新闻编辑小王需要制作一个演示文稿,素材放于考生文件夹下的"文本素材.docx"及相关图片文件中,具体要求如下:

(1) 演示文稿共包含 8 张幻灯片,分为 5 节,节名分别为"标题、第一节、第二节、第三节、致谢",各节所包含的幻灯片页数分别为 1、2、3、1、1 张;每一节的幻灯片设为同一种切换方式,节与节的幻灯片切换方式均不同;设置幻灯片主题为"角度"。将演示文稿保存为"图解 2015 施政要点.pptx",后续操作均基于此文件。

(2) 第一张幻灯片为标题幻灯片,标题为"图解今年施政要点",字号不小于 40;副标题为"2015 两会特别策划",字号为 20。

(3) "第一节"下的两张幻灯片,标题为"一、经济",展示考生文件夹下的 Eco1.jpg~Eco6.jpg 的图片内容,每张幻灯片包含 3 幅图片,图片在锁定纵横比的情况下高度不低于125px;设置第一张幻灯片中 3 幅图片的样式为"剪裁对角线,白色",第二张中 3 幅图片的样式为"棱台矩形";设置每幅图片的进入动画效果为"上一动画之后"。

(4) "第二节"下的三张幻灯片,标题为"二、民生",其中第一张幻灯片内容为考生文件夹下 Ms1.jpg~Ms6.jpg 的图片,图片大小设置为 100px(高) * 150px(宽),样式为"居中矩形阴影",每幅图片的进入动画效果为"上一动画之后";在第二、三张幻灯片中,利用"垂直图片列表"SmartArt 图形展示"文本素材.docx"中的"养老金"到"环境保护"7 个要点,图片对应 Icon1.jpg~Icon7.jpg,每个要点的文字内容有两级,对应关系与素材保持一致。要求第二张幻灯片展示 3 个要点,第三张展示 4 个要点;设置 SmartArt 图形的进入动画效果为"逐个""与上一动画同时"。

(5) "第三节"下的幻灯片,标题为"三、政府工作需要把握的要点",内容为"垂直框列表"SmartArt 图形,对应文字参考考生文件夹下"文本素材.docx"。设置 SmartArt 图形的进入动画效果为"逐个""与上一动画同时"。

(6) "致谢"节下的幻灯片,标题为"谢谢!",内容为考生文件夹下的"End.jpg"图片,图片样式为"映像圆角矩形"。

(7) 除标题幻灯片外,在其他幻灯片的页脚处显示页码。

(8) 设置幻灯片为循环放映方式,每张幻灯片的自动切换时间为 10 秒钟。

练习 13:

在会议开始前,市场部助理小王希望在大屏幕投影上向与会者自动播放本次会议所传递的办公理念,按照如下要求完成该演示文稿的制作:

(1) 在考生文件夹下,打开"PPT 素材.pptx"文件,将其另存为"PPT.pptx"(".pptx"为扩展名),之后所有的操作均基于此文件,否则不得分。

(2) 将演示文稿中第 1 页幻灯片的背景图片应用到第 2 张幻灯片。

(3) 将第 2 页幻灯片中的"信息工作者""沟通""交付""报告""发现"5 段文字内容转换为"射线循环"SmartArt 布局,更改 SmartArt 的颜色,并设置该 SmartArt 样式为"强烈效果"。调整其大小,并将其放置在幻灯片页的右侧位置。

(4) 为上述 SmartArt 智能图示设置由幻灯片中心进行"缩放"地进入动画效果,并要求上一动画开始之后自动、逐个展示 SmartArt 中的文字。

(5) 在第 5 页幻灯片中插入"饼图"图形,用以展示如下沟通方式所占的比例。为饼图添加系列名称和数据标签,调整大小并放于幻灯片适当位置。设置该图表的动画效果为按类别逐个扇区上浮进入效果。

消息沟通	24%
会议沟通	36%
语音沟通	25%
企业社交	15%

（6）将文档中的所有中文文字字体由"宋体"替换为"微软雅黑"。

（7）为演示文档中的所有幻灯片设置不同的切换效果。

（8）将考生文件夹中的"Back Music.mid"声音文件作为该演示文档的背景音乐，并要求在幻灯片放映时即开始播放，至演示结束后停止。

（9）为了实现幻灯片可以在展台自动放映，设置每张幻灯片的自动放映时间为 10 秒钟。

练习 14：

在某展会的产品展示区，公司计划在大屏幕投影上向来宾自动播放并展示产品信息，因此需要市场部助理小王完善产品宣传文稿的演示内容。按照如下需求，在 PowerPoint 中完成制作工作：

（1）打开素材文件"PowerPoint_素材.PPTX"，将其另存为"PowerPoint.pptx"，之后所有的操作均在"PowerPoint.pptx"文件中进行。

（2）将演示文稿中的所有中文文字字体由"宋体"替换为"微软雅黑"。

（3）为了布局美观，将第 2 张幻灯片中的内容区域文字转换为"基本维系图"SmartArt 布局，更改 SmartArt 的颜色，并设置该 SmartArt 样式为"强烈效果"。

（4）为上述 SmartArt 图形设置由幻灯片中心进行"缩放"的进入动画效果，并要求自上一动画开始之后自动、逐个展示 SmartArt 中的 3 点产品特性文字。

（5）为演示文稿中的所有幻灯片设置不同的切换效果。

（6）将考试文件夹中的声音文件"Back Music.mid"作为该演示文稿的背景音乐，并要求在幻灯片放映时即开始播放，至演示结束后停止。

（7）为演示文稿最后一页幻灯片右下角的图形添加指向网址"www.microsoft.com"的超链接。

（8）为演示文稿创建 3 个节，其中"开始"节中包含第 1 张幻灯片，"更多信息"节中包含最后 1 张幻灯片，其余幻灯片均包含在"产品特性"节中。

（9）为了实现幻灯片可以在展台自动放映，设置每张幻灯片的自动放映时间为 10 秒钟。

练习 15：

文小雨加入了学校的旅行社团组织，正在参与组织暑期到台湾日月潭的夏令营活动，现在需要制作一份关于日月潭的演示文稿。根据以下要求，并参考"参考图片.docx"文件中的样例效果，完成演示文稿的制作。

（1）新建一个空白演示文稿，命名为"PPT.pptx"（".pptx"为扩展名），并保存在考生文件夹中，此后的操作均基于此文件。

（2）演示文稿包含 8 张幻灯片，第一张版式为"标题幻灯片"，第 2、第 3、第 5 和第 6 张为"标题和内容版式"，第 4 张为"两栏内容"版式，第 7 张为"仅标题"版式，第 8 张为"空白"版式；每张幻灯片中的文字内容，可以从考生文件夹下的"PPT_素材.pptx"文件中找到，并参考样例效果将其置于适当的位置；对所有幻灯片应用名称为"流畅"的内置主题；将所有文字的字体统一设置为"幼圆"。

（3）在第 1 张幻灯片中，参考样例考生文件夹下的"图片 1.jpg"插入到合适的位置，并应用恰当的图片效果。

（4）将第 2 张幻灯片中标题下的文字转换为 SmartArt 图形，布局为"垂直曲形列表"，并应用"白色轮廓"的样式，字体为幼圆。

（5）将第 3 张幻灯片中标题下的文字转换为表格，表格的内容参考样例文件，取消表格的标题行和镶边行样式，并应用镶边列样式；表格单元格中的文本水平和垂直方向都居中对齐，中文设为"幼圆"字体，英文设为"Arial"字体。

（6）在第 4 张幻灯片的右侧，插入考生文件夹下名为"图片 2.jpg"的图片，并应用"圆形对角，白色"的图片样式。

（7）参考样例文件效果，调整第 5 和第 6 张幻灯片标题下文本的段落间距，并添加或取消相应的项目符号。

（8）在第 5 张幻灯片中，插入考生文件夹下的"图片 3.jpg"和"图片 4.jpg"，参考样例文件，将它们置于幻灯片中适合的位置；将"图片 4.jpg"置于底层，并对"图片 3.jpg"（游艇）应用"飞入"的进入动画效果，以便在播放到此张幻灯片时，游艇能够自动从左下方进入幻灯片页面；在游艇图片上方插入"椭圆形标注"，使用短画线轮廓，并在其中输入文本"开船喽！"，然后为其应用一种适合的进入动画效果，并使其在游艇飞入页面后能自动出现。

（9）在第 6 张幻灯片的右上角，插入考生文件夹下的"图片 5.jpg"，并将其到幻灯片上侧边缘的距离设为 0 厘米。

（10）在第 7 张幻灯片中，插入考生文件夹下的"图片 6.jpg""图片 7.jpg""图片 8.jpg"，参考样例文件，为其添加适当的图片效果并进行排列，将它们顶端对齐，图片之间的水平间距相等，左右两张图片到幻灯片两侧边缘的距离相等；在幻灯片右上角插入考生文件夹下的"图片 9.gif"，并将其顺时针旋转 300°。

（11）在第 8 张幻灯片中，将考生文件夹下的"图片 10.jpg"设为幻灯片背景，并将幻灯片中的文本应用一种艺术字样式，文本居中对齐，字体为"幼圆"；为文本框添加白色填充色和透明效果。

（12）为演示文稿第 2~8 张幻灯片添加"涟漪"的切换效果，首张幻灯片无切换效果；为所有幻灯片设置自动换片，换片时间为 5 秒；为除首张幻灯片之外的所有幻灯片添加编号，编号从"1"开始。

习　题

（1）如需将 PowerPoint 演示文稿中的 SmartArt 图形列表内容通过动画效果一次性展现出来，最优的操作方法是（　　）。

A）将 SmartArt 动画效果设置为"整批发送"

B）将 SmartArt 动画效果设置为"一次按级别"

C）将 SmartArt 动画效果设置为"逐个按分支"

D）将 SmartArt 动画效果设置为"逐个按级别"

（2）在 PowerPoint 演示文稿中通过分节组织幻灯片，如果要选中某一节内的所有幻灯片，最优的操作方法是（　　）。

A）按 Ctrl＋A 组合键

B）选中该节的一张幻灯片，然后按住 Ctrl 键，逐个选中该节的其他幻灯片

C）选中该节的第一张幻灯片，然后按住 Shift 键，单击该节的最后一张幻灯片

D）单击节标题

（3）小梅需将 PowerPoint 演示文稿内容制作成一份 Word 版本讲义，以便后续可以灵活编辑及打印，最优的操作方法是（　　）。

A）将演示文稿另存为"大纲/RTF 文件"格式，然后在 Word 中打开

B）在 PowerPoint 中利用"创建讲义"功能，直接创建 Word 讲义

C）将演示文稿中的幻灯片以粘贴对象的方式一张张复制到 Word 文档中

D）切换到演示文稿的"大纲"视图，将大纲内容直接复制到 Word 文档中

（4）小刘正在整理公司各产品线介绍的 PowerPoint 演示文稿，因幻灯片内容较多，不易于对各产品线演示内容进行管理。快速分类和管理幻灯片的最优操作方法是（　　）。

A）将演示文稿拆分成多个文档，按每个产品线生成一份独立的演示文稿

B）为不同的产品线幻灯片分别指定不同的设计主题，以便浏览

C）利用自定义幻灯片放映功能，将每个产品线定义为独立的放映单元

D）利用节功能，将不同的产品线幻灯片分别定义为独立节

（5）在校园活动中拍摄了很多数码照片，现需将这些照片整理到一个 PowerPoint 演示文稿中，快速制作的最优操作方法是（　　）。

A）创建一个 PowerPoint 相册文件

B）创建一个 PowerPoint 演示文稿，然后批量插入图片

C）创建一个 PowerPoint 演示文稿，然后在每页幻灯片中插入图片

D）在文件夹中选中所有照片，然后单击鼠标右键直接发送到 PowerPoint 演示文稿中

（6）如果需要在一个演示文稿的每页幻灯片左下角相同位置插入学校的校徽图片，最优的操作方法是（　　）。

A）打开幻灯片母版视图，将校徽图片插入在母版中

B）打开幻灯片普通视图，将校徽图片插入在幻灯片中

C）打开幻灯片放映视图，将校徽图片插入在幻灯片中

D）打开幻灯片浏览视图，将校徽图片插入在幻灯片中

（7）小李利用 PowerPoint 制作产品宣传方案，并希望在演示时能够满足不同对象的需要，处理该演示文稿的最优操作方法是（　　）。

A）制作一份包含适合所有人群的全部内容的演示文稿，每次放映时按需要进行删减

B）制作一份包含适合所有人群的全部内容的演示文稿，放映前隐藏不需要的幻灯片

C）制作一份包含适合所有人群的全部内容的演示文稿，然后利用自定义幻灯片放

映功能创建不同的演示方案

    D）针对不同的人群，分别制作不同的演示文稿

（8）江老师使用 Word 编写完成了课程教案，需根据该教案创建 PowerPoint 课件，最优的操作方法是（　　）。

    A）参考 Word 教案，直接在 PowerPoint 中输入相关内容

    B）在 Word 中直接将教案大纲发送到 PowerPoint

    C）从 Word 文档中复制相关内容到幻灯片中

    D）通过插入对象方式将 Word 文档内容插入到幻灯片中

（9）可以在 PowerPoint 内置主题中设置的内容是（　　）。

    A）字体、颜色和表格　　　　　　　　B）效果、背景和图片

    C）字体、颜色和效果　　　　　　　　D）效果、图片和表格

（10）在 PowerPoint 演示文稿中，不可以使用的对象是（　　）。

    A）图片　　　　　B）超链接　　　　　C）视频　　　　　D）书签

（11）小姚负责新员工的入职培训，在培训演示文稿中需要制作公司的组织结构图，在 PowerPoint 中最优的操作方法是（　　）。

    A）通过插入 SmartArt 图形制作组织结构图

    B）直接在幻灯片的适当位置通过绘图工具绘制出组织结构图

    C）通过插入图片或对象的方式，插入在其他程序中制作好的组织结构图

    D）先在幻灯片中分级输入组织结构图的文字内容，然后将文字转换为 SmartArt 组织结构图

（12）李老师在用 PowerPoint 制作课件，她希望将学校的徽标图片放在除标题页之外的所有幻灯片右下角，并为其指定一个动画效果。最优的操作方法是（　　）。

    A）先在一张幻灯片上插入徽标图片，并设置动画，然后将该徽标图片复制到其他幻灯片上

    B）分别在每一张幻灯片上插入徽标图片，并分别设置动画

    C）先制作一张幻灯片并插入徽标图片，为其设置动画，然后多次复制该张幻灯片

    D）在幻灯片母版中插入徽标图片，并为其设置动画

（13）PowerPoint 演示文稿包含了 20 张幻灯片，需要放映奇数页幻灯片，最优的操作方法是（　　）。

    A）将演示文稿的偶数张幻灯片删除后再放映

    B）将演示文稿的偶数张幻灯片设置为隐藏后再放映

    C）将演示文稿的所有奇数张幻灯片添加到自定义放映方案中，然后再放映

    D）设置演示文稿的偶数张幻灯片的换片持续时间为 0.01 秒，自动换片时间为 0 秒，然后再放映

（14）将一个 PowerPoint 演示文稿保存为放映文件，最优的操作方法是（　　）。

    A）在"文件"后台视图中选择"保存并发送"，将演示文稿打包成可自动放映的 CD

    B）将演示文稿另存为 .ppsx 文件格式

    C）将演示文稿另存为 .potx 文件格式

    D）将演示文稿另存为 .pptx 文件格式

(15) 在 PowerPoint 中,幻灯片浏览视图主要用于( )。

    A) 对所有幻灯片进行整理编排或次序调整

    B) 对幻灯片的内容进行编辑修改及格式调整

    C) 对幻灯片的内容进行动画设计

    D) 观看幻灯片的播放效果

(16) 在 PowerPoint 中,旋转图片的最快捷方法是( )。

    A) 拖动图片四个角的任一控制点   B) 设置图片格式

    C) 拖动图片上方的绿色控制点   D) 设置图片效果

(17) 李老师制作完成了一个带有动画效果的 PowerPoint 教案,她希望在课堂上可以按照自己讲课的节奏自动播放,最优的操作方法是( )。

    A) 为每张幻灯片设置特定的切换持续时间,并将演示文稿设置为自动播放

    B) 在练习过程中,利用"排练计时"功能记录适合的幻灯片切换时间,然后播放即可

    C) 根据讲课节奏,设置幻灯片中每一个对象的动画时间,以及每张幻灯片的自动换片时间

    D) 将 PowerPoint 教案另存为视频文件

(18) 若需在 PowerPoint 演示文稿的每张幻灯片中添加包含单位名称的水印效果,最优的操作方法是( )。

    A) 制作一个带单位名称的水印背景图片,然后将其设置为幻灯片背景

    B) 添加包含单位名称的文本框,并置于每张幻灯片的底层

    C) 在幻灯片母版的特定位置放置包含单位名称的文本框

    D) 利用 PowerPoint 插入"水印"功能实现

(19) 若需在 PowerPoint 演示文稿的每张幻灯片中添加包含单位名称的水印效果,最优的操作方法是( )。

    A) 制作一个带单位名称的水印背景图片,然后将其设置为幻灯片背景

    B) 添加包含单位名称的文本框,并置于每张幻灯片的底层

    C) 在幻灯片母版的特定位置放置包含单位名称的文本框

    D) 利用 PowerPoint 插入"水印"功能实现

(20) 邱老师在学期总结 PowerPoint 演示文稿中插入了一个 SmartArt 图形,她希望将该 SmartArt 图形的动画效果设置为逐个形状播放,最优的操作方法是( )。

    A) 为该 SmartArt 图形选择一个动画类型,然后再进行适当的动画效果设置

    B) 只能将 SmartArt 图形作为一个整体设置动画效果,不能分开指定

    C) 先将该 SmartArt 图形取消组合,然后再为每个形状依次设置动画

    D) 先将该 SmartArt 图形转换为形状,然后取消组合,再为每个形状依次设置动画

(21) 小江在制作公司产品介绍的 PowerPoint 演示文稿时,希望每类产品可以通过不同的演示主题进行展示,最优的操作方法是( )。

    A) 为每类产品分别制作演示文稿,每份演示文稿均应用不同的主题

    B) 为每类产品分别制作演示文稿,每份演示文稿均应用不同的主题,然后将这些

演示文稿合并

    C) 在演示文稿中选中每类产品所包含的所有幻灯片,分别为其应用不同的主题

    D) 通过 PowerPoint 中"主题分布"功能,直接应用不同的主题

(22) 在 PowerPoint 中关于表格的叙述,错误的是(　　)。

    A) 在幻灯片浏览视图模式下,不可以向幻灯片中插入表格

    B) 只要将光标定位到幻灯片中的表格,立即出现"表格工具"选项卡

    C) 可以为表格设置图片背景

    D) 不能在表格单元格中插入斜线

(23) 设置 PowerPoint 演示文稿中的 SmartArt 图形动画,要求一个分支形状展示完成后再展示下一分支形状内容,最优的操作方法是(　　)。

    A) 将 SmartArt 动画效果设置为"整批发送"

    B) 将 SmartArt 动画效果设置为"一次按级别"

    C) 将 SmartArt 动画效果设置为"逐个按分支"

    D) 将 SmartArt 动画效果设置为"逐个按级别"

(24) 在 PowerPoint 演示文稿中通过分节组织幻灯片,如果要求一节内的所有幻灯片切换方式一致,最优的操作方法是(　　)。

    A) 分别选中该节的每一张幻灯片,逐个设置其切换方式

    B) 选中该节的一张幻灯片,然后按住 Ctrl 键,逐个选中该节的其他幻灯片,再设置切换方式

    C) 选中该节的第一张幻灯片,然后按住 Shift 键,单击该节的最后一张幻灯片,再设置切换方式

    D) 单击节标题,再设置切换方式

(25) 可以在 PowerPoint 同一窗口显示多张幻灯片,并在幻灯片下方显示编号的视图是(　　)。

    A) 普通视图   B) 幻灯片浏览视图

    C) 备注页视图   D) 阅读视图

(26) 针对 PowerPoint 幻灯片中图片对象的操作,描述错误的是(　　)。

    A) 可以在 PowerPoint 中直接删除图片对象的背景

    B) 可以在 PowerPoint 中直接将彩色图片转换为黑白图片

    C) 可以在 PowerPoint 中直接将图片转换为铅笔素描效果

    D) 可以在 PowerPoint 中将图片另存为 .PSD 文件格式

(27) 在 PowerPoint 演示文稿普通视图的幻灯片缩略图窗格中,需要将第 3 张幻灯片在其后面再复制一张,最快捷的操作方法是(　　)。

    A) 用鼠标拖动第 3 张幻灯片到第 3、4 张幻灯片之间时按下 Ctrl 键并放开鼠标

    B) 按住 Ctrl 键再用鼠标拖动第 3 张幻灯片到第 3、4 张幻灯片之间

    C) 用右键单击第 3 张幻灯片并选择"复制幻灯片"命令

    D) 选择第 3 张幻灯片并通过复制、粘贴功能实现复制

(28) 在 PowerPoint 中可以通过分节来组织演示文稿中的幻灯片,在幻灯片浏览视图中选中一节中所有幻灯片的最优方法是(　　)。

A) 单击节名称即可

B) 按住 Ctrl 键不放,依次单击节中的幻灯片

C) 选择节中的第 1 张幻灯片,按住 Shift 键不放,再单击节中的末张幻灯片

D) 直接拖动鼠标选择节中的所有幻灯片

(29) 在 PowerPoint 中可以通过多种方法创建一张新幻灯片,下列操作方法错误的是(   )。

A) 在普通视图的幻灯片缩略图窗格中,定位光标后按 Enter 键

B) 在普通视图的幻灯片缩略图窗格中单击右键,从快捷菜单中选择"新建幻灯片"命令

C) 在普通视图的幻灯片缩略图窗格中定位光标,从"开始"选择卡中单击"新建幻灯片"按钮

D) 在普通视图的幻灯片缩略图窗格中定位光标,从"插入"选择卡中单击"幻灯片"按钮

(30) 如果希望每次打开 PowerPoint 演示文稿时,窗口中都处于幻灯片浏览视图,最优的操作方法是(   )。

A) 通过"视图"选项卡上的"自定义视图"按钮进行指定

B) 每次打开演示文稿后,通过"视图"选项卡切换到幻灯片浏览视图

C) 每次保存并关闭演示文稿前,通过"视图"选项卡切换到幻灯片浏览视图

D) 在后台视图中,通过高级选项设置用幻灯片浏览视图打开全部文档

(31) 小马正在制作有关员工培训的新演示文稿,他想借鉴自己以前制作的某个培训文稿中的部分幻灯片,最优的操作方法是(   )。

A) 将原演示文稿中有用的幻灯片——复制到新文稿

B) 放弃正在编辑的新文稿,直接在原演示文稿中进行增删修改,并另行保存

C) 通过"重用幻灯片"功能将原文稿中有用的幻灯片引用到新文稿中

D) 单击"插入"选项卡上的"对象"按钮,插入原文稿中的幻灯片

(32) 在 PowerPoint 演示文稿中利用"大纲"窗格组织、排列幻灯片中的文字时,输入幻灯片标题后进入下一级文本输入状态的最快捷方法是(   )。

A) 按 Ctrl+Enter 组合键

B) 按 Shift+Enter 组合键

C) 按 Enter 键后,从右键菜单中选择"降级"

D) 按 Enter 键后,再按 Tab 键

(33) 在 PowerPoint 普通视图中编辑幻灯片时,需将文本框中的文本级别由第二级调整为第三级,最优的操作方法是(   )。

A) 在文本最右边添加空格形成缩进效果

B) 当光标位于文本最右边时按 Tab 键

C) 在段落格式中设置文本之前的缩进距离

D) 当光标位于文本中时,单击"开始"选项卡上的"提高列表级别"按钮

(34) 在 PowerPoint 中制作演示文稿时,希望将所有幻灯片中标题的中文字体和英文字体分别统一为微软雅黑、Arial,正文的中文字体和英文字体分别统一为仿宋、Arial,最优

的操作方法是（　　）。

  A）在幻灯片母版中通过"字体"对话框分别设置占位符中的标题和正文字体

  B）在一张幻灯片中设置标题、正文字体，然后通过格式刷应用到其他幻灯片的相应部分

  C）通过"替换字体"功能快速设置字体

  D）通过自定义主题字体进行设置

（35）小李利用 PowerPoint 制作一份学校简介的演示文稿，他希望将学校外景图片铺满每张幻灯片，最优的操作方法是（　　）。

  A）在幻灯片母版中插入该图片，并调整大小及排列方式

  B）将该图片文件作为对象插入全部幻灯片中

  C）将该图片作为背景插入并应用到全部幻灯片中

  D）在一张幻灯片中插入该图片，调整大小及排列方式，然后复制到其他幻灯片中

（36）小明利用 PowerPoint 制作一份考试培训的演示文稿，他希望在每张幻灯片中添加包含"样例"文字的水印效果，最优的操作方法是（　　）。

  A）通过"插入"选项卡上的"插入水印"功能输入文字并设定版式

  B）在幻灯片母版中插入包含"样例"二字的文本框，并调整其格式及排列方式

  C）将"样例"二字制作成图片，再将该图片作为背景插入并应用到全部幻灯片中

  D）在一张幻灯片中插入包含"样例"二字的文本框，然后复制到其他幻灯片

参 考 文 献

[1] 教育部考试中心.全国计算机等级考试二级教程——MS Office高级应用(2017年版)[M].北京:高等教育出版社,2016.

[2] 李希勇,颜丽.计算机应用基础[M].北京:清华大学出版社,2015.

[3] 罗晓娟,周锦春.计算机应用基础[M].北京:中国铁道出版社,2013.

[4] 廖德伟,苏啸.大学计算机基础全任务式教程[M].北京:清华大学出版社,2014.

[5] 李琳.全国计算机等级考试二级教程 MS Office高级应用[M].成都:电子科技大学出版社,2015.

[6] 张宁.轻松过二级[M].北京:清华大学出版社,2015.

[7] 李翠梅,曹风华.大学计算机基础[M].北京:清华大学出版社,2014.

图 书 资 源 支 持

感谢您一直以来对清华版图书的支持和爱护。为了配合本书的使用,本书提供配套的资源,有需求的读者请扫描下方的"书圈"微信公众号二维码,在图书专区下载,也可以拨打电话或发送电子邮件咨询。

如果您在使用本书的过程中遇到了什么问题,或者有相关图书出版计划,也请您发邮件告诉我们,以便我们更好地为您服务。

我们的联系方式:

地　　　址:北京海淀区双清路学研大厦 A 座 707

邮　　　编:100084

电　　　话:010－62770175－4604

资源下载:http://www.tup.com.cn

电子邮件:weijj@tup.tsinghua.edu.cn

QQ:883604(请写明您的单位和姓名)

用微信扫一扫右边的二维码,即可关注清华大学出版社公众号"书圈"。

资源下载、样书申请

书圈